高职高专机电类专业系列教材

电气与 PLC 控制技术

DIANQI YU PLC KONGZHI JISHU

主　编　张　凯　周苗苗　赵海波

副主编　孙德全　李倩秋

参　编　李沛阳　徐初旭

西安电子科技大学出版社

内 容 简 介

本书以西门子 S7-1200 PLC 为主要机型,选取工程应用项目作为载体,秉持"立德树人、项目设计、任务驱动"的理念,将 PLC 在实际应用中的典型工作任务凝炼为书中的学习任务,其内容瞄准岗位需求,对接职业标准和实际工作过程。本书包含 6 个项目,共 25 个学习任务,覆盖电气控制技术、可编程控制技术、网络通信技术、人机界面监控技术,以及 S7-1200 PLC 在工艺功能和运动控制中的应用,旨在为读者构建一个全面、系统且实用的学习平台。

本书可作为高职院校装备制造类各专业"电气与 PLC 控制技术"相关课程的教材,也可作为相关工程技术人员的参考资料,还可供西门子自动化系统的用户参考。

图书在版编目(CIP)数据

电气与 PLC 控制技术 / 张凯,周苗苗,赵海波主编. -- 西安:西安电子科技大学出版社, 2025. 7. -- ISBN 978-7-5606-7756-9

Ⅰ. TM571.2; TM571.6

中国国家版本馆 CIP 数据核字第 2025AC8856 号

策　　划　李鹏飞　刘　杰
责任编辑　汪　飞
出版发行　西安电子科技大学出版社(西安市太白南路 2 号)
电　　话　(029)88202421　88201467　　　邮　　编　710071
网　　址　www.xduph.com　　　　　　　　电子邮箱　xdupfxb001@163.com
经　　销　新华书店
印刷单位　陕西精工印务有限公司
版　　次　2025 年 7 月第 1 版　　　　　　2025 年 7 月第 1 次印刷
开　　本　787 毫米×1092 毫米　1/16　　印　　张　19
字　　数　453 千字
定　　价　49.00 元
ISBN 978-7-5606-7756-9
XDUP 8057001-1
*** 如有印装问题可调换 ***

前　言
PREFACE

在智能制造系统中，PLC 不仅是机械装备和生产线的控制器，还是制造信息的采集器和转发器，是新一轮科技创新控制部分的核心产品。S7-1200 PLC 是西门子公司推出的功能较强的新一代小型 PLC，该系列 PLC 除包含许多创新技术外，还集成了以太网接口，具有强大的集成工艺功能，且通信简便，因此在自动化领域得到了广泛的应用。

在实际教学活动中，我们发现传统教材存在利用率不高的情况，很难激发学生的学习兴趣，易使学生形成"纸上得来终觉浅，理论实践难结合"的固化思维。因此，为使教材很好地发挥其培才育人功能，让教材"活"起来，我们在瞄准新时代岗位需求，考虑当代学生特点，融合行业新知识、新技术、新工艺、新方法的基础上，确立了适应新质生产力的"三创新一内核"的编写目标。"三创新"指体系设计创新、模式设计创新和考核设计创新，"一内核"指课程思政。体系设计创新是指重点凸显内容设计的信息化、智能化、颗粒化、项目化、个性化和终身化，模式设计创新是指融入用户化思维、游戏化思维、疑问链思维、专题式思维、交互化思维和众筹化思维，考核设计创新是指采用分布式、增值型考核方式。

本书从基本的电气控制电路入手，重点介绍西门子 S7-1200 PLC 的应用技术，以项目引导、任务驱动、活页式新形态教材形式呈现，用易激发学生兴趣的游戏化思维组织、编排项目，使"岗课赛证"内容融合、理实一体化结合。书中项目采用线上线下教学融合的形式设计，根据 S7-1200 PLC 在实际中的应用精心设置了 6 个项目，每个项目又包含若干个任务，合计 25 个任务。

项目一介绍了传统继电-接触器控制技术，包含三相异步电动机传统控制的 6 个任务；项目二介绍了 PLC 与编程软件的基本知识，包含软硬件的两个任务；项目三介绍了 S7-1200 PLC 的基本指令及其应用，包含基于 PLC 的三相异步电动机启停控制等 5 个任务；项目四介绍了顺序控制系统的设计与应用，包含利用程序控制指令切换电动机控制方式等 4 个任务；项目五介绍了模拟量、脉冲量及运动控制指令的应用，包含基于 PLC 的多种液体混合配比控制系统等 4 个任务；项目六介绍了 S7-1200 PLC 的通信与网络应用，包含基于 PLC 的多路口交通灯控制系统等 4 个任务。

本书是郑州旅游职业学院与河南省宏安航空科技有限公司合作开发的混合式教学改革教材，由郑州旅游职业学院的张凯、周苗苗，河南省宏安航空科技有限公司的赵海波担任主编，由郑州旅游职业学院的孙德全、李倩秋担任副主编。郑州旅游职业学院的李沛阳和信阳科技职业学院的徐初旭也参与了本书编写。具体编写分工为：张凯编写了项目一的任务 1～4 及项目三的任务 9～11 和任务 13；赵海波编写了项目六的任务 23 和任务 25；周苗苗编写了项目三的任务 12、项目四的任务 16、项目五的任务 21 以及项目六的任务 22 与任务 24；孙德全编写了项目四的任务 14 和任务 17 以及项目五的任务 18～20；李倩秋编写了项目一的任务 5 和任务 6；李沛阳编写了项目二的任务 7 与任务 8；徐初旭编写了项目四的任务 15。张凯负责全书的设计、统稿和定稿工作。在本书编写过程中，我们参阅了大量相关教材和西门子公司相关技术资料，在此对相关人员一并表示衷心的感谢！

为方便教与学，本书配套了微课及电子课件，读者可扫描书中二维码进行获取。相对应的在线开放课程"电气与 PLC 控制技术"也同步在智慧职教 MOOC 学院线上运行。

由于编者水平有限，书中不足之处在所难免，敬请广大读者批评指正。

编　者

2025 年 7 月

目 录

CONTENTS

项目一 传统继电-接触器控制技术

传统继电-接触器控制技术是一种广泛使用的电气控制技术，主要用于控制电动机和执行电器的动作。本项目主要介绍继电-接触器控制系统的基础知识，包括低压电器的认识、三相异步电动机典型电气控制环节的分析及设计、电气控制系统图的识图与分析。这些知识是学习和掌握 PLC 控制技术所必需的基础。

▷ 任务 1 三相异步电动机点动及连续运行控制

一、任务描述

本任务要求学生学会设计单向手动控制电路、三相异步电动机的点动及单方向连续控制电路，掌握其工作原理，并能按工艺要求完成电路的连接。

二、学习目标

知识目标

1. 会解释低压电器的概念，会列举生产、生活中常用的低压电器并熟记其用途。
2. 会解释什么是点动、长动和自锁。

技能目标

1. 能识别常用低压电器实物及其图形符号，并能根据要求进行选型。
2. 能识读电动机的点动及连续控制电路，并能按工艺要求完成电路的连接与调试。

思政目标

1. 具备安全用电常识，在进行实操作业时做到耐心细致。

追求电学真理，
服务中国智能制造

2. 树立质量品牌意识和标准规范意识，坚定民族自信和爱国情怀。

三、相关知识

1. 低压电器

低压电器是指交流额定电压不高于 1200 V 或直流额定电压不高于 1500 V 的在电路中起通断、控制、保护、检测和调节等作用的电气设备。机床电气控制线路中所使用的电器多数属于低压电器。

1) 低压电器的分类

低压电器种类繁多，按其结构、用途及控制对象等的不同，可以有不同的分类方式。

(1) 根据用途或控制对象的不同，低压电器分为配电电器、控制电器等。

(2) 根据操作方式的不同，低压电器分为自动电器和手动电器。

(3) 根据触点(或称触头)类型的不同，低压电器分为有触点电器和无触点电器。

(4) 根据工作原理的不同，低压电器分为电磁式电器和非电量控制电器。

此外，低压电器还可根据型号分类，此处不再赘述。

思考：(1) 电气与电器有什么不同？

(2) 人体的安全电压和安全电流分别是多少？

2) 低压电器的作用

低压电器的作用有：通断、控制、保护、检测、调节、指示及转换等作用。

2. 开关类电器

常用的低压开关有刀开关、断路器等，主要用于实现对电源的通断、控制与保护。

1) 刀开关

刀开关是一种结构简单、应用广泛的手动低压开关，通常用于不频繁地接通或断开长期工作设备的电源及对小功率负荷实施控制操作。

刀开关按闸刀的极数可分为单极、双极和三极。因为刀开关是开放式结构，不具备灭弧功能，所以刀开关禁止带负荷操作，其图形和文字符号如图 1-1 所示。

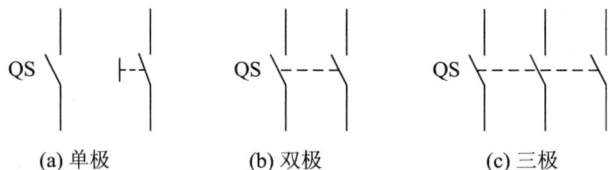

(a) 单极   (b) 双极   (c) 三极

图 1-1   刀开关的图形符号和文字符号

按照刀开关工作原理、使用条件、结构形式的不同，可将其分为开启式负荷开关、封闭式负荷开关、组合开关等。

(1) 开启式负荷开关。

开启式负荷开关俗称闸刀开关或胶壳刀开关，它以瓷底胶盖为基本结构，用于不频繁的带负荷操作和短路保护电路中。HK 系列开启式负荷开关的外形结构及组成如图 1-2 所示。

HK 系列开启式负荷开关自身不带灭弧装置，仅利用胶盖遮护来防止电弧对人手的灼伤，因此它不适合用来操作较大的负荷，主要用在照明电路和小容量电动机(5.5 kW 以下)电路中。

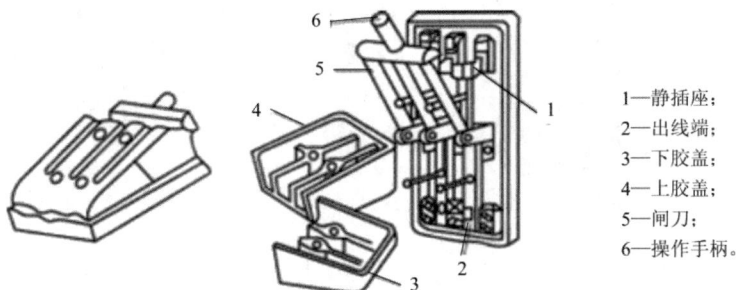

图 1-2 HK 系列开启式负荷开关的外形结构及组成

注意： 安装 HK 系列开启式负荷开关时，手柄要向上，开关不得倒装或平装。接线时进线和出线不能接反，电源线接在上端，负载接在熔断器下端，以免在更换熔断器时发生触电事故。

(2) 封闭式负荷开关。

封闭式负荷开关与开启式负荷开关类似，只是外壳为铁制壳，故俗称铁壳开关。HH系列封闭式负荷开关的外形结构及组成如图 1-3 所示。

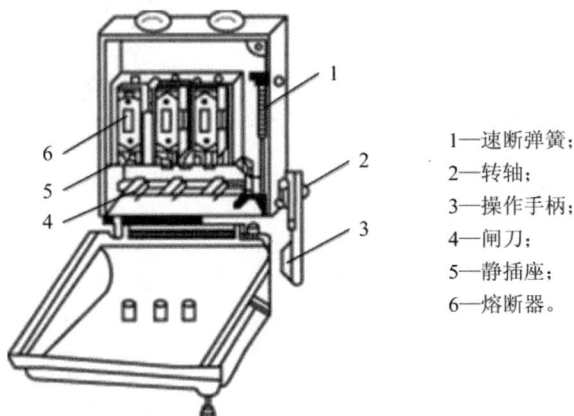

图 1-3 HH 系列封闭式负荷开关的外形结构及组成

HH 系列封闭式负荷开关的操作机构具有两个特点：一是采用了弹簧储能分合闸方式，其分合闸的速度与手柄操作速度无关，从而提高了开关通断负载的能力；二是设有联锁装置，保证开关在合闸状态下开关盖不能开启，开关盖开启时又不能合闸，充分发挥外壳的防护作用，并保证更换熔断器等操作的安全性。

(3) 组合开关。

组合开关又叫转换开关，有单极、双极和多极之分，主要用作电源引入开关，也可启停 5 kW 以下不频繁启停的电动机，还可用于实现系统的多条控制电路或多种控制方式的转换。

组合开关的外形及结构示意图如图 1-4 所示，其图形符号和文字符号如图 1-5 所示。

图 1-4 组合开关的外形及结构示意图

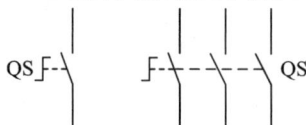

图 1-5 组合开关的图形符号和文字符号

2) 低压断路器

低压断路器又称自动空气开关或自动开关，它是一种集控制和保护于一体的电器，主要用于低压配电电路中不频繁地接通、分断电路，并能在电路发生短路、过载或欠电压等故障时自动切断电路。低压断路器相当于闸刀开关、熔断器、热继电器和欠电压继电器等的组合。

注意： 低压断路器和接触器都能通断电路，其不同点是低压断路器虽然允许切断短路电流，但允许的操作次数少，不适宜频繁操作。

低压断路器主要由触点系统、灭弧装置、操作机构以及各种脱扣机构组成。低压断路器工作原理示意图及图形和文字符号如图 1-6 所示。

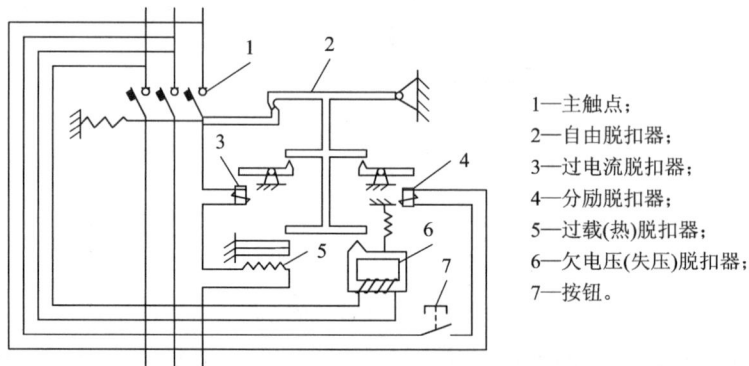

1—主触点；
2—自由脱扣器；
3—过电流脱扣器；
4—分励脱扣器；
5—过载(热)脱扣器；
6—欠电压(失压)脱扣器；
7—按钮。

(a) 工作原理示意图

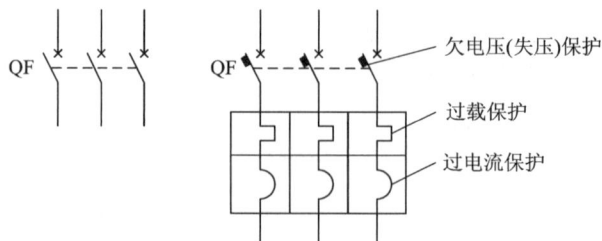

欠电压(失压)保护

过载保护

过电流保护

(b) 图形和文字符号

图 1-6 低压断路器工作原理示意图及图形和文字符号

3. 保护类电器

1) 熔断器

熔断器俗称保险丝，是一种利用熔体的熔化而切断电路的保护电器，主要用于配电线路和电动机的短路或严重过载保护。它结构简单、价格便宜、使用方便，实际中得到广泛应用。

(1) 熔断器结构与符号。

熔断器由熔体和安装熔体的熔管(或熔座)组成。其图形符号和文字符号如图 1-7 所示。

FU ⊟

图 1-7　熔断器图形符号和文字符号

(2) 熔断器的分类。

熔断器的种类很多，目前常用的有插入式熔断器 RC、螺旋式熔断器 RL、有填料封闭管式熔断器 RT、无填料封闭管式熔断器 RM、快速熔断器 RS、自恢复式熔断器等，如图 1-8 所示。熔断器有很多类型和规格，不同的类型有不同的规格。熔体的额定电流最小的为 0.5A，最大的为 2100A。有填料封闭管式熔断器具有较好的限流作用，因此得到了广泛的应用。

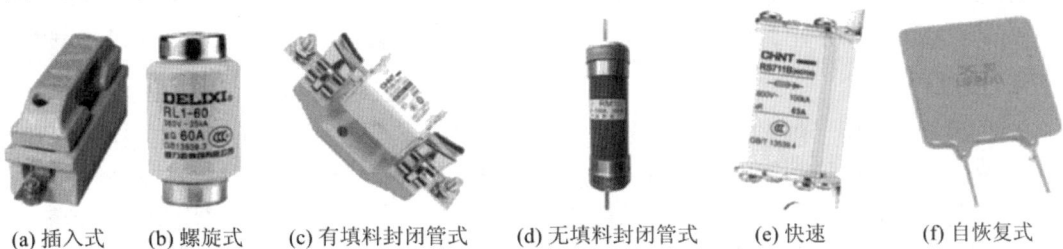

| (a) 插入式 | (b) 螺旋式 | (c) 有填料封闭管式 | (d) 无填料封闭管式 | (e) 快速 | (f) 自恢复式 |

图 1-8　常用熔断器

(3) 熔断器的选择。

选择熔断器需要依据负载的保护特性、短路电流的大小以及使用场合而定。

① 对于照明、信号等电流较为平稳的负载，熔断器的选用系数应尽量小些，即 $I_{RN} \geqslant I$ 或 $I_{RN} = (1.1 \sim 1.5)I$。式中，I_{RN} 为熔体的额定电流，I 为电器的实际工作电流。

② 对于单台电动机负载，电气回路中有冲击电流，所以熔断器的选用系数应尽量大些，即 $I_{RN} \geqslant (1.5 \sim 2.5)I$。

③ 在多台电动机负载电气回路中，应考虑电动机有同时启动的可能性，所以熔断器的选用应按 $I_{RN} = (1.5 \sim 2.5)I_{Nm} + \sum I_N$ 选用。式中，I_{Nm} 为设备中功率最大一台电动机的额定电流；$\sum I_N$ 为其他电动机的额定电流之和。

注意：熔断器主要用于短路或严重过载保护，不能用于一般过载保护。

2) 热继电器

热继电器(也称过载保护继电器)是利用电流的热效应原理来工作的保护电器，主要用于对连续运行的电气设备和电动机实施过载及断相保护，防止电动机因过热而损坏。

热继电器由 3 对主触点(图中未画出)、热元件、导板、双金属片和一个动断(常闭)触点组成，如图 1-9 所示。双金属片中主动层材料采用

熔断器和热继电器

膨胀系数较高的铁镍铬合金，被动层材料采用膨胀系数很小的铁镍合金。当电动机正常工作时，热元件产生的热量不足以使过载保护继电器的触点产生动作(即双金属片的弯曲形变量不够)；当电动机过载一定时间时，热元件产生的热量使双金属片弯曲位移增大，推动导板使常闭触点断开，从而切断电动机控制电路以起到保护作用。热继电器的图形符号和文字符号如图 1-10 所示。

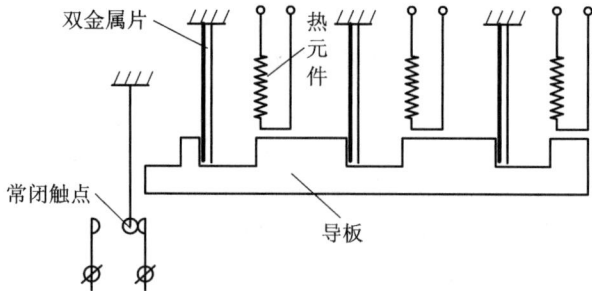

图 1-9　热继电器的结构图　　　图 1-10　热继电器的图形符号和文字符号

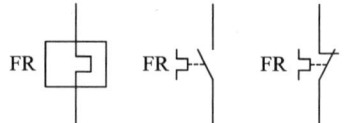

注意： 无论热继电器是否过载，其主触点都始终导通。真正产生信号的是辅助常闭触点，它一般串联在控制电路中，当热继电器有动作时，它断开使控制电路失压，从而切断主电路。

4. 接触器

接触器是一种用于频繁接通和切断交、直流电动机或其他大容量负载主电路的自动切换电器。除具有自动切换功能外，它还具有远距离控制及低压释放保护功能。接触器按其主触点通过的电流种类，分为直流接触器和交流接触器。目前控制电路中多采用交流接触器。

交流接触器的工作原理图如图 1-11 所示。

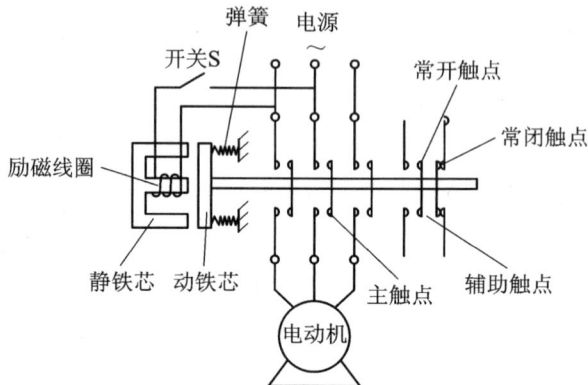

图 1-11　交流接触器的工作原理图

交流接触器的工作原理：动铁芯连接着主触点，励磁线圈没有得电时，弹簧推动动铁芯并使主触点和辅助触点中的常开触点处于断开位置，辅助触点中的常闭触点处于闭合状态；当励磁线圈得电后，电磁力克服弹簧拉力后拉动动铁芯，使之吸向静铁芯，同时动铁芯带动主触点和辅助触点中的常开触点闭合，辅助触点中的常闭触点断开。

注意： 交流接触器的主触点是用来接通和断开主电路的。辅助触点通常连接在控制电路中，完成相应的自锁、互锁等控制。励磁线圈也在控制电路中，它是拉动触点产生动作的核心部件。

交流接触器的图形符号和文字符号如图 1-12 所示。

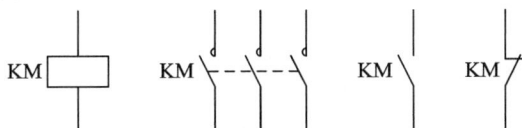

图 1-12 交流接触器的图形符号和文字符号

交流接触器选用时要考虑其所带负载的容量,其主触点一般留有一定的余量。

接触器的主要技术参数有极数、额定工作电压、额定工作电流、吸引线圈的额定电压、额定操作频率、动作值、机械寿命和电气寿命等。

5. 控制按钮和信号灯

1) 控制按钮

控制按钮是一种结构简单、使用广泛的手动主令电器,一般用于短时接通或断开小电流控制电路,不直接操控主电路,通常和接触器或继电器配合使用,实现对电动机的远程操作或控制电路的电气联锁等。常见的控制按钮外形如图 1-13 所示。

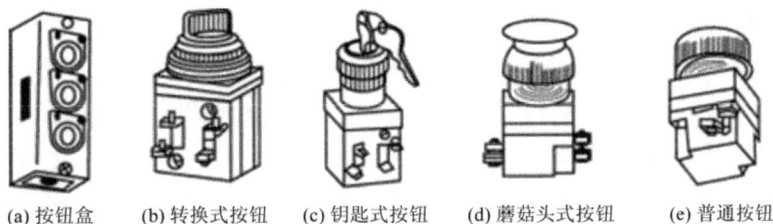

(a) 按钮盒　(b) 转换式按钮　(c) 钥匙式按钮　(d) 蘑菇头式按钮　(e) 普通按钮

图 1-13 常见的控制按钮外形

如图 1-14(a)所示,控制按钮由按钮帽、复位弹簧、桥式动触点、常闭静触点、常开静触点等组成。按静态时的触点分合状态,控制按钮可分为动断按钮(常闭按钮)、动合按钮(常开按钮)和复合按钮(常开、常闭触点合为一体的按钮),其图形及文字符号如图 1-14(b)所示。

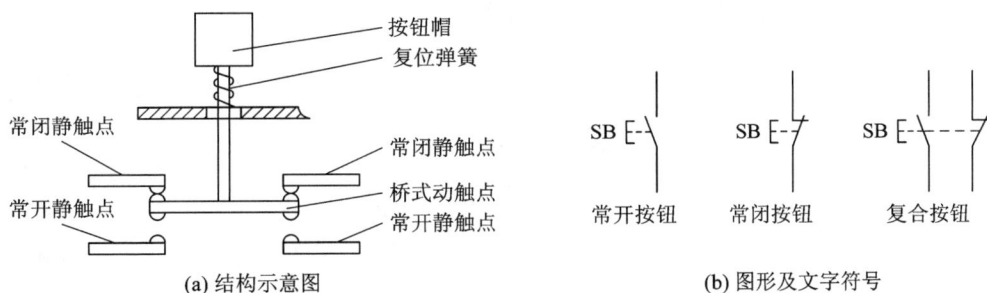

(a) 结构示意图　　　　　　　　(b) 图形及文字符号

图 1-14 控制按钮的结构示意图、图形及文字符号

2) 信号灯

信号灯是用来指示电气运行状态、生产节拍、机械位置、控制命令等的电气器件。其发光源有白炽灯、氖管、LED 发光元件等。

四、任务实施

三相异步电动机直接启动又叫全压启动,它的优点是设备少,线路简单。但当电动机容量较大时，启动电流大，持续时间长，这会增加线路的压降，造成自身启动困难并影响其他负载正常工作。

1. 单向手动控制电路

单向手动控制电路就是通过电源开关直接控制三相异步电动机的启动与停止，主要用来不频繁地接通与断开小型电动机。电源开关可以使用刀开关、组合开关或低压断路器。请按图 1-15 所示电路，完成单向手动控制电路的安装和调试。

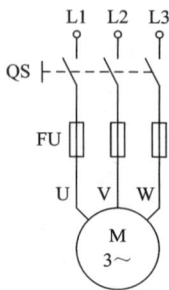

刀开关直接启停控制电路有以下不足：

(1) 只适用不需要频繁启停的小容量电动机。

(2) 不便于远距离控制，只能就地操作。

(3) 无失压保护和欠压保护的功能。

思考：请说明失压保护、零压保护、欠压保护及过压保护的含义和区别。

图 1-15　手动控制电路

2. 点动控制电路

点动控制电路是最基本、最简单的控制电路。点动控制就是指按下启动按钮时，电动机得电启动；松开按钮时，电动机立即失电停转。点动控制多用于电葫芦控制、机床刀架、横梁等的快速移动或机床的调整对刀等场合。

点动控制电路分为主电路和控制电路两部分，如图 1-16 所示。电路控制原理如下：合上刀开关 QS 接通三相电源，按下启动按钮 SB，接触器 KM 线圈得电，接触器 KM 主触点闭合，电动机接通电源并启动运行。松开 SB，KM 线圈失电，KM 主触点恢复断开，电动机失电停转。请按图 1-16 所示电路，完成点动控制电路的安装和调试。

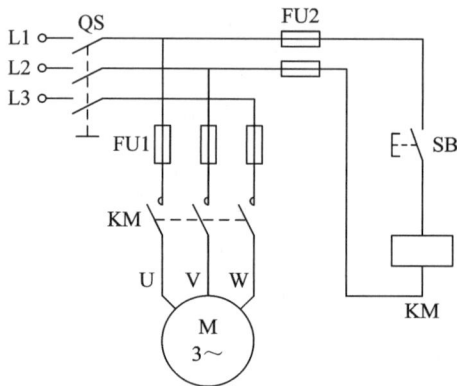

图 1-16　点动控制电路

注意：当控制电路停止使用时，必须断开 QS。在接触器控制线路里，一般设有两组熔断器，其中 FU1 对主电路起短路保护作用，FU2 对控制电路起短路保护作用。熔断器分为两组，既可以防止事故的进一步扩大，又有利于故障分析。

接触器控制比开关直接控制有明显的优点：减轻劳动强度，提高生产效率；只要操纵小电流的控制电路就可以控制大电流的主电路，能实现远距离自动控制。

3. 单方向连续(长动)控制电路

电动机连续控制是指按下启动按钮，电动机开始工作，松开启动按钮，电动机不会停止转动。连续控制多用于长时间运行的机械设备。

单方向连续控制电路如图 1-17 所示。合上刀开关 QS 接通三相电源，按下启动按钮 SB2，接触器 KM 线圈得电，其主触点闭合，电动机启动。由于接触器的辅助常开触点并联于 SB2，而且这时已经闭合，因此当松手断开 SB2 后，线圈通过其辅助常开触点可以继续保持通电，故电动机不会停止。依靠接触器自身辅助常开触点而使其线圈保持通电的现象称为自锁。起自锁作用的辅助触点称为自锁触点。触点的自锁作用在电路中叫作"记忆功能"。

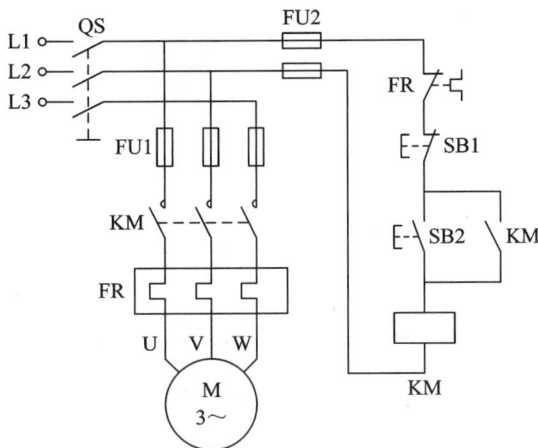

图 1-17　单方向连续控制电路

按下停止按钮 SB1，KM 的线圈失电，主触点断开，电动机失电停转；KM 辅助触点断开，清除"记忆"，切断自锁。

单方向连续控制电路的保护环节：

(1) 短路保护。短路保护由熔断器 FU1 或 FU2 来实现。

(2) 过载保护。过载保护通过热继电器 FR 实现。

(3) 欠压保护。当电源电压低于接触器线圈额定电压的 70% 左右时，接触器就会释放，自锁触点断开，同时常开主触点也断开，使电动机断电，起到保护作用。

(4) 失压保护。采用带自锁的控制电路后，断电时由于自锁触点已经打开，故当恢复供电时，电动机不能自行启动，从而避免了事故的发生。

按钮和接触器配合可实现欠压和失压保护。实际电路中，按钮发布命令信号，接触器执行对电路的控制，继电器则测量和反映控制过程中各个量的变化。

参照图 1-17 所示电路完成单方向连续控制电路的安装和调试。

五、检查评价

本任务重点是能识别常用低压电器实物，熟记其用途及图形符号；能根据控制要求进行电器选型，完成电动机点动及单方向连续控制电路的安装和调试。本任务要求学生具备安全用电常识，实施任务时操作要规范。

考核评价表

六、知识拓展

1. 多地控制电路

为了操作方便，在大型生产设备上常要求能在多个地点对电动机进行控制。实现方法是启动按钮并联，停止按钮串联。图 1-18 所示为三地控制电路，各按钮分别安装在不同的地方，可进行多地操作。

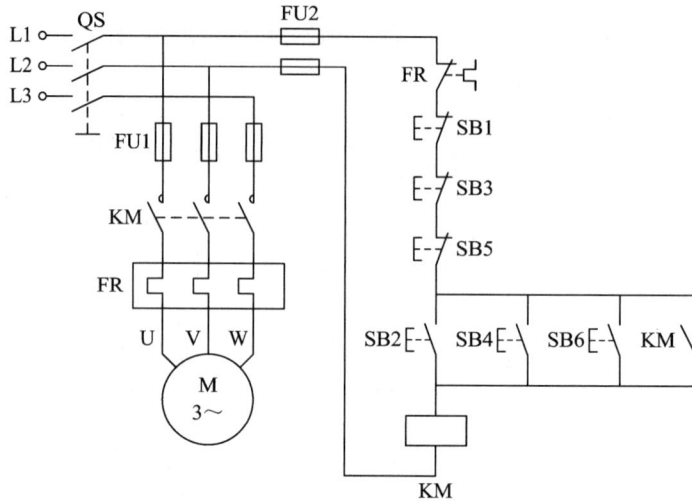

图 1-18　三地控制电路

2. 既能点动又能连续控制的电路

在生产实践中，某些生产机械常要求既能点动又能连续控制。

图 1-19(b)所示为用转换开关 SA 来实现的既能点动又能连续控制的电路。当 SA 处于接通位置时，KM 常开触点能实现自锁功能，电路连续运行；当 SA 处于断开位置时，KM 常开触点不能实现自锁功能，电路点动运行。

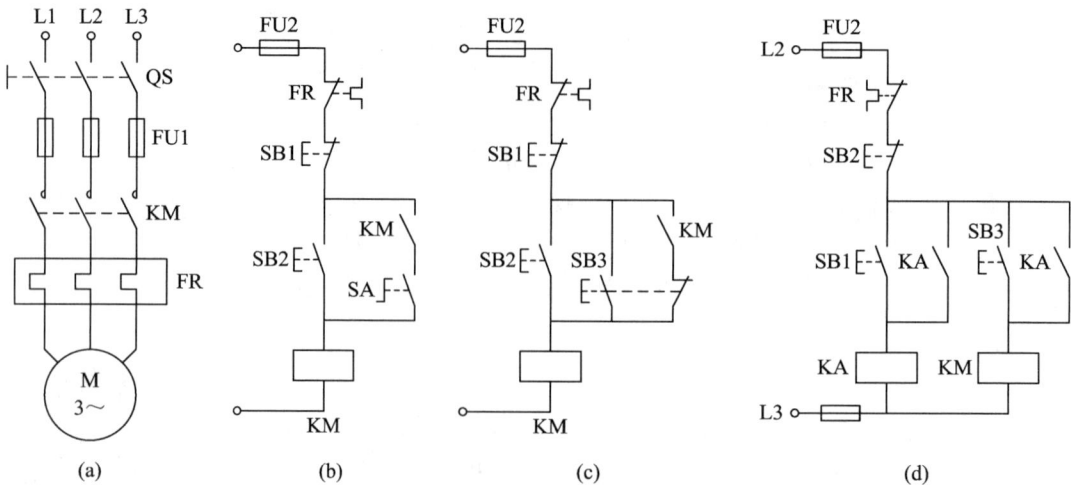

图 1-19　既能点动又能连续控制的电路

图 1-19(c)所示为采用复合按钮实现的既能点动又能连续控制的电路。复合按钮 SB3 的常闭触点与 KM 常开触点串联,当按下 SB3 时,其常闭触点断开,接触器 KM 不能自锁,电路点动运行。当按下 SB2、未按下 SB3 时,KM 常开触点能实现自锁,电路连续运行。

图 1-19(d)所示为用中间继电器 KA 实现连续运行与点动运行转换的控制电路,控制过程请读者自行分析。

七、研讨测评

(一) 填空题

1. 电动机点动控制要变为长动控制,需在启动按钮上加上_____环节。

2. 熔断器具有_____保护功能,热继电器具有_____保护功能,它们都是利用_____原理来工作的保护电器。

3. 交流接触器的触点系统分为_____和_____,分别用来接通和断开交流主电路和控制电路。CJ20-160 型交流接触器在 380 V 时的额定电流是_____。

4. 要实现电动机的多地控制,应把所有的启动按钮的_____触点_____联起来,所有的停止按钮的_____触点_____联起来。

5. 为了避免误操作,通常将控制按钮的按钮帽制成不同颜色。按国标规定,停止按钮必须是_____色,启动按钮必须是_____色。

(二) 选择题

1. 按钮、行程开关、万能转换开关按用途或控制对象分属于(　　)。
A. 低压保护电器　　　　　　　　B. 低压控制电器
C. 低压主令电器　　　　　　　　D. 低压执行电器

2. 判断交流或直流接触器的依据是(　　)。
A. 线圈电流的性质　　　　　　　B. 主触点电流的性质
C. 主触点的额定电流　　　　　　D. 辅助触点的额定电流

3. 选择熔断器时,熔断器的额定电流应(　　)电动机的额定电流。
A. 稍大于　　　B. 等于　　　C. 小于　　　D. 无关

4. 接触器上的常开辅助触点的符号是(　　)。
A. AC　　　　B. NC　　　　C. DC　　　　D. NO

5. (多选)下列电器中,能起保护作用的低压电器是(　　)。
A. 熔断器　　　　　　　　　　　B. 接触器
C. 低压断路器　　　　　　　　　D. 急停按钮

(三) 简答题

1. 电动机点动、长动运行是指什么?

2. 在电动机主电路中,既然装有熔断器,为什么还要装热继电器?

3. 接触器主要由哪几部分组成?交流接触器铁芯上的短路环起什么作用?

4. 图 1-20 所示电路图有无"自锁环节",线路能否正常工作?

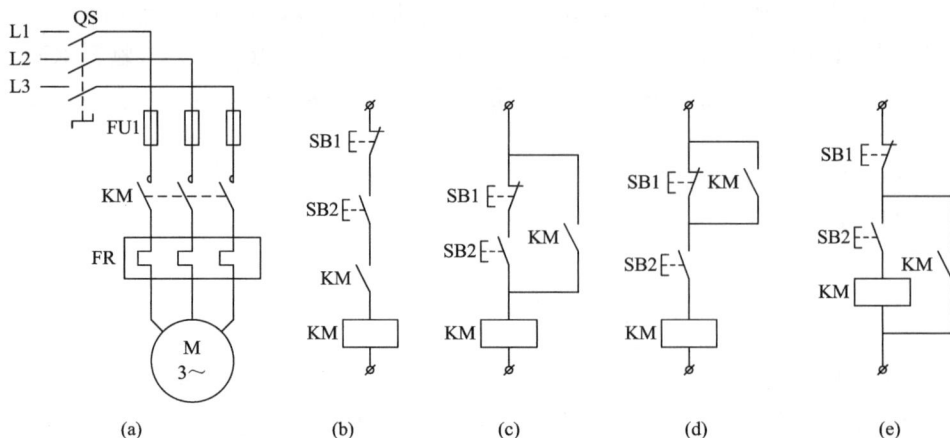

图 1-20   简答题 4 用图

任务 2   三相异步电动机正反转控制

一、任务描述

在实际生产中，许多生产机械往往要求有正反两个方向的运动，例如机床工作台的前进与后退，车床主轴的正转与反转等。这些生产机械都要求电动机能实现正反转控制。本任务要求学生掌握倒顺开关控制正反转线路、接触器联锁正反转以及双重联锁正反转线路的知识，并能对这些线路进行安装与调试。

二、学习目标

知识目标

1. 了解倒顺开关和行程开关的基本结构、工作原理及型号。
2. 掌握互锁的概念，会区分自锁与互锁。
3. 掌握电动机正反转控制电路的工作原理。

技能目标

1. 能识读电动机正反转控制电路。
2. 能进行电动机正反转控制电路的安装。

思政目标

了解我国在电动机控制技术领域的进步，增强民族自豪感和爱国情怀。

三、相关知识

1. 倒顺开关

倒顺开关是组合开关的一种，也称可逆转换开关，是专为控制小功率三相异步电动机的正反转而设计生产的。倒顺开关的手柄有"倒(反转)""顺(正转)""停"三个位置，且只能从"停"的位置左转45°或右转45°。倒顺开关的外形、原理示意图和符号如图1-21所示。

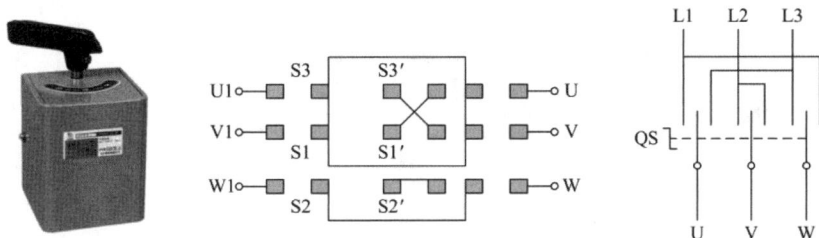

图1-21 倒顺开关的外形、原理示意图和符号

2. 行程开关

行程开关又称位置开关或限位开关。它是一种将机械信号转换为电信号，以控制运动部件的位置和行程的自动控制电器。

注意： 行程开关的结构及工作原理与按钮相同，只是其触点的动作不是靠手动操作，而是利用生产机械某些运动部件上的挡铁碰撞其滚轮使触点动作来实现接通或断开电路的。

行程开关的结构分为三部分：操作机构(推杆)、触点系统(常闭触点、常开触点、弹簧)和外壳。行程开关的外形及结构示意图如图1-22所示。

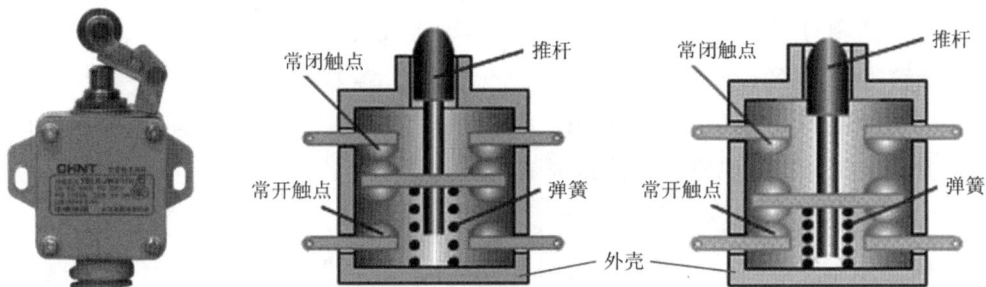

图1-22 行程开关的外形和结构示意图

行程开关分为直动式、滚轮式及微动式。当操作机构上有压力时，行程开关动作；当操作机构上没有压力时，行程开关复位。行程开关的图形符号和文字符号如图1-23所示。在工程上，行程开关的选用主要根据动作要求、安装位置及触点数量来考虑。

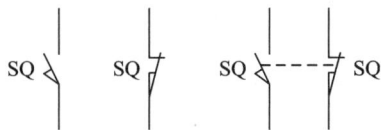

图1-23 行程开关的图形符号和文字符号

3. 接近开关与光电开关

目前，光电开关和接近开关作为自动化设备上应用广泛的自动开关，其用途已远超行程控制和限位保护，可用于高速计数、测速、液位控制、物体的检测和零件尺寸的检测等。

1）接近开关

接近开关是一种非接触式的位置开关，它由感应头、高频振荡器、放大器和外壳组成。当运动部件与接近开关的感应头接近时，接近开关就会输出一个电信号。

接近开关分为电感式接近开关和电容式接近开关。电感式接近开关只能检测金属体，常用的型号有 LJ1、LJ2、LJ5 等系列；电容式接近开关可以检测金属或非金属及液体，常用的型号有 LXJ15、TC 等系列。接近开关的外形结构和符号如图 1-24 所示。

图 1-24   接近开关的外形结构和符号

注意： 在实际工作中选用接近开关时，一般主要根据用途、安装位置、被检测物体的材质和检测的位置精度要求来决定。

2）光电开关

光电开关分为反射式和对射式两种，光线可以是红外线或者激光。

思考： (1) 电动机的正反转运行如何实现？

(2) 对同一台电动机来说，可否同时正反转？

四、任务实施

当改变通入三相异步电动机定子绕组三相电源的相序时，即把接入电动机的三相电源进线中的任意两相对调接线，就可使三相异步电动机反转。

1. 倒顺开关控制的正反转

倒顺开关实现的正反转控制电路如图 1-25 所示，工作原理如表 1-1 所示。请参考图 1-25 完成倒顺开关正反转控制电路的连接和调试。

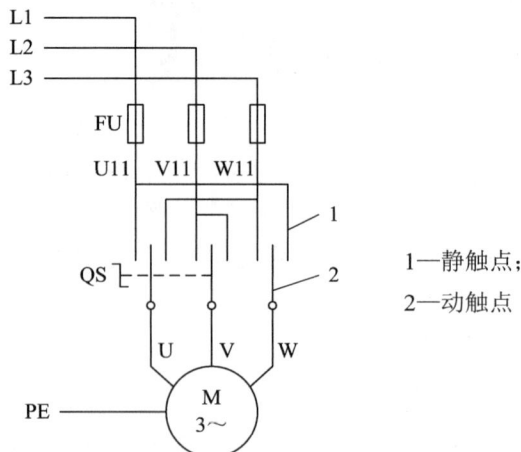

图 1-25   倒顺开关正反转控制电路

表 1-1 倒顺开关正反转工作原理

手柄位置	QS 状态	电路状态	电动机状态
停	QS 的动、静触点不接触	电路不通	电动机不转
顺	QS 的动触点和左边的静触点相接触	电路按 L1-U，L2-V，L3-W 接通	电动机正转
倒	QS 的动触点和右边的静触点相接触	电路按 L1-W，L2-V，L3-U 接通	电动机反转

倒顺开关实现的正反转控制电路所用电器少，线路简单，但作为一种手动控制电路，频繁换向时劳动强度大、操作不安全，因此只用于控制额定电流为 10A、功率在 3 kW 以下的小容量电动机。

2. 接触器控制的正反转电路

倒顺开关实现的正反转控制电路有一定的局限性，如果是大容量和控制要求较高的电动机正反转运行，则需要采用接触器控制。

1) 无互锁的正-停-反控制电路

用接触器控制的无互锁的正-停-反控制电路如图 1-26 所示。电路中采用两个接触器 KM1、KM2 分别控制电动机的正转和反转。

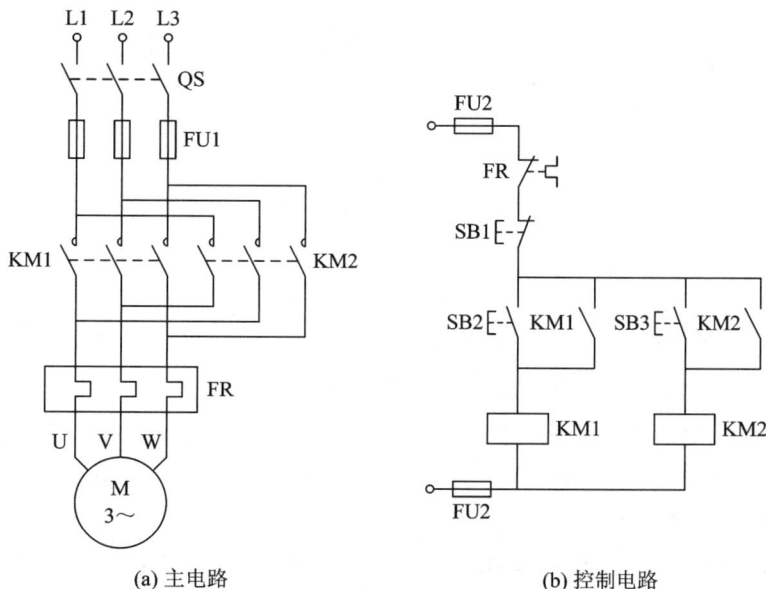

(a) 主电路　　　　　(b) 控制电路

图 1-26　无互锁的正-停-反控制电路

工作原理如下：闭合刀开关 QS，按下正转按钮 SB2 时，KM1 线圈通电，KM1 主触点闭合，电动机正转，同时 KM1 常开辅助触点闭合自锁，电动机连续转动；按下按钮 SB1 时，KM1 线圈失电，KM1 主触点断开，电动机停转；按下反转按钮 SB3，KM2 线圈通电，KM2 主触点闭合，电源 L1 和 L3 对调，实现换相，此时电动机反转；按下按钮 SB1，KM1 或 KM2 线圈失电，接触器各触点复位，电动机失电停止。

电路的保护环节主要有：短路保护、过载保护、欠压保护和失压保护。

◢◢◢　**温馨提示:**

无互锁的正反转控制电路的特点是: 当正转时,接触器 KM1 通电,若再按下 SB3,接触器 KM2 也通电,在主电路中会发生电源直接短路的故障,因此,此电路在实际中不能采用。实际应用时,接触器 KM1、KM2 应该相互制约,不能同时得电。

2) 有电气互锁的正-停-反控制电路

为了克服无互锁正反转控制电路的缺点,人们常采用有电气互锁的控制电路,如图 1-27 所示。请读者自行分析其工作原理。

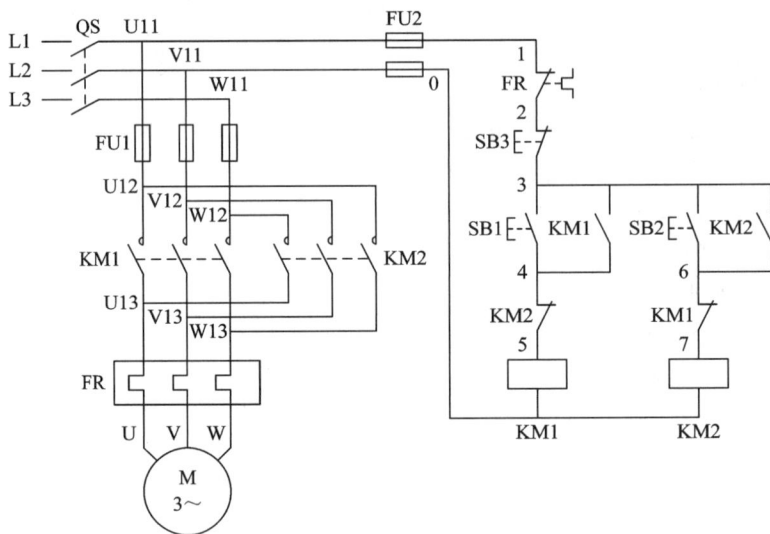

图 1-27　有电气互锁的正反转控制电路

思考: (1) 图 1-27 电路中,当电动机正在正转时,若按下反转按钮,会是什么结果?
　　　　(2) 如何保证电动机正反转不同时进行?

将两个接触器 KM1、KM2 的辅助常闭触点分别串接在对方的线圈回路中,从而实现两个接触器之间的相互制约,这种控制效果叫电气联锁(或电气互锁)。而这两对起联锁作用的触点称为联锁触点(或互锁触点)。有互锁的正反转控制电路中,KM1、KM2 相互制约,采用电气互锁控制,安全可靠。

3) 由按钮、接触器组成的双重联锁正反转控制电路

用接触器互锁的电动机正反转虽然避免了两个接触器同时接通的可能,但仍然无法实现正反转的直接切换,操作略显不便。因此,可采用既有复合按钮的机械联锁又有接触器电气联锁的双重联锁控制电路。

按钮联锁就是指将复合按钮常开触点作为启动按钮,而将其常闭触点作为互锁触点串接在另一个接触器线圈支路中。这样要使电动机从正转变为反转,只需直接按反转按钮即可,而不必先按停止按钮,简化了操作。

图 1-28 所示为由按钮、接触器组成的双重联锁正反转控制电路。双重联锁正反转控制

电路采用机械和电气双重联锁，安全可靠且操作方便，正反转可以直接切换，是最常见的也是最可靠的电路。该电路的工作原理请读者自行分析。

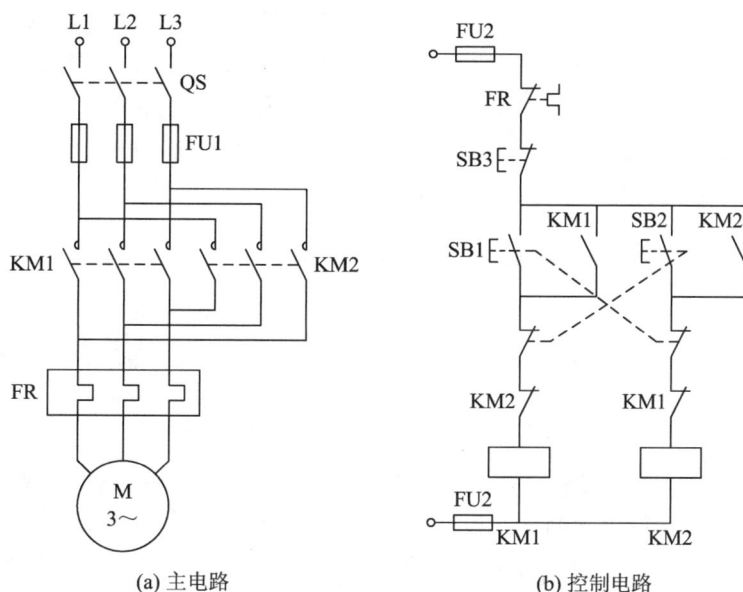

(a) 主电路　　　　　　　　　　(b) 控制电路

图 1-28　由按钮、接触器组成的双重联锁正反转控制电路

请参考图 1-27 和图 1-28 完成相应电路的连接、调试。

▶▶▶ **温馨提示：**

　　双重联锁的正反转控制电路的特点是：采用接触器的电气互锁和按钮的机械联锁；操作过程为正转-反转-停止，正反转可直接切换；电路安全可靠，操作方便。

五、检查评价

　　常用的正反转运行电路有电气互锁的正-停-反控制电路和双重联锁的正反转控制电路。熟悉这两个电路的特点，能完成元器件选型并能借助万用表完成电路的连接、调试。

考核评价表

六、知识拓展

1. 行程开关在电路中的作用

　　(1) 限位断电控制。行程开关在限位断电控制中的作用类似于停止按钮，实现达到预定点后自动断电的作用。电路设计时只需将行程开关 SQ 的常闭触点串联到 KM 线圈电路中。

　　(2) 限位通电控制。图 1-29 所示为达到预定位置后能自动通电的控制电路。当工作台到达预定点撞击行程开关

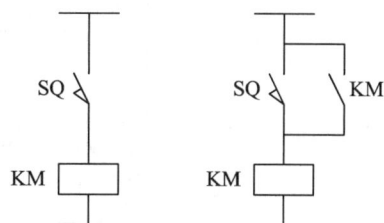

(a) 点动控制　　　　(b) 长动控制

图 1-29　达到预定位置后能自动通电的控制电路

SQ 时，接触器 KM 通电。图(a)所示是点动控制电路，图(b)所示是长动控制电路。

2. 自动往返行程控制电路的识读

有些生产机械如万能铣床、龙门刨床等，要求机床工作台在一定距离内能自动往返。图 1-30 所示为机床工作台往返运动的示意图。行程开关 SQ1、SQ2 分别固定安装在床身上，表示加工原点与终点。撞块 A、B 固定在工作台上，随着运动部件的移动分别压下行程开关 SQ1、SQ2，使其触点动作，从而改变控制电路的通断状态，使电动机正反向运转，实现运动部件的自动往返运动。

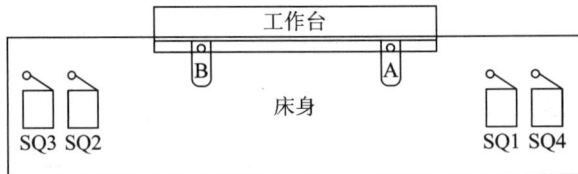

图 1-30　机床工作台往返运动的示意图

图 1-31 所示为机床的自动往返控制电路，其工作原理如下：合上电源开关 QS，按下正转启动按钮 SB2，接触器 KM1 线圈通电并自锁，电动机正向启动旋转，拖动工作台向右前进；当工作台前进到位，撞块 A 压下 SQ1，SQ1 常闭触点断开，KM1 线圈断电，电动机停转，但 SQ1 的常开触点闭合，又使 KM2 线圈通电并自锁，电动机由正转变为反转，拖动工作台后退，即向左移动；当工作台后退到位时，撞块 B 压下 SQ2，使其常闭触点断开，常开触点闭合，KM2 线圈断电，KM1 线圈通电并自锁，电动机由反转变为正转，拖动工作台由后退变为前进，如此自动往返工作；按下停止按钮 SB1 时，电动机停止，工作台停止运动。当 SQ1、SQ2 失灵时，SQ3、SQ4 实现保护，避免运动部件因超出极限位置而发生事故，实现了限位保护。

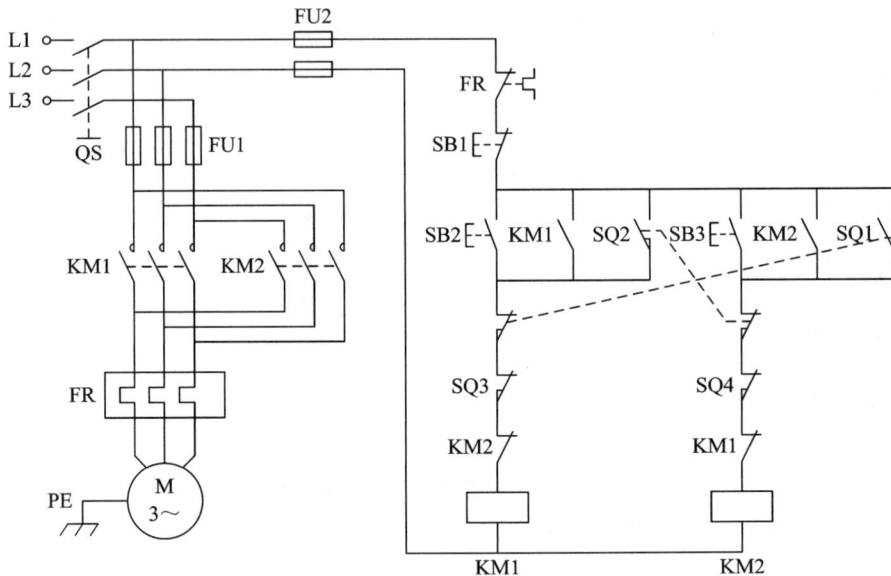

图 1-31　自动往返控制电路

此自动往返控制电路采用互锁、联锁等控制环节，电路安全可靠、操作方便。

七、研讨测评

(一) 选择题

1. 在操作双重联锁的正反转控制电路时, 要使电动机从正转变为反转, 应该(   )。
A. 必须先按下停止按钮, 再按下反转启动按钮
B. 直接按下反转启动按钮
C. 必须先按下停止按钮, 再按下正转启动按钮
D. 不确定

2. 行程开关是一种将(   )转换为电信号的控制电器。
A. 机械信号　　　　　　　　　　　　B. 弱电信号
C. 光信号　　　　　　　　　　　　　D. 热能信号

3. 自动往返控制电路属于(   )电路。
A. 自锁控制　　　　　　　　　　　　B. 点动控制
C. 正反转控制　　　　　　　　　　　D. 顺序控制

4. 完成工作台自动往返行程控制要求的主要电器元件是(   )。
A. 接触器　　　　　　　　　　　　　B. 行程开关
C. 按钮　　　　　　　　　　　　　　D. 组合开关

(二) 判断题

1. 双重互锁正反转控制电路的优点是工作安全可靠, 操作方便。(   )

2. 行程开关是一种将机械信号转换为电信号以控制运动部件位置和行程的低压电器。(   )

3. 在自动往返控制电路中至少用到 2 个行程开关。(   )

4. 在正反转控制电路中, 按钮互锁是将正反转启动按钮的常闭触头相互串接在对方接触器线圈回路中。(   )

(三) 简答题

1. 什么叫自锁、互锁? 它们的区别与联系是什么?
2. 行程开关有什么作用? 其结构、原理是什么? 有哪些常用型号及特点?
3. 什么是双重联锁的正反转控制? 试画出其电路图。

任务 3　三相异步电动机顺序运行控制

一、任务描述

本任务要求学生掌握电动机顺序控制电路的工作原理, 并能根据控制要求, 设计主电路实现的顺序控制和控制电路实现的顺序控制。

二、学习目标

知识目标

1. 熟悉时间继电器的工作原理、型号及用途。
2. 能根据控制要求，设计多台电动机顺序启停控制电路。

技能目标

能识读并绘制三相异步电动机顺序控制电路图，能根据电路图完成实物安装、接线和调试。

思政目标

1. 关注自动控制领域最新技术，激发探索未知的好奇心，提升求知欲及创新思维。
2. 提升协作和沟通技巧，体验集体智慧带来的力量。

三、相关知识

1. 时间继电器

时间继电器是一种根据电磁原理或机械动作原理来实现触点系统延时接通或断开的自动切换电器。按其动作原理与结构不同，时间继电器可分为空气阻尼式、电子式和电动式等；其按延时方式不同可分为通电延时型与断电延时型。常用的时间继电器的外形与图形符号如图 1-32 所示。

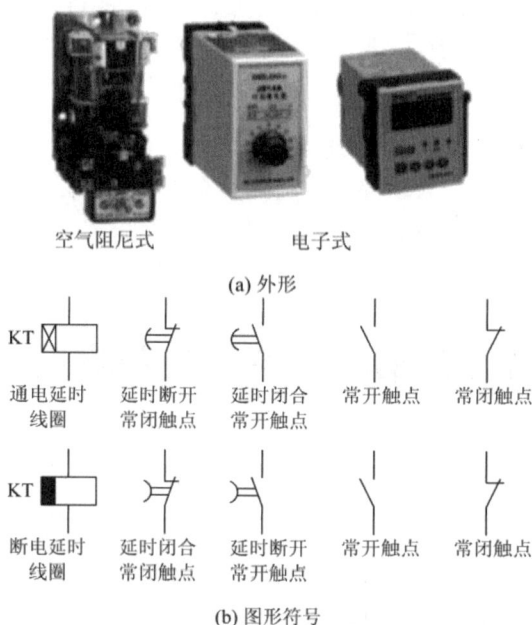

空气阻尼式　　　电子式

(a) 外形

KT

通电延时　　延时断开　　延时闭合　　常开触点　　常闭触点
线圈　　　常闭触点　　常开触点

KT

断电延时　　延时闭合　　延时断开　　常开触点　　常闭触点
线圈　　　常闭触点　　常开触点

(b) 图形符号

图 1-32　时间继电器的外形与图形符号

1) 空气阻尼式时间继电器

空气阻尼式时间继电器是利用空气阻尼原理获得延时的。使用时，可通过调节进气孔的大小来调整时间继电器的延时时间。该类时间继电器的结构简单，它不受电源电压及频率的影响，价格低廉，但精度较低，只适用于对延时精度要求不高的场合。

2) 电子式时间继电器

电子式时间继电器具有延时范围广(最长 3600 s)、精度高(一般为 5%左右)、体积小、耐冲击、调节方便和寿命长等优势。电子式时间继电器又可分为晶体管式和数字式时间继电器。

3) 电动式时间继电器

电动式时间继电器依靠同步电动机的转动和电磁离合器减速齿轮的配合而使触点动作，常应用在精度要求较高的场合，但成本高，价格贵。

时间继电器的延时方式有通电延时和断电延时两类，触点返回时间小于 0.2 s。当延时时间短、精度要求低时可以选用空气阻尼式时间继电器；当延时时间长、精度要求高时可以选用电子式或电动式时间继电器。

2. 中间继电器

中间继电器是将一个输入信号变成一个或多个输出信号的继电器。其输入信号是线圈的通电和断电信号，输出信号反映触点的动作。中间继电器的实物图和图形符号如图 1-33 所示。

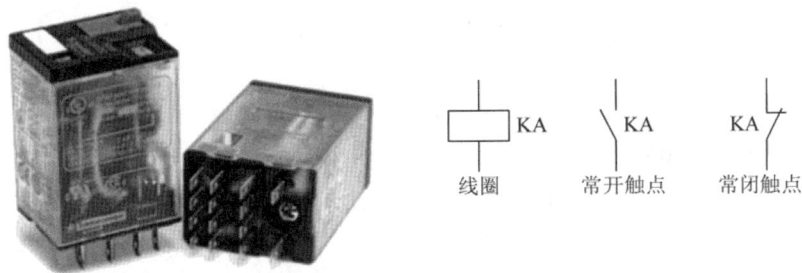

图 1-33 中间继电器的实物图和图形符号

中间继电器通常用来放大信号，增加控制电路中控制信号的数量，以及作为信号传递、连锁、转换、隔离之用。

注意： 中间继电器的工作原理与接触器的大体上相同，不同点是中间继电器的触点系统中没有主、辅触点之分，触点容量相同，它相当于小容量的接触器。在电动机额定电流不超过 5A 的电气控制系统中，中间继电器可代替接触器。

四、任务实施

在装有多台电动机的生产机械上，各电动机的作用不同，有时需按一定的顺序启停，才能保证操作过程的合理性和可靠性。例如：车床主轴转动时，要求油泵电动机先工作，主轴停止后，油泵电动机才能停止。这种要求几台电动机的启动或停止必须按一定的先后顺序来完成的控制方式，称为电动机顺序控制。电动机顺序控制的方法有两种：主电路实现的顺序控制和控制电路实现的顺序控制。

1. 主电路实现的顺序控制

图 1-34 为主电路实现的顺序控制电路，主电路中电动机 M2 的交流接触器 KM2 接在接触器 KM1 之后，只有 KM1 的主触点闭合后，且 KM2 主触点闭合，M2 电动机才能启动，这样就实现了 M1 启动后 M2 才能启动的顺序控制。

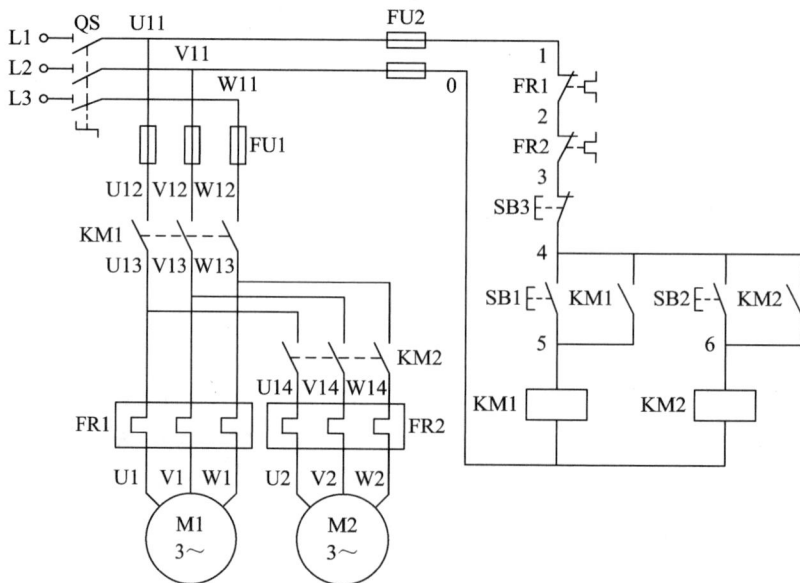

图 1-34　主电路实现的顺序控制电路

在实际应用中，主电路实现的顺序控制存在一些问题：比如先按下 SB2 再按下 SB1 时，电动机 M1、M2 就会同时启动，所以主电路实现的顺序控制不是严格意义上的先与后的启动顺序；此外，接触器 KM1 主触点流过两台电动机的电流，对于大容量的电动机控制，这是个严峻的考验，容易导致触点烧毁，所以实际中应用比较多的还是控制电路实现的顺序控制。

思考：(1) 还有哪些生产机械或家用电器用到了顺序控制？

(2) 怎样实现这些设备的顺序控制？

2. 控制电路实现的顺序控制

控制电路实现的顺序控制能避免主电路实现的顺序控制存在的问题，而且控制电路和实现的控制功能更多样化。

1) 同时启动同时停止控制电路

两台电动机同时启动同时停止控制电路如图 1-35 所示。电动机 M1、M2 的主电路结构一样，接触器 KM1、KM2 的主触点分别独立控制电动机 M1、M2。控制电路中，过载保护由热继电器常闭触点 FR1 串联 FR2 构成，如果其中一台过载，整个电路都不能工作，所以安全性能更高。SB2 和 KM1(或 KM2)辅助常开触点并联，再串联接触器 KM1 的线圈，KM2 的线圈和 KM1 的线圈并联。

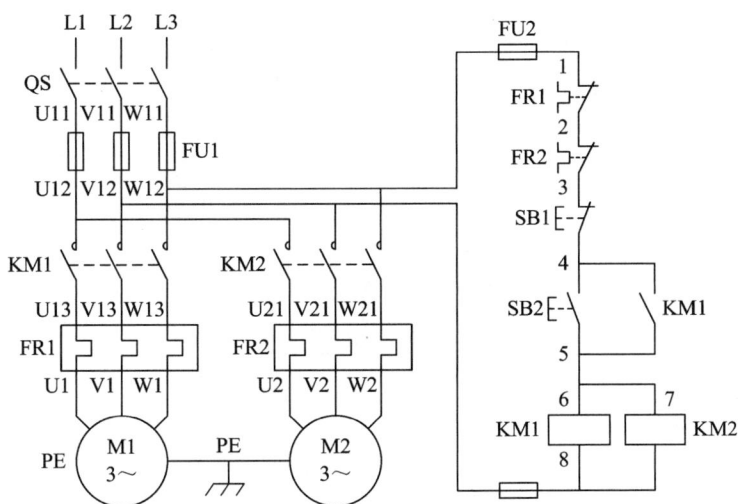

图 1-35 同时启动同时停止控制电路

2) 顺序启动同时停止控制电路

图 1-36 示出了两台电动机的顺序启动同时停止电路图,其中主电路 KM1 和 KM2 地位相同,不存在谁控制谁。图(a)所示电路的特点是在电动机 M2 的控制电路中串接了接触器 KM1 的常开辅助触点;图(b)所示电路的效果与图(a)一样,只是少用了一个 KM1 的常开辅助触点。电路中停止按钮 SB1 控制两台电动机同时停止,SB3 只能用于控制电动机 M2 的单独停止。

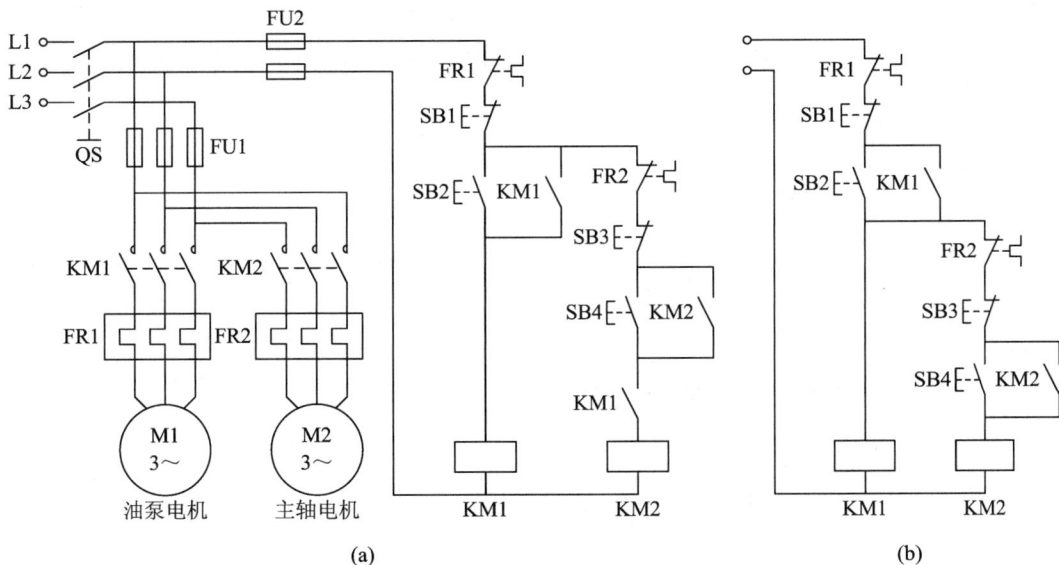

(a)   (b)

图 1-36 顺序启动同时停止控制电路

3) 同时启动顺序停止控制电路

两台电动机同时启动顺序停止控制电路如图 1-37 所示,启动按钮 SB1 和接触器 KM1 常开触点并联，再串联停止按钮 SB2 及接触器 KM1 线圈；接触器 KM2 的常开触点先串联 SB3 常闭触点，再并联接触器 KM1 的常开触点，最后串联接触器 KM2 线圈。

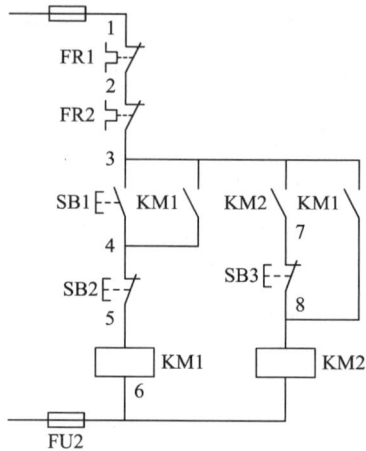

图 1-37　两台电动机的同时启动顺序停止控制电路

电路中接触器 KM1 常开触点并联在接触器 KM2 的线圈支路上，不仅使接触器 KM1 与接触器 KM2 同时动作，而且只有 KM1 断电释放，按下停止按钮 SB3 后才能使接触器 KM2 断电释放。

4) 顺序启动逆序停止控制电路

实际应用中，人们也经常用到顺序启动逆序停止控制电路，如图 1-38 所示。该电路的特点是：电动机 M1、M2 分别通过接触器 KM1 和 KM2 进行控制，KM1 常开触点串接于 KM2 的线圈电路中，保证 M1 启动后，M2 才能启动；而 KM2 常开触点与 M1 的停止按钮 SB3 并联。停止时，若先按下 SB3，因 KM2 线圈没有失电，故 KM2 常开触点没有断开，所以停止按钮 SB3 不起作用。这就保证了 M2 先停止后，M1 才能停止，从而实现顺序启动逆序停止的控制。

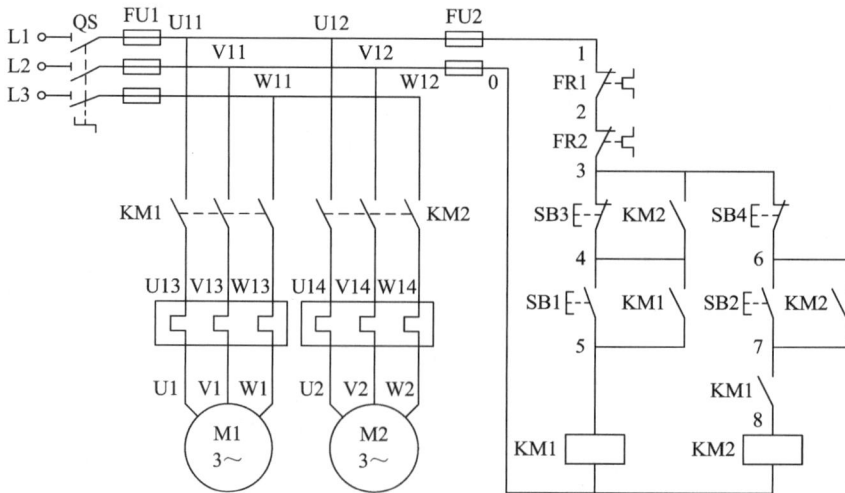

图 1-38　顺序启动逆序停止控制电路

5) 顺序启动顺序停止控制电路

顺序启动顺序停止控制电路如图 1-39 所示。电动机 M1、M2 分别通过接触器 KM1 和 KM2 进行控制，KM1 常开触点串接于 KM2 线圈电路中，保证 M1 启动后 M2 才能启动。启动时若先按下按钮 SB4，因 KM1 线圈没有得电，故 KM1 常开触点没有闭合，所以电动机 M1、M2 不能启动，而 KM1 常开触点与 M2 的停止按钮 SB3 并联，保证 M1 停止后，M2 才能顺序停止。停止时若先按下 SB3，因 KM1 线圈未断电，故 KM1 常开触点没有断开，所以按钮 SB3 不起作用，电动机 M1、M2 不能停止。这就保证了电动机 M1、M2 是按顺序启动顺序停止进行的。

思考：此电路 KM1 的辅助常开触点用了三对，而实际常用接触器只有两对。该怎么办？

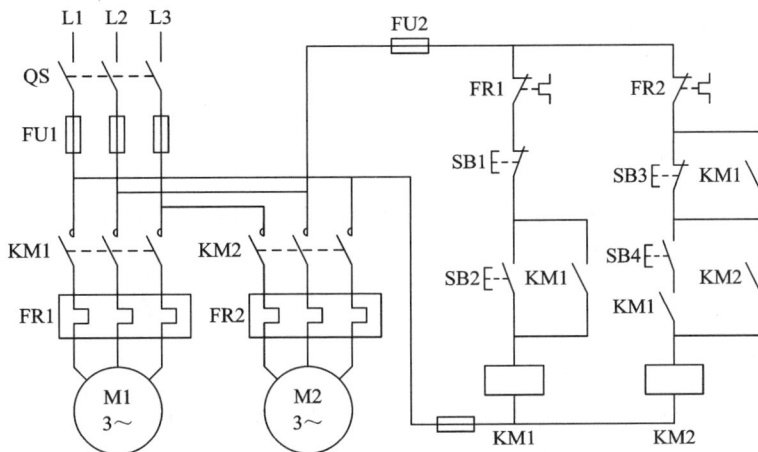

图 1-39　顺序启动顺序停止控制电路

如果要求甲接触器动作后乙接触器才能动作，则需将甲接触器的常开辅助触点串联在乙接触器的线圈电路中；如果要求乙接触器释放后甲接触器才能释放，则需将乙接触器的常开辅助触点并联在甲接触器的停止按钮两端；如果要求甲接触器释放后乙接触器才能释放，则需将甲接触器的常开辅助触点并联在乙接触器的停止按钮两端。

请参考图 1-34 至图 1-38 完成相应电路的连接与调试。

五、检查评价

通过本任务的学习，学生应学会识读并绘制三相异步电动机顺序启停控制电路的电路原理图，掌握三相异步电动机一般故障的查找和排除方法，最终完成相应电动机顺序控制电路的安装、调试。

考核评价表

六、知识拓展

前面介绍的电动机顺序启动有如下特点：启停过程中需多次按下按钮，增加了劳动强度。另外启动两台电动机的时间差由操作者人为控制，故精度较差。因此，实际应用中经常采用时间继电器 KT 来达到顺序(有时间要求)启动的目的。图 1-40 所示为采用时间继电器实现的电动机顺序启动同时停止控制电路。该电路的工作原理如下：合上 QS，按下启动按钮 SB1，接触器 KM1 线圈得电并自锁，主触点闭合，M1 电动机开始工作，同时时间继电器 KT 得电开始延时，延时时间到，KT 延时闭合常开触闭合，KM2 线圈得电并自锁，M2 电动机开始工作。停止时只需按下 SB3 按钮，两台电动机会同时停止。

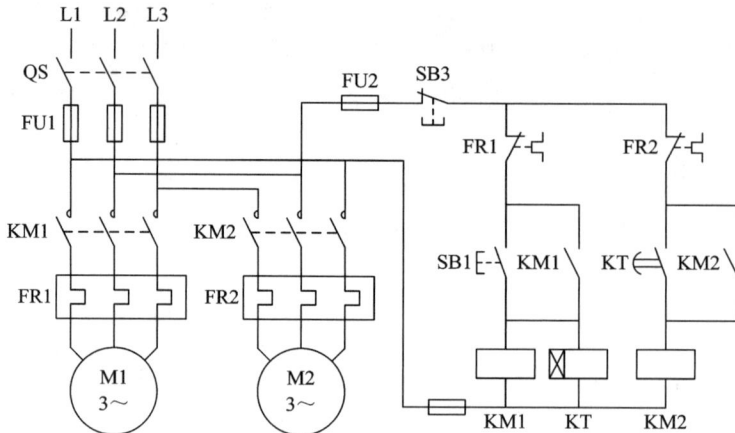

图 1-40　采用时间继电器实现的顺序启动同时停止控制电路

七、研讨测评

(一) 填空题

1. 主电路实现电动机顺序控制的特点：后启动的电动机 M2 的接触器主触点必须接在先启动电动机 M1 的接触器主触点_____。

2. 控制电路实现电动机顺序控制的特点：后启动电动机的控制线路必须在先启动电动机接触器的自锁触点之后，并与其接触器线圈_____；或者在后启动电动机的控制电路中，串接先启动电动机接触器的_____。

3. 欲使接触器 KM1 动作后接触器 KM2 才能动作，需要_____。

4. 欲使接触器 KM1 和接触器 KM2 同时动作，需要_____。

5. 在顺序控制线路中，至少需要_____台三相交流异步电动机。

(二) 选择题

1. 顺序控制可通过(　　)来实现。

A. 主电路　　　　　　　　　　　B. 主电路和控制电路

C. 辅助电路　　　　　　　　　　D. 控制电路

2. 要求几台电动机的启动或停止必须按一定的先后顺序来完成的控制方式，称为电动机的(　　)。

A. 顺序控制　　　　　　　　　　B. 多地控制

C. 自锁控制　　　　　　　　　　D. 异地控制

3. 顺序控制线路至少需要(　　)个交流接触器。

A. 1　　　　　　　　　　　　　B. 2

C. 3　　　　　　　　　　　　　D. 4

(三) 判断题

1. 欲使 KM2 通电工作后才能使 KM1 通电工作，需要在 KM1 的线圈回路中串接 KM2 的常开触点。(   )

2. 电压等级相同的两个电压继电器在线路中要同时通电工作，可以直接串接。(   )

3. 顺序控制电路中一个热继电器就能满足要求。(   )

(四) 综合题

1. 某机床有两台三相异步电动机，要求第一台电动机启动运行 5 s 后，第二台电动机自行启动，第二台电动机运行 10 s 后，两台电动机停止；两台电动机都具有短路、过载保护，试设计主电路和控制电路。

2. 一台小车由一台三相异步电动机拖动，动作顺序如下：

(1) 小车由原位开始前进，到终点后自动停止；

(2) 在终点停留 20 s 后自动返回原位并停止。

要求：小车在前进或后退途中，任意位置都能停止或启动；电路具有短路、过载保护。试设计主电路和控制电路。

任务 4   三相异步电动机降压启动控制

一、任务描述

本任务要求学生学会设计降压启动电路，掌握定子串联电阻降压启动、自耦变压器降压启动和 Y-△降压启动的工作原理。

二、学习目标

知识目标

1. 会列举电气控制系统图绘图原则并灵活运用。

2. 会解释定子串联电阻降压启动和 Y-△降压启动的工作原理。

技能目标

可以根据电路图及控制要求对电路进行安装、调试，能排除一般故障。

思政目标

1. 增强对现代企业"安全法规、安全意识"理念的认知和理解。

2. 坚定科技攻关和服务国家战略的责任担当精神。

三、相关知识

1. 电气控制线路的设计原则步骤和方法

电气控制线路的设计原则、步骤和方法如下。

1) 设计原则

电气设备应最大限度地满足机械设备对电气控制线路的控制要求和保护要求，在满足生产工艺要求的前提下，应力求使控制线路简单、经济、合理，保证电气控制的可靠性和安全性，同时考虑操作和维修的简便性。

2) 设计步骤

① 分析设计要求；

② 确定拖动方案和控制方式；

③ 设计主电路；

④ 设计控制电路；

⑤ 将主电路与控制电路合并成一个整体；

⑥ 检查与完善整个电路。

3) 设计方法

电气控制线路的设计是在拖动方案和控制方式确定后进行的。继电接触器控制线路的设计方法通常有两种：一种是经验设计法，它的设计顺序为主电路—控制电路—信号及照明电路—联锁与保护电路—总体检查与完善；另一种是逻辑设计法，即根据生产工艺要求，利用逻辑代数来分析、设计线路。

2. 电气控制线路设计的一般要求

电气控制线路设计的一般要求如下：

(1) 合理选择控制电源。当控制电器较少且电路较简单时，控制电路可直接使用 380 V 或 220 V 的主电路电源。当控制电器较多且较复杂时，通常采用控制变压器将控制电压降低到 220 V 或 110 V 及以下。对于频繁操作的直流电磁器件，必须采用相应的直流控制电源。

(2) 尽量缩减电器种类的数量(尽量采用标准件和尽可能选用相同型号的电器)。

(3) 尽量缩短连接导线的数量和长度。

(4) 正确连接电器的线圈。

(5) 正确连接电器的触点。

(6) 在满足控制要求的情况下，应尽量减少电器通电的数量。

(7) 应尽量避免采用许多电器依次动作后才能接通另一个电器的控制线路。

(8) 在控制电路中应避免出现寄生回路。

(9) 保证控制线路工作可靠和安全。

(10) 线路应具有必要的保护环节，保证在误操作情况下不致造成事故。

思考：(1) 直接启动电动机有哪些优缺点？

(2) 哪些情况下电动机可以直接启动？

　　(3) 降压启动的目的是什么?

四、任务实施

　　降压启动指的是电动机启动时先减小加在定子绕组上的电压,以减小启动电流,启动后再将电压恢复到额定值,电动机进入正常工作状态。

1. 定子绕组串联电阻降压启动控制电路

　　启动时将电阻器串接于定子电路中,用于降低定子绕组的电压,限制启动电流。当转速接近额定值时,将电阻器短接,电动机在额定电压下正常运行。其控制电路如图 1-41 所示。

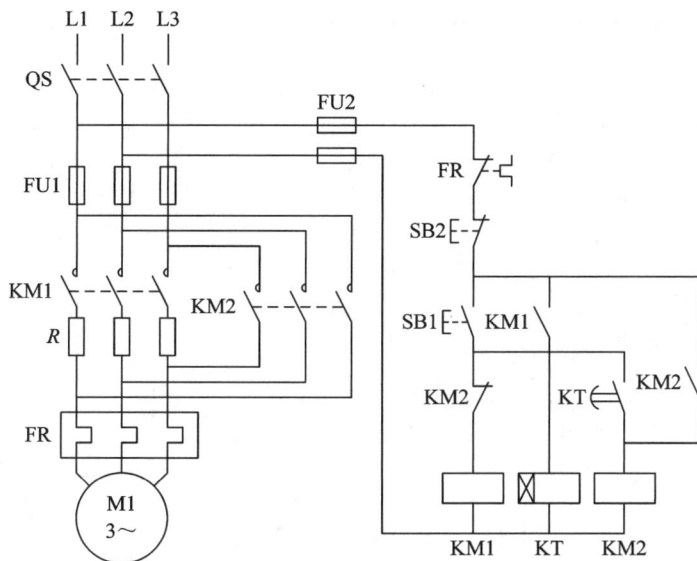

图 1-41　电动机定子绕组串联电阻降压启动控制电路

　　图 1-41 所示电路的工作原理:合上 QS,按下启动按钮 SB1,KM1 线圈得电,KM1主触点闭合,电动机降压启动;KM1 常开辅助触点闭合自锁,同时 KT 线圈得电,KT 延时达到延时时间(电动机转速上升到一定值)后,KT 延时闭合触点闭合,KM2 线圈得电,KM2 主触点闭合,短接电阻,电动机全压运行。KM2 常开辅助触点闭合自锁,同时其常闭辅助触点断开,KM1、KT 线圈断电,起到节能的目的。KT 线圈失电,其延时闭合触点立即断开,但由于 KM2 自锁,故不影响 KM2 线圈继续得电。若按下停止按钮 SB2,则KM2 线圈失电,KM2 主触点断开,自锁解除,电动机停止。

　　定子绕组串联电阻降压启动不受电动机接线形式的限制,设备简单、经济,启动过程平稳,在中小型生产机械中应用较广。其缺点是定子电路串联了电阻,机械特性变软,启动电流减小,导致启动转矩降低。因此,这种启动方法常用于轻载启动的电动机。另外该启动方法成本投入较高,实际应用中电阻功率大、能耗大,故为了降低能耗常采用电抗器代替电阻。

2. 自耦变压器降压启动控制电路

　　自耦变压器降压启动控制电路如图 1-42 所示。从主电路看,接触器 KM1 主触点断开,KM2 和 KM3 主触点闭合,接入自耦变压器,电动机降压启动;当 KM1 主触点闭合,KM2

和 KM3 主触点断开时，自耦变压器被切除，电动机全压正常运行。从控制电路看，按下启动按钮 SB2，KM2 和 KM3 线圈得电，KM2 和 KM3 的三相主触点闭合并接通自耦变压器进行降压启动；KM2 和 KM3 常闭触点断开实现互锁，KM2 和 KM3 常开触点闭合实现自锁，同时，时间继电器 KT 线圈得电，KT 开始延时，(延时时间到)KT 常闭触点延时断开，KM2 和 KM3 线圈失电，解除互锁；KM2 和 KM3 主触点断开，将自耦变压器从电网上切除，而 KT 常开触点延时闭合，KM1 线圈得电，KM1 常开触点闭合自锁，KM1 主触点闭合，电动机投入全压运行，此时 KM1 常闭触点断开实现互锁，KM2 断电，KT 线圈也失电。若按下停止按钮 SB1，则 KM1 线圈失电，电动机失电停止。

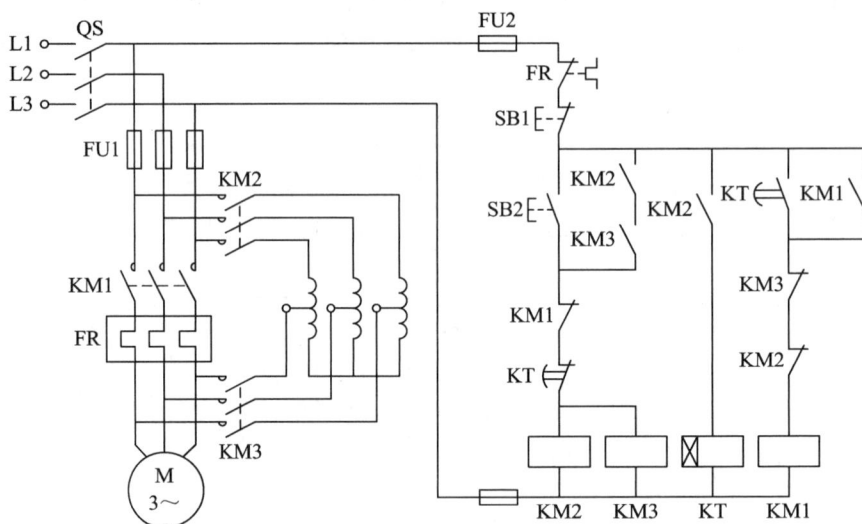

图 1-42　自耦变压器降压启动控制电路

　　自耦变压器降压启动的优点是可以按允许的启动电流和所需的启动转矩来选择自耦变压器的不同抽头(即可选减压比，如 80%、75%、60%)；其缺点是自耦变压器价格较贵，体积庞大，结构相对复杂，启动转矩小，不允许频繁操作，适用于轻载或空载启动。

3. Y-△降压启动控制电路

　　电动机启动时，把定子绕组接成星形，以降低启动电压，减小启动电流；待电动机启动正常后，再把定子绕组改接成三角形，使电动机全压运行。

　　思考：(1) 电动机采用 Y-△降压启动后，启动电流是正常运行电流的多少倍？

　　　　　(2) Y-△降压启动是否适用于所有电动机？其转矩性能如何？

　　图 1-43 所示为利用时间继电器实现的三相异步电动机 Y-△降压启动控制电路。按下 SB2 后，KM1 线圈得电并自锁，KT、KM3 线圈也同时得电，KM1、KM3 主触点同时闭合，电动机定子绕组接成 Y 形，开始降压启动。KT 延时时间到，KT 延时常闭触点断开，KM3 线圈失电释放，KT 延时常开触点闭合，KM2 线圈得电，这时 KM1、KM2 主触点处于闭合状态，电动机定子绕组转换为△形，电动机进入全压运行状态。KM2、KM3 两个常闭触点分别串接在对方线圈电路中，形成电气互锁。若按下 SB1，则 KM1、KM2 线圈失电，电动机失电停止。

　　Y-△降压启动要求电动机具有 6 个接线端子，且只能用于正常运行时定子绕组为三角形接法的电动机。这种启动方式的优点是启动电流降为全压启动时的 1/3，启动电流特性好。其缺点是启动转矩只有全压启动时的 1/3，转矩特性差，故适用于空载或轻载启动。

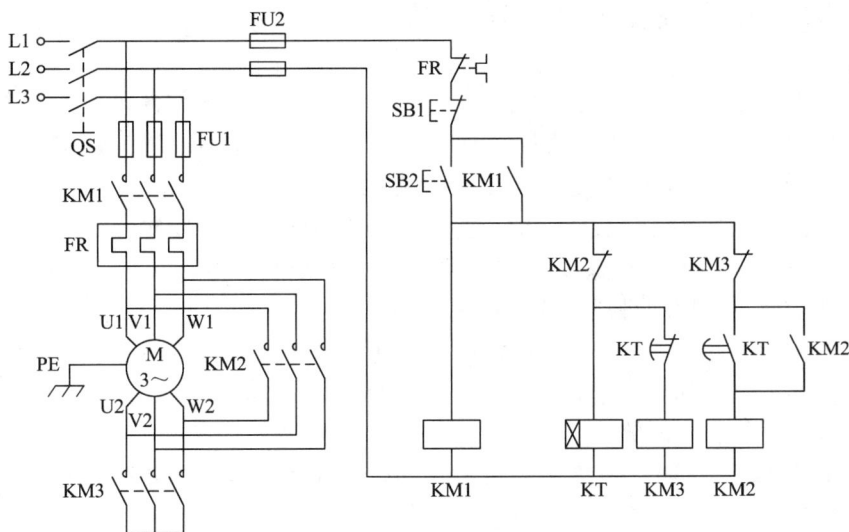

图 1-43　Y-△降压启动控制电路

请参考图 1-43 完成三相异步电动机 Y-△降压启动控制电路的连接和调试。

五、检查评价

通过本任务的学习，学生应学会识读三相异步电动机 Y-△降压启动的电路原理图并掌握该电路的安装、调试方式，掌握一般故障的查找和排除的方法，并能按照训练要求完成工作任务。

考核评价表

六、知识拓展

1. 电气控制系统图的基本概念

电气控制系统图主要分为电气原理图、电器元件布置图和电气安装接线图。电气控制系统图是电气技术人员统一使用的工程语言。电气控制系统图应根据国家标准，用规定的图形符号以及规定的画法绘制。

2. 电气原理图的绘制原则

电气原理图也称为电路图。它表示电流从电源到负载的传送情况和元器件的动作原理，但它不表示元器件的结构尺寸、安装位置和实际配线方法。绘制电气原理图应遵循以下原则：

(1) 电气原理图一般分为主电路和辅助电路两部分。主电路是电气控制线路中大电流通过的部分，用粗线画在原理图的左边。辅助电路是控制线路中除主电路以外的电路，其流过的电流比较小。辅助电路包括控制电路、照明电路、信号电路和保护电路等，通常用细线条画在原理图的右边。

(2) 电气原理图中所有电气元件都应采用国家标准规定的图形符号。

(3) 电气原理图中电气元件的布局应便于阅读。主电路画在图面左侧或上方，辅助电路画在图面右侧或下方。无论主电路还是辅助电路，均按功能布置，尽可能按动作顺序从上到下，从左到右排列。

(4) 电气原理图中，所有电器的可动部分均按常态(没有通电或没有受外力作用时的原始状态)绘制。

(5) 电气原理图采用元器件展开图的画法。同一元器件的各部件可以不画在一起，但文字符号要相同。对于多个同类元器件，可在文字符号后加上数字序号，如 KM1、KM2 等。

(6) 电气原理图中，应尽量减少线条并避免线条交叉。

(7) 动力电路的电源线应水平绘制；主电路应垂直于电源线绘制；控制电路和辅助电路应垂直于两条或几条水平电源线之间；耗能元件(如线圈、电磁阀、信号灯等)直接与下方水平线连接，而各种控制触点应连接在另一条电源线上。

(8) 电气原理图上应标出各个电源电路的电压值、极性或频率及相数；对于某些元器件还应标注其特性(如电阻、电容的数值等)；不常用的电器(如位置传感器、手动开关等)还要标注其操作方式和功能等。

(9) 为方便识图，在电气原理图中可按功能将图面划分成若干图区，图区下部标注图区编号，上部对应其功能。

(10) 在继电器、接触器线圈下方均列出触点索引表以说明线圈和触点的从属关系。关于索引表的画法及所代表的含义，请读者自行学习。

七、研讨测评

(一) 填空题

1. 常用的降压启动控制类型有_____、_____和 Y-△降压启动四种形式。

2. 降压启动是指利用启动设备将_____适当降低后加到电动机定子绕组上进行启动，待电动机启动运转后，再使其_____恢复到_____正常运转。降压启动的目的是_____。

3. Y-△降压启动是指电动机启动时，把定子绕组接成_____降压启动形式，待电动机转速上升并接近额定值时，再将电动机定子绕组改接成_____全压正常运行。

4. Y-△降压启动只适用于_____或_____下启动，采用 Y-△降压启动的电动机需要有_____个出线端。

5. 电动机的启动有两个要求：首先要有足够大的_____，其次要限制过大的启动_____。

6. 时间继电器的延时方式有_____和_____两种。通电延时型时间继电器的延时触点在线圈通电时_____动作，断电时_____动作。

(二) 选择题

1. 三相笼形异步电动机串电阻降压启动，电阻应该是串接在(　　)上。
A. 转子　　　　　　B. 定子　　　　　　C. 定子或转子　　　D. 定子和转子

2. 当电动机在无负载或轻载的情况下时，若要采用全压启动，则其容量一般不要超过电源变压器的容量的(　　)。
A. 5%～10%　　　　B. 10%～15%　　　　C. 15%～20%　　　　D. 20%～30%

3. 定子绕组串电阻降压启动适用于( )场合。

A. 经常启动，低压电动机   B. 不经常启动，低压电动机

C. 经常启动，高压电动机   D. 不经常启动，高压电动机

4. 大型异步电动机不允许直接启动，其原因是( )。

A. 机械强度不够   B. 电机温升过高

C. 启动过程太快   D. 对电网冲击太大

5. Y-△降压启动中，调节时间继电器的延时时间等于电动机的( )。

A. 启动时间   B. 制动时间

C. 启动时间或制动时间   D. 启动时间和制动时间

(三) 判断题

1. 全压启动控制中，主回路电压一定是 380 V。( )

2. 容量小于 7.5 kW 的三相笼形异步电动机，一般采用全电压直接启动。( )

3. 电动机降压启动的主要目的就是减小启动的转矩。( )

4. 三相笼形异步电动机都可以采用 Y-△降压启动。( )

(四) 简答题

电动机在什么情况下应采用降压启动？定子绕组为 Y 连接的三相异步电动机能否用 Y-△降压启动？为什么？

任务5 三相异步电动机制动控制

一、任务描述

由于惯性作用，三相异步电动机断电后不能立刻停止，这往往不能满足某些生产机械的安全、准停、节约时间等工艺要求，如起重机的吊钩需要立即减速定位、万能铣床要求主轴迅速停转、电梯平层要求定位准停等，为满足生产机械的即时停车需求，需要对电动机进行制动。本任务要求学生掌握三相异步电动机的制动控制原理。

二、学习目标

知识目标

1. 了解电动机制动的目的。
2. 掌握三相异步电动机的制动控制原理，掌握反接制动的概念。

技能目标

1. 能识别、选择、安装、使用速度继电器。

2. 能够识别电动机的各种制动控制电路，并能正确分析控制电路的工作过程。

思政目标

1. 关注设备制动停机的安全性，增强安全意识。
2. 提高自身专业水平、思辨能力和责任意识，培养创新思维。

三、相关知识

1. 制动类型

电动机的制动可分为机械制动和电气制动，本任务主要介绍电气制动，即在电动机切断电源后，加入一个与电动机实际转向相反的电磁转矩，从而使电动机迅速停止。电气制动又可以分为反接制动、能耗制动等。

2. 制动原理

1) 反接制动

为使电动机迅速停止，可切断电动机电源，同时加上反相电源，此时，电动机转子的旋转方向与定子旋转磁场的方向相反，产生的电磁转矩为制动力矩，加快电动机减速。反接制动时，定子绕组中流过的反接制动电流相当于全压直接启动时电流的两倍，因此反接制动的特点是制动迅速，效果好，冲击大。这种制动方式通常仅适用于 1 kW 以下的小容量电动机。

注意：反接制动时，在电动机主电路中串接一定的电阻以限制反接制动电流。

2) 能耗制动

当电动机断开三相交流电后，在电动机定子绕组任意两相间立即加直流电源，利用转子感应电流与静止磁场的作用产生制动转矩。根据能耗制动时间控制原则，可用时间继电器进行控制。能耗制动的优点是制动准确、平稳且能量消耗较小，其缺点是需要附加直流电源装置，制动效果不及反接制动效果明显。所以，能耗制动一般用于电动机容量较大，启动、制动频繁的场合，如磨床、立式铣床等控制电路中。

3. 速度继电器

速度继电器主要用于三相异步电动机反接制动的控制电路中，其作用是当电动机在制动状态下迅速降低速度并在电动机转速接近零时立即发出信号，切断电源使电动机停止，否则电动机开始反方向启动。

1) 速度继电器的结构和工作原理

速度继电器的结构如图 1-44 所示，主要由转子、定子及触点三部分组成。速度继电器的轴与电动机的轴连接在一起，轴上有圆柱形永久磁铁，永久磁铁的外边套着嵌有笼形绕组的可以转动一定角度的外环。

速度继电器的工作原理是：当速度继电器由电动机带

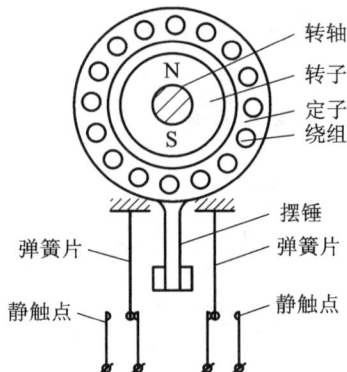

图 1-44　速度继电器的结构图

动时，它的永久磁铁的磁通切割外环的笼形绕组，在其中感应电动势与电流，此电流又与永久磁铁的磁通相互作用产生作用于笼形绕组的力而使外环转动；和外环固定在一起的支架上的顶块使常闭触点断开，使常开触点闭合；速度继电器外环的旋转方向由电动机确定，因此，顶块既可向左拨动触点，也可向右拨动触点使其动作，当速度继电器轴的速度低于某一转速时，顶块便恢复原位，处于中间位置。

2) 速度继电器的图形及文字符号

速度继电器的图形及文字符号如图 1-45 所示。速度继电器额定工作转速有 300～1000 r/min 与 1000～3000 r/min 两种。动作转速在 120 r/min 左右，复位转速在 100 r/min 以下。

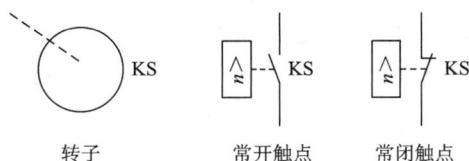

图 1-45　速度继电器的图形及文字符号

注意： 实际应用中要根据电动机的额定转速选择速度继电器。使用时，速度继电器的转轴应与电动机同轴连接。安装接线时，正反向的触点不能接错，否则不能起到反接制动时接通和切断反向电源的作用。

四、任务实施

1. 反接制动

1) 电动机单向反接制动

反接制动可采用速度继电器来检测电动机的速度变化。图 1-46 为电动机单向反接制动的控制电路。

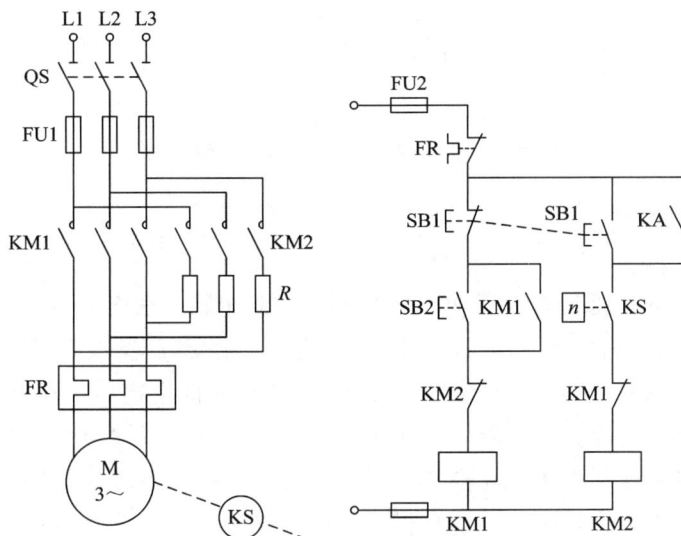

图 1-46　电动机单向反接制动的控制电路

该电路工作原理是：合上 QS，按下 SB2，KM1 通电自锁，互锁切断 KM2 线圈电路，电动机接入正序全压启动，转速从 0 增加至 120 r/min，KS 动合触点闭合，KM2 仍不得电，电动机全压正向运行；按下 SB1，SB1 切断 KM1 线圈电路，KM1 触点复位，切断电动机正向电源后，接通 KM2 线圈电路，KM2 触点动作，电动机接入反向电源，串入制动电阻，反接制动电动机快速减速，当转速降至 100 r/min 时，KS 复位，KM2 断电，反接制动结束，电动机断电停转。

请参考图 1-46 完成单向反接制动控制电路的连接和调试。

2）电动机可逆运行反接制动

图 1-47 为电动机可逆运行反接制动控制电路，其具有正反向反接制动控制作用，图中电阻 R 在启动时作定子串降压启动电阻，停止时作反接制动电阻，该电路的工作原理由读者分析。

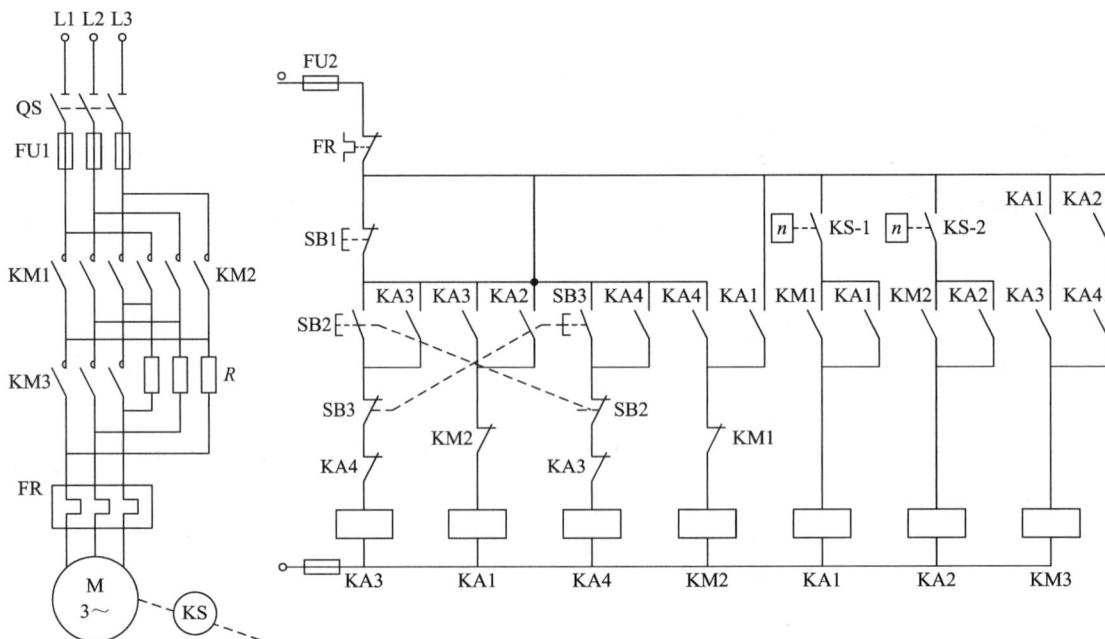

图 1-47　电动机可逆运行反接制动的控制电路

2. 电动机能耗制动

1）单向能耗制动

图 1-48 为采用时间原则控制的单向能耗制动控制电路。在电动机正常运行的时候，按下停止按钮 SB1，电动机由于 KM1 断电释放而脱离三相交流电源，而直流电源则由于接触器 KM2 线圈通电、KM2 主触点闭合而加入定子绕组，时间继电器 KT 线圈与 KM2 线圈同时通电并自锁，于是电动机进入能耗制动状态。当其转子的惯性速度接近于零时，时间继电器延时打开的常闭触点断开接触器 KM2 线圈电路。由于 KM2 常开辅助触点复位，时间继电器 KT 线圈的电源也被断开，电动机能耗制动结束。该电路具有手动控制能耗制动的能力，只要使停止按钮 SB1 处于按下的状态，电动机就能实现能耗制动。

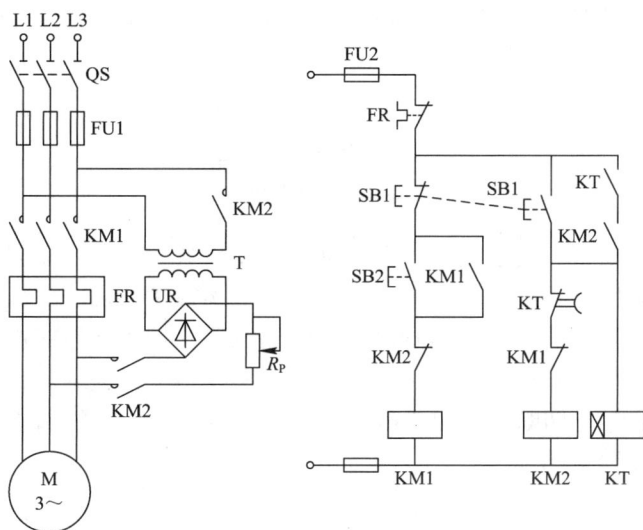

图 1-48 采用时间原则控制的单向能耗制动控制电路

2) 可逆运行能耗制动

图 1-49 为采用速度原则控制的可逆能耗制动控制电路。当速度继电器转速低于 120 r/min 时，速度继电器释放，其触点 KS-1 或 KS-2 在反力弹簧作用下复位断开，使 KM3 线圈断电释放，切断直流电源，能耗制动结束，电动机转速继续下降至零。

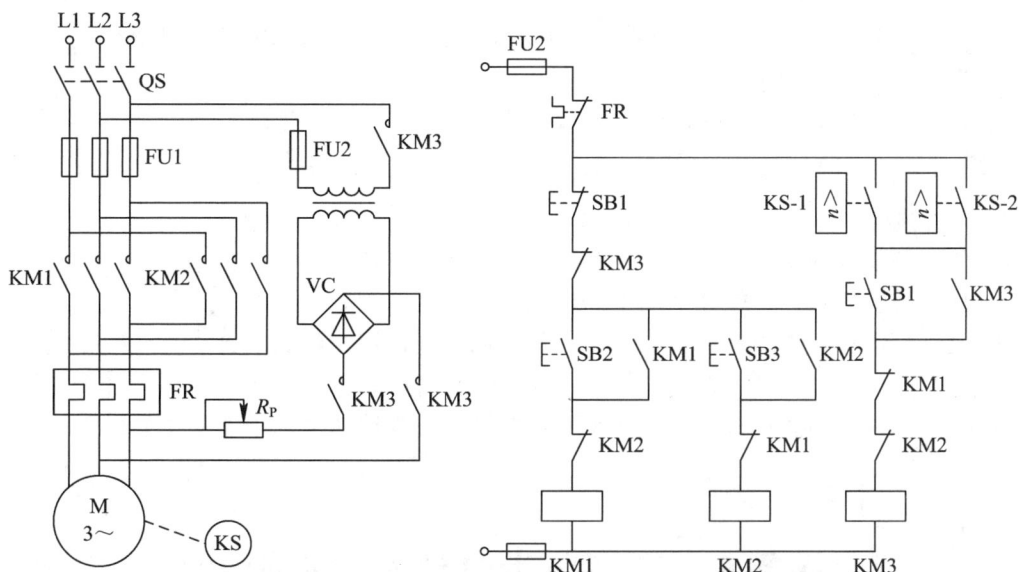

图 1-49 采用速度原则控制的可逆能耗制动控制电路

本电路适用于可逆运转，能够通过传动机构来反映电动机转速，且电动机容量较大、启停频繁的生产机械。

五、检查评价

通过本任务的学习，学生应学会识读并绘制三相异步电动机反接制动

考核评价表

控制电路的原理图，掌握一般故障的查找和排除方法，最终完成相应电路的安装、调试。

六、知识拓展

弱励磁保护

直流电动机在磁场有一定强度时才能启动，如果磁场太弱，电动机的启动电流就会很大。在空载或轻载条件下，正在运行的直流电动机磁场突然减弱或消失，转速就会迅速升高，甚至发生飞车，因此需要采取弱励磁保护。弱励磁保护是通过在电动机励磁回路中串入欠电流继电器来实现的。在电动机运行中，如果励磁电流消失或降低很多，欠电流继电器就会释放，其相应触点切断主回路接触器线圈的电源，使电动机断电停止。

七、研讨测评

(一) 填空题

1. 电动机制动方法有_____和_____两种，电气制动方法包括_____和_____。

2. 速度继电器的动作速度一般不低于_____，复位转速约在_____以下，该数值可以调整。

3. _____制动的优点是制动准确、平稳且能量消耗较小，缺点是需要附加_____，制动效果不及_____明显。

4. 使用速度继电器 KS 进行反接制动时，其_____触点复位，使_____接触器的线圈失电释放，及时切断电动机的电源，防止电动机反向再启动。

(二) 简答题

1. 什么是反接制动？怎样防止反接制动中电动机反转？
2. 什么是能耗制动？能耗制动中为什么使用直流电源？
3. 反接制动和能耗制动各有什么特点？它们分别适用于什么场合？
4. 什么是电动机的制动？电动机的制动方法有哪些？
5. 速度继电器的图形符号和文字符号是怎样的？简述速度继电器的主要作用。

任务 6　三相异步电动机调速控制

一、任务描述

在电力拖动控制系统中，根据控制设备的工艺要求，经常需要调整电动机的转速。由三相异步电动机的转速公式 $n = 60f(1-s)/p$ 可知，电动机的输出转速 n 与输入电源频率 f、

转差率 s、电动机的磁极对数 p 有关，此公式适合所有的交流电动机调速。本任务要求学生掌握三相异步电动机调速控制原理。

二、学习目标

知识目标

1. 了解三相异步电动机调速的方法、特点及使用条件。
2. 掌握三相异步电动机常用的调速方法及工作原理。

技能目标

能根据电动机电路原理图绘制电气安装接线图，并完成电路的安装、接线和调试。

思政目标

1. 养成求真务实、开拓进取的工作作风。
2. 弘扬科学严谨、精益求精的工匠精神。
3. 践行安全生产规范和团队协作精神。

三、相关知识

1. 调速方法

根据转速公式可知，电动机的调速方法主要有改变磁极对数 p(即变极调速)、改变电源频率 f(即变频调速)和改变转差率 s(即变转差率调速)三种。下面详细介绍三相笼形异步电动机各种调速方法的基本原理及其实现。

对于笼形异步电动机，可采用改变磁极对数、改变定子电压和改变电源频率的方法；而对于绕线式异步电动机，除采用变频调速外，常用的方法是转子串电阻调速或串级调速。

1) 变极调速

变极调速是通过接触器触点改变电动机绕组的外部接线方式，即改变电动机的磁极对数从而达到调速目的的。改变笼形异步电动机定子绕组的磁极对数以后，其转子绕组的磁极对数随之变化，而改变绕线式异步电动机定子绕组的磁极对数以后，它的转子绕组必须进行相应的重新组合，因而无法满足磁极对数能够随之变化的要求，因此变极调速只适用于笼形异步电动机。凡磁极对数可以改变的电动机称为多速电动机，常见的多速电动机有双速、三速、四速之分。双速电动机定子装有一套绕组，而三速、四速电动机则有两套绕组。

图 1-50 所示为三相笼形异步电动机变极原理图。把定子每相绕组都看成两个完全对称的"半相绕组"，1U1、1U2 代表 U 相的半相绕组，2U1、2U2 代表 U 相的另一半相绕组。以 U 相为例，设相电流从绕组的头部 U1 流进，从尾部 U2 流出，当 U 相两个"半相绕组"头尾相串联时(顺串)，根据右手螺旋定则，可判断出定子绕组产生 4 极磁场。若 U 相两个

"半相绕组"尾尾相串联(反串)或者头尾相并联(反并),则定子绕组产生 2 极磁场。从图中磁极分布可以看出,只要改变定子半相绕组的电流方向便可以实现极对数的改变。

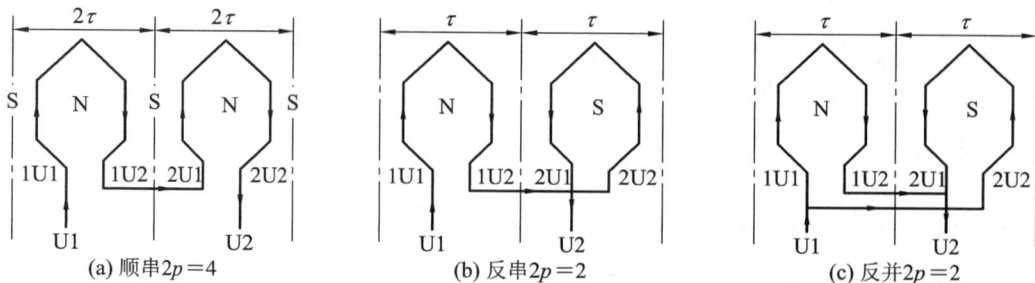

图 1-50　三相笼形异步电动机变极原理

当电动机磁极对数为 p 时,如果 U、V、W 的相位分别为 0°、120°、240°,如图 1-51(a)所示,那么在磁极对数为 $2p$ 时,U、V、W 的相位变为 0°、240°、480°(相当于 120°),如图 1-51(b)所示。显然,在磁极对数为 p 和 $2p$ 下,U、V、W 之间的相序相反,V、W 两端应对调,以保证变速前后电动机的转向相同。

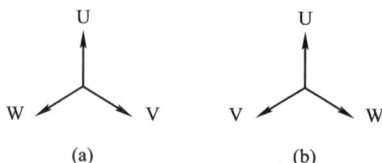

图 1-51　相序图

因此,对于三相异步电动机,磁极对数的改变会引起相序改变。为了确保变极前后转子的转向不变,变极的同时必须改变三相绕组的相序。

2) 变频调速

变频调速是指改变供电电源频率 f 来实现调速。变频调速可采用电力电子变频装置。

根据异步电动机的转速公式,只要平滑调节异步电动机定子供电频率 f,同步转速 n 随之改变,就可以平滑地调节转速,从而实现异步电动机的无级调速,这就是变频调速的基本原理。

变频调速初期投资大,运行维护费用低;调速过程中电动机机械特性的硬度不变,调速范围大、平滑性好、稳定性高、适应面广,能做到无级调速;基频以下为恒转矩调速,基频以上为恒功率调速。

3) 变转差率调速

改变转差率调速是通过调节定子电压、改变转子电路中的电阻以及采用串级调速来实现的。变转差率调速能保持电动机的同步转速 n_1 不变。

常用变转差率调速方法有转子串电阻调速、转子串附加电动势调速(也叫串级调速)和定子调压调速三种。前两种调速方法适用于三相绕线式异步电动机。第三种调速方法对于三相笼形异步电动机和三相绕线转子异步电动机都适用。

2. 电气调速的两种调速性质

(1) 恒转矩调速。在电气调速时,不管电动机转速 n 的高低,只要电动机的定子电流保持不变,转子上获得的电磁转矩 T 就不变。

(2) 恒功率调速。在电气调速时，不管电动机转速 n 的高低，只要电动机的定子电流保持不变，转轴上输出的功率 P 就不变。

实际生产中，电动机采用的调速方法要与其所拖动的负载特性相匹配，即恒转矩负载要用具有恒转矩调速性质的调速方法，恒功率负载要用具有恒功率调速性质的调速方法。

四、任务实施

1. 变极调速控制电路

按钮切换的△-YY 变极调速控制电路如图 1-52 所示。

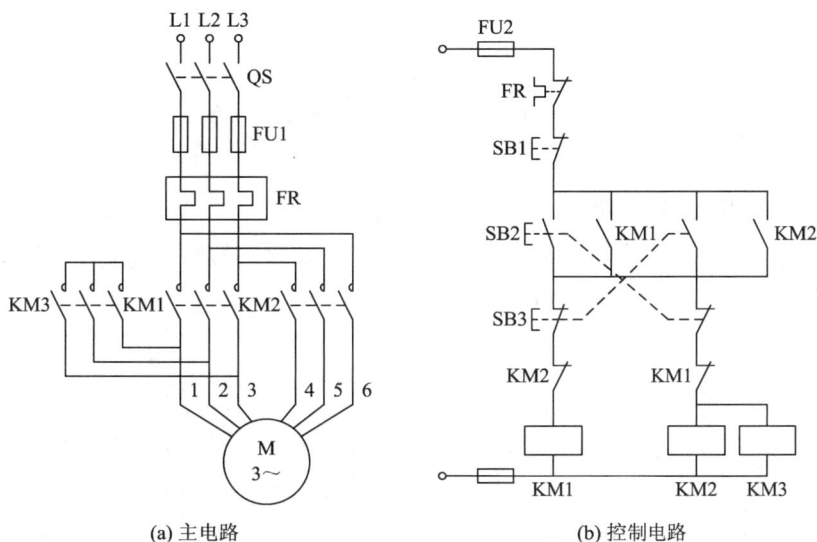

(a) 主电路　　　(b) 控制电路

图 1-52　按钮切换的△-YY 变极调速控制电路

图 1-52 所示电路的工作原理如下：启动时，合上 QS，按下 SB2，交流接触器 KM1 线圈通电，KM1 主触点闭合，电动机采用△连接并低速运行，同时 SB2 常闭触点断开，KM1 常闭辅助触点断开，防止 KM1 与 KM2、KM3 线圈同时接通导致电路短路；按下 SB3，先断开与 KM1 线圈串联的常闭触点，KM1 失电，然后 SB3 的常开触点闭合，KM2、KM3 线圈通电，KM2、KM3 主触点闭合，电动机采用 YY 连接并高速运行，同时 KM2 常闭辅助触点断开，防止 KM2、KM3 与 KM1 线圈同时接通导致电路短路。

变极调速控制电路的特点总结如下：采用变极调速方法的电动机称为多速电动机；变极调速设备简单、机械特性硬、运行可靠、效率高、经济性好；变极调速为有级调速，平滑性差且只适用笼形异步电动机；变极调速用在对调速性能要求不高的场合，如铣床、磨床等机床上。

请参考图 1-52 完成变极调速控制电路的连接和调试。

2. 变频调速控制电路

变频的核心是变频器。变频器能将 50 Hz 的固定电网频率调整到其调频范围内的任意频率，以实现电动机转速的调节。变频器调速点动控制电路如图 1-53 所示，将变频器的控制端子 FWD 与 CM 短接时电动机启动，断开时电动机停止。运行频率既可以提前设定，也可以在运行中通过面板按键或调节可调电阻的大小完成调节。

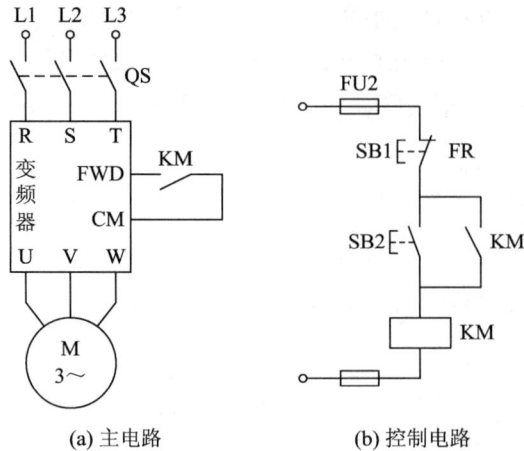

(a) 主电路   (b) 控制电路

图 1-53　变频器调速点动控制电路

3. 变转差率调速控制电路

对于转子串电阻调速，为提高工作的可靠性，控制电路接直流电源。图 1-54 所示为主令控制器控制的转子串电阻调速控制电路。

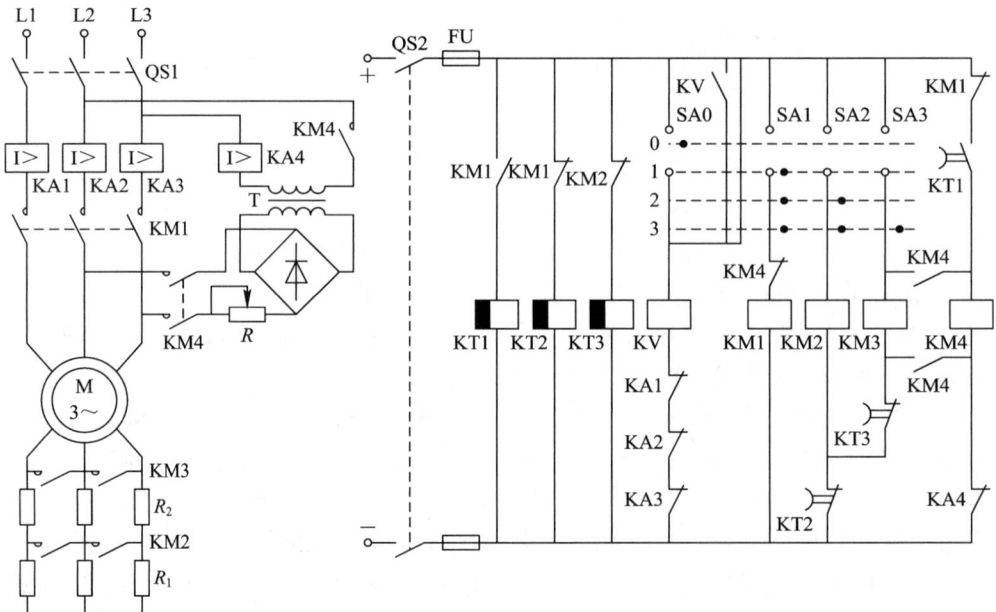

图 1-54　主令控制器控制的转子串电阻调速控制电路

启动前先将主令控制器 SA 手柄置于 "0" 位，再合上隔离开关 QS1、QS2。

"0" 位继电器 KV 线圈通电并自锁，为把主令控制器 SA 手柄置于 "1" "2" "3" 位准备通路。KT2、KT3 线圈得电，其延时常闭触点立即打开，确保 KM2、KM3 线圈断电，转子回路串入全部电阻，为启动做准备。

启动控制请读者自行分析。

(1) 调速控制：电动机需要低速运行时，将 SA 手柄推向 "2" 或 "1" 位，转子电路串

入一级电阻 R_2 或两级电阻$(R_1 + R_2)$，电动机低速运行。

(2) 制动控制：将 SA 手柄推回"0"位，SA0 接通，KM1、KM2、KM3 线圈断电，切除电动机交流电；KT1 线圈失电，KT2、KT3 线圈得电。KM1 常开触点断开，KT1 线圈失电，开始延时，延时断开触点仍闭合；KM1 常闭触点复位闭合，KM4 得电，电动机接入直流电实现能耗制动；KM4 常开触点闭合，KM3 得电，短接全部转子电阻，KT1 延时结束，延时断开触点复位断开，KM3、KM4 线圈失电，制动结束。

五、检查评价

通过本任务的学习，学生应学会识读并绘制三相异步电动机变极调速控制电路的原理图，掌握一般电路故障的查找和排除方法，最终完成相应电路的安装、调试。

考核评价表

六、知识拓展

1. 变极方法

改变磁极对数可以通过改变定子绕组的接线方式，从而改变绕组中电流的方向来实现。定子绕组的接线方式主要包括 Y-YY 和 △-YY 两种，图 1-55 所示为三相笼形异步电动机 Y-YY 变极接线图，图 1-56 所示为三相笼形异步电动机 △-YY 变极接线图。

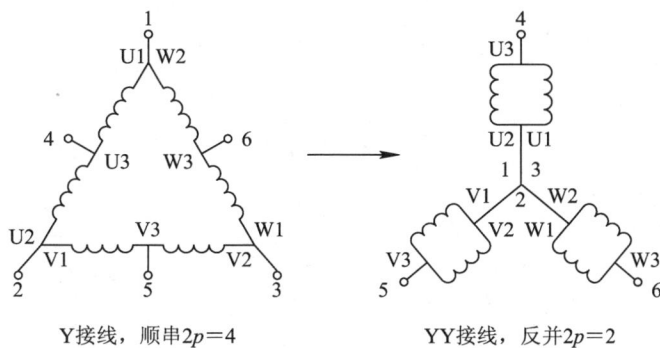

Y接线，顺串2p=4　　　　YY接线，反并2p=2

图 1-55　三相笼形异步电动机 Y-YY 变极接线图

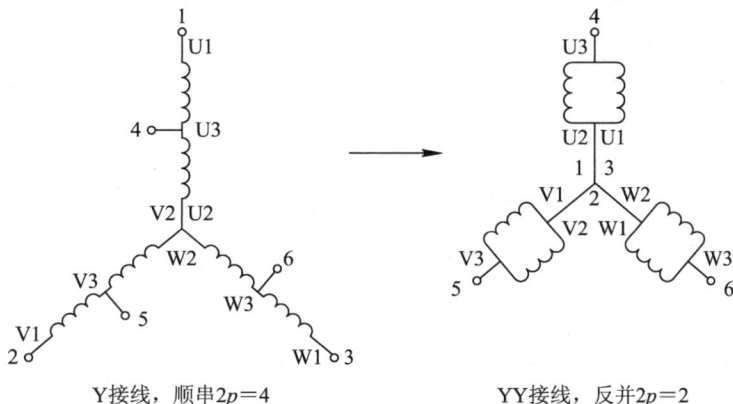

Y接线，顺串2p=4　　　　YY接线，反并2p=2

图 1-56　三相笼形异步电动机 △-YY 变极接线图

1) Y 连接

三相定子绕组的中间端子 U3、V3、W3 悬空，首端 U1、V1、W1 分别接三相电源，尾端 U2、V2、W2 短接到一点。每相定子绕组的半相绕组都是"顺串"，磁极数为 4。

2) YY 连接

三相绕组的首端和尾端都短接到一点，三个中间端子分别接三相电源，每相定子绕组的半相绕组都是反并，磁极数为 2。

3) △连接

三相定子绕组的中间端子悬空，三相绕组的首端和尾端顺次相连，连接点分别接三相电源。每相定子绕组的半相绕组都是"顺串"，磁极数为 4。

2. 变极调速的转向问题

在电动机定子绕组所构成的圆周上，电角度是机械角度的 p 倍，p 改变必然引起定子绕组空间相序的改变，即变极的同时定子旋转磁场的方向会跟着改变，转子的转向也随之改变。三相异步电动机变极调速时，不管采用的是哪种变极方式，只要让磁极对数 p 发生改变，变极之后，电动机的转速 n 不仅大小会改变，而且方向也会改变。

综上，在变极调速时，调换接入三相定子绕组的任意两相电源的相序，就能只改变转速 n 的高低，而不改变其转向。

七、研讨测评

(一) 填空题

1. 三相异步电动机的调速方法有_____、_____和变极调速。

2. 变极调速只适用于_____异步电动机。

3. 变频的核心是_____。

4. 常用变转差率调速的方法有转子串电阻调速、_____、_____。

5. 变极调速方法主要包括_____和_____两种。

(二) 简答题

1. 简述变频器电动控制电路的工作原理。

2. 简述变转差率调速的工作原理。

3. 简述变极调速的方法。

项目二 初识 PLC 与编程软件

可编程逻辑控制器(Programmable Logic Controller，PLC)在工业控制领域中的应用具有非常重要的意义。在 PLC 发展的初期，PLC 主要用来取代继电器-接触器控制系统，即用于开关量的逻辑控制系统中。发展到今天，PLC 除具有逻辑控制功能外，还具有运动控制、过程控制、数据处理、通信联网等多种功能，是一种可以和计算机媲美的工业环境下应用的多功能控制装置。虽然现在市场上 PLC 的生产厂家众多，品牌、型号也有很多种，但可编程逻辑控制器的工作原理、基本结构和特点、工作方式等基本相似。本项目主要介绍 PLC 的产生、特点、应用、分类及性能指标等，重点介绍西门子 S7-1200 PLC 的结构、工作原理以及编程软件的使用。

任务 7　S7-1200 PLC 的硬件组成及系统配置

一、任务描述

PLC 是一种数字运算电子系统，专为在工业环境下应用而设计。它使用可编程存储器存储用户程序，并通过输入/输出接口控制各种类型的机械设备。PLC 具备可靠、耐用、维护简单等特点，是现代工业自动化技术的核心。本任务要求学生初步了解 PLC 的基础知识、S7-1200 PLC 的硬件组成及系统配置。

二、学习目标

知识目标

1. 了解 PLC 的工作原理、应用现状、分类及发展趋势。
2. 理解 S7-1200 PLC 的核心组成部分(CPU 模块、I/O 模块和通信模块)的功能和特点。
3. 了解 S7-1200 PLC 的物理接口及其功能，如数字和模拟输入/输出端口、网络接口等。

技能目标

1. 熟悉 S7-1200 PLC 模块和信号板的配置与扩展，能根据实际需求进行硬件选择和配置。

2. 熟悉 CPU 面板上的状态指示灯，了解不同工作模式下的状态。

思政目标

1. 培养刻苦勤奋、诚实守信、持之以恒的学习态度。
2. 了解国内外 PLC 的发展历史，培养学习兴趣，增强为国效力的坚定信念。

三、相关知识

1. PLC 的发展及特点

1968 年，美国通用汽车制造公司为了提高汽车的生产制造效率，试图寻找一种新型的工业控制器，以解决继电控制系统中继电器、接触器维修难、体积大、噪声大、维护不方便以及可靠性差等普遍存在的问题。1969 年，美国数字设备公司(DEC)研制成功可编程逻辑控制器 PDP-14，并在通用汽车的自动装配线上试用成功，从此开创了工业控制的新局面。这项新技术的应用，在工业界产生了巨大的影响。1971 年，日本引进了这项技术，很快研制出可编程逻辑控制器 DCS-8。1973 年后，德国和法国也很快研制出了他们的可编程逻辑控制器。

1974 年，我国开始研制可编程逻辑控制器。1977 年，我国在工业领域推广 PLC。20 世纪 80 年代前，我国 PLC 技术发展较慢，因此引进了不少外国的 PLC，有的单位也仿制或研制了 PLC。到了 20 世纪 80 年代的末期，我国 PLC 技术飞速发展，国内厂商在技术上不断进步，开始在一些特定领域与国际品牌展开竞争。制造业的升级改造和智能制造的推进，对 PLC 的需求日益增长。同时国家政策的支持也为本土 PLC 的发展提供了良好的环境。目前国内 PLC 应用市场仍然以国外产品为主，如西门子 S7 系列、三菱 FX 系列及欧姆龙系列。国产 PLC 以中小型为主，具有代表性的厂家有无锡信捷电气股份有限公司、深圳市矩形科技有限公司、深圳市汇川技术股份有限公司等，多种产品已具备了一定规模并在工业产品中获得了应用。总体来看，中国的 PLC 市场竞争激烈但发展前景广阔。

PLC 的特点是通用灵活、安全可靠，具有非常高的环境适应性，并且操作简单、维护方便。PLC 在工业界被广泛运用，是工业控制的核心部分。

2. S7-1200 PLC 的硬件组成

SIMATIC S7-1200 PLC 是由西门子公司制造的多功能紧凑型、模块化 PLC。它能够轻松应对从基础到高级的逻辑控制任务，包括人机界面(HMI)触摸屏和网络通信功能。S7-1200 PLC 拥有强大的指令集，组态灵活，能够满足工业自动化的多样需求。对于那些需要网络通信以及单屏或多屏 HMI 集成的自动化系统，S7-1200 PLC 提供了易于设计和实施的解决方案。此外，它还配备了高级功能，适用于小型运动和过程控制系统。S7-1200 PLC 的硬件组成如图 2-1 所示。

PLC 的工作原理及
硬件组成

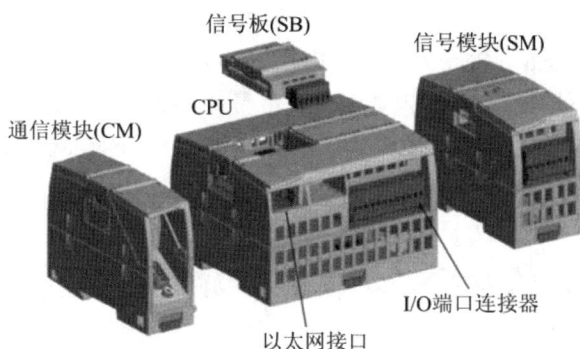

图 2-1　S7-1200 PLC 的硬件组成

1）CPU 模块

S7-1200 PLC 的 CPU 模块(外形如图 2-2 所示)将微处理器、集成电源、模拟量 I/O 端口和多个数字量 I/O 端口集成在一个紧凑的壳体中，形成功能强大的微型 PLC。CPU 的电源连接端口是 CPU 的电源输入端(输入 24 V 直流电)，同时它还具有对外输出 24 V 直流电的能力。CPU 的状态指示灯用于提供 CPU 模块的运行状态信息。网络状态指示灯能够提供网络连接状态以及数据传输状态信息。以太网接口用于 CPU 的通信以及程序上传下载。

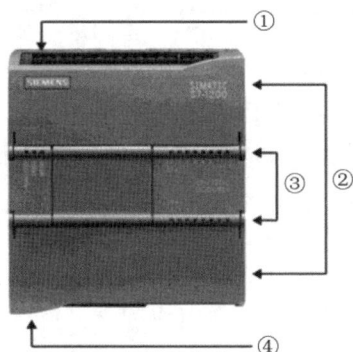

① 电源连接端口
② 可拆卸用户接线连接端口(门后面)
③ 状态的指示灯
④ 以太网接口(CPU的底部)
为了与编程设备通信，CPU提供了内置
PROFINET端口。借助PROFINET网络，
CPU可以与HMI面板或其他CPU通信。

图 2-2　S7-1200 PLC 的 CPU

S7-1200 PLC 的 CPU 有 CPU 1211C、CPU 1212C、CPU 1214C、CPU 1215C 和 CPU 1217C 等多个子系列，每个子系列下面又根据集成 I/O 端口类型的不同有 DC/DC/DC、DC/DC/Rly、AC/DC/Rly 等。其中 DC 表示直流、AC 表示交流、Rly(Relay)表示继电器。

2）信号模块

S7-1200 PLC 的信号模块(Signal Module，SM)比较丰富，涵盖了 DI(Digital Input，即数字量输入)、DO(Digital Output，即数字量输出)、AI(Analog Input，即模拟量输入)和 AO(Analog Output，即模拟量输出)等多种类型。这些信号模块被安置在 CPU 模块的右侧。多达 12 种信号模块可连接到 CPU，以此来增强数字或模拟 I/O 端口的数量。

3）通信模块

通信模块(Communication Module，CM)安装在 CPU 的左侧。每个 CPU 模块最多可以配置 3 个通信模块。这些通信模块包括多种类型，如 PROFIBUS 主从站通信、RS485 和 RS232。通信模块为点对点的串行通信提供连接及 I/O 连接主站。

4) 信号板

信号板 (Singal Board, SB)是安装在 CPU 模块上用于扩展 CPU 的 I/O 端口数量或者通信功能的模块。由此可以通过向控制器添加数字量或模拟量输入/输出通道来扩展 CPU,而不必改变其体积。S7-1200 PLC 的模块化设计允许按用户需求准确地设计控制器系统。

3. PLC 的工作过程及 CPU 的工作模式

1) PLC 的工作过程

PLC 执行程序的过程分为三个阶段,即输入采样阶段、程序执行阶段、输出刷新阶段,如图 2-3 所示。

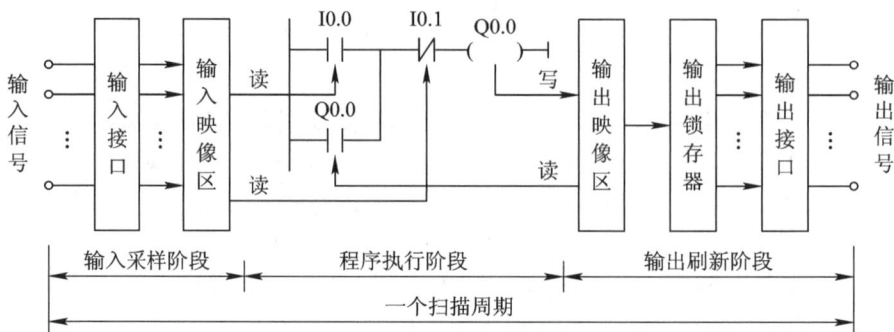

图 2-3 PLC 的工作过程

(1) 输入采样阶段。PLC 在输入采样阶段,以扫描工作方式按顺序对所有输入端的输入状态进行采样,并将各输入状态存入输入映像区中的相应单元内,此时输入映像区被刷新。

(2) 程序执行阶段。在程序执行阶段,PLC 对程序按顺序进行扫描执行。若程序用梯形图表示,则 PLC 将按照从左到右、从上至下的顺序逐点扫描,并分别从输入映像区和输出映像区中读出输入、输出的状态(0 或 1),接着运算、处理用户程序,再将运算的结果存入输出映像区。对于输出映像区来说,其内容会随程序执行的过程而变化。

(3) 输出刷新阶段。当所有程序执行完毕后,进入输出刷新阶段。在这一阶段,PLC 将输出映像区中所有输出继电器的状态转存到输出锁存器中,并通过一定方式输出,以驱动外部负载。

因此,PLC 在一个扫描周期内,只在输入采样阶段采样输入状态,当 PLC 进入程序执行阶段后输入端将被封锁,直到下一个扫描周期的输入采样阶段才对输入状态进行重新采样,这种采样方式称为集中采样。

在用户程序中如果对输出结果多次赋值,则最后一次赋值有效。在一个扫描周期内,只在输出刷新阶段才把输出状态从输出锁存器中输出,对输出接口进行刷新,在其他阶段里输出状态一直保存在输出锁存器中,这种方式称为集中输出。

对于小型 PLC,其 I/O 点数较少,用户程序较短,一般采用集中采样、集中输出的工作方式,虽然在一定程度上该方式会降低系统的响应速度,但 PLC 工作时大多数时间与外部输入/输出设备隔离,从根本上提高了系统的抗干扰能力,增强了系统的可靠性。

而对于大中型 PLC,其 I/O 点数较多,控制功能强,且用户程序长,为提高系统响应速度，可以采用定期采样、定期输出等方式。由 PLC 的工作原理可知，从 PLC 输入信号发生变化到 PLC 输出端对该变化作出反应，是需要一段时间的，这种现象称为 PLC 的 I/O 响应滞后。对一般的工业控制，这种滞后是允许的。滞后时间是设计 PLC 应用系统时应特别注意的。

PLC 的工作方式是不断循环顺序扫描，每一次扫描所用的时间称为扫描周期。扫描周期的长短与 CPU 执行指令的速度、执行每条指令占用的时间和程序指令的多少有关。

2) CPU 的工作模式

S7-1200 CPU 有三种工作模式：停止(STOP)模式、启动(STARTUP)模式和运行(RUN)模式。CPU 前面板上的状态指示灯用于显示当前的工作模式，如图 2-4 所示。

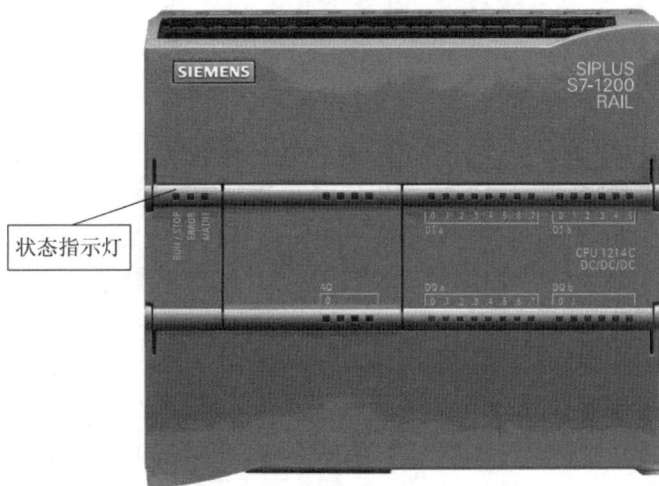

图 2-4　CPU 状态指示灯

在停止(STOP)模式下，CPU 处理所有通信请求(如果有的话)并执行自诊断，但不执行用户程序，过程映像也不会自动更新。只有当 CPU 处于 STOP 模式时，PLC 才能进行项目的下载。

通电后，CPU 首先进入启动(STARTUP)模式，执行通电诊断并进行系统初始化。若检查出错误，CPU 将不会进入 RUN 模式，而是转入 STOP 模式，且指示灯变成红色并闪烁。在此模式下不处理任何中断事件。

在运行(RUN)模式下，CPU 将循环执行扫描，并且在程序循环的任何阶段都可能处理中断事件。处于运行模式下时，PLC 无法下载任何项目。

需要注意的是，S7-1200 PLC 的 CPU 没有用于更改操作模式(STOP 或 RUN)的物理开关。在设备配置中组态 CPU 时，应在 CPU 属性中组态启动行为。

4. PLC 的编程语言

PLC 有梯形图、指令语句表、结构文本、功能块图和顺序功能图 5 种基本编程语言。

1) 梯形图(Ladder Diagram，LD)

西门子自动化全系列 PLC 均支持梯形图编程语言。梯形图在博途软件中简称 LAD。梯形图直观易懂，适用于数字量逻辑控制，应用广泛，非常适合熟悉继电器电路的人员使用。设计复杂的触点电路时常采用梯形图实现。梯形图在小型 PLC 中的应用极为广泛。

2) 指令语句表(Instruction List，IL)

指令语句表在博途软件中称为 STL(Statement List，语句表)，它的功能比梯形图或功能块图的功能强。指令语句表输入快，每条语句后可加上注释，可供擅长用汇编语言编程的用户使用。S7-1200 PLC 不支持指令语句表，但 S7-300/400/1500 PLC 支持指令语句表。

3) 结构文本(Structured Text，ST)

结构文本在博途软件中称为 S7-SCL。它是一种高级编程语言，适合熟悉高级编程语言的人员使用。除具备 PLC 常见的元素如输入、输出和定时器之外，S7-SCL 还具备高级编程语言中常见的表达式、运算符以及赋值操作。S7-SCL 提供了一系列方便的指令，用于实现程序的控制。例如设置程序分支、执行循环操作或进行跳转。S7-SCL 编程语言的使用将越来越广泛，是被大家推荐的编程语言。它适用于复杂的公式计算、复杂的任务计算，最优化算法或管理大量的数据等。

4) 功能块图(Function Block Diagram，FBD)

西门子全系列 PLC 均支持功能块图。功能块图比较适合有数字电路基础的编程人员使用。它使用类似于布尔代数的图形逻辑符号来表示控制逻辑。一些复杂的功能用指令框表示，方框被类似于导线的连线连接在一起，信号自左向右流动。在 TIA 博途程序段中可使用鼠标右键单击"Main(OB1)"菜单，选择"切换编程语言"中的"FBD"命令进行切换。

5) 顺序功能图(Sequential Function Chart，SFC)

顺序功能图在 TIA 博途软件中称为 S7-Graph。S7-Graph 是针对顺序控制系统进行编程的图形编程语言，特别适合顺序控制程序的编写。但 S7-1200 PLC 不支持顺序功能图，使用时需要将顺序功能图转化为梯形图，S7-300/400/1500 PLC 均支持顺序功能图。

本书主要使用梯形图编程语言。

5. PLC 的分类

1) 基于结构形式的分类

PLC 按照硬件的结构可以分为整体式、模块式和叠装式。

(1) 整体式 PLC。整体式 PLC 将电源、CPU、存储器、I/O 系统都集成在一起。其特点是结构紧凑、体积小、成本低、安装方便，但功能相对固定，灵活性较差。

(2) 模块(组合)式 PLC。模块式 PLC 是把 PLC 的各个组成部分按照功能分成若干个模块。模块式 PLC 的特点是 I/O 搭配灵活，安装调试、扩展、维修方便但成本相对较高。

(3) 叠装式 PLC。叠装式 PLC 集整体式的结构紧凑、体积小、安装方便和模块式的 I/O 搭配灵活、安装整齐的优点于一身。其特点是 CPU 自成独立的基本单元，其他 I/O 模块为扩展单元。各个单元一个个地叠装，使系统配置灵活且体积小巧。

2) 按 I/O 点数分类

PLC 按照 I/O 点数可分为小型 PLC、中型 PLC 和大型 PLC。

(1) 小型 PLC：I/O 点数在 256 以下，存储器容量在 4KB 以下的 PLC。

(2) 中型 PLC：I/O 点数为 256～2048，存储器容量为 4～8 KB 的 PLC。

(3) 大型 PLC：I/O 点数在 2048 以上，存储器容量为 8～16 KB 的 PLC。

3）按实现功能分类

PLC 按照实现功能可分为低档 PLC、中档 PLC 和高档 PLC。

(1) 低档 PLC：主要用于逻辑控制、顺序控制或少量模拟量控制的单机控制系统。

(2) 中档机 PLC：除具有低档 PLC 功能外，还具有更强的算术运算、数据传输和比较、数据转换等功能，以及子程序和中断处理等。

(3) 高档 PLC：在中档 PLC 功能基础上，增加了如带符号算术运算、矩阵运算等高级功能，以及 CRT 显示、打印机打印等功能。高档 PLC 具有更强的通信联网功能。

在实际中，PLC 功能的强弱与其 I/O 点数是相互关联的，即 PLC 的功能越强，其可配置的 I/O 点数就越多。在国内工业控制领域，中档和低档 PLC 的应用较为广泛。

四、任务实施

1. PLC 的安装

S7-1200 PLC 尺寸较小可以有效地利用空间，易于安装。安装时应注意以下几点：

(1) 将 PLC 水平或垂直安装在面板或标准导轨上。

(2) S7-1200 PLC 采用自然冷却方式，因此要确保其安装位置的上、下部分与邻近设备之间至少留出 25 mm 的距离，另外模块前端与机柜内壁之间至少应留出 25 mm 深度。

(3) 当采用垂直安装方式时，其允许的最大环境温度要比水平安装方式降低 10℃，并要确保 CPU 安装在最下面。

2. CPU 的安装

安装时，首先要将全部通信模块连接到 CPU 上，然后将它们作为一个单元来安装。将 CPU 安装到 DIN 导轨上的步骤如下：

(1) 安装 DIN 导轨，将导轨按照每隔 75 mm 的距离分别固定到安装板上。

(2) 将 CPU 挂到 DIN 导轨上方。

(3) 拉出 CPU 下方的 DIN 导轨卡夹，以便能将 CPU 安装到导轨上。

(4) 向下转动 CPU 使其在导轨上就位。

(5) 推入卡夹，将 CPU 锁定到导轨上。

3. CPU 的拆卸

拆卸 CPU 时，要先断开 CPU 的电源及其 I/O 连接端口连线或电缆，然后将 CPU 所有相邻的通信模块作为一个完整的单元拆卸。所有信号模块应保持安装状态，如果信号模块已连接到 CPU，则需要首先缩回总线连接器。

CPU 的拆卸步骤如下：

(1) 将螺钉旋具放到信号模块的上方的小接头旁。

(2) 向下按螺钉旋具使连接器与 CPU 相分离。

(3) 将小接头完全滑到右侧。

(4) 拉出 DIN 导轨卡夹，从导轨上松开 CPU。

(5) 向上转动 CPU 使其脱离导轨，然后从系统中卸下 CPU。

由于篇幅所限，信号模块、通信模块及信号板的安装和拆卸，读者可自己摸索。

五、检查评价

本任务的重点是掌握 PLC 的基础知识及 S7-1200 系列 PLC 的硬件组成和系统配置。

本考核评价表

六、知识拓展

计算机控制系统、PLC 与传统继电-接触器控制系统的工作过程的区别如下：

(1) 计算机控制系统：采用等待方式(启动电脑，等待键盘和鼠标发出命令)。

(2) PLC：采用循环扫描(存在滞后，前后触点有时间差)。

(3) 继电-接触器控制系统：硬件通断，并行工作(线圈通电，所有触点同时动作，机械滞后可忽略)。

随着技术的发展，PLC 在未来可能会呈现以下几个发展趋势：① 集成与智能化；② 物联网(IoT)集成；③ 模块化和小型化；④ 安全性增强；⑤ 应用于云计算和边缘计算；⑥ 更强的人机交互能力；⑦ 可持续性和高能源效率。PLC 技术在不断进步，以适应工业自动化和智能制造的新需求。随着技术的发展，PLC 将继续在工业控制系统中发挥核心作用。

七、研讨测评

(一) 填空题

1. PLC 采用的是不间断的_____工作方式，每个工作周期包括_____、_____和_____三个阶段。

2. CPU 1214C AC/DC/Rly 中，AC 表示_____，DC 表示_____，Rly 表示_____。

3. CPU 1214C 最多可以扩展_____个信号模块、_____个通信模块。信号模块安装在 CPU 的_____边，通信模块安装在 CPU 的_____边。

(二) 选择题

1. PLC 控制系统的前身是什么？(   )

A. 单片机控制系统   B. 继电器-接触器控制系统

C. 现场总线控制系统   D. DCS 控制系统

2. S7-1200 和 S7-1500 系列的 PLC 由下列哪个厂家生产？(   )

A. 美国 AB   B. 法国施耐德

C. 德国西门子   D. 日本三菱

3. S7-1200 PLC 的 PLC 的 CPU 中"IM"端口为(   )。

A. 输出端口公共端   B. 输入端口公共端

C. 空端子   D. 内置电源 0V 端

(三) 判断题

1. PLC 是一种数据运算控制的电子系统，专为在工业环境下应用而设计。它是用可编程序的存储器，通过执行程序，完成简单的逻辑功能。(   )

2. S7-1200 PLC 的 CPU1214C AC/DC/Rly 只能驱动直流负载。(   )

3. PLC 采用循环扫描工作方式，集中采样和集中输出，避免了触点竞争，大大提高了 PLC 的可靠性。(　　)

(四) 简答题

与传统的继电器-接触器控制系统或单片机控制系统相比，PLC 有哪些优势和局限性？

任务 8　博途 STEP7 软件安装与使用

一、任务描述

博途软件(TIA Portal)是全集成自动化博途(Totally Integrated Automation Portal)的简称。它是业内首个集工程组态、软件编程和项目环境配置于一体的全集成自动化软件，几乎涵盖了所有自动化控制编程任务。本任务是了解博途软件的功能，安装博途软件并用博途软件组态一个新项目。

二、学习目标

知识目标

1. 了解博途软件的组成、安装步骤及功能。
2. 认识博途软件的界面，能使用博途软件进行简单程序的组态。

技能目标

1. 会安装博途软件并能处理安装过程中遇到的问题。
2. 能有效运用博途软件中提供的在线帮助系统解决编程和配置过程中遇到的问题。

思政目标

1. 注重安全意识和环保意识，注重自身综合素质的提升。
2. 通过实操和项目实施过程，提升创新思维和创新能力。
3. 在项目开发过程中，注重团队意识、工程伦理意识以及职业精神。

三、相关知识

1. 博途软件的组成

1) 博途 STEP7 简介

博途软件主要包括 STEP7、WinCC 和 StartDrive 这三款软件。博途 STEP7 是用于组态 SIMATIC S7-1200 PLC、S7-1500 PLC、S7-300/400 PLC 和 WinAC 系列软件控制器的工程

组态软件。从博途 V15 开始，STEP7 和 WinCC 作为博途的基本组件，是集成在一起安装的。不同版本对计算机硬件的要求是不一样的。这里的版本包含两个层面的意思，一层意思是发行版本，如 V15、V15.1、V16 等，这些版本的不同之处在于每个更新版本都会增加一些新功能，当然对计算机的配置要求也会增加。另一层意思是在同一发行版本中又有配置版本的不同，如"基本版""专业版"等，如博途 STEP7 基本版用于 S7-1200 PLC；博途 STEP7 专业版用于 S7-1200 PLC、S7-1500PLC、S7-300/400 PLC 和 WinAC。

2) 博途 WinCC 简介

博途 WinCC 是组态 SIMATIC 面板、WinCC Runtime 和 SCADA 系统的可视化软件，它可以配置 SIMATIC 工业 PC 和标准 PC。博途 WinCC 有以下 4 种版本：

(1) 博途 WinCC 基本版：用于组态精简面板，它已经被包含在博途 STEP7 产品中。

(2) 博途 WinCC 精智版：用于组态所有面板，包括精简面板、精智面板和移动面板。

(3) 博途 WinCC 高级版：用于组态所有面板，运行 WinCC Runtime 高级版的 PC。

(4) 博途 WinCC 专业版：用于组态所有面板，运行 WinCC Runtime 高级版和专业版的 PC。

2. 博途 STEP7 软件的安装

1) 对计算机硬件和操作系统的配置要求

安装博途 STEP7 对计算机硬件和操作系统有一定的要求，表 2-1 为博途 V16 对计算机硬件的最低配置要求和推荐配置要求。

表 2-1　博途 V16 对计算机硬件的最低配置要求和推荐配置要求

项　　目	最低配置要求	推荐配置要求
CPU	Intel®CoreTMi3-6100U，2.30 GHz	Intel CoreTM i5-6440EQ，3.4 GHz
内存	8 G	16 GB 或更多(对于大型项目为 32 GB)
硬盘	S-ATA，至少配备 20 GB 可用空间	SSD，至少配备 50 GB 的存储空间
屏幕分辨率	1024 × 768 像素	1920 × 1080 像素

2) 博途软件安装前的准备

博途软件安装前进行如下准备：

(1) 解压安装包，安装包解压后的文件存放路径不能有中文字符，所有的路径都不能有中文字符。博途 V16 可以安装在 C 盘以外的其他盘，但推荐安装在 C 盘。

(2) 关闭杀毒软件、防火墙软件、防木马软件和系统优化软件等。

(3) 安装".NET3.5"运行环境和 MSMQ 服务器。

(4) 修改注册表。在搜索栏里输入"regedit"打开注册表，打开路径"计算机\HKEY_LOCAL_MACHINE\SYSTEM\CurrentControlSet\Control\Session Manager"，删除"PendingFileRenameOperations"这个键值。

3) 博途软件的安装

从官网下载的安装文件总共有 4 个"TIA_Portal_STEP7_Prof_Safety_WINCC_Prof_V16"的文件，其中带".exe"标志的为可执行文件，具体安装过程如下。

(1) 双击"TIA_Portal_STEP7_Prof_Safety_WINCC_Prof_V16.exe"，弹出欢迎使用 TIA Portal STEP7 Prof Safety WINCC Prof V16.0 安装程序对话框，这一步的作用是将安装包文

件解压缩。单击"下一步"按钮，会出现安装语言选择界面，在这里选择简体中文。再单击"下一步"按钮，会出现解压路径选择界面，需要注意的是，解压的路径需要选择英文路径。需要指出的是这是安装包的解压路径不是程序的安装路径，解压出来的文件，在装完软件之后是可以删除的。解压路径选择界面有两个选项，如果勾选第一个选项"解压缩安装程序文件，但不进行安装"，则解压之后需要手动在解压目录找到安装文件进行安装；如果不勾选，则在解压之后软件会自动安装，在这里选择不勾选。如果勾选第二个选项"退出时删除提取的文件"，则在安装完成后自动删除以上解压缩后的文件。

(2) 解压完成之后就可自动安装软件，在弹出的对话框中选择安装的语言为中文。

(3) 选择产品配置、安装路径，接受软件使用条款和权限。关于产品配置和路径推荐使用默认设置，单击"下一步"按钮之后就出现开始安装界面。单击右下角"安装"按钮便开始安装，且出现安装进度显示界面。

(4) 安装中间如果需要重启计算机那就重启，重启之后会自动继续安装。

(5) 安装完成之后会弹出"安装完成"界面，重启计算机之后软件即可正常使用，需要说明的是在获取西门子授权之前博途软件的有些功能是受到限制的。

SIMATIC S7 PLCSIM V16 是博途的 PLC 仿真软件，能够验证 PLC 程序的逻辑运算。这给学习 PLC 提供了极大的方便，其安装步骤同 STEP7 和 WinCC 软件的安装，这里不再重述。安装完成之后桌面上会出现相应图标。双击"TIA Poral V16"图标打开的就是 PLC 编程软件，双击"S7-PLC SIMV16"图标打开的是仿真软件，仿真软件也可以在博途界面中打开。

3. 博途 STEP7 软件的操作界面

博途软件提供了两种优化的视图：Portal 视图和项目视图。Portal 视图是面向任务的视图，项目视图是项目各组件、相关工作区和编辑器的视图。

1) Portal 视图

Portal 视图是一种面向任务的视图，初学者能快速上手，并进行具体的任务选择。Portal 视图界面如图 2-5 所示。

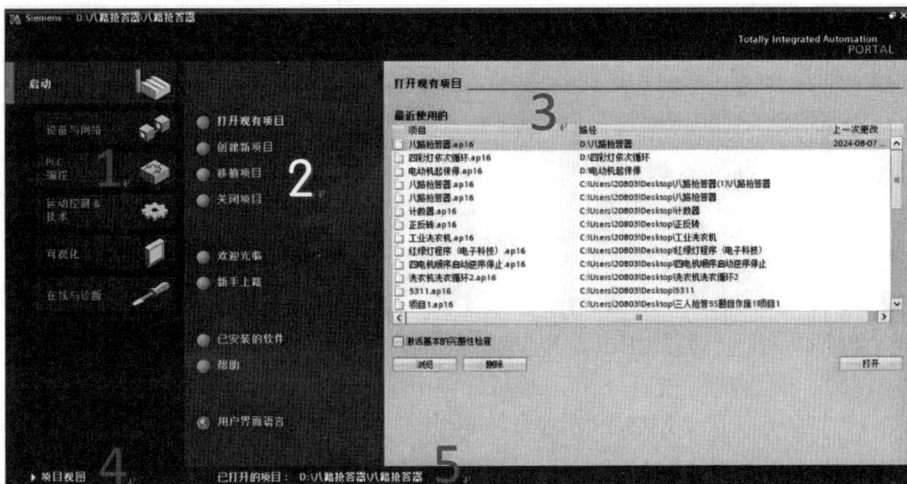

1—任务选项；2—操作选项；3—选择面板；4—项目视图链接；5—视图路径。

图 2-5 Portal 视图界面

其功能说明如下。

(1) 任务选项。任务选项为各个任务区提供基本功能，Portal 视图提供的任务选项取决于所安装的软件产品。

(2) 操作选项。选择任务选项后，在该区域可以选择相对应的操作。操作的内容会根据所选的任务选项动态变化。

(3) 选择面板。所有任务选项中都提供了选择面板，面板的内容与所选操作相匹配，如"打开现有项目"面板显示的是最近使用的项目，可以从中打开任意一个项目。

(4) 项目视图链接。切换到项目视图时，可以使用"项目视图"链接进行切换。

(5) 视图路径。在视图路径中可查看当前打开视图的路径。

2) 项目视图

通过创建新项目或打开现有项目，可进入项目视图。项目视图界面如图 2-6 所示。

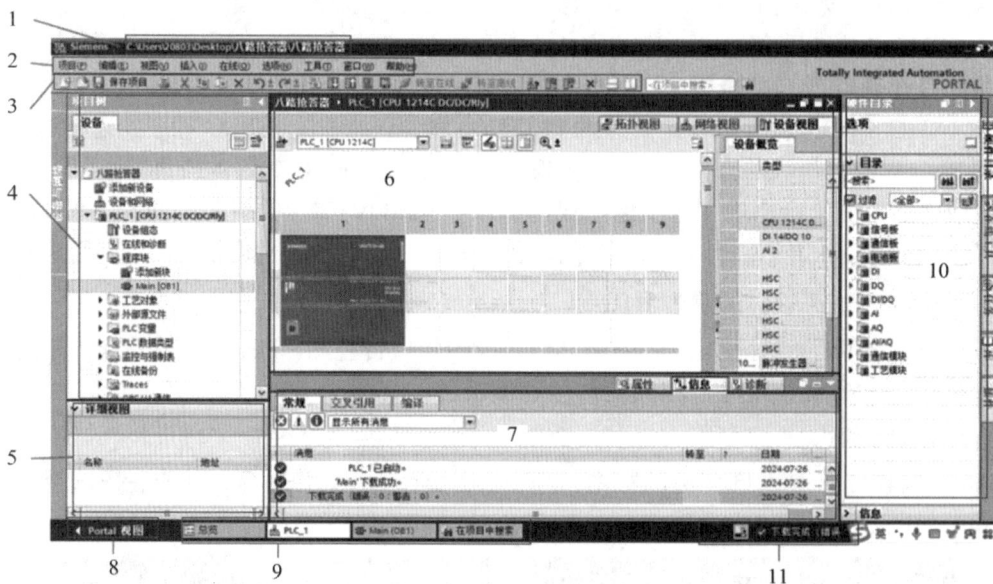

1—标题栏；2—菜单栏；3—工具栏；4—项目树；5—详细视图；6—工作区；7—巡视窗口；
8—Portal视图链接；9—编辑器栏；10—任务卡；11—状态栏。

图 2-6   项目视图界面

项目视图中，各功能介绍如下：

(1) 标题栏。标题栏显示当前打开项目的名称。

(2) 菜单栏。菜单栏包含软件使用的所有命令。

(3) 工具栏。工具栏提供了常用命令或工具的快捷按钮，如新建、打开项目、保存项目及上传、下载。通过工具栏图标可以快捷地访问这些命令。

(4) 项目树。使用项目树可以访问所有设备和项目数据，也可以在项目树中执行任务，如添加新组件、编辑已存在组件、处理项目数据等。

(5) 详细视图。详细视图用于显示项目树中已经选择的内容。其中包含文本列表或变量，但不显示文件夹的内容。要显示文件夹的内容，可使用项目树或巡视窗口。

(6) 工作区。工作区内显示正在编辑并打开的对象。

(7) 巡视窗口。巡视窗口用于显示工作区中已选择对象或执行操作的附加信息，它具有三个选项卡：属性、信息和诊断。

(8) "Portal 视图"链接。单击"Portal 视图"链接，可以从当前视图切换到 Portal 视图。

(9) 编辑器栏。编辑器栏显示所有已打开的编辑器。如果已打开多个编辑器，可以使用编辑器栏在打开的对象之间进行快速切换。

(10) 任务卡。任务卡为所编辑对象或所选对象，提供了用于执行操作的任务。

(11) 状态栏。状态栏显示正在后台运行任务的进度。

四、任务实施

下面使用博途 STEP7 软件进行硬件设备的组态。

1. 创建工程项目

打开博途软件，选择"启动"→"创建新项目"命令，出现如图 2-7 所示界面。在"项目名称"的文本框中输入新建项目名称；在"路径"输入框中选择项目存放的位置，如果不选择，将会存放在默认路径中。然后单击"创建"按钮，弹出"新手上路"界面，如图 2-8 所示。在项目视图中创建新项目，只需要在菜单栏选择"项目"→"新建"命令，随即弹出"创建新项目"界面，之后创建过程与 Portal 视图中创建新项目相同。

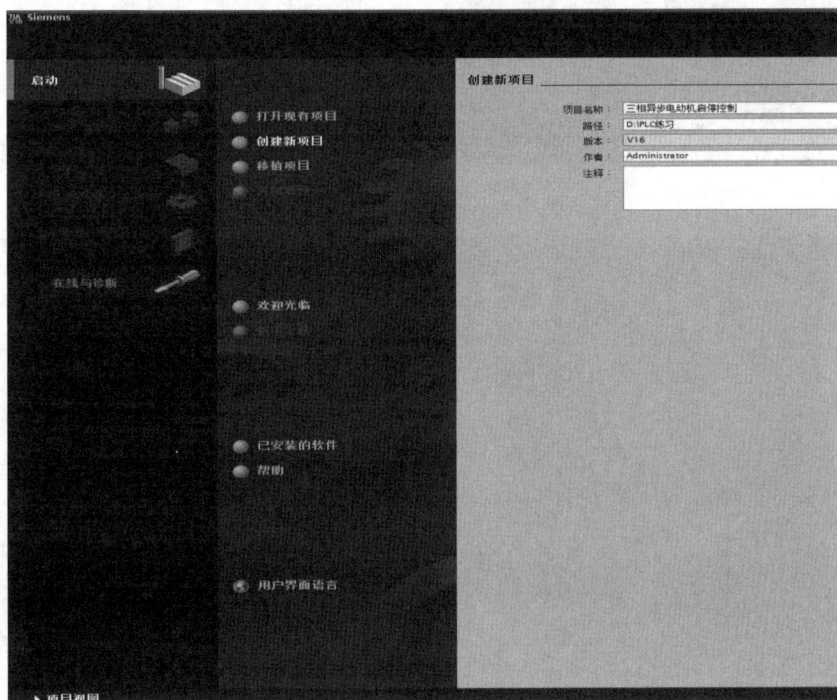

图 2-7 创建新项目

2. 添加新设备

在图 2-8 的界面中，单击右侧窗口的"组态设备"或左侧窗口的"设备与网络"选项，在弹出窗口中单击"添加新设备"，在"添加新设备"对话框中单击"控制器"按钮，在中间的目录树中，依次单击控制器→SIMATIC S7-1200→CPU→CPU 1214C DC/DC/DC，在设备名称对应的输入框中输入用户定义的设备名称(也可使用系统指定名称)。注意设备的订货号通常可以在机身上查看到。添加设备的步骤如图2-9所示。

图2-8   "新手上路"界面

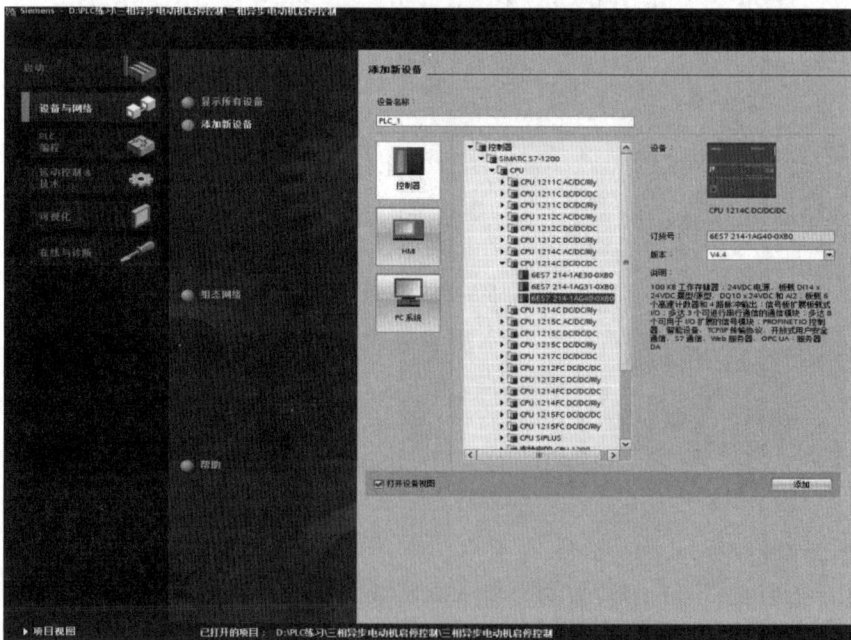

图2-9   添加设备步骤

3. 硬件组态

1) 设备组态的任务

设备组态的任务就是在设备和网络编辑器中生成一个与实际的硬件系统相对应的虚拟系统，模块的安装位置和设备之间的通信连接，都应与实际的硬件系统完全相同。在自动化系统启动时，CPU 将比对两个系统，如果两个系统不一致，将会采取相应的措施。此外还应设置模块的参数，即给参数赋值，或称参数化。

2) 在设备视图中添加模块

打开项目树中的 PLC_1 文件夹，双击其中的"设备组态"打开设备视图，可以看到 1 号槽中的 CPU 模块，如图 2-10 所示。

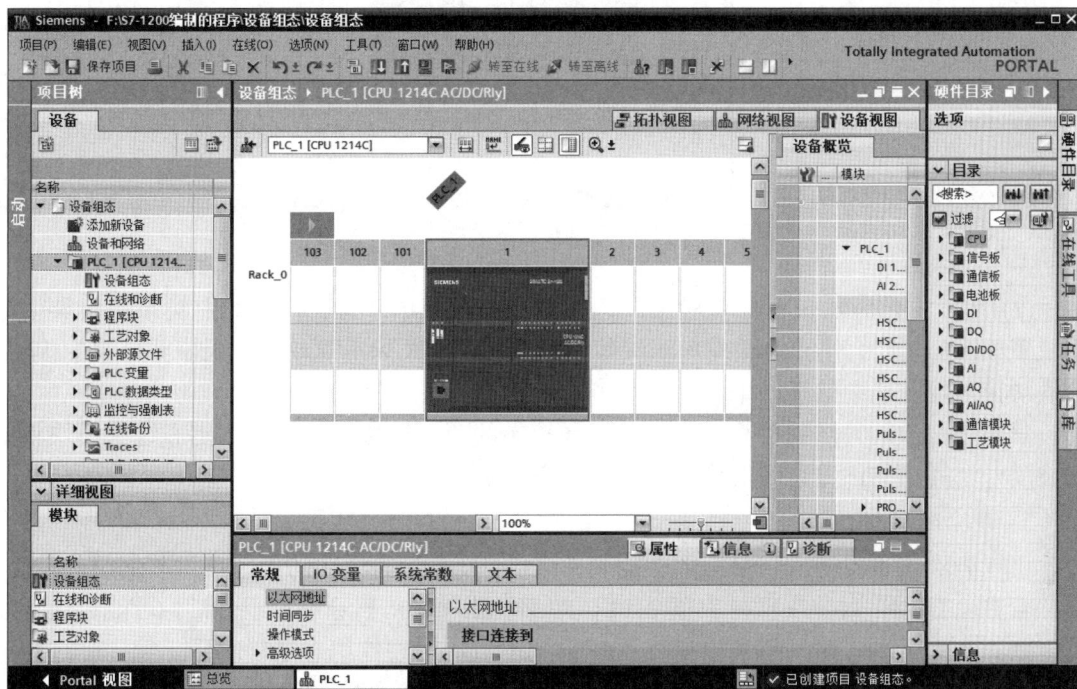

图 2-10　设备组态的设备视图

在硬件组态时，需将 I/O 模块或通信模块设置在工作区的机架插槽内，这里有两种方法。

(1) 用"拖放"的方法设置硬件对象。在图 2-11 所示硬件目录下，依次单击"DI/DQ"→"DI 8/DQ 8×24VDC"选项前的下拉按钮，在打开的文件夹中选择输入/输出均为 8 点的 DI/DQ 模块(这里订货号选为 6ES7223-1BH32-0XB0)，其背景变为深色。此时，所有可以插入该模块的插槽四周出现深蓝色的方框，表示可将该模块插入这些插槽。用鼠标左键按住该模块不放，移动鼠标，将选中的模块拖到机架中 CPU 右边的 2 号槽，该模块浅色的图标和订货号随着光标一起移动。移动到允许放置该模块的工作区时，光标的形状变为允许放置。此时松开鼠标左键，被拖动的模块被放置到工作区，如图 2-12 所示。

使用同样的方法，在硬件目录下，依次将通信模块"CM 1241(RS422/485)"拖动到 CPU 左侧的第 101 号槽，如图 2-12 所示。用上述方法将 CPU、HMI 或驱动器等设备拖放到网络视图，可以生成新的设备。

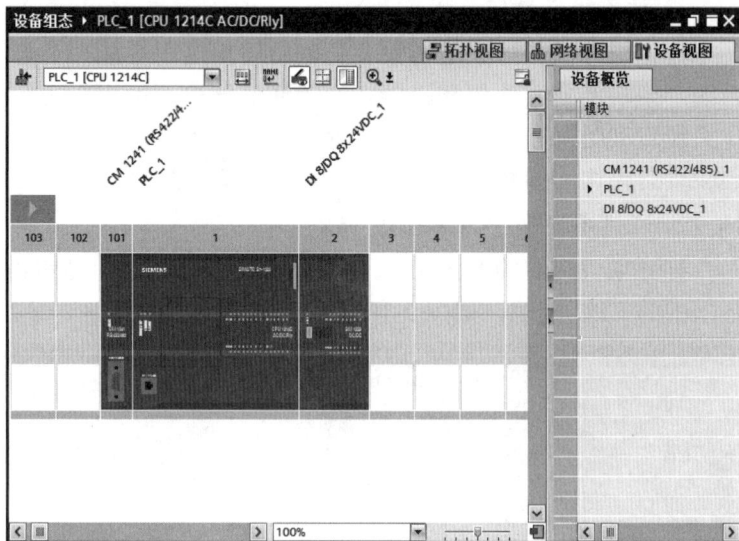

图 2-11   "添加模块"对话框   图 2-12   完成设备组态和硬件组态的设备视图

(2) 用双击的方法放置硬件对象。这种方法相对简单，首先用鼠标左键单击机架中需要放置模块的插槽，使它的四周出现深蓝色的边框，用鼠标左键双击目录中要放置的模块，该模块便出现在选中的插槽中。

只能用拖放的方法将信号模块插入已经组态的两个模块中间。插入点右边的模块将向右移动一个插槽的位置，新的模块则被插入空出来的插槽上。

3) 删除硬件组件

可以删除设备视图或网络视图中的硬件组件，被删除的组件的地址可供其他组件使用。注意若删除 CPU，则在项目树中整个 PLC 站都被删除了。删除硬件组件后，可能因违反插槽规则，产生矛盾。此时需选中项目树中的 PLC_1，对硬件组态进行编译。编译时进行一致性检查，如果有错误将会显示错误信息，改正错误后重新进行编译。

4) 更改设备型号

用鼠标右键单击项目树或设备视图中要更改型号的 CPU，在弹出的快捷菜单中单击"更改设备"命令，打开更改设备对话框，选中该对话框"新设备"列表中用来替换的设备型号及订货号，单击"确定"按钮，设备型号被更改。其他模块也可以使用这种方法更改型号。

5) 打开已有项目

用鼠标双击桌面上的图标，在 Portal 视图的右窗口中选择"最近使用的"列表中项目，或单击"浏览"按钮，都可以在打开的对话框中找到某个项目并打开它。

4. 设备组态编译

设备组态及相关硬件组态完成后，单击工具栏上的"▣"图标，可对项目进行编译。如果硬件组态有错误，编译后在设备视图下方巡视窗口中将会出现具体错误信息，必须改正组态中所有的错误信息才能下载项目。

5. 项目下载

CPU 通过以太网与运行博途软件的计算机进行通信。计算机直接连接单台 CPU 时，可以使用标准的以太网电缆，也可以使用交叉以太网电缆，一对一连接时不需要交换机，两台以上的设备通信时则需要交换机。项目下载前需要对 CPU 和计算机进行正确的通信设置，否则将不能下载和上传。

1) CPU 的 IP 地址设置

在图 2-10 所示项目树中双击 PLC_1 文件夹下的"设备组态"，打开该 PLC 的设备视图。选中 CPU 后再单击巡视窗口的"属性"选项，在"常规"选项卡中选中 PROFINET接口下的"以太网地址"，可以采用右边窗口默认的 IP 地址和子网掩码，如图 2-13 所示，设置的地址在下载后才起作用。

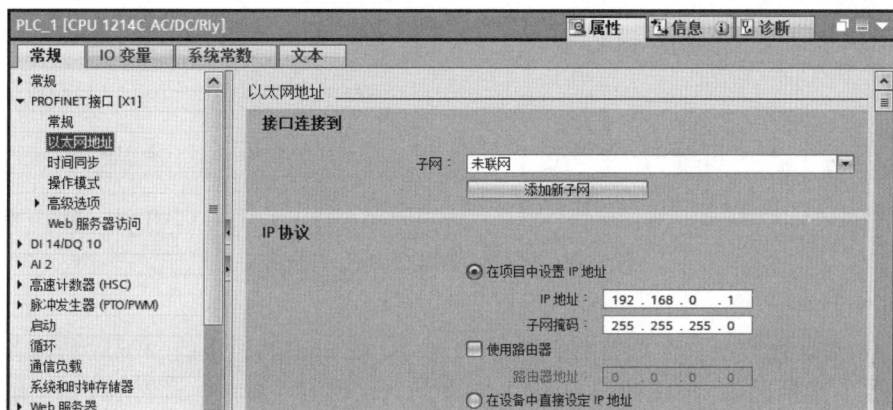

图 2-13 设置 CPU 集成的以太网接口 IP 地址

子网掩码的值通常为 255.255.255.0，CPU 与编程设备的 IP 地址中的子网掩码应完全相同。同一个子网中各设备的子网内的地址不能重叠。如果在同一个子网内有多个 CPU，除一台 CPU 可以保留出厂时默认的 IP 地址外，必须将其他 CPU 默认的 IP 地址更改为网络中唯一的 IP 地址，以免与其他网络用户冲突。

2) 计算机网卡的 IP 地址设置

用以太网电缆连接计算机和 CPU，并接通 PLC 电源时。依次单击计算机屏幕左下角"开始"图标→"Windows 系统"→"控制面板"，打开控制面板，单击"查看网络状态和任务"，再单击"更改适配器设置"，选择与 CPU 连接的网卡(以太网)，单击右键，在弹出的下拉列表中选择"属性"，打开"以太网属性"对话框，如图 2-14(a)所示。在该对话框中，选中"此连接使用下列项目(O)"列表框中的"Internet 协议版本 4(TCP/IPv4)"，单击"属性"按钮，打开"Internet 协议版本 4(TCP/IPv4)属性"对话框，单击单选框，选中"使用下面的 IP 地址(S)"，输入 PLC 以太网端口默认的子网地址"192.168.0.10"，如图 2-14(b)所示。IP 地址的第 4 个字节是子网内设备的地址，可以在 0～255 范围内取某个值，但是不能与网络中其他设备的 IP 地址重叠。单击"子网掩码"输入框，自动出现默认的子网掩码"255.255.255.0"。一般不用设置网关的 IP 地址。设置结束后，单击各级对话框中的"确定"按钮，最后关闭"网络连接"对话框。使用宽带上的互联网时，一般只需要选择图 2-14(b)中的"自动获得 IP 地址"即可。

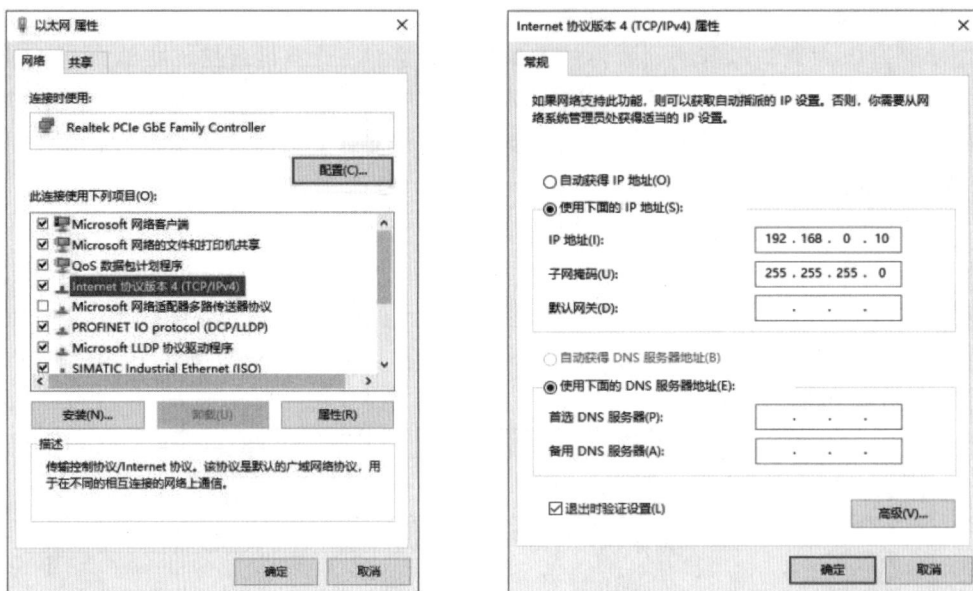

(a) "以太网属性"对话框   (b) "Internet 协议版本 4(TCP/IPv4) 属性"对话框

图 2-14   设置计算机网卡的 IP 地址

3) 项目下载

完成 IP 地址设置后，在项目树中选择 PLC_1，单击工具栏上的"下载到设备"图标，打开"扩展下载到设备"对话框，如图 2-15 所示。在该对话框中，设置 PG/PC 接口的类型为"PN/IE"；设置 PG/PC 接口为以太网网卡的名称；将"选择目标设备"设置为"显示所有兼容的设备"，单击"开始搜索(S)"按钮，经过一段时间后，在下面的目标子网中的兼容设备列表中，出现 S7-1200 CPU 和它的以太网地址。计算机与 PLC 之间的连线由断开变为接通。CPU 所在方框的背景色变为实心的橙色，表示 CPU 进入在线状态，此时"下载到设备"按钮变为亮色即有效状态。

图 2-15   "扩展下载到设备"对话框

如果网络上有多个 CPU,为了确认设备列表中 CPU 对应的硬件,在图 2-15 中选择列表中需要下载的某个 CPU,勾选左边 CPU 下面的"闪烁 LED"复选框,对应的硬件 CPU 上的 LED 指示灯将会闪烁,取消勾选"闪烁 LED"复选框,LED 运行状态指示灯停止闪烁。

选择列表中对应的硬件,"扩展下载到设备"对话框中"下载"按钮由灰色变为黑色,单击该按钮,打开"下载预览"对话框(此时"装载"按钮是灰色的),如图 2-16 所示。将"停止模块"设置为"全部停止"后单击"装载"按钮,开始下载。

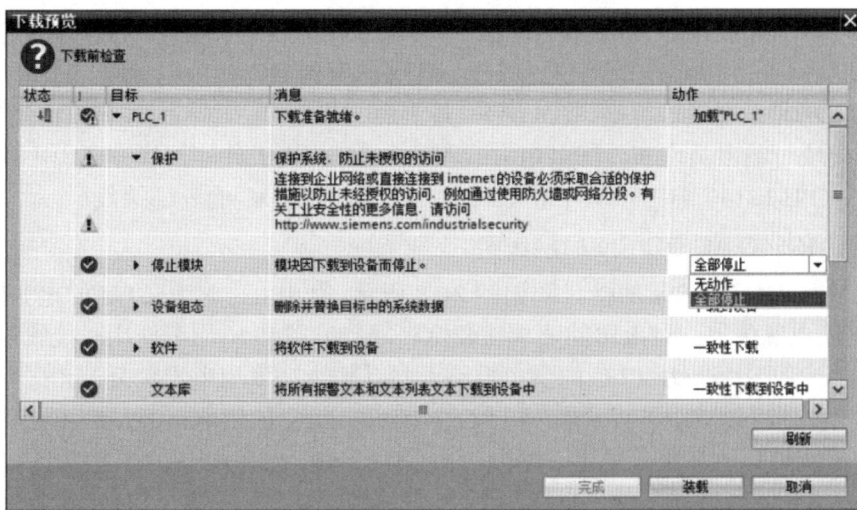

图 2-16 "下载预览"对话框

下载结束后,弹出"下载结果"对话框,如图 2-17 所示,选择"启动模块"选择框,单击"完成"按钮,CPU 切换到 RUN 模式,RUN/STOP LED 指示灯变为绿色。

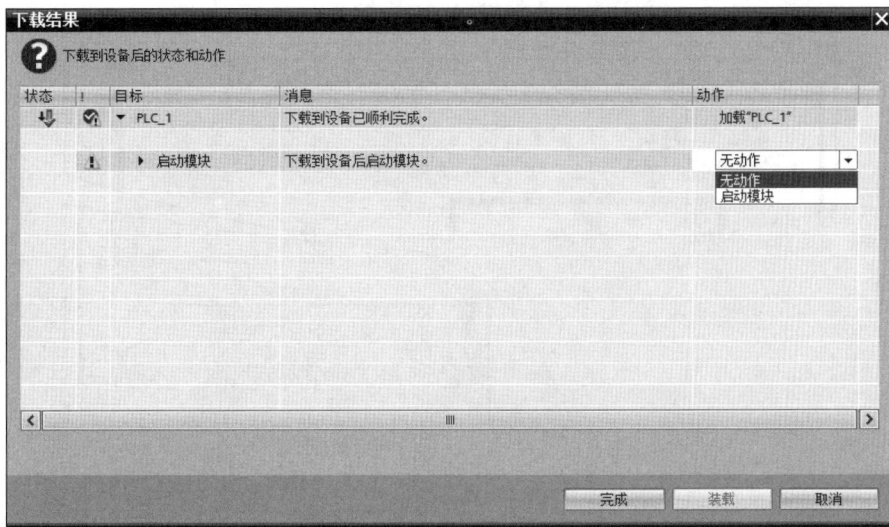

图 2-17 "下载结果"对话框

如果在下载完成时没有选择"启动模块",可以单击工具栏上的"启动 CPU"图标将 PLC 切换到 RUN 模式。打开以太网接口上面的盖板,通信正常时 Link LED(绿色)亮,Rx/Tx LED(橙色)周期性闪烁。

五、检查评价

根据任务实施的要求，对任务完成情况进行检查和评价，包括软件的安装、外部接线、硬件的选择及组态等。

六、知识拓展

S7-1200 PLC 有交流和直流两种供电方式，其输出有继电器输出和直流输出两种类型。PLC 的外部端口包括 PLC 电源端口、供外部传感器用的 DC 24V 电源端口(L+、M)、数字量输入端口(DI)和数字量输出端口(DO)等，其主要完成电源、输入信号和输出信号的连接。由于 CPU 模块、输出类型和外部供电方式不同，因此 PLC 外部接线方式也不尽相同。下面分别介绍 CPU 1214C AC/DC/Rly 和 CPU 1214C DC/DC/DC 的外部接线。

1. CPU 1214C AC/DC/Rly 的接线图

CPU 1214C DC/DC/Rly 的接线图如图 2-18 所示。其中 L1、N 是 CPU 的电源输入端口，采用工频交流电源供电，对电压的要求比较宽松，120~240 V 均可使用。接线时要区分端口上的中性线 N 和接地端。PLC 的供电电路要与其他大功率用电设备分开，采用隔离变压器为 PLC 供电，可以减少外界设备对 PLC 的影响。PLC 的供电电源线应单独从机顶进入控制柜中，不能与其他直流信号线、模拟信号线捆在一起走线，以减少其他控制电路对 PLC 的干扰。L+、M 为 PLC 向外输出电压为 24 V 的直流电电源，是在 CPU 得电的前提下给外部供电(如按钮开关、传感器等)的端口。注意此处的箭头符号。

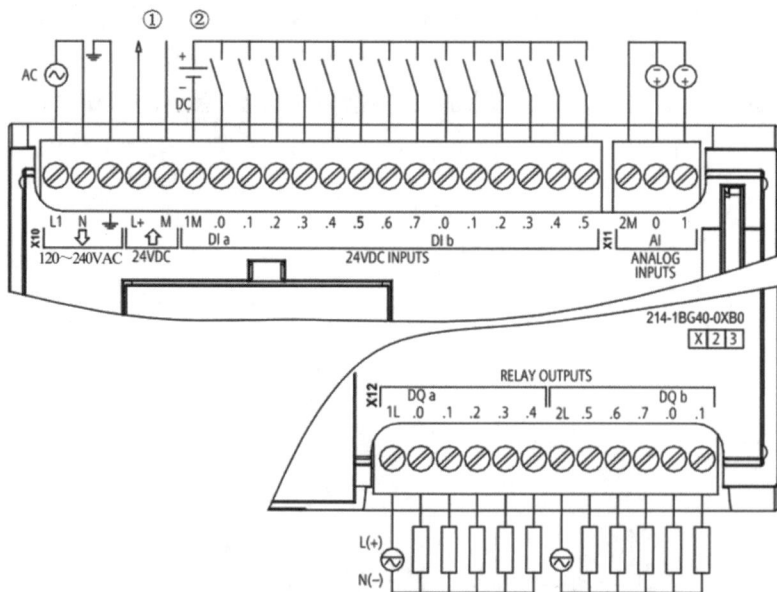

图 2-18   CPU 1214C AC/DC/Rly 的接线图

CPU 1214C DC/DC/Rly 共有 16 点数输入，其中 14 点为数字量输入、2 点为模拟量输入，分布在 CPU 模块的上部，图中"1M"是输入端的公共端口，与 DC 24 V 电源相连。当电源的负极与公共端口 1M 相连时，为 PNP 型接法，此处为 PNP 接法，

图 2-18 下半部分示出了输出端的接线。CPU 1214C DC/DC/Rly 共有 10 点数输出，分布在 CPU 模块的下方，输出接口分两组，对应的公共端分别为 1L、2L。Q0.0～Q0.4 为第一组，公共端为 1L；Q0.5～Q1.1 为第二组，公共端为 2L。继电器输出是一组公用一个公共端的干触点，可以接交流或直流电源，电压等级最高到 220 V，每点的额定电流为 2 A。例如，可以接 24 V/110 V/220 V 交直流信号，但要保证一组输出接同样的电源和电压(一组公用一个公共端，如 1L、2L)，例如 Q0.0～Q0.4 输出端口接 AC220 V 电源，Q0.5～Q1.1 输出端口接 DC 24 V 电源。继电器输出型输出点接直流电源时，公共端接电源的正极或负极均可。

2. CPU 1214C DC/DC/DC 的接线

CPU 1214C DC/DC/DC 的接线图如图 2-19 所示。图中最左侧"L+"和"M"是 CPU 的电源输入端，其中"L+"需要接到 DC 24 V 电源的正极，而"M"需要接到 DC 24 V 电源的负极，通过这两个端口给 CPU 供电。中间一组"L+"和"M"是在 CPU 得电的前提下给外部供电的端口。

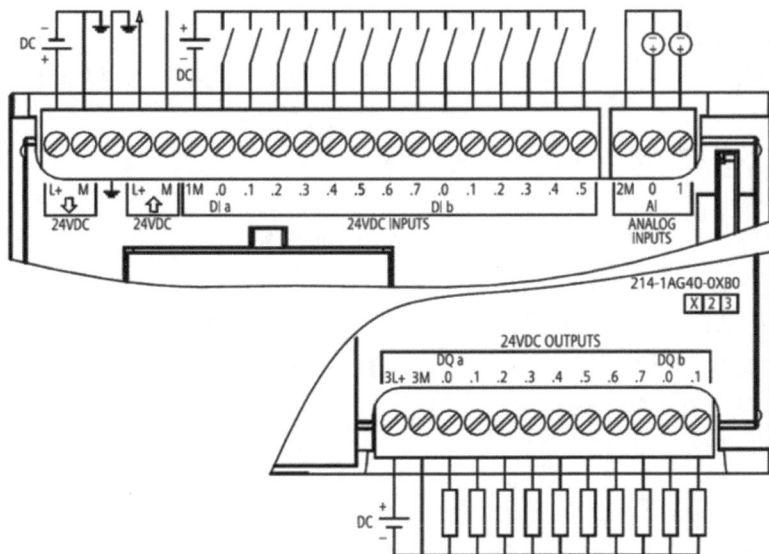

图 2-19　CPU 1214C DC/DC/DC 的接线图

图中"1M"是输入端的公共端口，与 DC 24 V 电源相连。电源有两种接法，当电源的负极与公共端口相连时，为 PNP 型接法，图 2-19 展示的就是 PNP 型接法。DI 中的".0"".1"等就是开关量信号输入端。当图中".0"".1"对应的常开触点闭合时，".0"".1"处就能够得到 DC 24 V 的高电平，此时 CPU 内部对应的输入映像区的值就会自动改写为"1"，反之则为"0"。当电源正极与公共端口相连时，为 NPN 型接法，工作原理类似。

CPU 1214C DC/DC/DC 共有 10 点数输出，分布在 CPU 模块的下方，输出接口分为一组，对应的公共端为 3L+、3M。图 2-19 下半部分表示了输出端的接线。目前 DC 24 V 输出只有一种形式，即 PNP 型输出，"3L+"和"3M"是输出模块的供电输入。虽然输出模块是集成在 CPU 上的，但是端口的电路是独立的，因此必须通过"3L+"和"3M"给该模块供电。DQ 中的 ".0" ".1" 等就是输出端口，当在程序中控制该端口对应的输出映像区的位为 "1" 时，该端口就会输出 DC 24 V 的高电平，反之则没有输出。需要注意的是如果直流输出端口需要驱动大电流或交流负载，如驱动 AC 220 V 接触器线圈，则需要通过中间继电器进行转换。其他型号的 PLC 的接线与之类似，请大家参照学习。

七、研讨测评

(一) 填空题

1. 使用博途软件进行设备组态的主要步骤：第一步_____，第二步_____，第三步_____，第四步_____，第五步_____，第六步_____。

2. S7-1200 PLC 的输出接口电路有_____和_____两种类型。

3. TIA Portal 中的 WinCC 软件用于设计和实现_____可视化。

4. PLC SIM 软件主要用于在没有实际 PLC 的情况下进行_____和_____。

(二) 选择题

1. TIA Portal 主要用于(   )。

A. 文档编写   B. 配置、编程、测试和维护自动化项目
C. 图形设计   D. 网页开发

2. STEP7 软件在 TIA Portal 中用于(   )。

A. 文本编辑   B. 图形设计
C. PLC 编程   D. 网络配置

3. 哪种编程语言不是 STEP7 支持的？(   )

A. 梯形图(LAD)   B. 功能块图(FBD)
C. 结构化文本(ST)   D. C++

4. WinCC 软件在 TIA Portal 中主要用于(   )。

A. 数据库管理   B. 过程可视化
C. 文档处理   D. 网络安全

(三) 简答题

简述 TIA Portal 的主要功能以及如何创建一个新项目。

项目三 S7-1200 PLC 的基本指令及应用

本项目重点介绍博途 V16 软件的编程及项目调试，位逻辑指令、定时器指令、计数器指令的工作原理及其应用，通过 5 个典型案例详细介绍西门子 S7-1200 PLC 基本指令及应用。通过本项目的学习，学生应能熟悉和掌握博途软件组态仿真和基本指令在工程项目中的典型应用。

任务 9 基于 PLC 的三相异步电动机启停控制

一、任务描述

本任务是利用 PLC 实现对三相异步电动机的启停控制。需要将按钮的控制信息送到 PLC 输入端，经过程序运算，让 PLC 的输出端驱动接触器动作，由程序实现对电动机的启停控制。

二、学习目标

知识目标

1. 掌握编程元件 I、Q、M 的功能及使用方法，能根据控制要求编写简单的 PLC 程序。
2. 掌握博途软件的简单使用。

技能目标

1. 能利用基本逻辑指令与输入、输出继电器编写简单梯形图程序。
2. 能使用博途软件组态设备、编程及下载项目，并进行程序的仿真和在线调试。

思政目标

1. 增强勤于思考、脚踏实地的科学精神。

2. 坚定理想信念。

三、相关知识

1. 数制及不同数制之间的转换

1) 数制

数制又称计数法，是人们用一组规定的符号和规则来表示数的方法。常用的计数法是进位计数法，即按进位的规则进行计数，如十进制和十六进制。

(1) 数码。数码指一个数制中表示基本数值大小不同的数字符号，例如在十六进制中有 16 个数码，即 0、1、2、3、4、5、6、7、8、9、A、B、C、D、E、F。

(2) 基数。基数指一个数值中所使用数码的个数。其规则是"逢 N 进一"，则 N 称为 N 进制的基数。例如二进制的基数是 2，八进制的基数是 8。

(3) 位权。位权是指在进位计数制中基数的若干次幂。幂的方次随该位数字所在的位置而变化，整数部分从最低位开始依次为 $0,1,2,3,4,\cdots$；小数部分从最高位开始依次为 $-1,-2,-3,\cdots$。例如，十进制数 985 可以展开为 $9 \times 10^2 + 8 \times 10^1 + 5 \times 10^0$。其中的 10^2、10^1、10^0 分别为对应位的位权，其中的 10 是十进制的基数。

PLC 数制转换

2) 不同数制之间的转换

(1) 非十进制数转换成十进制数。非十进制数转换成十进制数的方法是按权展开，相加即可。例如：

$$(1\ 0101.01)_2 = 1 \times 2^4 + 0 \times 2^3 + 1 \times 2^2 + 0 \times 2^1 + 1 \times 2^0 + 0 \times 2^{-1} + 1 \times 2^{-2}$$
$$= (21.25)_{10}$$
$$(A3)_{16} = 10 \times 16^1 + 3 \times 16^0 = (163)_{10}$$

(2) 十进制数转换成非十进制数。以十进制整数转换成二进制整数为例，采用"除 2 取余，商为零止，余数逆序排列"，简单说就是除 2 逆序取余。

例如：将 $(44)_{10}$ 转换成二进制数，结果为 $(44)_{10} = (10\ 1100)_2$ 或写为 44D = 10 1100B，如图 3-1 所示。十进制小数转换成二进制小数，采用"乘 2 取整"。

图 3-1　十进制整数转换成二进制整数

例如：将$(0.375)_{10}$转换成二进制数，结果为$(0.375)_{10} = (0.011)_2$，如图 3-2 所示。

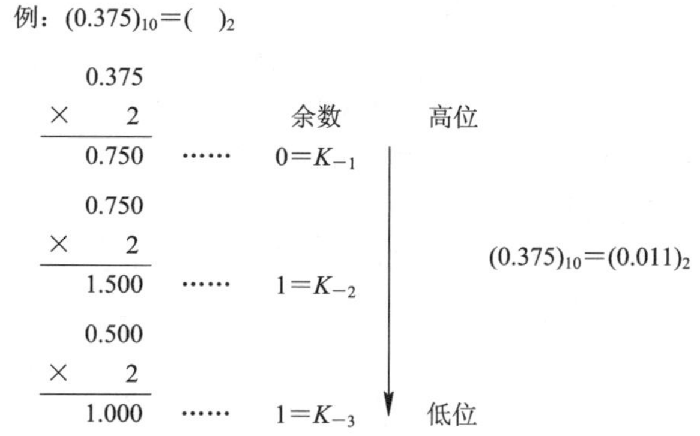

例：$(0.375)_{10} = (\quad)_2$

$$
\begin{array}{r}
0.375 \\
\times \quad 2 \\
\hline
0.750
\end{array}
\quad \cdots\cdots \quad 0 = K_{-1}
$$

余数　　高位

$$
\begin{array}{r}
0.750 \\
\times \quad 2 \\
\hline
1.500
\end{array}
\quad \cdots\cdots \quad 1 = K_{-2}
$$

$(0.375)_{10} = (0.011)_2$

$$
\begin{array}{r}
0.500 \\
\times \quad 2 \\
\hline
1.000
\end{array}
\quad \cdots\cdots \quad 1 = K_{-3}
$$

低位

图 3-2　十进制小数转换成二进制小数

总结：十进制数转换为非十进制数的原则是整数部分除基数取余，小数部分乘基数取整。

实际中，我们可以用凑数法来完成十进制数转换成非十进制数。这里还以十进制整数转换成二进制整数为例。如图 3-3 所示，二进制的位权其实就是 2 的几次方，以 7 位二进制整数为例，从右到左，也即从低位到高位，位权依次为 2^0、2^1、2^2、2^3、2^4、2^5、2^6。对应数值依次是 1、2、4、8、16、32、64。比如要转化的是十进制数 57，我们只需考虑如何凑出 57，注意只能用 0 和 1 这两个数与位权相乘，64 肯定不考虑，显然 $57 = 1 + 8 + 16 + 32$，用到哪几个数，就在这几个数下边写 1。没用到的写 0，显然 2、4 和 64 没用到，就写 0，那么转化之后的数等于 0111001，当然最左边的 0 可以省略。最后提醒一下，写的时候一定要注意顺序，否则就会出错。

2^6	2^5	2^4	2^3	2^2	2^1	2^0
64	64	32	8	4	2	1
0	1	1	1	0	0	1

$[57]_{10} = [11\ 1001]_2$

图 3-3　用凑数法实现十进制转化为二进制

(3) 二进制数与十六进制数之间的相互转换。1 位十六进制数相当于 4 位二进制数。二进制数转换成十六进制数是将整数部分从低位向高位每 4 位用一个等值的十六进制数来替换，不足 4 位时高位补 0 凑满 4 位；小数部分从高位向低位每 4 位用一个等值的十六进制数来替换，不足 4 位时低位补 0 凑满四位。例如：

$$(110\ 1110.011)_2 = (0110\ 1110.0110)_2 = (6E.6)_{16}$$

十六进制数转换成二进制数，只需将 1 位十六进制数变成 4 位二进制数即可。例如：

$$(3AB)_{16} = (0011\ 1010\ 1011)_2$$

$$(0.CD3)_{16} = (0.1100\ 1101\ 0011)_2$$

(4) 二进制数与八进制数之间的相互转换。1 位八进制数相当于 3 位二进制数，所以二进制数与八进制数之间的转换同二进制与十六进制之间的转换，此处不再赘述，请读者自行分析。

3) 补码

有符号二进制整数用补码表示，其最高位为符号位，符号位为 0 表示正数，1 表示负数。正数的补码是它本身。将正数的补码逐位取反后加 1，就得到绝对值与它相同的负数的补码。例如，1158 对应的补码为 0000 0100 1000 0110，逐位取反之后是 1111 1011 0111 1001，加 1 后得 1111 1011 0111 1010，此码即为 -1158 对应的补码。

2. S7-1200 的基本数据类型

数据是程序处理和控制的对象，数据类型用来描述数据的长度 (即二进制的位数)和属性。在程序运行过程中，数据是通过变量来存储和传递的。变量有名称和数据类型两个要素。

数据的类型决定了数据的属性。不同任务使用不同长度的数据对象，例如位逻辑指令使用位数据，MOVE 指令使用字节、字和双字。基本数据类型较为常用，每个基本数据类型具有固定的长度且不超过 64 位。在此只介绍基本数据类型。

S7-1200 PLC 数据
类型与系统存储区

STEP7 的基本数据类型主要有布尔型、整数型、实数型、时间型和 BCD 码。表 3-1 给出了常用的数据类型及不同字长可以表示的数据范围。

表 3-1 常用的数据类型

数据类型	长度/bit	范　　围	常量输入举例
Bool	1	0 或 1	TRUE, FALSE, 0, 1
Byte	8	$(00)_{16}\sim(FF)_{16}$	$(12)_{16}$, $(AB)_{16}$
Word	16	$(0000)_{16}\sim(FFFF)_{16}$	$(0001)_{16}$, $(ABCD)_{16}$
DWord	32	$(0000\ 0000)_{16}\sim(FFFF\ FFFF)_{16}$	$(02468ACE)_{16}$
SInt	8	$-128\sim127$	123, -123
Int	16	$-32\ 768\sim32\ 767$	123, -123
DInt	32	$-2\ 147\ 483\ 648\sim2\ 147\ 483\ 647$	123, -123
USInt	8	$0\sim255$	123
UInt	16	$0\sim65\ 535$	123
UDInt	32	$0\sim4\ 294\ 967\ 295$	123

1) 布尔型(Bool)

布尔型数据为无符号数，只表示存储器中各位的状态是 0(FALSE)还是 1(TURE)。其长度可以是一位、一个字节、一个字或一个双字。其中位是数据的最小存储单元。8 位二进制数组成一个字节，例如字节 IB0 由 I0.7～I0.0 这 8 位组成。相邻两个字节组成一个字，例如 MW102 是由 MB102 和 MB103 组成的一个字。相邻两个字组成一个双字，双字通常用来表示无符号数。布尔型常数常用二进制或十六进制格式赋值，如$(101\ 0101)_2$、$(2B3C)_{16}$ 等。

2) 整数型(Integer)

整数型数据一共有 6 种，所有整数型的符号中均有 Int。符号中带 S 的整数为 8 位短整数，带 D 的整数为 32 位双整数，不带 S 和 D 的整数为 16 位。带 U 的整数无符号，不带 U 的整数有符号。整数型常数用十进制格式的整数部分(不带小数点)赋值，如 572、-321 987 等。

3) 实数型(Real)

实数型的优点是用很小的存储空间(4B)来表示非常大和非常小的数。实数型数据为有符号的浮点数，实数表示的基本格式是 $1.m \times 10^e$，例如 123.4 可表示为 1.234×10^2。浮点数占用 32 位，最高位(第 31 位)为浮点数的符号位，0 表示正数、1 表示负数。

4) 长实数(LReal)

长实数为有符号的浮点数，占 64 位，最高位为符号位，0 表示正数、1 表示负数。实数的特点是利用有限的位数既可以表示一个很大的数，也可以表示一个很小的数。实数型常数只能用十进制格式赋值，如 123.45、78.0 等。

时间型数据为 32 位数据，它以表示毫秒时间的有符号双整数形式存储。此外，还会用到 BCD 码。BCD 码数字格式不能用作数据类型，但它们支持转换指令，此处不再详述。

3. S7-1200 的存储器

S7-1200 PLC 提供了以下几种用于存储用户程序、数据和组态的存储器。

1) 装载存储器

装载存储器用于非易失性地存储用户程序、数据和组态。项目被下载到 CPU 后，首先存储在装载存储器中。每个 CPU 都具有内部装载存储器。该存储器的大小取决于 CPU 的型号。该内部装载存储器也可以由外部存储卡来替代。如果未插入存储卡，CPU 将使用内部装载存储器；如果插入了存储卡，该存储卡将作为外部装载存储器。但是，可使用的外部装载存储器大小不能超过内部装载存储器的大小。该非易失性存储区能够在断电后继续保持数据。

2) 工作存储器

工作存储器是易失性存储器(RAM)，用于在执行用户程序时存储用户项目的某些内容。它集成在 CPU 中，不能进行扩展。CPU 会将一些项目内容从装载存储器复制到工作存储器中。存在 RAM 中的数据在断电后会丢失，而在恢复供电时由 CPU 恢复。

3) 系统存储器

系统存储器用于存放用户程序的操作数据，例如过程映像输入/输出、位存储器、数据块等。系统存储器是 CPU 为用户程序提供的存储器组件，如表 3-2 所示，它被划分为若干个地址区域。使用指令可以在相应的地址区内对数据直接进行寻址。

表 3-2　系统存储器的存储区

存储区	说　明	强制	保持性
过程映像输入区 I:P(物理输入)	在扫描周期开始时从物理输入复制	否	否
	立即读取 CPU、SB 和 SM 上的物理输入点	是	否
过程映像输出区 Q:P(物理输出)	在扫描周期开始时复制到物理输出	无	否
	立即写入 CPU、SB 和 SM 上的物理输入点	是	否
位存储区	控制和数据存储器	否	是
临时存储区	存储块的临时数据，这些数据仅在该块的本地范围内有效	否	否
数据块存储区	数据存储器，同时也是 FB 的参数存储器	否	是

(1) 过程映像输入区(I区)。

过程映像输入区的标识符为 I，I的状态由外部物理输入决定。在每次扫描循环开始时，CPU 读取数字量输入模块的外部输入电路的状态，并将它们存入过程映像输入区。

(2) 过程映像输出区(Q 区)。

过程映像输出区的标识符为 Q，Q 的状态决定外部物理输出。每次循环周期开始时，CPU 将过程映像输出的数据传送给输出模块，再由输出模块驱动外部负载。

用户程序访问 PLC 的输入和输出地址区时，不是去读、写数字量模块中信号的状态，而是访问 CPU 的过程映像区。在扫描循环中，用户程序计算输出值，并将它们存入过程映像输出区。在下一个循环扫描开始时，将过程映像输出区的内容写到数字量输出模块中。

I 区和 Q 区均可以按位、字节、字和双字来访问，如 I0.0、QB1、IW2 和 QD4。

(3) 位存储区(M 区)。

位存储区标识符为 M，可以用来保存控制继电器的中间操作状态或其他控制信息。它是 PLC 中数量较多的一种存储区，它不能直接驱动外部负载(负载只能由过程映像输出区的外部触点驱动)。位存储区的常开与常闭触点在 PLC 内部编程时可无限次使用。PLC 型号不同，位存储区的数量也不同。位存储区可以按位、字节、字或双字来存取。

(4) 临时存储区(L 区)。

临时存储区用于存储代码块被处理时使用的临时数据。它可以作为暂时存储器或给子程序传递参数。临时存储区类似于位存储区，不同点在于位存储区是全局的，而临时存储区是局部的。

(5) 数据块存储区(DB 块)。

数据块(Data Block，DB)，用于存储各种类型的数据。数据块的大小与 CPU 的型号相关。数据块默认为掉电保持，不需要额外设置。数据块分全局数据块和背景数据块两类。

4. 寻址

寻址就是根据数据存放单元的地址找到该数据，或者根据一个指定的地址将一个数据存放到该处。S7-1200 PLC 的 CPU 可以按位、字节、字和双字对存储单元进行寻址。

二进制数的 0 和 1 可用来表示数字量的两种不同的状态，如触点的断开和接通。8 位二进制数组成一个字节，第 0 位为最低位、第 7 位为最高位。两个字节组成一个字，第 0 位为最低位，第 15 位为最高位。两个字组成一个双字，第 0 位为最低位，第 31 位为最高位。

S7-1200 PLC 的 CPU 中不同的存储单元都是以字节为单位的，位数据的地址由字节地址和位地址组成，如 I3.2，其中的区域标识符 I 表示寻址输入映像区，字节地址为 3，位地址为 2，"."为字节地址与位地址之间的分隔符。位数据采用"字节.位"的寻址方式。

对字节、字和双字数据寻址时需指明区域标识符、数据类型和存储区域内的首字节地址。例如字节 MB4 表示由 M4.7～M4.0 这 8 位(高位地址在前，低位地址在后)组成的 1 个节字，M 为位存储区域标识符、B 表示字节、4 为起始字节地址。相邻的两个字节组成一个字，MW4 表示由 MB4 和 MB5 组成的 1 个字，W 表示字、4 为起始字节的地址。MD0 表示由 MB0～MB3 组成的双字，D 表示双字、0 为起始字节的地址。位、字节、字和双字的构成示意图如图 3-4 所示。

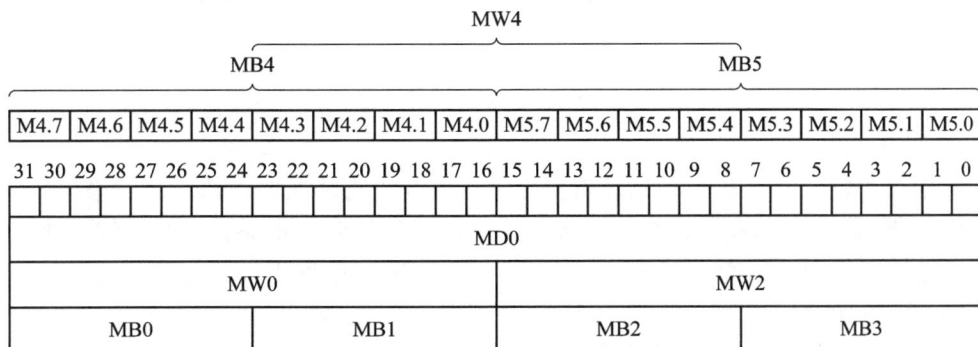

图 3-4　位、字节、字和双字的构成示意图

5. 触点与线圈指令

触点和线圈指令属于常用位逻辑指令。它可用来说明输入触点信号的有或无，输出线圈的得电或失电。1 表示编程元件动作或线圈得电，0 表示未动作或失电。

在梯形图程序中，通常使用类似继电器控制电路中的触点及线圈符号来表示 PLC 的位元件，被扫描的操作数(用绝对地址或符号地址表示)且标注在触点符号的上方，如图 3-5 所示。

基本位逻辑指令

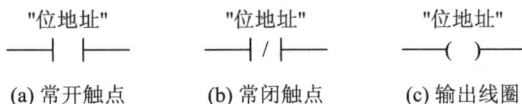

图 3-5　触点与线圈指令

1) 常开触点和常闭触点

触点分为常开触点和常闭触点。常开触点在指定的位为 1(ON)状态时闭合，为 0(OFF) 状态时断开。常闭触点在指定的位为 1 状态时断开，为 0 状态时闭合。常开触点符号中若加 "/" 则表示常闭触点。常开或常闭触点所使用的操作数有 I、Q、M、L、D、T、C 等。

触点指令中变量的数据类型为布尔型，在编程时触点可以并联或串联使用，但不能放在梯形图逻辑行的最后。两个或多个触点串联时，将逐位进行与运算。两个或多个触点并联时，将逐位进行或运算。

注意：在使用绝对寻址方式时，绝对地址前面会出现符号 "%"，这是编程软件自动添加的，不需用户输入。

2) NOT(取反)触点

NOT 触点用来转换能流流入的逻辑状态。如果没有能流流入 NOT 触点，则有能流流出。如果有能流流入 NOT 触点，则没有能流流出。如图 3-6 所示，若 I0.0 为 1，Q0.0 为 0，则有能流流入 NOT 触点，经过 NOT 触点后，则无能流流向 Q0.1。反之，如果 I0.0 为 1，Q0.0 为 1，或 I0.0 为 0，Q0.0 为 0(或为 1) 则无能流流入 NOT 触点，经过 NOT 触点后，则有能流流向 Q0.1。

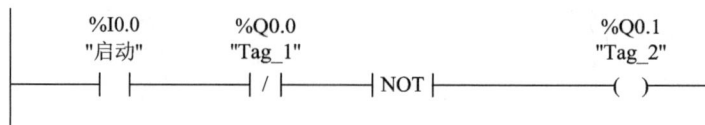

图 3-6 NOT(取反)触点指令举例

3) 线圈指令

线圈指令为输出指令，也称为赋值指令。该指令是将输入的逻辑运算结果(RLO)的信号状态(即线圈状态)写入指定的操作数地址。驱动线圈的触点电路接通时，线圈流过"能流"，指定位对应的输出为"1"，反之为"0"。如果是 Q 区地址，CPU 将输出的值传送给对应的过程映像输出。CPU 在 RUN(运行)模式时，接通或断开连接到相应输出点的负载。

输出线圈指令变量类型为布尔型。在博途软件中输出线圈指令既可以多个串联使用，也可以多个并联使用。建议初学者将输出线圈单独或并联使用，并且放在梯形图的最右侧，如图 3-7 所示。取反时线圈中间有"/"符号，如果有能流经过图 3-7 中 M0.1 的取反线圈，则 M0.1 的输出位为 0 状态，其常开触点断开，反之 M0.1 的输出位为 1 状态，其常开触点闭合。

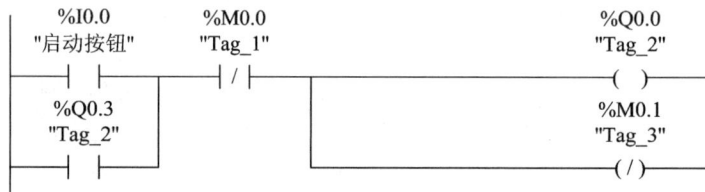

图 3-7 触点和线圈指令的应用

四、任务实施

1. I/O 地址分配

确定 PLC 的输入和输出是进行 PLC 控制的第一步。PLC 的输入一般是按钮、行程开关等发出指令的元器件；而 PLC 的输出则是接触器、电磁阀、指示灯等执行动作的元器件。显然本任务中启动按钮和停止按钮即为 PLC 的输入元件；输出元件是交流接触器 KM 的线圈。根据以上分析，可得电动机启停控制的 I/O 地址分配表如表 3-3 所示。

表 3-3 电动机启停控制的 I/O 地址分配表

元　件	符号	地址	说　明
启动按钮	SB1	I0.0	启动按钮
停止按钮	SB2	I0.1	停止按钮
接触器	KM	Q0.0	电动机启停控制用接触器

2. 电路连接

本任务的主电路和传统继电-接触器控制主电路一样，这里不再赘述。对控制电路来说，首先是电源电路的连接。将 CPU 的 L+ 和 M 端口分别连接至 DC 24 V 直流电源的正极和负极，同时还需要将输出模块的 3L+ 和 3M 端口分别连接至 DC 24 V 直流电源的正极和负极。因为输出模块虽然和 CPU 集成在一个壳体内，但是输出端口是经过光电隔离的，在重要的场合需要和 CPU 分开供电。然后是 I/O 信号电路的连接。将两个控制按钮的一端分别接到 PLC 的输入端 I0.0 和 I0.1 上，按钮的另外一端连接到电源的正极，同时还需要将输入点的公共端连接至电源的负极(即采用 PNP 接法)。输出端接线类似，如图 3-8 所示。需要注意的是，CPU 1214C DC/DC/DC 型号的 PLC 不能直接驱动接触器，可以通过中间继电器 KA 过渡，将 PLC 与强电进行隔离，起到保护 PLC 的目的。

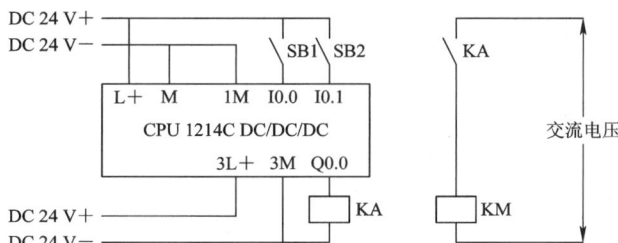

图 3-8　电动机启停控制电路接线图

3. 程序编写与下载

下面以电动机启保停程序为例，介绍如何使用博途软件编制梯形图。

1) 创建项目

打开博途软件，首先选择"创建新项目"，项目名称为"电动机启保停"。其次在"设备组态"选项卡中选择"添加新设备"，添加控制器"CPU 1214C DC/DC/DC(订货号为 6ES7 214-1AG40-0XB0)"。接着在项目视图的项目树中，依次单击 PLC_1 及"程序块"前下拉按钮，双击"程序块"中"Main[OB1]"选项，打开主程序视图，如图 3-9 所示，之后可在程序编辑器中创建用户程序。

图 3-9　程序编辑器视图

程序编辑器视图如图 3-9 所示，它采用分区显示，可以通过鼠标拖拽调整各个区域大小，也可以单击相应的按钮完成浮动、最大/最小化、关闭、隐藏等操作。

标号 1 的区域为项目树，在该区域用户可以完成设备组态、程序编制及块操作等。项目的设计主要围绕此区域进行。双击此区域任意目录，右侧将展开目录内容的工作区域。

标号 2 的区域为详细视图，单击 1 区域中的选项，则 2 区域展示相应的详细视图。

标号 3 的区域为代码块的接口区，可通过鼠标向上拉动分隔条，将本区域隐藏。

标号 4 的区域为程序编辑区，我们主要在此区域编辑生成用户程序。

标号 5 的区域为打开的程序块巡视窗口，可以查看程序属性、信息和诊断。

标号 6 的选项按钮对应已经打开的窗口，单击该选项按钮，将跳转至相应的界面。

标号 7 的区域为指令的收藏夹，用于快速访问常用的编程指令。

标号 8 的区域是任务卡中的指令列表，可以将常用指令拖拽至收藏夹。

2) 修改变量表

变量表用来声明和修改变量。在 S7-1200 PLC 的编程中，特别强调符号寻址的使用。在编程前，用户可以为输入变量、输出变量以及中间变量编写相应的符号名称。这可以大大提高编程和调试的效率，并使程序易于阅读和理解。

在项目视图的项目树下，打开项目下面 PLC_1 文件夹，再打开"PLC 变量"文件夹，双击打开默认变量表。在默认变量表的第一行第一列，双击变量名，输入变量"启动按钮"，按回车键盘确认；在数据类型列，选择该变量的数据类型为"Bool"类型；在地址列，输入地址为"I0.0"；在注释列，可根据需要添加注释电动机 M 的启动按钮。这样就完成了对启动按钮变量的声明。按照同样方法，完成停止按钮和电动机变量的声明，如图 3-10 所示。

图 3-10　在变量表中声明变量

3) 编写程序

(1) 选用变量。在项目树下打开 PLC_1 文件夹，双击"Main［OB1］"主程序块，打开程序编辑器，在程序段 1 中依次单击程序编辑区上工具栏中的"⊣⊢"，接着选中左母线，依次单击工具栏中的"⊣⊢"→"⊢⟶"→"⎹ ⬆"，生成一个与上面常开触点相并联的常开触点，然后再选中"⊣/⊢"→"⎹⬤⎸"，就完成了电动机启保停程序的编程。此时，触点、线圈上面红色的问号<? ? .? >表示地址未编辑，在"程序段 1"的左边出现叉号，表示该段程序正在编辑中或者有错误。双击第一个常开触点上面的地址，在出现的输入框中，单击旁边的地址域，就会出现已定义的 PLC 变量的下拉列表，从中选择"启动按钮"。按照同样的方法，对常闭触点和线圈指令完成操作数的输入，如图 3-11 所示。

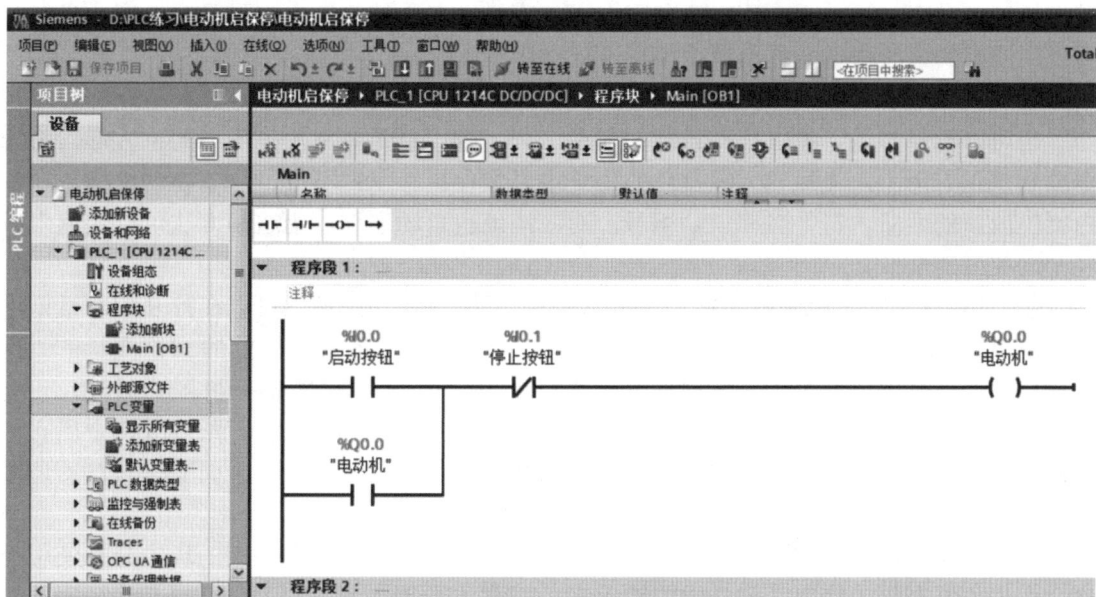

图 3-11   在指令中选用和输入变量

在程序编辑过程中，如果需要插入程序段，先选择需要插入程序段的位置，然后单击程序编辑器工具栏上的"插入程序段"图标，或者在需要插入程序段的位置单击右键，在弹出的下拉列表栏中单击"插入程序段"。删除程序段与之类似。

(2) 显示变量。在工具栏中单击启动或禁用绝对/符号命令"📑±"图标可以切换显示绝对地址或符号地址，或者两者同时显示，大家可以操作软件进行验证。

(3) 定义和更改 PLC 变量。

① 修改变量名称。用户可以在变量表中修改已经创建的变量名称。修改变量名称有两种方法：一种是在 PLC 变量表中修改；另一种是在梯形图中修改，选中需要修改的变量并右击，弹出快捷菜单，如图 3-12 所示，选择"重命名变量"命令，即可修改变量名称。修改后的变量在程序中同步更新。

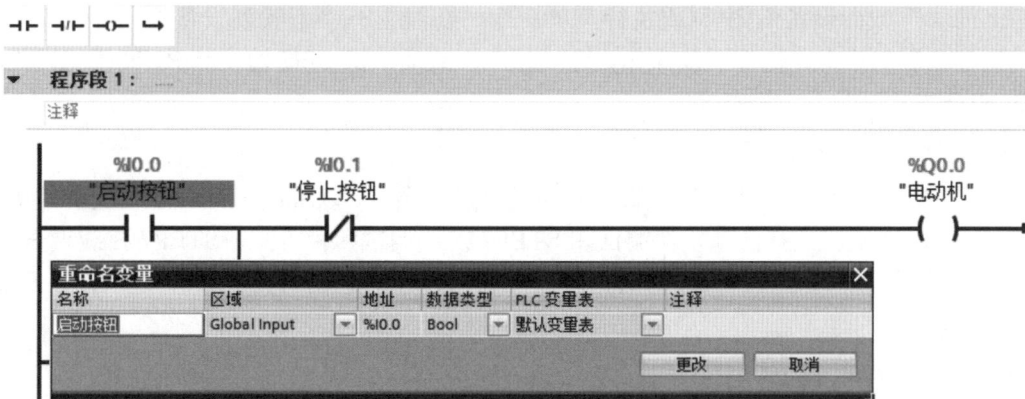

图 3-12   修改变量名称

② 给变量表中的变量排序。变量表中的变量可以按照名称、数据类型或者地址进行排

序，如单击变量表中的"地址"，该单元出现向上的三角形，各变量按地址的第一个字母升序排序(A～Z)。再单击一次，三角形向下，变量按名称的第一个字母降序排序。当然，可以用同样的方法根据名称和数据类型进行排序。

③ 快速生成变量。用鼠标右键单击某个变量，可以进行插入行、添加行或删除行等操作。也可以批量加入。单击某变量行的任意一列，则该单元右下角出现小的正方形，将光标放到该正方形上，光标变为深蓝色的小十字。按住鼠标左键不放，向下拖动鼠标，在空白行生成新的变量，符号名称自动编号，对应地址也自动递增。用这种方法可以快速生成多个同类型的变量。

④ 设置变量的断电保持功能。单击工具栏上的"📑"图标，可以在打开的对话框中设置 M 区从 MB0 开始的具有断电保持功能的字节数。设置后有保持功能的 M 区变量的"保持性"列选择框中出现对号。将项目下载到 CPU 后，M 区变量的保持功能将起作用。

⑤ 定义全局变量与局部变量。在 PLC 变量表中定义的变量可用于整个 PLC 中所有的代码块，且具有相同的意义和唯一的名称。这些变量称为全局变量。全局变量被自动地添加双引号标识。

局部变量只能在它被定义的块中使用，同一变量的名称可以在不同的块中分别使用一次。用户可以在块的接口区定义块的输入/输出参数和临时数据，以及定义函数块(FB)的静态变量。在程序中，局部变量被自动添加"#"号，如"#启动按钮"。

⑥ 使用帮助。博途软件为用户提供了系统帮助。用户可以通过菜单命令"帮助"中的"显示帮助"，或者选中某个对象，按<F1>键打开，还可以通过目录查找到感兴趣的帮助信息。

⑦ 监视变量表。单击工具栏的全部监视按钮"👓"可监视变量表中各变量的状态，但不能修改变量的状态。监视必须在 PLC 通信正常的情况下进行。

(4) 下载程序。

程序编写完成后，可对其进行保存，即使没有编写完整或者有错误，也可以保存。然后进行编译。单击工具栏上的"🖥"图标或执行"编辑"→"编译"菜单命令，对项目进行编译。如果没有编译程序，在下载之前博途编程软件将会自动地对程序进行编译。

程序编译后，设置好 CPU 和计算机的以太网地址后，在项目树中选择 PLC_1，单击工具栏上的"下载到设备"图标(或执行菜单命令"在线"→"下载到设备")，打开"扩展下载到设备"对话框，执行下载操作。完成程序下载后，将 CPU 切换到 RUN 模式，此时，RUN/STOP LED 指示灯变为绿色。

4. STEP7 在线调试程序

PLC 控制程序在应用于工程实践之前，需要进行调试，以解决不符合控制逻辑的情况。S7-1200 PLC 程序调试有仿真软件调试和 STEP7 在线调试两种方式。STEP7 在线调试程序的方法有三种，分别是程序状态调试、监控表调试和强制表调试。本任务主要采用 STEP7 在线调试程序。

1) 程序状态调试

(1) 启动程序状态监视。将程序下载到 PLC 后，打开需要监视的代码块，单击程序编辑器工具栏上的启用/禁用监视按钮"👓"，启动程序状态监视，如图 3-13 所示。如果在线程序与离线程序不一致，项目树中的项目、站点、程序和有问题的代码块的右边都会出现表示故障的符号，此时需要重新下载项目。项目树对象右边均出现绿色的表示正常的符号，说明可以启动程序状态监视功能。进入在线模式后，程序编辑器最上面的标题栏变为橙黄色。

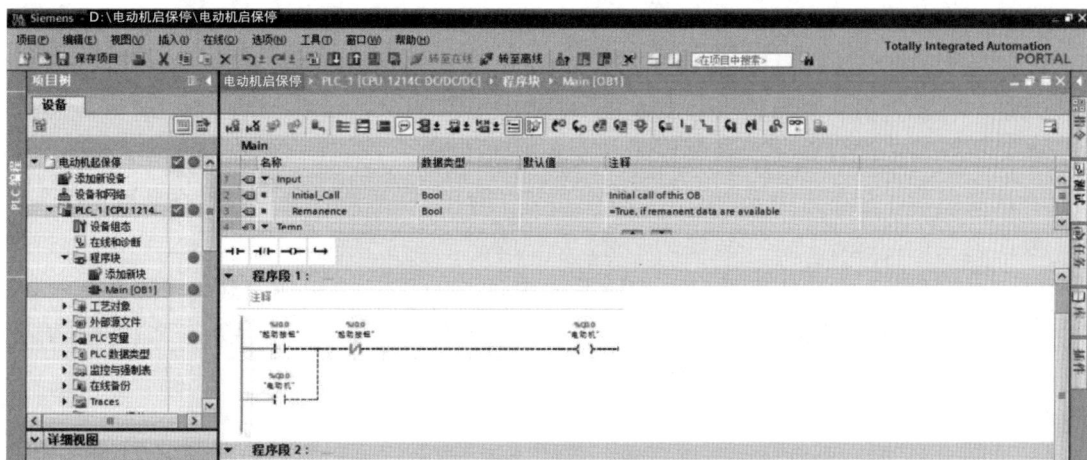

图 3-13　程序状态监视程序

(2) 显示程序状态。启动程序状态监视后，梯形图左侧垂直的"电源"线和与它连接的水平线均为连续的绿线，表示有能流从"电源"线流出。有能流流过的处于闭合状态的触点、指令方框、线圈和"导线"均用绿色实线表示。蓝色虚线表示没有能流。灰色实线表示状态未知或程序没有执行，黑色实线表示没有连接。

(3) 修改变量的值。用鼠标右键单击程序状态中的某个 Bool 变量，执行命令"修改"→"修改为 1"或"修改为 0"；对于其他数据类型的变量，执行命令"修改"→"修改操作数"或"显示格式"，可以修改变量的显示格式。

注意：不能修改过程映像输入区的值。如果被修改的变量同时受到程序控制，则程序控制的作用优先。

使用程序状态功能调试程序，可以在程序编辑器中形象直观地监视梯形图程序的执行情况，触点和线圈的状态一目了然。但程序状态功能调试较大的程序时，只能在屏幕上显示一小块程序，往往不能同时看到与某一程序功能相关的全部变量状态。这时可以采用监控表调试程序。

2) 监控表调试

监控表可以监视变量，在计算机上显示用户程序或 CPU 中变量的当前值；可以修改变量，将固定值分配给用户程序或 CPU 中的变量；可以对外设输出赋值，允许在 STOP 模式下将固定值赋给 CPU 的外设输出点，这一功能可以用于硬件调试时检查接线是否正确。

使用监控表调试程序可以在工作区同时监视、修改和强制(给单个变量指定固定值)用户感兴趣的全部变量。监控表可以赋值或显示的变量包括过程映像输入区 I、过程映像输出区 Q，外设输入 I:P，外设输出 Q:P，位存储区 M 和数据块存储区内的存储单元。

(1) 生成监控表。打开项目树中 PLC 的"监控与强制表"文件夹，双击其中的"添加新监控表"，生成一个新的监控表。

(2) 在监控表中输入变量。可以在监控表中输入变量的名称或地址，也可以将 PLC 变量表中的变量名称复制到监控表中，还可以在名称列单击"地址域"将变量表中的变量添加到监控表中。可以用"显示格式"列的下拉式列表设置显示格式。

(3) 监视变量。与 CPU 建立在线连接后，单击工具栏上的全部监视按钮"[图标]"，启动监视功能，"监视值"列将连续显示变量的动态实际值。

单击工具栏上的立即一次性监视所有变量按钮"[图标]"，即使没有启动监视，也将立即读取一次变量值，并在监控表中显示。位变量为 TRUE 时，"监视值"列的方形指示灯为绿色，反之为灰色。

(4) 修改变量。单击显示/隐藏所有修改列按钮"[图标]"，会出现隐藏的"修改值"列。在出现的"修改值"列重新输入变量的值，并勾选要修改的变量的复选框。单击工具栏上的立即一次性修改所有选定值按钮"[图标]"，复选框打勾的"修改值"被立即送入指定的地址，如图 3-14 所示。

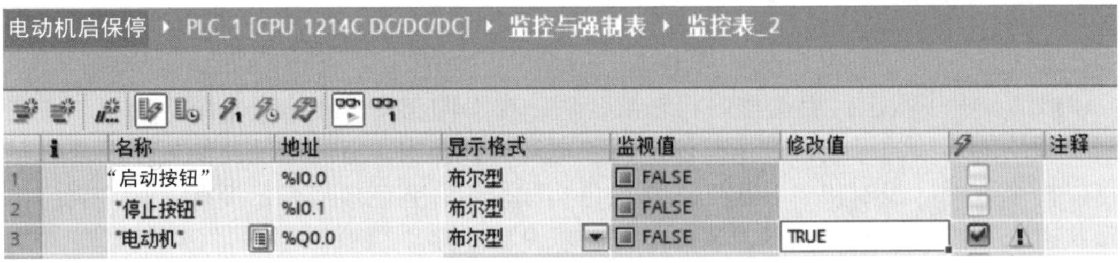

图 3-14　程序状态监视

选中某个地址，单击鼠标右键，在出现的菜单中选择"修改"命令，通过选择"修改为 0"或"修改为 1"命令来修改位变量的值。在 RUN 模式修改变量时，各变量同时又受到用户程序的控制。

注意：在 RUN 模式下不能改变 I 区变量的值，I 区状态的变化取决于外部输入的通或断。

(5) 在 STOP 模式下改变外设输出的状态。当调试设备时，可用此功能检查设备的接线是否正确。以 Q0.0 为例，操作步骤如下：① 在监控表中输入 Q0.0:P；② 将 CPU 切换到 STOP 模式；③ 单击监控表工具栏上的显示/隐藏扩展模式列按钮"[图标]"，显示扩展模式列，出现与"触发"器有关的两列；④ 单击监控表工具栏上的按钮"[图标]"，启动监视功能；⑤ 单击工具栏上的启用外设输出按钮"[图标]"，出现"启用外围设备输出"对话框，单击"是"确认，如图 3-15 所示；⑥ 用鼠标右键单击 Q0.0:P 所在的行，执行出现的快捷菜单中的"修改"→"修改为 1"或"修改为 0"命令，CPU 上 Q0.0 对应的状态指示灯亮或灭，监控表中 Q0.0:P 的修改值变成 TRUE 或 FALSE。

CPU 切换到 RUN 模式后，工具栏上的启用外设输出按钮"[图标]"变成灰色，该功能被禁止，Q0.0 受用户程序的控制。如果有输入点或输出点被强制，则不能使用这一功能。为了在 STOP 模式下允许外设输出，应取消强制功能。

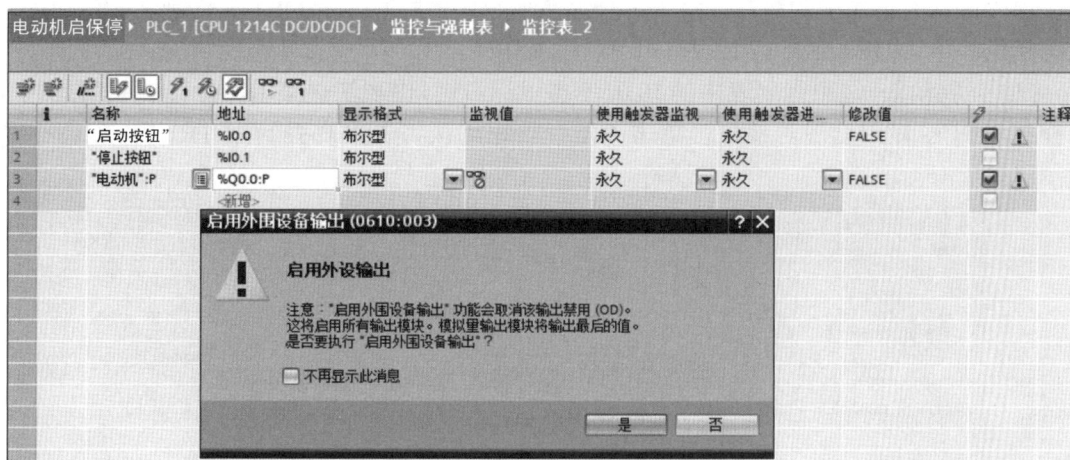

图 3-15 启动外设输出

(6) 定义监控表的触发器。触发器用来设置在扫描循环的哪一点来监视或修改选中的变量。单击监控表工具栏上的显示/隐藏扩展模式列按钮""，切换到扩展模式，出现"使用触发器监视"和"使用触发器进行修改"列。单击这两列的某个单元，再单击单元右边出现的下拉选择按钮""，则出现触发方式选择。触发方式可以选择"仅一次"或"永久(每个循环扫描周期触发一次)"。如果设置为触发一次，则单击一次工具栏上的按钮，执行一次相应的操作。

3) 强制表调试

用强制表给用户程序中的单个变量指定固定值，称为强制(Force)。强制是在与 CPU 在线连接时进行的。使用强制功能时，不正确的操作可能会危及人员的生命或健康，造成设备甚至整个工厂的损失，所以在使用强制功能时，一定要谨慎操作。

S7-1200 PLC 只能强制外设输入和外设输出，例如强制 I0.0:P 和 Q0.0:P 等，不能强制指定给 HSC、PWM 和 PTO 的 I/O 点，可以通过强制 I/O 点来模拟物理条件，例如用来模拟输入信号的变化。强制功能不能仿真。即使编程软件被关闭，或编程计算机与 CPU 的在线连接断开，或者 CPU 断电，强制值都被保持在 CPU 中，直到在线时用强制表停止强制功能。

(1) 输入要强制的变量。双击打开项目树中的强制表，输入 I0.0、I0.1 和 Q0.0，它们被自动添加":P"。只有在扩展模式才能监视外设输入的强制监视值。单击工具栏上的显示/隐藏扩展模式列按钮""，切换到扩展模式，将 CPU 切换到 RUN 模式，如图 3-16 所示。

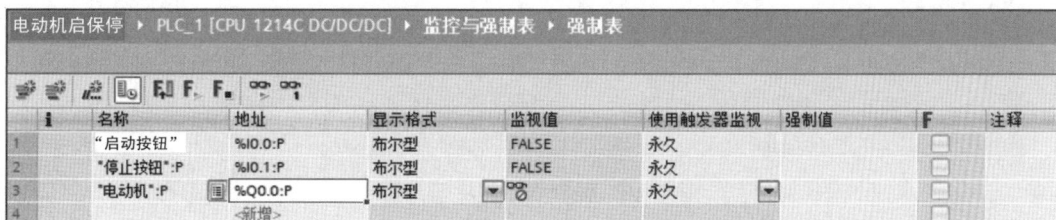

图 3-16 强制变量示意图

用"窗口"菜单中的命令，水平拆分编辑器空间，同时显示 OB1 和强制表，启动程序状态功能。单击 OB1 工具栏上的启用/禁用监视按钮"![]"，启动监视功能。

(2) 强制输入。选中强制表中的 I0.0，单击鼠标右键，出现快捷菜单命令，选中"强制"，选择"强制为 1"，出现对话框，单击"是"按钮确认将 I0.0:P 强制为 TRUE，如图 3-17 所示。

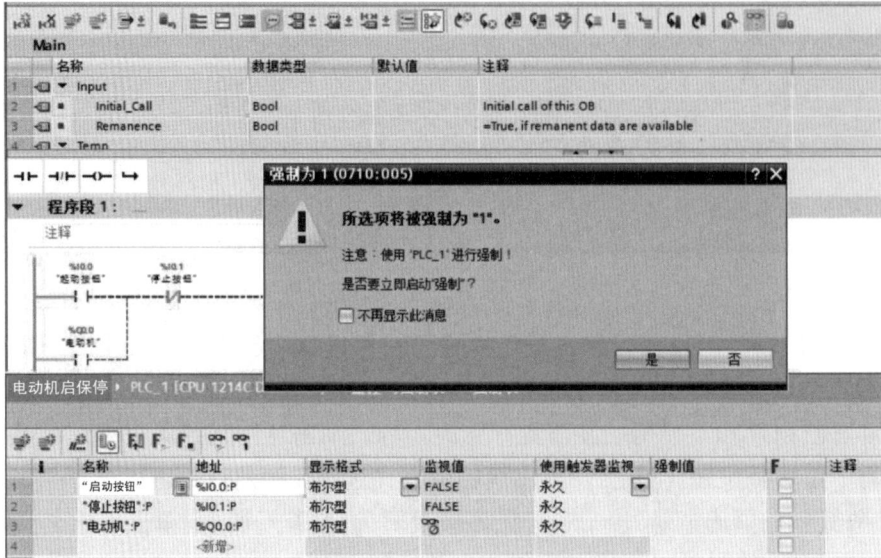

图 3-17　强制输入对话框

强制表中 I0.0 所在行出现表示被强制的标有"F"的小方框，所在行"F"列的复选框中出现对勾符号。PLC 面板上 I0.0 对应的 LED 不亮，梯形图中 I0.0 的常开触点接通，上面出现被强制的符号"F"，由于 PLC 程序的作用，梯形图中 Q0.0 的线圈通电，PLC 面板上 Q0.0 对应的 LED 亮，如图 3-18 所示。

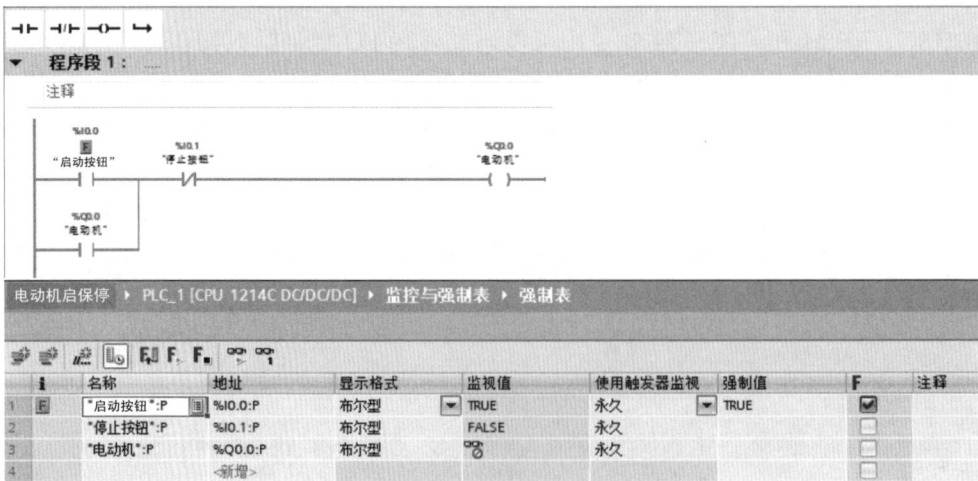

图 3-18　强制变量程序示意图

为什么 PLC 面板上 I0.0 的指示灯不亮呢？在执行用户程序之前，强制值被写入输入过程映像区，在处理程序时，使用的是输入点的强制值；输入端口的状态指示灯指示的是对应的外部输入接口电路的导通情况，所以，输入端口的强制值不影响相应状态指示灯的亮灭。

(3) 强制输出。在强制表中选中 Q0.0，用鼠标右键单击快捷菜单命令，将 Q0.0:P 强制为 FALSE。Q0.0 所在行出现表示被强制的符号。梯形图中 Q0.0 线圈上面出现表示被强制的符号"F"，PLC 面板上 Q0.0 对应的 LED 熄灭，如图 3-19 所示。

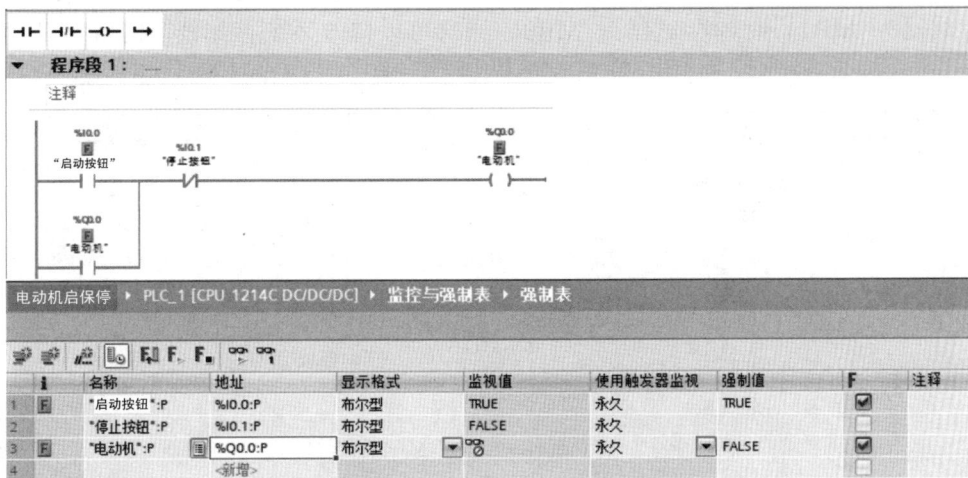

图 3-19　强制输出程序示意图

将 Q0.0 强制为 FALSE，Q0.0 线圈一直保持为 1，思考一下，为什么呢？因为在写外设输出点时，强制值被送给过程映像输出，输出值被强制值覆盖，所以 Q0.0 状态指示灯灭。在程序状态中，由于 I0.0 强制为 1，程序执行的结果使 Q0.0 线圈一直保持为 1。变量被强制的值不会因为用户程序的执行而改变。被强制的变量只能读取，不能用写访问来改变其强制值。

(4) 取消强制变量。单击强制表工具栏上的停止强制按钮"　"，停止对所有地址的强制。强制表和程序中标有"F"的小方框消失，表示强制被停止。

注意： 强制任何变量后，结束调试时，一定要取消强制。

调试程序的这 3 种方法，适用于不同的应用场合。在任何应用领域，保障安全生产是生产实践中最基本也是最重要的要求，在程序运行时如果修改变量值出错，可能导致人身或财产的损害，所以在执行修改功能之前，应确认不会有危险情况出现。

程序调试成功之后，按图 3-8 所示接线图正确连接输入设备、输出设备。同时启动 CPU，将 CPU 切换至 RUN 模式，操作按钮开关观察电动机的运行情况，如电动机运行正常，说明程序是正确的。

注意： 在调试过程中，如果修改了程序，则必须重新编译并下载。

五、检查评价

根据 S7-1200 PLC 控制电动机启停控制运行情况，按照验收标准，对任务完成情况进行检查和评价，包括硬件组态、程序设计及系统调试等。

考核评价表

六、知识拓展

1. 系统存储器和时钟存储器

西门子 S7-1200 PLC 中，在 CPU 属性中通过"设备组态"→"属性"→"常规"→"系统和时钟存储器"，可以设置系统存储器和时钟存储器。如图 3-20 所示，系统默认的系统存储器为 MB1、时钟存储器为 MB0。用户可以修改系统存储器和时钟存储器的字节地址。

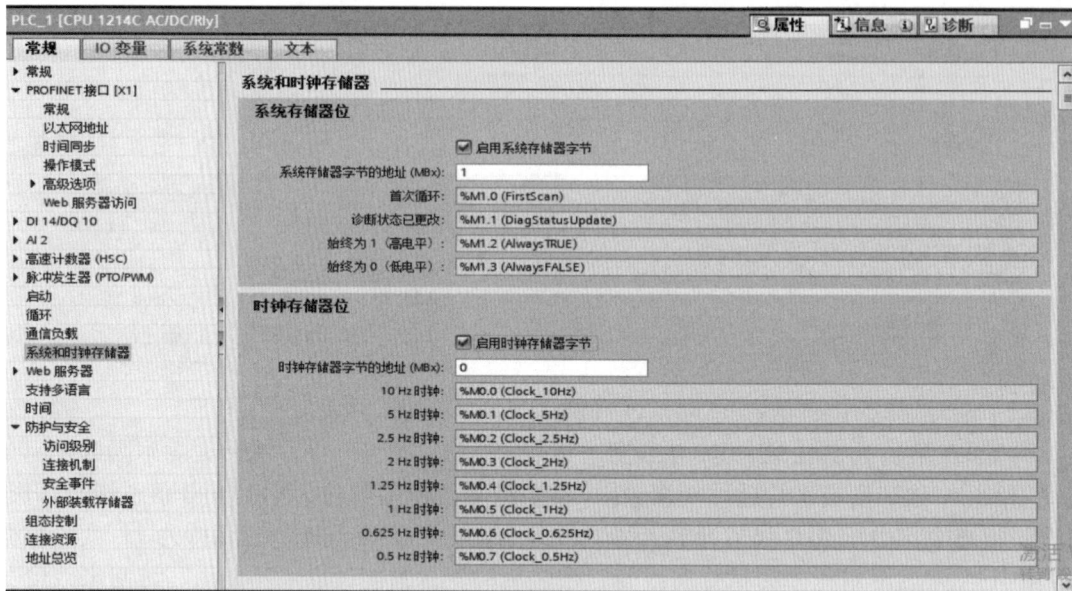

图 3-20 系统和时钟存储器

系统存储器字节提供了 4 位，用户可以通过相应变量的名称引用这 4 位。

(1) M1.0(首次循环)：仅在 CPU 进入 RUN 模式时的首次扫描时为"1"，以后一直为"0"。

(2) M1.1(诊断状态已更改)：在诊断事件之后的一个扫描周期内，该位为 1。由于直到启动 OB 和程序循环 OB 首次执行完才能置位该位，因此在启动 OB 和程序循环 OB 首次执行完成后才能判断是否发生诊断更改。

(3) M1.2(高电平)：始终为"1"状态，其常开触点总是闭合的。

(4) M1.3(低电平)：始终为"0"状态，其常闭触点总是闭合的。

时钟存储器中的 8 位提供了 8 种不同频率的方波，可以在程序中用于周期性触发动作。每一位对应的频率如表 3-4 所示。

表 3-4 时钟存储器字节各位对应的时钟周期和频率

位号	周期/s	频率/Hz
7	2	0.5
6	1.6	0.625
5	1	1
4	0.8	1.25
3	0.5	2
2	0.4	2.5
1	0.2	5
0	0.1	10

注意：指定了系统存储器和时钟存储器字节后，这两个字节不能再作他用，而且这两个字节的 12 个位只能使用触点，不能使用线圈，否则会使用户程序出错，甚至造成设备损坏或人身事故。组态或修改了系统存储器或时钟存储器后，必须将配置重新下载到 CPU，否则组态不生效。

2. 梯形图编程的基本规则

采用梯形图编程时注意如下基本原则：

(1) 梯形图按自上而下、从左向右的顺序排列。每一逻辑行总是起于左母线，经触点的连接，终止于线圈输出或指令框。触点不能放在线圈的右边。

(2) 梯形图中的触点可以任意串联或并联，且串联、并联的触点数无限制。但不同编号的继电器线圈只能并联而不能串联。当有几个串联电路相并联时，应将串联触点多的回路放在上方，归纳为"多上少下"的原则。当有几个并联电路相串联时，应将并联触点多的回路放在左方，归纳为"多左少右"的原则。

(3) PLC 过程映像输入/输出、位存储器等软元件触点在梯形图编程时可重复使用。

(4) 应尽量避免使用双线圈输出。同一梯形图程序中，同一地址的线圈使用两次及两次以上称为双线圈输出。双线圈输出容易引起误动作或逻辑混乱，因此一定要慎重采用双线圈输出。

(5) 在梯形图中，不允许出现 PLC 所驱动的负载(如接触器线圈、电磁阀线圈和指示灯等)，只能出现相应的 PLC 过程映像输出的线圈。

(6) 梯形图中的触点、线圈仅为软件中的触点和线圈，非硬件上的触点和线圈，在控制设备时需要接入实际的触点和线圈。

(7) 西门子 PLC 的梯形图中不能出现 I 线圈，梯形图中每个编程元素都应按一定的规律加标字母和数字串，如 I0.0 与 Q0.1。

(8) 无论选用哪种机型的 PLC，所用元件的编号必须在该机型的有效范围内。如西门子 S7-1200 PLC 采用的 CPU 1214C M 字节寻址的最大值是 MB8191。

(9) 梯形图可以有多个网络，每个网络只写一条语言，在一个网络中可以有一个或多个梯级。

3. 停止按钮和热继电器触点在输入端接成不同触点时程序的处理

1) 停止按钮和热继电器触点在输入端接成常开

思考题：(1) 该 PLC 型号为 CPU 1214C DC/DC/Rly，与 CPU 1214C DC/DC/DC 有什么区别？

(2) 停止按钮和热继电器触点在输入端接成常开，在编写程序时应该怎么做？

通常把常闭触点的输入信号接成常开触点，便于梯形图程序的原理分析。图 3-21 为三相异步电动机启停控制的接线图，左图为主电路，右图为控制电路。显然若在接线图中把停止按钮和热继电器触点接成常开，那么程序中这两个触点必须接成常闭，如图 3-22 所示，才能保证程序正常工作。

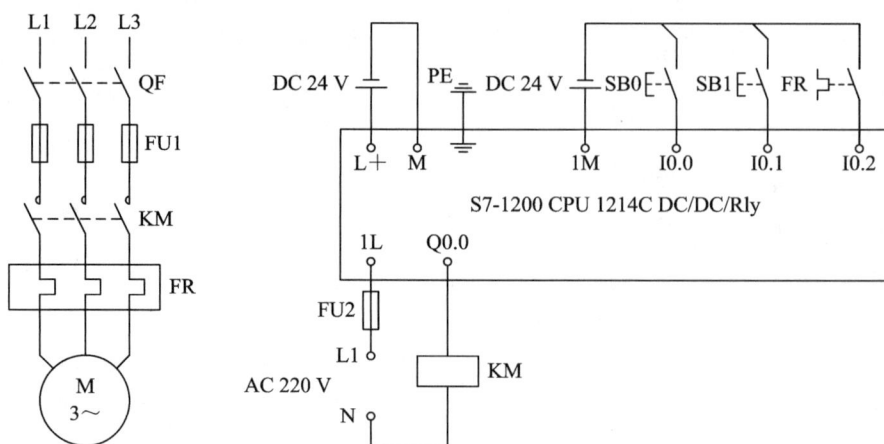

图 3-21　三相异步电动机启停控制的接线图

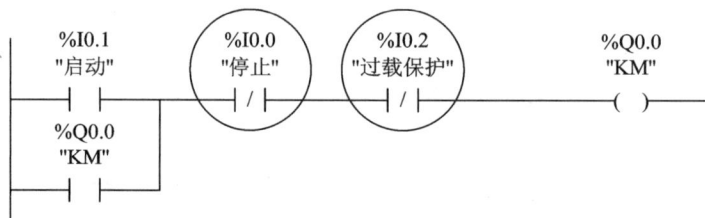

图 3-22　停止按钮和热继电器触点接成常开的程序

2) 停止按钮和热继电器触点在输入端接成常闭

在工业控制中，停止按钮、限位开关及热继电器触点等在接线图中常使用常闭状态，以提高安全保障。图 3-23 为停止按钮和热继电器触点接成常闭的接线图。此时要注意将梯形图中的触点状态进行相应的改变，即触点在接线图中的状态要与梯形图中的触点状态相对应，对应的程序请大家自行编写。

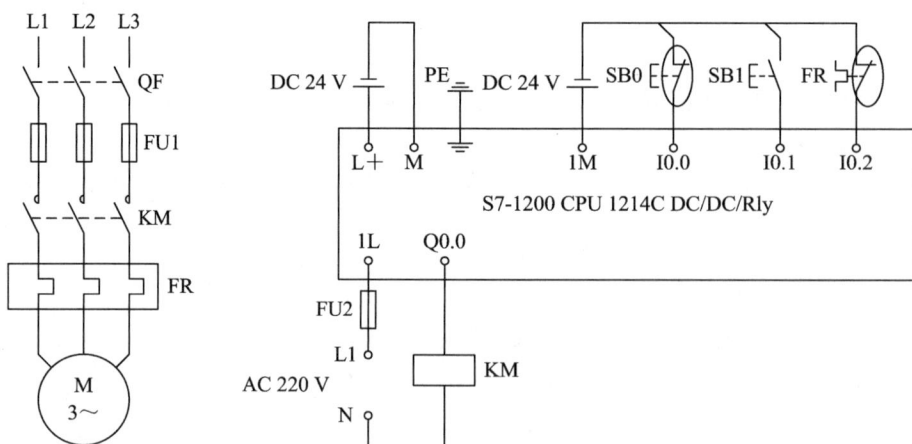

图 3-23　停止按钮和热继电器触点接成常开的接线图

七、研讨测评

(一) 填空题

1. 字母 I 表示输入地址；字母 Q 表示_____地址。

2. S7-1200 PLC 在执行梯形图程序过程中，当 CPU 数字量端口对应的某一外部输入信号接通时，对应的过程映像输入为_____，梯形图中对应的常开触点_____，常闭触点_____。

3. 二进制数 0010 0011 1001 1000 对应的十六进制数是_____，对应的十进制数是_____。

4. MW6 由_____和_____组成，其中_____是它的低位字节。

(二) 选择题

1. (　　)是 MD100 中最低的 8 位对应的字节。

A. MB100　　　　　　B. MB101　　　　　　C. MB102　　　　　　D. MB103

2. S7-1200 PLC 中代表中间继电器、定时器和计数器的符号分别为(　　)。

A. M，T，C　　　　B. I，T，C　　　　C. M，C，T　　　　D. Q，T，C

3. S7-1200 PLC 的 CPU 默认的系统存储器、时钟存储器分别为(　　)。

A. MB1，MB0　　　　　　　　　　　B. MB2，MB0

C. MB0，MB1　　　　　　　　　　　D. MB0，MB2

4. 在编程时，PLC 的内部软元件触点(　　)。

A. 可作为常开触点使用，但只能使用一次　　B. 可作为常闭触点使用，但只能使用一次

C. 只能使用一次　　　　　　　　　　　　　D. 可作为常开和常闭触点反复使用

5. (多选)如果将按钮 SB1 的常开触点接入 PLC 的输入端口 I0.0，当接通电源并按下按钮 SB1 时，会发生(　　)情况。

A. 按钮的常开触点断开　　　　B. 输入端口 I0.0 对应的 LED 灯亮

C. 按钮的常开触点闭合　　　　D. SB1 的信号已经送到 PLC 输入映像寄存器 I0.0 中

(三) 判断题

1. PLC 在选型的时候，根据控制的输入/输出点数，应留有 20%～30% 的余量。(　　)

2. PLC 的输出端可直接驱动大容量的电磁铁、电磁阀、电动机等大负载。(　　)

3. 对于 S7-1200 PLC，如果设备组态时，启用时钟存储器字节 MB0，编程时 MB0 就不能作为其他用途使用。(　　)

4. PLC 采用循环扫描工作方式，集中采样和集中输出，避免了触点竞争，大大提高了 PLC 的可靠性。(　　)

5. 梯形图程序由指令助记符和操作数组成。(　　)

(四) 简答题

1. 在 S7-1200 PLC 中，若 $MD0 = (805E)_{16}$，那么 MB0、MB1、MB2、MB3、MW2、M3.0、M1.0 及 M0.0 的数值分别是多少？

2. 分析下面的梯形图程序，简述其实现的控制功能。

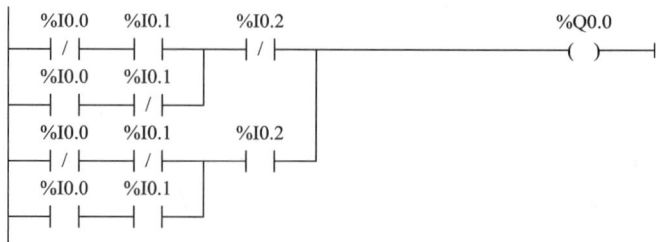

任务 10　基于 PLC 的六人抢答器控制

一、任务描述

抢答器是举办各类竞赛时保证竞赛公平的一种重要的设备。本任务要求开发一款六人抢答器，其中 SB0 为出题按钮，SB1～SB6 为 6 个抢答按钮，SB7 为复位按钮。当按下出题按钮后，对应的出题指示灯按 1Hz 的频率闪烁，方可开始抢答。此后任何时刻按下一个抢答按钮，数码管上显示相应的整数 1～6，出题指示灯灭。一旦抢答成功后，此时再按其余 5 个按钮，抢答无效。答题结束后，按复位按钮 SB7，对应的数码管灭，方可进行新一轮抢答。

二、学习目标

知识目标

1. 掌握复位、置位、RS 和 SR 触发器指令及边沿检测指令的使用方法。
2. 进一步熟悉基本逻辑指令，能按控制要求设计程序。

技能目标

能根据控制要求完成抢答器控制程序的设计，并完成仿真和调试。

思政目标

1. 践行公平、公正的社会主义核心价值观。
2. 建立职业自信和精益求精的工匠精神。

三、相关知识

1. 置位与复位指令

在 S7-1200 PLC 中，关于置位与复位的指令有以下三种。

1) 置位输出与复位输出

置位输出(Set)指令将指定的位操作数置位(变为"1"状态并保持)，复位输出(Reset)指令将指定的位操作数复位(变为"0"状态并保持)。如果线圈输入端的 RLO 为 0 状态，即同一操作数的 S 线圈和 R 线圈同时断电，则指定操作数的信号状态保持不变。

置位输出与复位输出指令最主要的特点是有记忆和保持功能。图 3-24 为用置位、复位输出实现三相异步电动机启停控制，当启动按钮 I0.0 闭合时，Q0.0 变为"1"状态并保持，此时电动机连续转动，即使 I0.0 断开，Q0.0 仍不受影响。当 I0.1 或 I0.2 的常开触点闭合时，Q0.0 变为"0"状态并保持，即使 I0.1 或 I0.2 断开，Q0.0 也保持"0"状态。

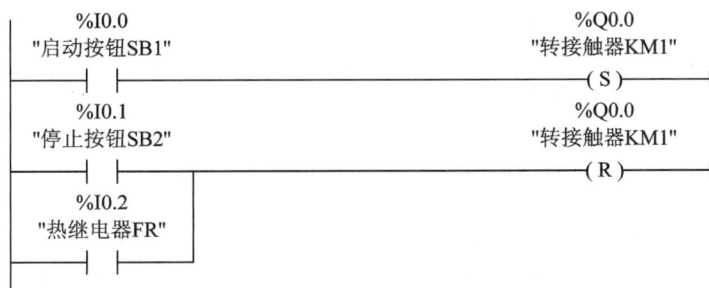

图 3-24　用置位、复位输出实现三相异步电动机启停控制

2) 置位位域指令与复位位域指令

置位位域与复位位域指令也叫多点置位与多点复位指令，其格式如图 3-25 所示。

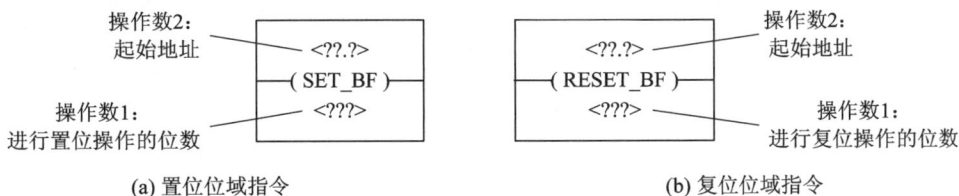

(a) 置位位域指令　　　　　　　　　　(b) 复位位域指令

图 3-25　置位位域与复位位域指令

置位位域(SET_BF)指令功能是对从某个特定地址开始的多个位进行置位操作。在该指令中，用"操作数 1"来指定要置位的位数，用"操作数 2"来指定要置位位域的起始地址。如图 3-26 所示，当 M0.0 为 1 时，Q1.4～Q1.6 同时被置位为"1"状态并保持不变。

复位位域(RESET_BF)指令的功能是对从某个特定地址开始的多个位进行复位操作。在该指令中，用"操作数 1"来指定要复位的位数，用"操作数 2"来指定要复位的起始地址。如图 3-26 所示，当 M0.1 为 1 时，Q1.4～Q1.6 同时被复位为"0"状态并保持不变。

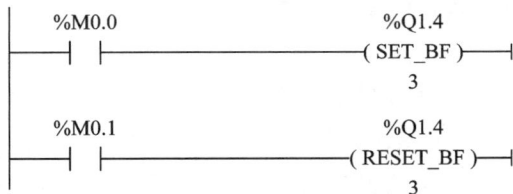

图 3-26　置位位域与复位位域指令的应用

3) 置位/复位触发器与复位/置位触发器指令

图 3-27 中的 SR 方框是置位/复位触发器(SR)。在置位(S)和复位(R1)信号同时为"1"时,复位优先,输出 M0.0 被复位为"0",可选的输出 Q 反映了 M0.0 的状态。图 3-27 中的 RS 方框是复位/置位触发器(RS)。在复位(R)和置位(S1) 信号同时为"1"时,RS 方框上面的输出 M0.1 被置位为"1",可选的输出 Q 反映了 M0.1 的状态。

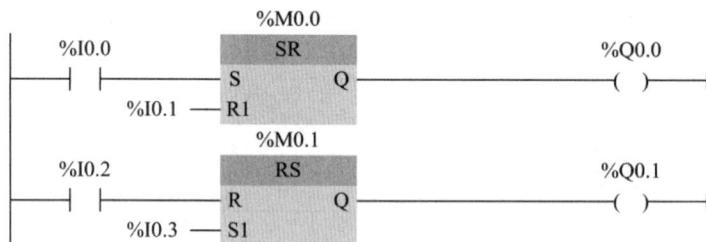

图 3-27 SR 和 RS 触发器的应用

SR 与 RS 触发器的功能如表 3-5 所示,两种触发器的区别仅在于表的最下面一行,即当 R 和 S 同时为"1"的时候,它们的结果是不同的,也就是优先级的问题。SR 触发器指令的复位优先级高,而 RS 触发器指令的置位优先级高。触发器方框上面的 M0.0 和 M0.1 称为标志位,R、S 输入端首先对标志位进行复位和置位,然后再将标志位的状态送到输出端。

表 3-5 SR 与 RS 触发器的功能

置位/复位(SR)触发器			复位/置位(RS)触发器		
S	R1	输出位 Q	S1	R	输出位 Q
0	0	保持前一状态	0	0	保持前一状态
0	1	0	0	1	0
1	0	1	1	0	1
1	1	0	1	1	1

【例 3-1】 抢答现场有 1 位主持人和 4 位抢答选手。抢答指令发出后 4 位选手分别去按自己的抢答按钮,最先按下按钮的选手为抢答成功的选手。采用 4 只 LED 指示灯作为选手抢答成功的标识,即当选手抢答成功后,对应的指示灯会点亮,此后其他选手再按下抢答按钮,抢答无效。抢答结束后,主持人按下复位按钮,开启下一题的抢答。

分析:该题需要 4 个按钮实现 4 位选手的抢答。同时,在每一轮抢答结束后都需要复位,因此还需要 1 个按钮实现系统的复位。每位选手抢答成功之后,需要 1 只 LED 指示灯来表示抢答成功,因此共需要 4 个指示灯,由此可得到此电路输入信号有 5 个,输出信号有 4 个,I/O 地址分配表如表 3-6 所示。电路设计可参考上一任务,此处不再赘述。四人抢答器的梯形图程序如图 3-28 所示。

用 SR 触发器实现的
四人抢答器控制

表 3-6　I/O 地址分配表

输入信号			输出信号		
输入元件	作用	地址	输出元件	作用	地址
SB1	抢答人甲的按钮	I0.0	LED1	抢答人甲抢中指示灯	Q0.0
SB2	抢答人乙的按钮	I0.1	LED2	抢答人乙抢中指示灯	Q0.1
SB3	抢答人丙的按钮	I0.2	LED3	抢答人丙抢中指示灯	Q0.2
SB4	抢答人丁的按钮	I0.3	LED4	抢答人丁抢中指示灯	Q0.3
SB5	主持人复位按钮	I0.4			

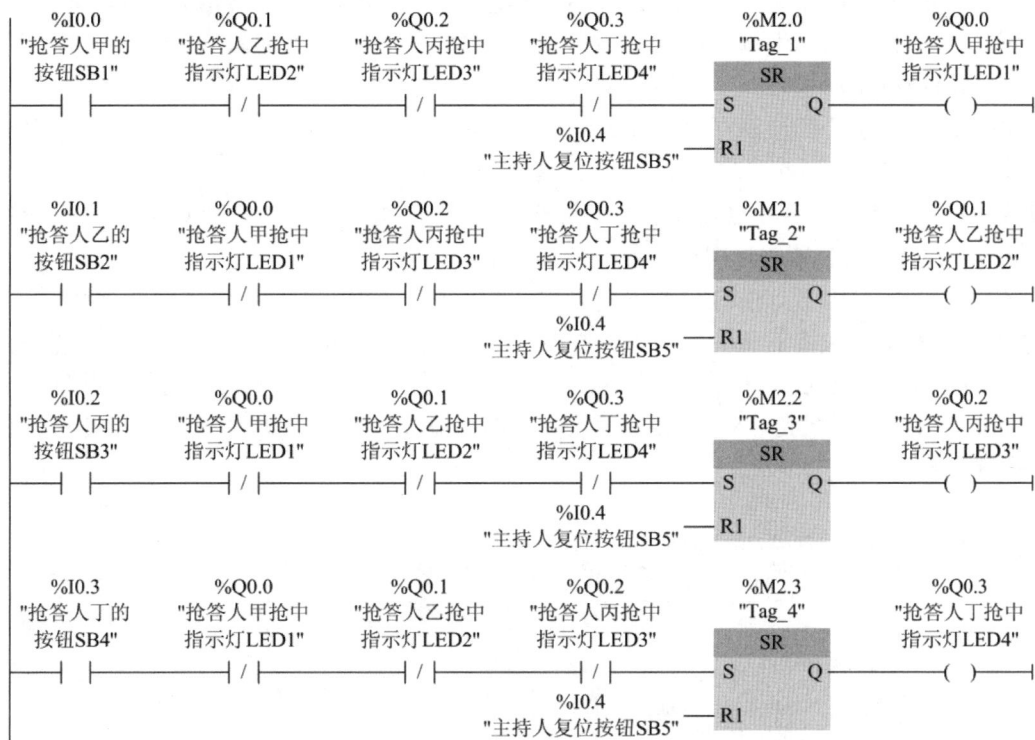

图 3-28　四人抢答器的梯形图程序

2. S7-1200 的边沿检测指令

边沿信号包括上升沿和下降沿两种信号，如图 3-29 所示。上升沿是指信号从 "0" 到 "1" 变化，下降沿是指信号从 "1" 到 "0" 变化，这里强调不同时刻信号状态的对比。

在 S7-1200 PLC 中共有 4 种关于上升沿、下降沿检测的指令，下面分别介绍。

图 3-29　边沿信号

1) 扫描操作数的信号上升沿和下降沿指令

扫描操作数的信号上升沿和下降沿指令又称为上升沿检测触点指令和下降沿检测触点指令，如图 3-30 所示。两个指令用于检测单个变量的边沿，指令上方的操作数为待检测的变量，指令下方操作数为上一扫描周期结果。

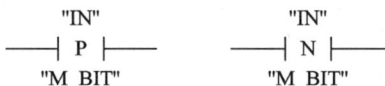

边沿检测指令及其应用

```
      "IN"                    "IN"
   ——| P |——             ——| N |——
     "M_BIT"                "M_BIT"
```

图 3-30　扫描操作数的信号上升沿和下降沿指令

当输入信号"IN"由 0 变为 1，即检测到输入信号"IN"的上升沿时，上升沿检测触点接通一个扫描周期；当输入信号"IN"由 1 变为 0，即检测到输入信号"IN"的下降沿时，下降沿检测触点接通一个扫描周期。

注意：边沿检测触点不能放在梯形图分支和结尾处。M_BIT 用来存储上一次扫描"IN"的结果，该存储位只能在程序中使用一次，其状态不能在其他地方被改写。只能用 M、DB 和 FB 的静态局部变量来作存储位，不能用 I/O 变量和块的临时局部数据来作存储位。

【例 3-2】 用单按钮实现电动机启停控制。

分析：此题可用上升沿检测触点指令配合 SR 触发器来实现，程序如图 3-31 所示。在程序运行过程中首次按下 I0.0，则置位端(S)的信号为 1，M0.2 被置位，触发器输出端(Q)为 1，Q0.0 接通，同时 Q0.0 的常开触点闭合。如果再次按下 I0.0，触发器置位端(S)和复位端(R1)都是 1，复位优先，M0.2 被复位为 0，输出端停止输出，Q0.0 变为 0，实现了单按钮启停控制。

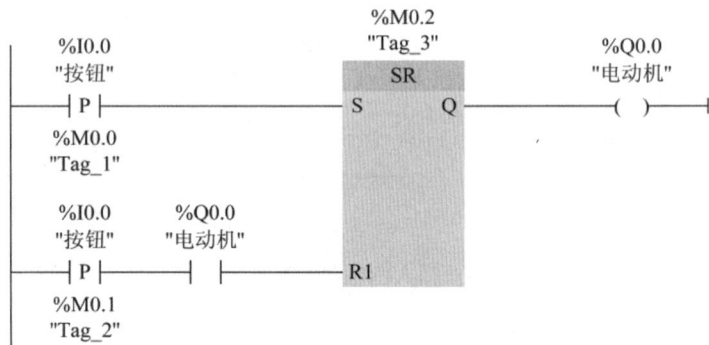

```
      %I0.0              %M0.2
      "按钮"             "Tag_3"              %Q0.0
                          ┌─────────┐        "电动机"
    ——| P |——            │   SR    │       ——(  )——
      %M0.0              │ S     Q │
      "Tag_1"            │         │
                         │         │
      %I0.0    %Q0.0     │         │
      "按钮"   "电动机"    │         │
    ——| P |———| |———     │ R1      │
      %M0.1              └─────────┘
      "Tag_2"
```

图 3-31　用 SR 触发器实现单按钮启停控制

思考：(1) 如果用上升沿检测触点指令配合 RS 触发器编写上述程序，该如何修改程序？

(2) 能否将图 3-31 程序中的上升沿检测触点 I0.0 直接改成普通常开触点 I0.0，为什么？如果把 M0.1 也写成 M0.0，结果会是怎样？

【例 3-3】 利用边沿检测触点指令实现电动机正反转直接切换。

分析：① 此题不通过停止按钮，直接按正反转按钮即可实现切换；② 为了减轻正反转换向瞬间电流对电动机的冲击可适当延长转换过程，即在正转转反转时，按下反转按钮，先停止正转，延缓片刻，待松开反转按钮时，再接通反转，反转转正转的过程同理；③ 按下停止按钮，电动机停止。此题的控制程序如图 3-32 所示。

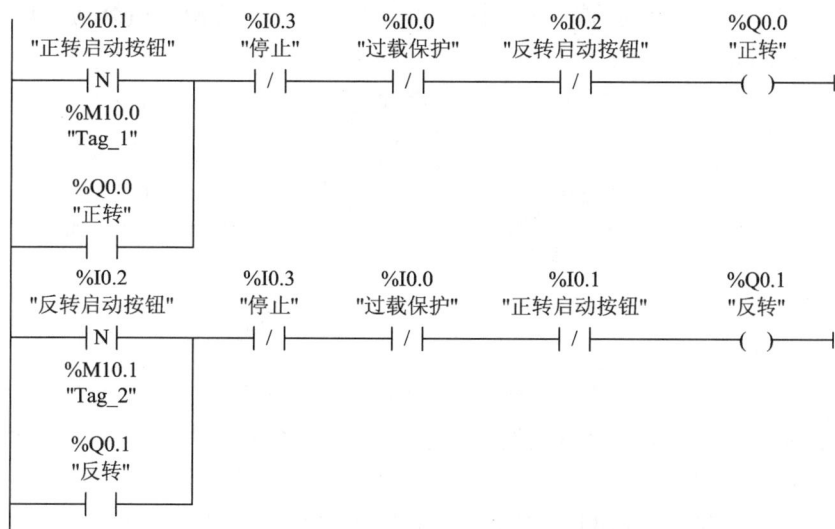

图 3-32　用边沿检测触点指令实现电动机正反转直接切换

2) 边沿检测线圈指令

边沿检测线圈指令又称为在信号边沿置位操作数指令，如图 3-33 所示。两个指令用于检测指令前的能流结果的边沿，指令上方的操作数为边沿输出，指令下方的操作数为上一周期结果，指令前后的能流保持不变。边沿检测线圈不会影响逻辑运算结果。它对能流是畅通无阻的，其输入的逻辑运算结果被立即送给线圈的输出端。

如图 3-34 所示，程序运行时，按下外接开关使 I0.0 变为 1，能流流经线圈 P、线圈 N和线圈 Q0.0。当检测到 I0.0 的上升沿时，M0.0 的常开触点闭合一个扫描周期，使 Q0.1 置位输出；当检测到 I0.0 的下降沿时，M0.1 的常开触点闭合一个扫描周期，使 Q0.1 复位。边沿检测线圈指令与扫描操作数的信号上升沿和下降沿检测指令最大的不同在于检测对象不同，该指令是检测能流的上升沿或下降沿，而后者是检测指定位的上升沿或下降沿。

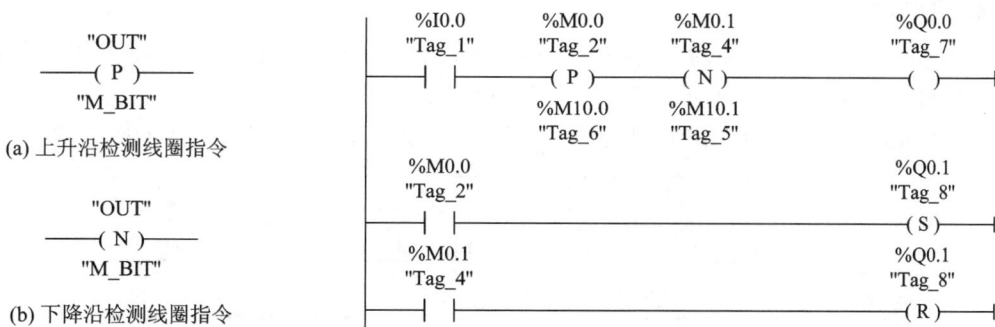

(a) 上升沿检测线圈指令

(b) 下降沿检测线圈指令

图 3-33　边沿检测线圈指令

图 3-34　边沿检测线圈指令的应用

3) 检测 RLO 的信号边沿指令

检测 RLO 的信号边沿指令包括 P_TRIG 和 N_TRIG 指令，当在两个指令的 "CLK" 输入端检测到能流(即 RLO)上升沿或下降沿时，输出端接通一个扫描周期。两个指令不能放在梯形图电路的开始和结束处。如图 3-35 所示，当 I0.0 和 M0.0 的与逻辑运算的结果有一个上升沿时，Q0.0 接通一个扫描周期，并把 I0.0 和 M0.0 相与的结果保存在 M1.0 中。当

I1.2 从"1"到"0"，M2.0 接通一个扫描周期，此行中的 N_TRIG 指令功能与 I1.2 下降沿检测触点指令相同。

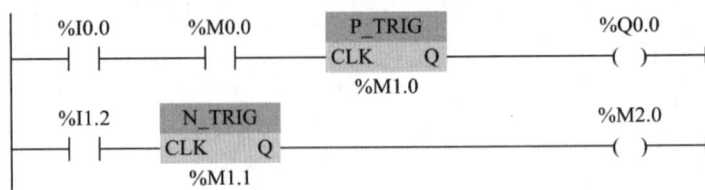

图 3-35   P_TRIG 指令与 N_TRIG 指令应用

4）检测信号指令

R_TRIG 是"检测信号上升沿"指令，F_TRIG 是"检测信号下降沿"指令。它们是函数块，在调用时应为它们指定背景数据块。这两条指令将输入 CLK 端的当前状态与背景数据块中的边沿存储位保存的上一个扫描周期的 CLK 的状态进行比较。如果指令检测到 CLK 的上升沿或下降沿，将会通过 Q 端输出一个扫描周期的脉冲。

四、任务实施

1. I/O 地址分配

本任务输入包含 6 个抢答按钮 SB1～SB6，1 个出题按钮 SB0 和 1 个复位按钮 SB7；输出包含七段数码管(a～g)和出题指示灯。I/O 地址分配见表 3-7。

表 3-7   I/O 地址分配表

输入信号 I			输出信号 Q	
抢答按钮 SB1～SB6	出题按钮 SB0	复位按钮 SB7	七段数码管(a～g)	出题指示灯
I0.0～I0.5	I1.0	I1.1	Q0.0～Q0.6	Q1.0

2. 电路设计

在本任务中，输出设备为出题指示灯和七段数码管。假设七段数码管(选用共阴极数码管)的每一段用发光二极管表示，CPU 选择 CPU 1214C DC/DC/DC，订货号为 6ES7 214-1AG31-0XB0，其输入回路和输出回路电压均为 DC 24 V，其电路接线图如图 3-36 所示。

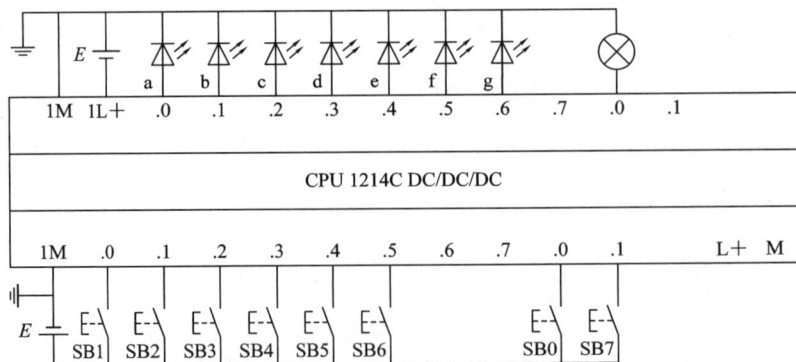

图 3-36   六人抢答器电路接线图

3. 程序编写

1) 勾选系统存储器和时钟存储器

在 PLC 设备视图中的 CPU "属性"项中，勾选"启用系统存储器字节"和"启用时钟存储器字节"，这里采用默认字节。勾选后，M1.0 代表首次循环，M0.5 代表时钟频率为 1 Hz。

2) 数码管译码

数码管为本项目中的显示器件，如图 3-37 所示，这里只用到其中 7 段，数码管 h 本次任务用不到。一旦有人抢答到，就要显示此人的编号(整数 1～6 中的一个)，这就涉及译码问题。为了实现抢答时的互锁，6 个位存储区 M3.0～M3.5 作为抢答标志位，分别与抢答输入信号 I0.0～I0.5 相对应，数码管对应位 Q0.0～Q0.6 为输出。数码管采用共阴极接法，其译码真值表，如表 3-8 所示。例如，如果第 2 人抢答到，那么数码管要显示"2"，Q0.0～Q0.6 对应的输出位为 1101101。

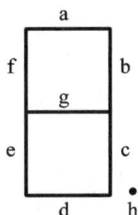

图 3-37　数码管显示部分

表 3-8　数码管译码真值表

M3.0	M3.1	M3.2	M3.3	M3.4	M3.5	Q0.0 (a)	Q0.1 (b)	Q0.2 (c)	Q0.3 (d)	Q0.4 (e)	Q0.5 (f)	Q0.6 (g)
1	0	0	0	0	0	0	1	1	0	0	0	0
0	1	0	0	0	0	1	1	0	1	1	0	1
0	0	1	0	0	0	1	1	1	1	0	0	1
0	0	0	1	0	0	0	1	1	0	0	1	1
0	0	0	0	1	0	1	0	1	1	0	1	1
0	0	0	0	0	1	1	1	1	1	1	1	1

M3.0～M3.5 是 SB1～SB6 的抢答标志位，根据数码管译码真值表可得出输出 Q0.0～Q0.6 与输入 M3.0～M3.5 之间的关系，具体如下：

$$Q0.0 = M3.1 + M3.2 + M3.4 + M3.5$$
$$Q0.1 = M3.0 + M3.1 + M3.2 + M3.3$$
$$Q0.2 = M3.0 + M3.2 + M3.3 + M3.4 + M3.5$$
$$Q0.3 = M3.1 + M3.2 + M3.4 + M3.5$$
$$Q0.4 = M3.1 + M3.5$$
$$Q0.5 = M3.3 + M3.4 + M3.5$$
$$Q0.6 = M3.1 + M3.2 + M3.3 + M3.4 + M3.5$$

3) PLC 变量的定义

本任务 PLC 变量的定义如图 3-38 所示。

图 3-38   PLC 变量的定义

4) PLC 梯形图程序的设计

六人抢答器的梯形图程序如下。其中 M2.0 为开始抢答标志位，M3.0～M3.5 为分别为 6 个人抢答到的标志位。

程序段 1：用系统存储器的首次循环位实现初始化(见图 3-39)。

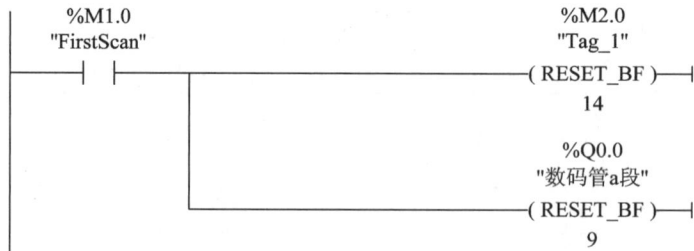

图 3-39   程序段 1

程序段 2：建立开始抢答标志位(见图 3-40)。

图 3-40   程序段 2

程序段 3：按下复位按钮后，对位存储器复位，为下次抢答做准备(见图 3-41)。

图 3-41   程序段 3

程序段 4～9：如图 3-42 所示，建立 6 个抢答标志位 M3.0～M3.5，只要有一人抢答到，其他人就不能再抢答。这是典型的启保停互锁电路，在程序设计中最为基本也非常重要。按下出题按钮，M2.0 为 1，假设 SB1 首先被按下，则 M3.1～M3.5 的常闭触点为 1，M3.0

为 1 并自锁，释放 SB1 时 M3.0 没有受影响。此后无论 SB2～SB6 中哪个被按下，由于 M3.0 的常闭触点串接在 M3.1～M3.5 的输出回路中，M3.1～M3.5 的输出始终为 0。只有按下复位按钮后，M2.0 为 0，M3.0 才为 0。

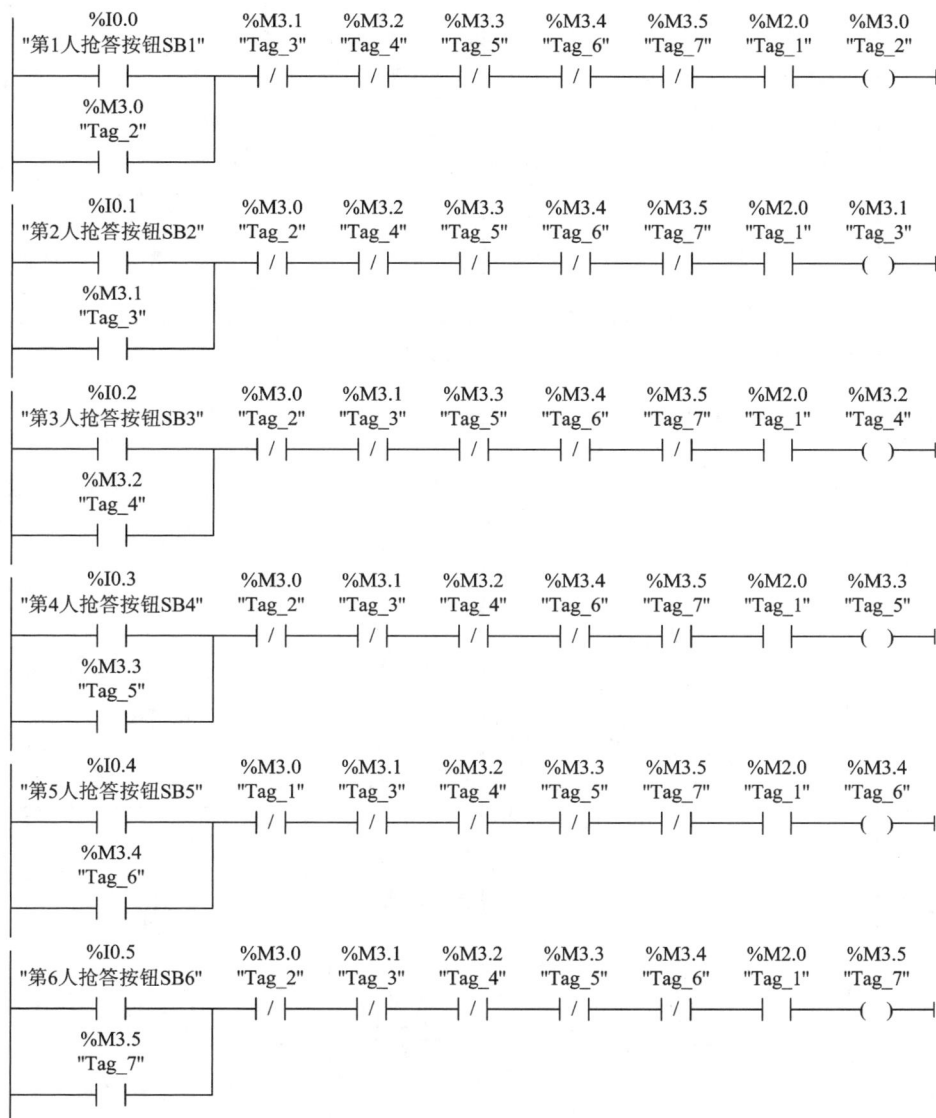

图 3-42　程序段 4～9

程序段 10：利用时间存储器实现从开始出题到抢答这段时间的指示灯闪烁控制(见图 3-43)。

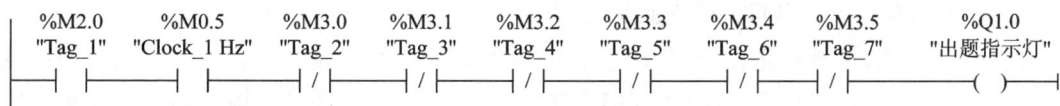

图 3-43　程序段 10

程序段 11～17：根据数码管译码表达式，在数码管上显示对应的数字(见图 3-44)。

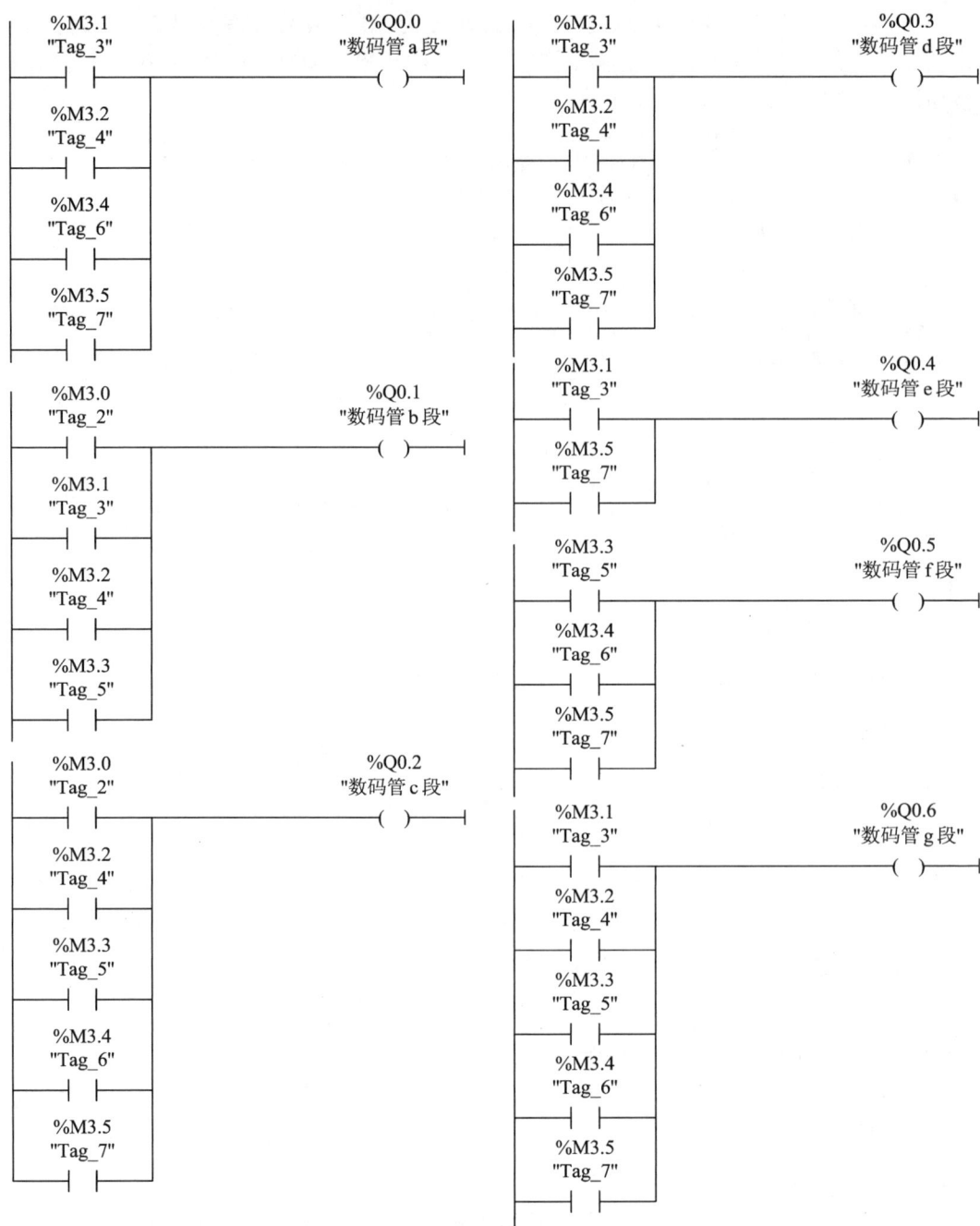

图 3-44　程序段 11～17

4. 在仿真软件 S7-PLCSIM 中验证程序

前面介绍的项目调试是在有 PLC 实物的条件下进行的，如果没有 PLC 实物，程序编好之后可以使用博途提供的 S7-PLCSIM 仿真软件。仿真软件调试适用于固件为 V4.0 及以上版本，它不支持计数、PID、运动控制工艺模块和运动控制工艺对象。正确安装了仿真软件后工具栏上的"🖳"呈现亮色。

将编好的程序编译并保存后，选中项目树中的"PLC_1"，单击工具栏中的按钮"![]"，出现启动仿真的对话框，单击"确定"按钮，则启动 S7-PLCSIM，如图 3-45 所示。

图 3-45 启动 S7-PLCSIM

打开仿真软件后，出现"扩展的下载到设备"对话框，单击"开始搜索"按钮，搜索到下载设备后，单击"下载"按钮，弹出"下载预览"对话框，如图 3-46 所示。单击"装载"按钮，出现"下载到设备后的状态和动作"对话框。把"启动模块"后面的"无动作"改为"启动模块"，点击"完成"，将程序下载到仿真 PLC，并使其进入 RUN 模式。

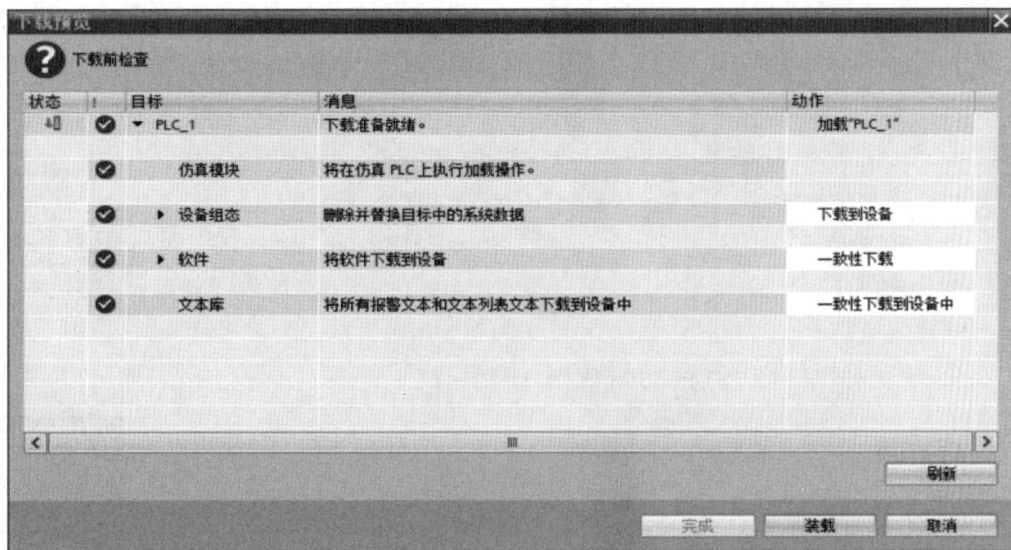

图 3-46 "下载预览"对话框

单击图 3-45 界面右上角"切换"图标"![]"，将 S7-PLCSIM 从精简视图切换到项目视图。在项目视图中，新建项目"六人抢答器_SIM"，在 S7-PLCSIM 新的项目视图中打开项目树中的"SIM 表格_1"，如图 3-47 所示。在表中手工生成需要仿真的 I/O 点，如图 3-48 所示。也可在图 3-47 中的"SIM 表格_1"编辑栏空白处单击鼠标右键选择"加载项目标签"，从而加载项目的全部标签。本例采用的是手工生成需要仿真的 I/O 点。

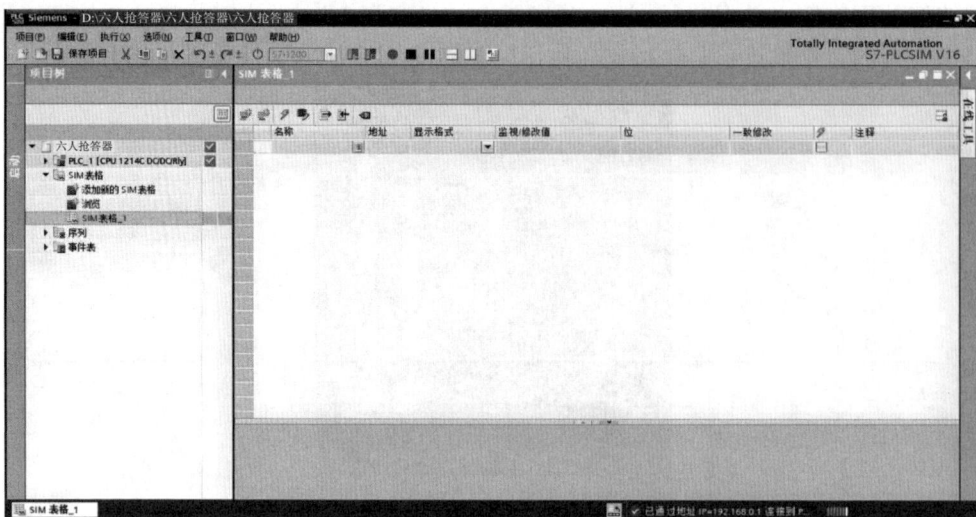

图 3-47 S7-PLCSIM 项目视图

接下来进行仿真，首先用鼠标单击"SIM 表格_1"中的 "出题按钮SB0".P 标签，"SIM 表格_1"中出题指示灯 Q1.0 会闪亮，然后单击位 I0.0，表示第 1 人抢答成功，那么数码管 b、c 段会亮，即 Q0.1、Q0.2 同时点亮，模拟数码管显示数字"1"，同时出题指示灯不亮，如图 3-48 所示。利用这种方法可以检验程序是否满足控制要求。

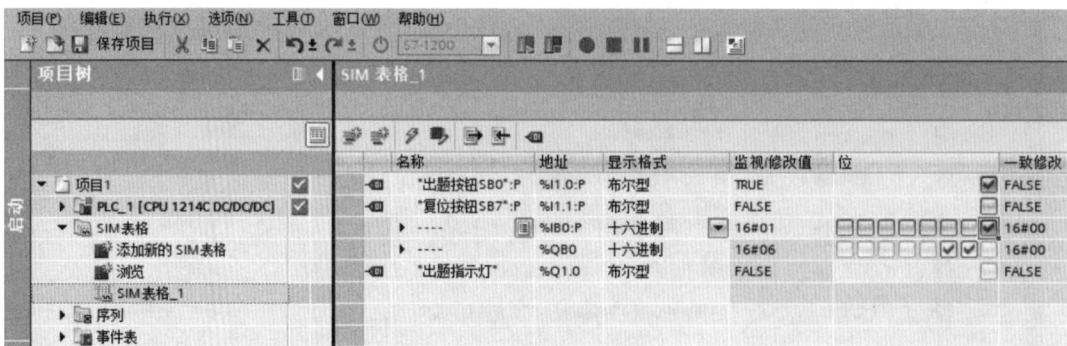

图 3-48 S7-PLCSIM 的"SIM 表格_1"

五、检查评价

根据六人抢答器控制系统的完成情况，按照验收标准，对任务完成情况进行检查和评价，包括电路设计、I/O 地址分配、硬件组态、程序设计及仿真等。

考核评价表

六、知识拓展

如图 3-49 所示，某地下停车场的出入口同一时间只允许一辆车进出，在进出通道的两端均设有红绿灯。光电开关 1 和 2 用来检测是否有车经过，光线被车遮住时，光电开关输出为"1"。有车出入通道时(光电开关检测到车的前沿)，两端的绿灯灭，红灯亮，以警示两端其他车辆不能进入通道。车离开通道时(光电开关检测到车的后沿)，两端的绿灯亮，红灯灭，其他车辆可以进入通道。请用 PLC 完成对该地下车库车辆出入控制。

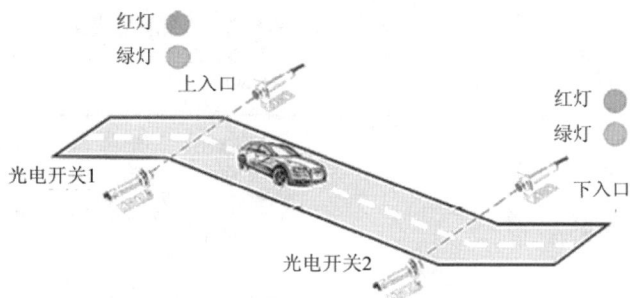

图 3-49 地下停车场车辆出入检测

1. 任务分析

设定光电开关 1 连接至 PLC 的 I0.0，光电开关 2 连 I0.1，红灯连 Q0.0，绿灯连 Q0.1。本题可采用上升沿和下降沿检测指令来实现。当车辆入库时，车辆驶入坡道触发 I0.0 置位一个中间变量 M0.0；当车辆驶出坡道，通过检测下降沿的方式检测到车辆尾部离开时复位 M0.0；当车辆出库时，采用相同的方法操作另一个中间变量 M0.1，这样就区分开了车辆入库和出库的情况；然后用 M0.0 和 M0.1 来控制红绿灯，最终实现本题的控制。

2. I/O 地址分配

I/O 地址分配如表 3-9 所示。

表 3-9 I/O 地址分配表

元 件	符 号	地 址	说 明
光电开关 1	SQ1_UP	I0.0	上入口处传感器
光电开关 2	SQ2_DOWN	I0.1	下入口处传感器
红色指示灯	LED_R	Q0.0	指示通道中有车辆
绿色指示灯	LED_G	Q0.1	指示通道中无车辆

3. 电路设计

这里的电路只涉及光电开关和指示灯，CPU 型号为 CPU 1214C DC/DC/DC，具体电路图如图 3-50 所示。

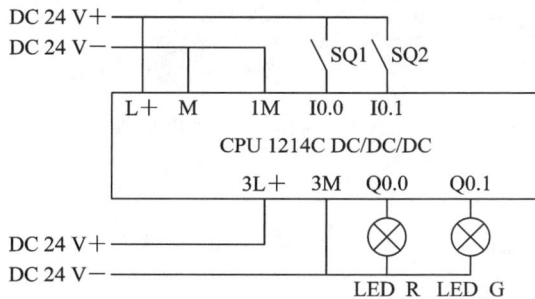

图 3-50 地下车库车辆出入检测电路图

4. 程序编写

根据控制要求，实现上述功能的程序如图 3-51 所示。

程序段1：车辆入库。

```
%I0.0        %M0.1        %M0.0
"SQ1_UP"     "汽车上行"     "汽车下行"
──┤ ├──────────┤/├──────────( S )──
```

程序段2：车辆入库完成。

```
%I0.1                      %M0.0
"SQ2_DOWN"                 "汽车下行"
──┤ N ├────────────────────( R )──
%M1.0
"Tag_1"
```

程序段3：车辆出库。

```
%I0.1        %M0.0        %M0.1
"SQ2_DOWN"   "汽车下行"     "汽车上行"
──┤ ├──────────┤/├──────────( S )──
```

程序段4：车辆出库完成。

```
%I0.0                      %M0.1
"SQ1_UP"                   "汽车上行"
──┤ N ├────────────────────( R )──
%M1.1
"Tag_2"
```

程序段5：红色指示灯。

```
%M0.0                      %Q0.0
"汽车下行"                   'LED_R'
──┤ ├──────────┬────────────( )──
%M0.1          │
"汽车上行"       │
──┤ ├──────────┘
```

程序段6：绿色指示灯。

```
%Q0.0                      %Q0.1
'LED_R'                    'LED_G'
──┤/├──────────────────────( )──
```

图 3-51　地下车库 PLC 程序

5. 程序仿真

在仿真项目视图的 SIM 变量表中，单击 I0.0，表示车头要进入车库，车下行，此时会看到绿灯(Q0.1)变为红灯(Q0.0)，同时显示车下行，如图 3-52 所示，两个变量方框会出现对号，表示有动作。大家可以试着完成其余步骤的仿真模拟。

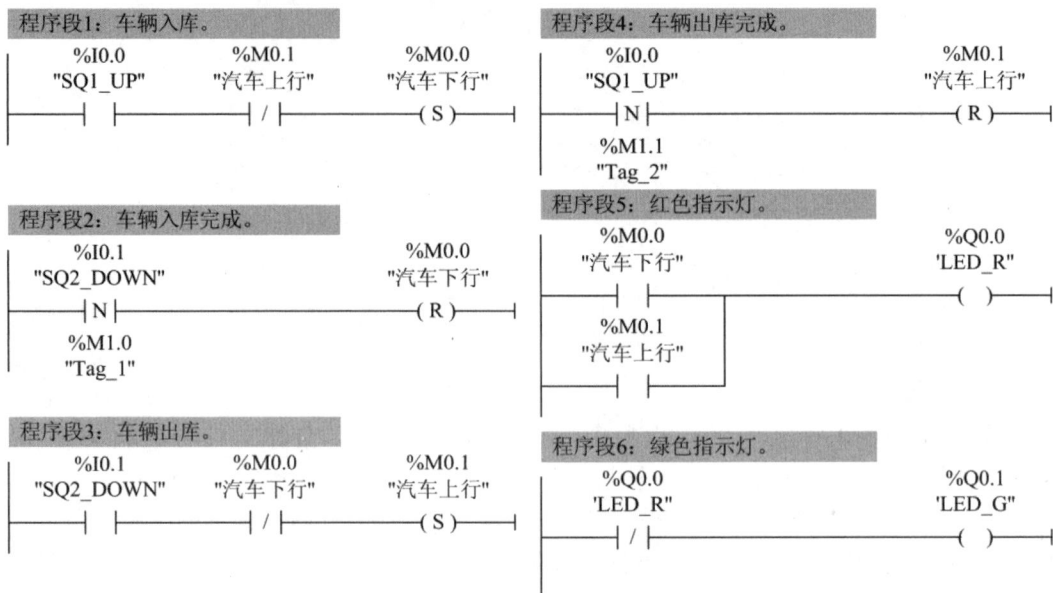

图 3-52　地下车库车辆出入检测 PLC 程序仿真表

七、研讨测评

(一) 填空题

1. 置位输出指令是将指定的位操作数置位为_____并_____。

2. 当 SET_BF 指令下面的数字是 5 时，就表示当外部条件满足时，可以一次性置位

_____个输出点并一直保持为_____，直到有复位信号产生。RESET_BF 表示_____指令。

3. 上升沿检测触点指令的梯形图符号为_____，下降沿检测触点指令的梯形图符号为_____。

4. RLO 是_____的简称。

5. 上升沿检测触点指令|P|，如果该触点上面的位与下面的位比较，由"0"变为"1"(上升沿)时，该触点接通一个_____。

(二) 选择题

1. 如果在程序中对输出继电器 Q0.1 多次使用 S、R 指令，则 Q0.1 的状态由(　　)。

A. 第一次执行的指令决定　　　　　　B. 最后执行的指令决定

C. 执行最多次数的指令决定　　　　　D. 执行最少次数的指令决定

2. 置位/复位触发器 SR，置位、复位信号分别为"1""0"时，输出位状态为(　　)。

A. 1　　　　　　　　　　　　　　　B. 0

C. 保持　　　　　　　　　　　　　　D. 状态不定

3. 复位/置位触发器 RS，复位、置位信号均为"0"时，输出位状态为(　　)。

A. 1　　　　B. 0　　　　C. 保持　　　　D. 状态不定

4. 边沿存储器中位的地址在程序中最多可以使用(　　)次。

A. 1　　　　B. 2　　　　C. 3　　　　D. 无数次

(三) 判断题

1. 复位位域指令是将指定的位操作数地址开始的连续多个位复位为 0 并保持。(　　)

2. 对于同一目标元件，置位、复位指令可多次使用，顺序也可随意，不过写在后面的指令有优先权。(　　)

3. 扫描 RLO 的信号边沿(P_TRIG、N_TRIG)指令可以放在逻辑行的任意位置。(　　)

4. S7-1200 PLC 边沿检测指令中的 P 触点、P 线圈指令都具有在驱动条件满足的条件下，使位操作数产生一个上升沿脉冲输出。(　　)

5. R_TRIG 是检测信号上升沿指令，F_TRIG 是检测信号下降沿指令。(　　)

(四) 编程题

1. 用 PLC 设计一个兼具数码显示和时间控制功能的三人抢答器，SB0 为出题按钮，SB1～SB3 为三个抢答按钮，SB4 为复位按钮。当按下出题按钮后，5 s 内三位选手均可以抢答。当某位选手抢答成功后，对应指示灯亮，并且数码管显示该选手的编号。与此同时，其他选手的抢答按钮将被锁定，不能再参与该题的抢答。若超过 5 s，则三位选手均失去该题目的抢答权限，同时该题目作废，数码管不显示。主持人按下复位按钮 SB4 后，数码管熄灭，等待下一轮抢答。

2. 用 PLC 来设计一款 8 人抢答器，SB0 为出题按钮，SB1～SB8 为 8 个抢答按钮，SB9 为复位按钮。当按下出题按钮后，对应的出题指示灯按亮 0.5 s、灭 0.5 s 闪烁，方可开始抢答。此后任何时刻按下一个抢答按钮，对应指示灯按亮 2 s、灭 1 s 闪烁，出题指示灯灭，表示抢答成功，此后再按其余 7 个抢答按钮，抢答无效。答题结束，按复位按钮，对应的指示灯灭，方可进行新一轮抢答。如果开始抢答后 12 s 内无人应答，则该题作废，此时按任何一个抢答按钮均无效。按复位按钮后，方可进行新一轮抢答。

任务 11　基于 PLC 的三相异步电动机星–三角降压启动

一、任务描述

本任务是设计一个三相异步电动机的星-三角降压启动控制器。要求：按下正转按钮，三相异步电动机正转星形启动，10 s 后，电动机转三角形连接且正常运行，整个过程中，反转按钮不起作用；若按下反转按钮，电动机反转星形启动，10 s 后，电动机转三角形连接且正常运行，整个过程中，正转按钮，不起作用；任何时间按下停止按钮，电动机立即停止。

二、学习目标

知识目标

1. 掌握 TP、TON、TOF、TONR 四种不同定时器的特点及编程方法。
2. 掌握比较指令的格式、功能含义及应用。

技能目标

1. 会用基本位逻辑指令和定时器指令编写不同控制要求的星-三角降压启动程序。
2. 能创新设计任务，并能按要求编写和调试程序。

思政目标

1. 锤炼技能，深化工匠意识，树立敬业、精益、专注和创新的职业精神。
2. 提升安全意识和责任担当。

三、相关知识

1. 定时器指令及其应用

定时器的作用类似于传统继电-接触器控制系统中的时间继电器，但种类和功能比时间继电器强大得多。在工业中定时器的应用非常广泛，如设备的延时启动及定期保养提示等。

认知定时器

S7-1200 PLC 中 CPU 的定时器指令采用 IEC 标准，数据类型为 IEC_TIMER，数据长度为 16 个字节。IEC 定时器指令在用户程序中可以使用的个数仅受 CPU 存储器容量限制。博途软件会在插入定时器指令时自动创建 IEC_TIMER 类型的数据块来存储定时器指令的数据。S7-1200 PLC 的 CPU 包含 4 种定时器：脉冲定时器(TP)、接通延时定时

器(TON)、关断延时定时器(TOF)和保持型接通延时定时器(TONR)。定时器引脚汇总表
如表 3-10 所示。

表 3-10　定时器引脚汇总表

	名　称	数据类型	说　明
输入	IN	Bool	信号输入端，TP、TON、TONR 为 1 表示启用定时器，为 0 表示禁用定时器；TOF 为 0 表示启动定时器，为 1 表示禁用定时器
	PT(Preset Time)	Time	预设时间值，最大定时时间为 T#24D20H31M23S647MS
	R	Bool	复位信号端，仅出现在 TONR 中
输出	Q	Bool	位输出端
	ET(Elapsed Time)	Time	当前时间值

1) 脉冲定时器(TP)

脉冲定时器类似于数字电路中上升沿触发的单稳态电路。脉冲定时器可生成具有预设宽度的脉冲，如图 3-53 所示。在 IN 端(输入信号)的上升沿启动定时器，Q 端立即输出，状态由 0 变为 1。定时器启动之后，当前时间值 ET 从 0 ms 开始不断增加，达到 PT 预设时间值时，Q 端的输出状态由 1 变为 0，停止输出。

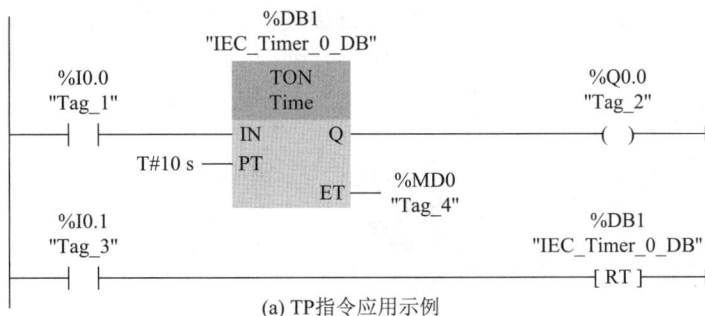

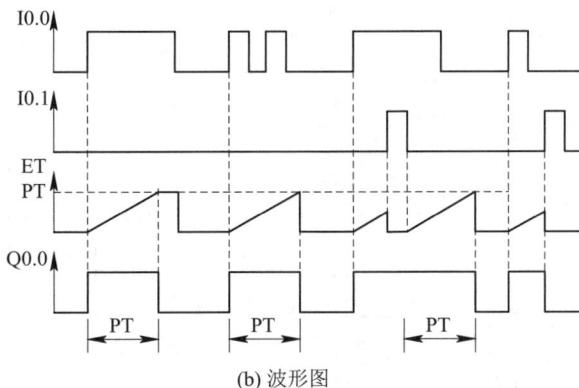

(a) TP指令应用示例

(b) 波形图

图 3-53　TP 指令的应用示例及波形图

在图 3-53(a)中，当 ET < PT 时，IN 状态的改变不影响 Q 的输出状态和 ET 的计时。当 ET = PT 时，即 ET 达到预设时间值，ET 立即停止计时，如果输入 IN 的状态为 1，则定时器停止计时并保持当前值；如果 IN 的状态为 0，则定时器定时时间清零。在定时器计时过程中，

输出 Q0.0 为 "1"；定时器停止计时，不论是保持当前值还是清零当前值，其输出都是 "0"。

若 I0.1 为 1，定时器复位线圈(RT)得电，则定时器被复位。如果此时定时器处于计时状态，且 IN 的状态为 0，则当前时间值 ET 清零，Q 端输出状态变为 0；如果定时器正在计时，且 IN 的状态为 1，则当前时间值 ET 清零，但 Q 端输出保持为 1 状态。

【例 3-4】　按下启动按钮 SB1(I0.0)，三相异步电动机直接启动并运行，工作 2.5 h 后自动停止，在运行过程中若按下停止按钮 SB2(I0.1)或发生故障(如过载)，三相异步电动机立即停止，程序如图 3-54 所示。

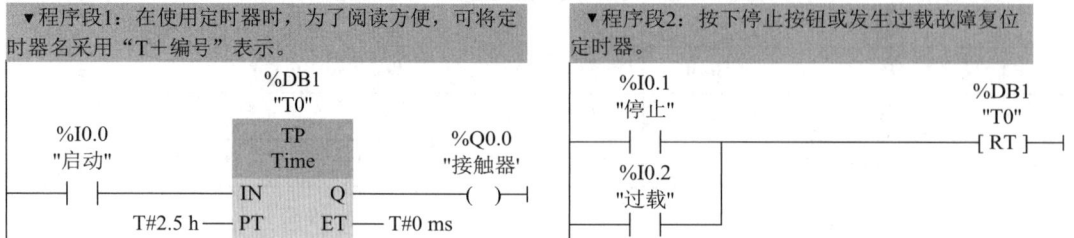

图 3-54　脉冲定时器的使用

2) 接通延时定时器(TON)

接通延时定时器用于将 Q 端的置位操作延时到预设时间。在其输入端由断开变为接通时(即从 0 变为 1) 开始计时，当计时时间大于或等于预设时间值时，输出为 1。如图 3-55 所示，当 IN 端输入信号由 0 变为 1 时，定时器启动。当 ET = PT 时，Q 端立即输出，状态由 0 变为 1，ET 立即停止计时并保持。在任何时刻，只要 IN 端变为 0，ET 立即停止计时并回到 0，同时 Q 端停止输出，状态变为 0。

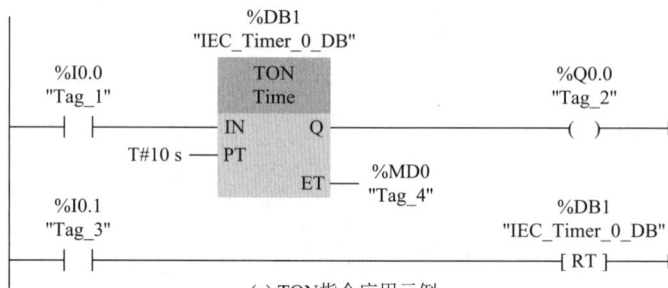

(a) TON指令应用示例

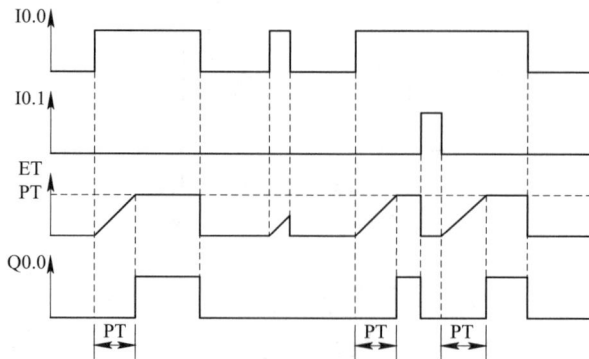

(b) 波形图

图 3-55　TON 指令的应用示例及波形图

【例 3-5】　用定时器设计输出脉冲周期为 10 s、占空比为 50%的振荡电路。

分析：此题可采用两个 TON 分别计时、两个 TON 累积计时或脉冲定时器计时，相应程序如图 3-56 所示。

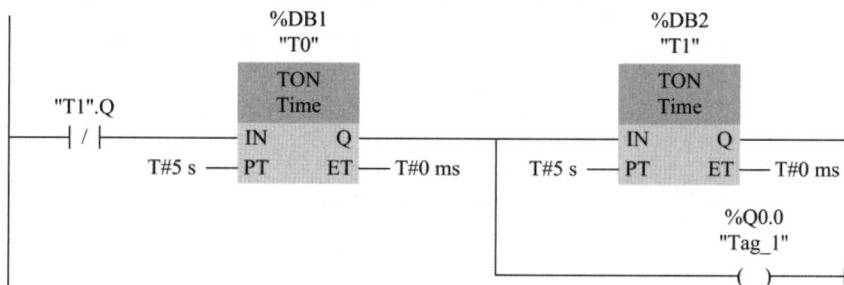

(a) 采用两个TON分别计时

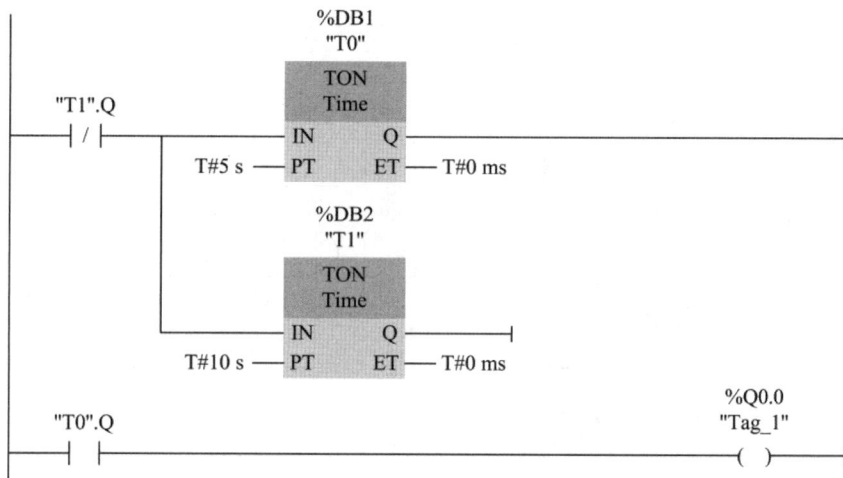

(b) 采用两个TON累计计时

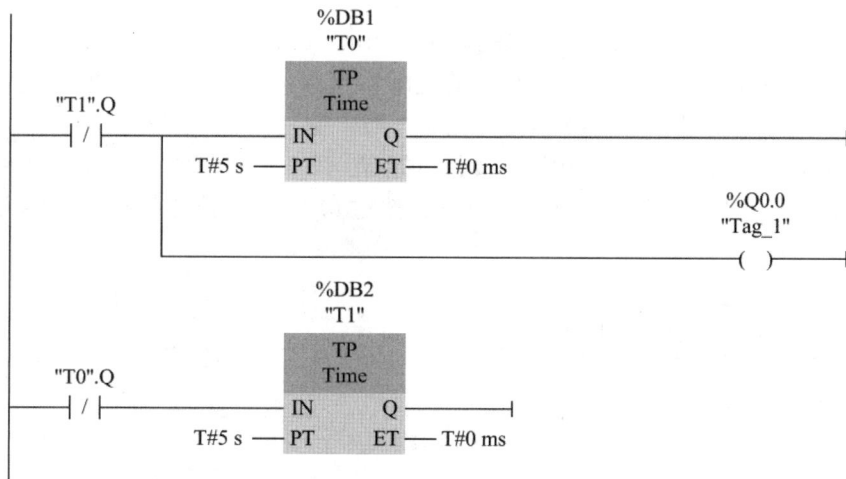

(c) 采用脉冲定时器计时

图 3-56　振荡电路

3) 关断延时定时器(TOF)

关断延时定时器(TOF)用于将 Q 端的复位操作延时到预设时间。如图 3-57 所示，只要 IN 端的状态为 1，Q 端就输出，状态为 1，同时 ET 清零。当 IN 端的状态由 1 变为 0 时，定时器启动。当 ET = PT 时，ET 立即停止计时并保持当前值不变，Q 端立即停止输出，状态由 1 变为 0。在任何时刻，只要 IN 端变为 1，ET 立即停止计时并回到 0。

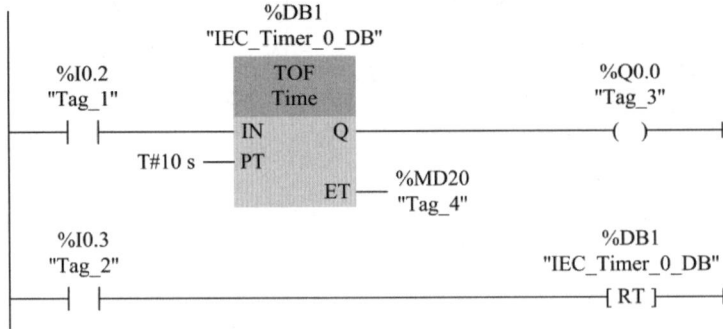

(a) TOF指令应用示例

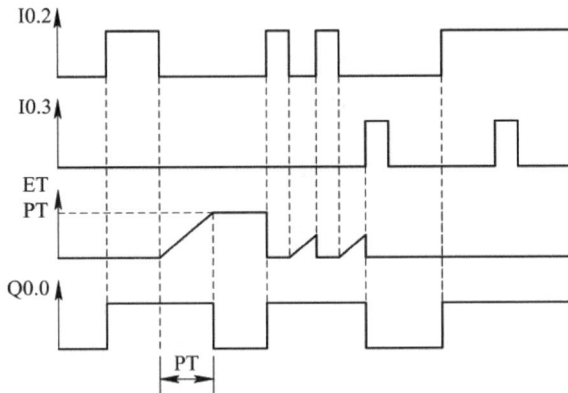

(b) 波形图

图 3-57　TOF 指令的应用示例及波形图

关断延时定时器主要用于设备停止后的延时。当输入信号为低电平时，复位指令对已消耗时间清零并复位输出，当输入信号为高电平时，复位指令不起作用。

【例 3-6】　两条传送带顺序相连，如图 3-58 所示，按下启动按钮 I0.0，1 号传送带开始运行，8 s 后 2 号传送带自动启动。按下停止按钮 I0.1，2 号传送带先停，8 s 后 1 号传送带停止。

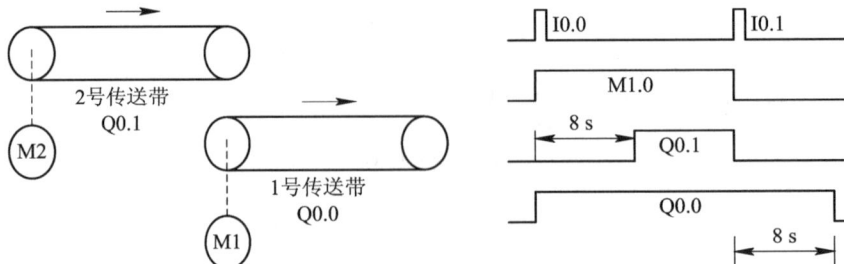

图 3-58　传送带控制

分析：在传送带控制程序中设置一个用启动、停止按钮控制的辅助位 M1.0，用于控制 TON 的 IN 输入端和 TOF 线圈。中间标有 TOF 的线圈上面是定时器的背景数据块，下面是预设时间值 PT。TOF 线圈和 TOF 方框指令的功能相同。传送带控制梯形图程序如图 3-59 所示。

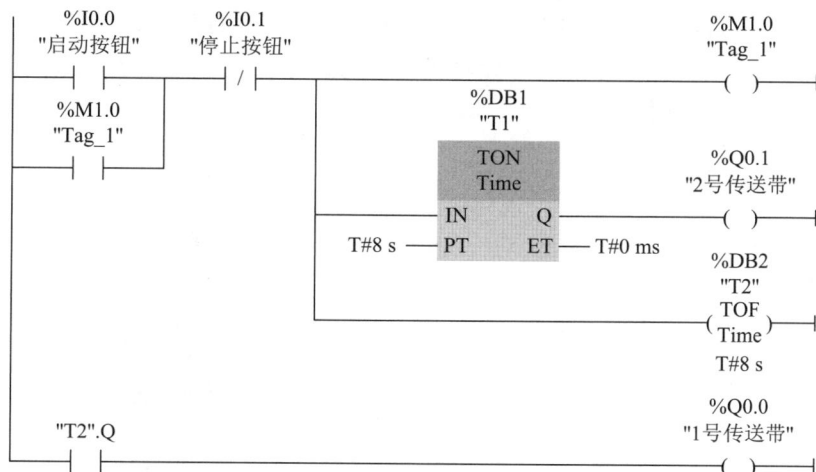

图 3-59 传送带控制梯形图程序

【例 3-7】 卫生间自动冲水控制电路的控制要求如下：当光电开关(I0.0)检测到有人进去时，光电开关接通，3 s 后 Q0.0(冲水电磁阀)输出，冲水 4 s，检测到人离开后再冲水 5 s。① 用三种定时器指令实现卫生间冲水控制电路；② 用边沿检测指令配合定时器来实现卫生间冲水控制电路。

分析：(1) 图 3-60 是用三种定时器实现的卫生间冲水控制梯形图程序。当有人来时，光电开关(I0.0)接通，定时器 T1 接通并延时 3 s，3 s 后定时器 T2 立即接通，其 Q 端闭合，冲水电磁阀(Q0.0)开始第一次冲水并计时 4 s。当人离开时，I0.0 断开，关断延时定时器 T3 启动并开始计时 5 s，其 Q 端仍处于闭合状态且 I0.0 的常闭也恢复闭合，因此冲水电磁阀(Q0.0)接通并开始第二次冲水。当 T3 的计时时间到，其 Q 端断开，冲水电磁阀(Q0.0)断开并停止冲水。

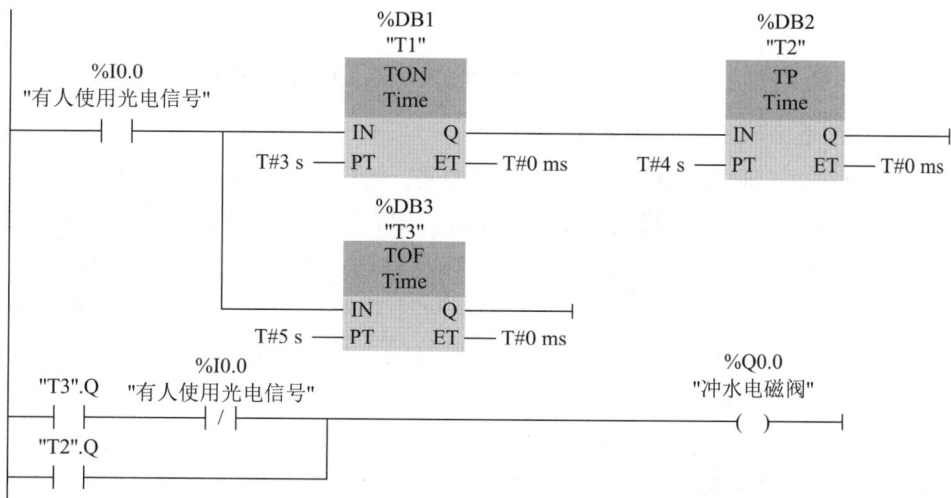

图 3-60 用三种定时器指令实现的卫生间冲水控制梯形图

(2) 图 3-61 中，当有人来时，检测到光电开关 I0.0 的上升沿，M0.1 置位，定时器 T1 接通并延时 3 s，3 s 后 T1 的 Q 端输出，接通脉冲定时器 T2，T2 的 Q 端立即闭合，冲水电磁阀(Q0.0)接通，开始第一次冲水，时间为 4 s。冲水结束后，复位上升沿信号。当人离开时，光电开关(I0.0)断开，其下降沿接通脉冲定时器 T3，T3 的 Q 端立即闭合，冲水电磁阀(Q0.0)接通，开始第二次冲水。当 T3 计时到 5 s，T3 的 Q 端停止输出，T3 的 Q 端断开，冲水电磁阀(Q0.0)停止冲水。

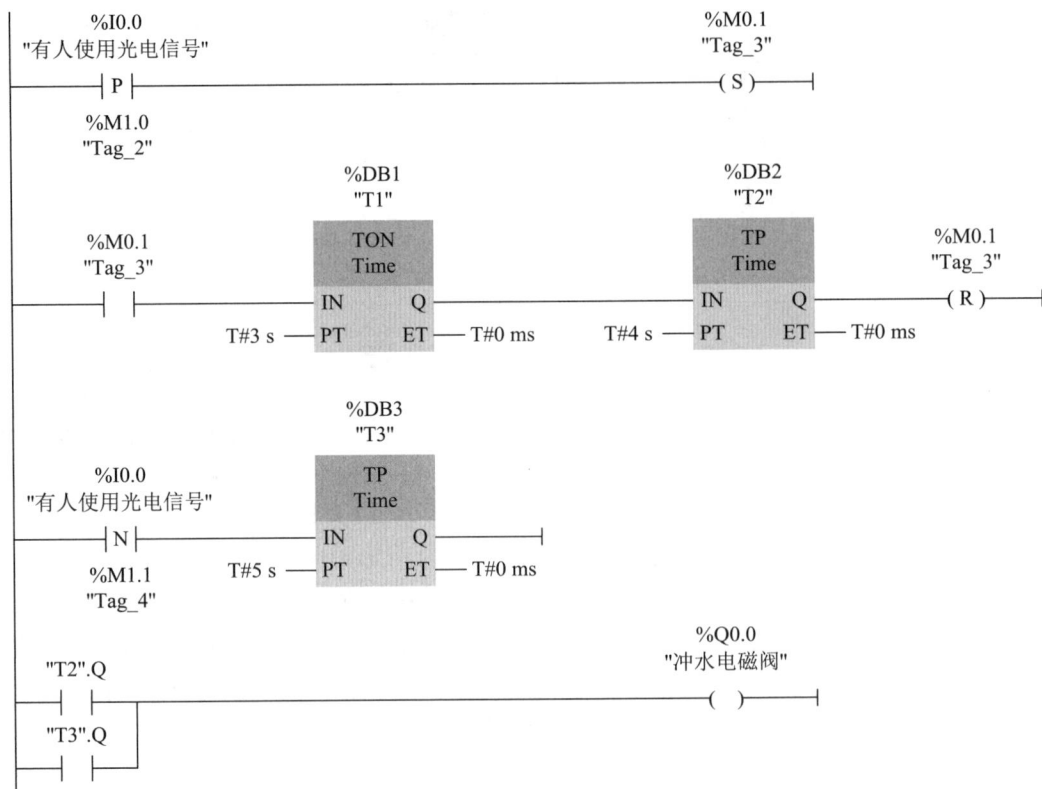

图 3-61 用边沿检测指令配合定时器实现的卫生间冲水控制梯形图

4) 保持型接通延时定时器(TONR)

保持型接通延时定时器 TONR 也叫时间累加器，如图 3-62(a)所示，当 IN 端的状态为 0 时，Q 端输出为 0。当 IN 端的状态由 0 变为 1 时，定时器启动并开始计时。当 ET < PT，且 IN 端的状态为 1 时，ET 计时；若 IN 端的状态变为 0，则 ET 立即停止计时并保持。当 ET = PT 时，ET 立即停止计时并保持(ET = $t_1 + t_2$)，同时 Q 端立即输出，状态由 0 变为 1，直到 IN 端的状态变为 0。在任何时刻，只要 R 端的状态为 1，Q 端输出为 0，ET 立即停止计时并回到 0。

保持型接通延时定时器在其输入端接通时开始计时，输入端断开，累计的已消耗时间保持不变。因此它可以用来累计输入端接通的时间间隔。如图 3-62(b)所示，当 I0.4 为 1 时，保持型接通延时定时器被复位，其累计的已消耗时间变为 0，同时输出变为 0。

2. 比较操作指令及其应用

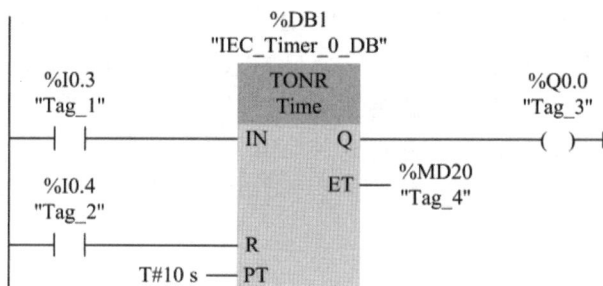

比较操作指令作为 PLC 编程常用的基本指令，可等效为一个触点。比较操作指令主要有关系比较指令、值是否超范围指令以及检查有效性指令 3 种。

比较操作指令及应用

(a) TONR指令应用示例

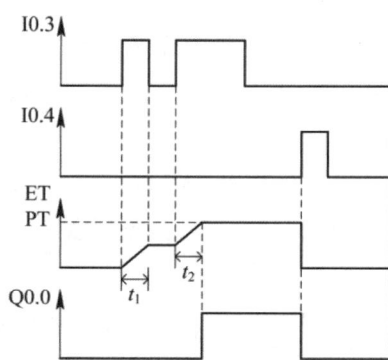

(b) 波形图

图 3-62　TONR 指令的应用示例及波形图

1) 关系比较指令

关系比较指令包括"＝＝"(等于)，"<>"(不等于)，">"(大于)，">＝"(大于或等于)，"<"(小于)，"<＝"(小于或等于)，主要用于比较数据类型相同的两个数的大小，相比较的两个数分别在触点的上面和下面。因此在比较不同数据类型的数时，首先应该进行数据类型的转换。若比较的结果为真，则输出为 1；若比较的结果为假，则输出为 0。可以通过双击比较指令中间的比较符号来更改比较类型或双击中间的"？？？"来更改比较的数据类型。比较指令可以用于比较字符、整数、浮点数、时间等基本数据类型的数，也可以用于比较字符串、DTL 等复杂数据类型的数。

2) 值是否超范围指令

值是否超范围指令包括值在范围内(IN-RANGE)指令和值超出范围(OUT-RANGE)指令。值在范围内(IN_RANGE)指令的功能是查询输入 VAL 的值是否在指定的取值范围内。MIN 和 MAX 为输入端指定取值范围的限值。值在范围内指令将输入端 VAL 的值与 MIN 和 MAX 的值比较，如果 VAL 的值满足 MIN≤VAL≤MAX，则功能框输出的信号状态为"1"，反之则为"0"。

值超出范围指令(OUT_RANGE)用于判断整数或浮点数是否在指定范围之外，条件满足则输出 1，不满足则输出 0。

3) 检查有效性指令

检查有效性指令的功能是检查操作数的值是否为有效或无效的浮点数。OK 指令用于检查操作数的值是否为有效的浮点数，NOT_OK 指令用于检查操作数的值是否为无效的浮点数。如果是实数，OK 指令触点接通，反之 NOT_OK 指令触点接通。触点上面变量的数据类型为浮点数。如果该指令输入的信号状态为"1"，则在每个循环扫描周期内都进行检查。查询时，如果操作数的值是有效浮点数且该指令的信号状态为"1"，则该指令输出的信号状态为"1"。在其他任何情况下，检查有效性指令输出的信号状态都为"0"。

四、任务实施

1. 项目分析

本任务要实现电动机星 Y-△降压启动，涉及时间原则控制，如何正确选择定时器并满足控制要求是设计的关键。另外本任务还包含最基本的"启保停"控制，特别注意在正反转切换过程中，必须首先按下停止按钮。

2. I/O 地址分配

根据本任务分析，可得 I/O 地址分配表，如表 3-11 所示。

表 3-11　I/O 地址分配表

输入信号(I)		输出信号(Q)	
SB1 正转启动按钮	I0.0	正转线圈 KM1	Q0.0
SB2 反转启动按钮	I0.1	反转线圈 KM2	Q0.1
SB3 停止按钮	I0.2	星形线圈 KM3	Q0.2
		三角形线圈 KM4	Q0.3

3. 控制电路接线图

本任务 PLC 选型为 CPU 1214C DC/DC/Rly，控制电路接线图如图 3-63 所示。

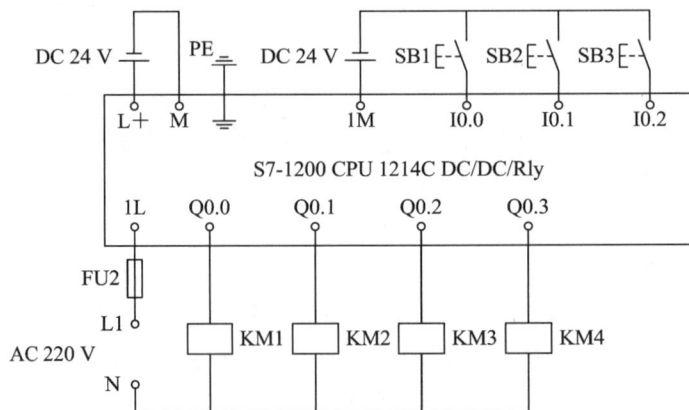

图 3-63　控制电路接线图

4. PLC 变量定义表

根据前面的 I/O 地址分配表, 很容易得到 PLC 变量定义表, 此处不再赘述。

5. 程序设计

此任务可以采用脉冲定时器和接通延时定时器两种方法来实现。

(1) 用脉冲定时器 TP 来实现, 程序如图 3-64 所示。

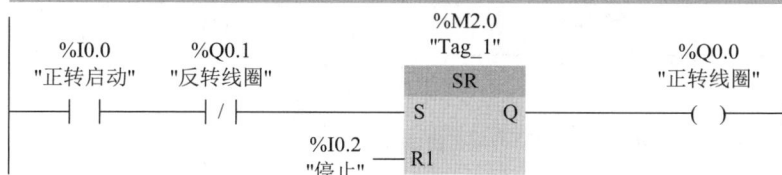

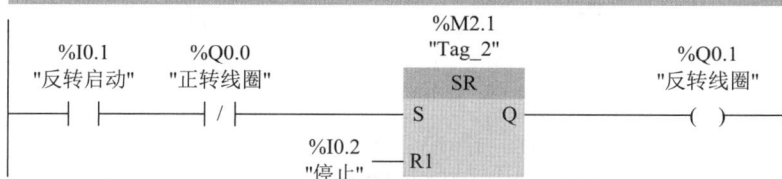

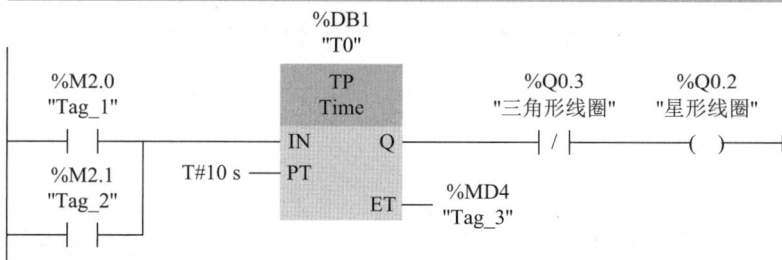

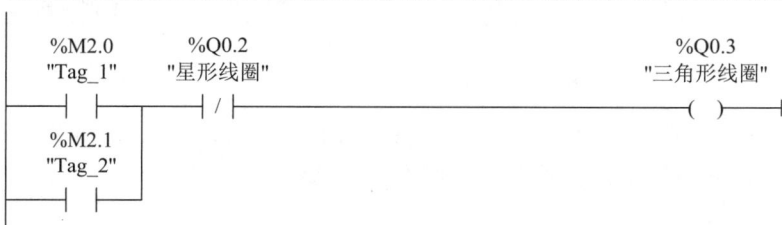

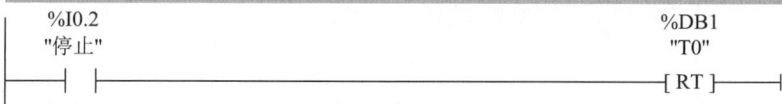

图 3-64　用脉冲定时器实现的星-三角形降压启动电路梯形图

(2) 用接通延时定时器 TON 来实现, 程序如图 3-65 所示。

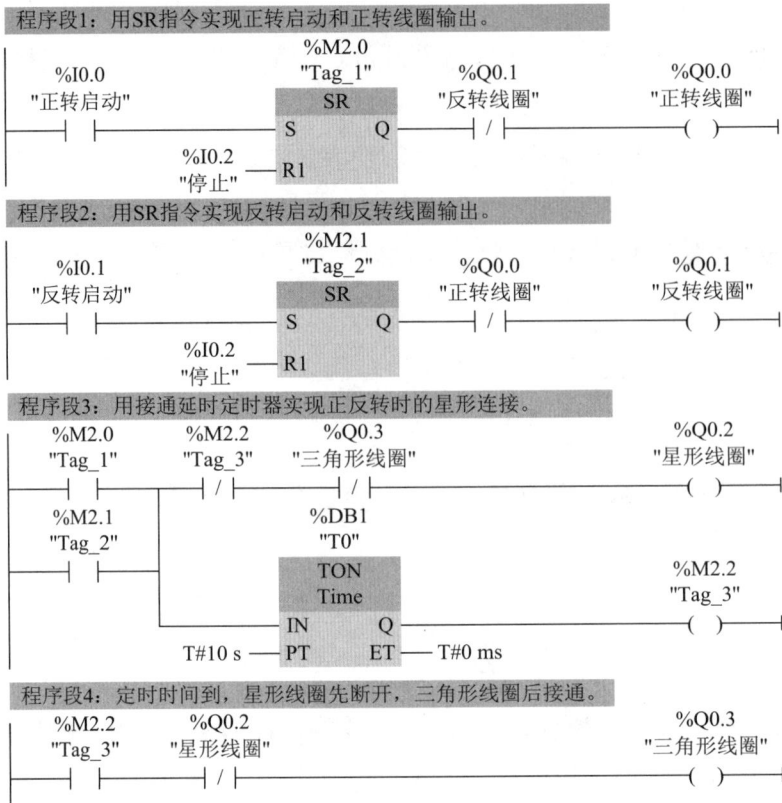

图 3-65　用接通延时定时器 TON 实现的星-三角形降压启动电路梯形图

五、检查评价

本任务的重点是能应用比较操作指令及定时器指令实现星-三角降压启动控制。要求能根据任务要求完成 I/O 地址分配、硬件组态、程序设计及运行调试等。

考核评价表

六、知识拓展

使用 S7-1200 PLC 实现红绿灯控制，要求按下启动按钮后，红灯亮 15 s，绿灯亮 15 s，黄灯亮 3 s，循环往复。无论何时按下停止按钮，红绿灯系统都会停止工作。

1. I/O 地址分配

根据 PLC 输入/输出点分配原则及本控制要求，输入分别为启动按钮 I0.0 和停止按钮 I0.1，输出为红、绿、黄三盏灯，分别对应 Q0.0、Q0.1、Q0.2。

2. PLC 程序编写

依据要求按下启动按钮，红绿灯循环运行：0 s≤ET≤15 s，红灯亮；15 s＜ET≤30 s，绿灯亮；30 s＜ET≤33 s，黄灯亮。使用比较操作指令和接通延时定时器 TON 编程，程序如图 3-66 所示。

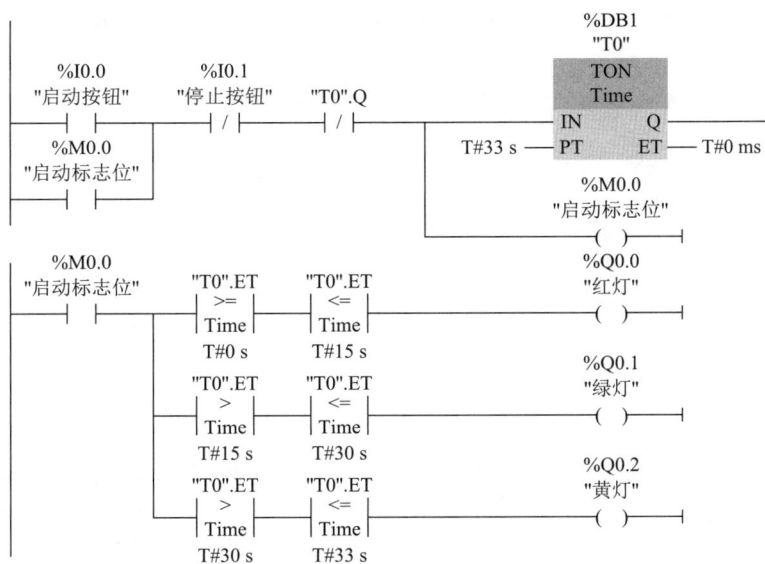

图 3-66　红绿灯循环程序梯形图

将调试好的用户程序下载到 CPU 中，并连接好线路。按下启动按钮 SB1，观察红绿黄三盏灯点亮的情况。若所观察现象与控制要求一致，则说明硬件调试任务已实现。

【例 3-8】 使用 S7-1200 PLC 实现三相异步电动机的星-三角降压启动，星形启动时间为 20 s，星形连接向三角形连接转换的过渡时间为 1 s，请编写梯形图程序。

分析：(1) 图 3-67 是采用两个 TON 来实现的星-三角降压启动。

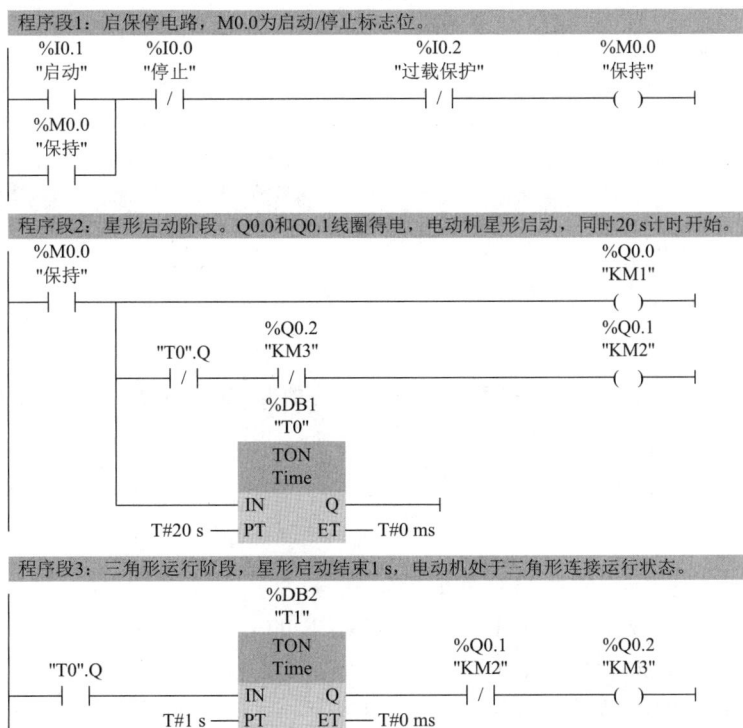

图 3-67　采用两个 TON 来实现的星-三角降压启动程序

(2) 图 3-68 所示程序是采用一个 TON 和两个比较操作指令的组合来实现星-三角降压启动。

程序段1：采用复位优先指令实现启保停电路。

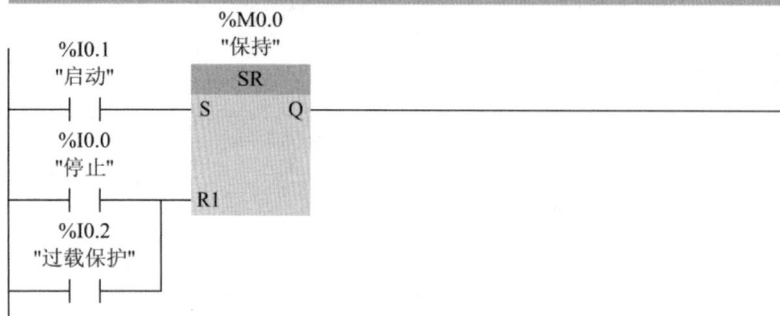

程序段2：星形启动时间为20 s，电动机星形启动到三角形连接运行状态之间的过渡时间为1 s。

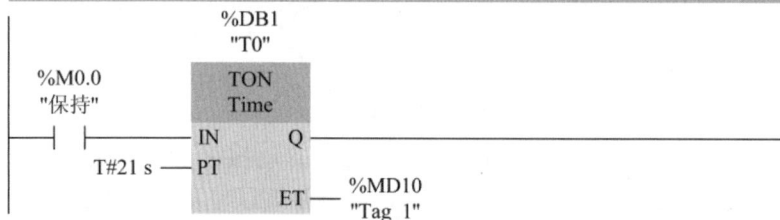

程序段3：星形启动阶段。按下启动按钮，接触器Q0.0得电，当ET≤20 s时，Q0.1得电，电动机星形启动；当ET＞20 s时，Q0.1断开，电动机星形启动结束。

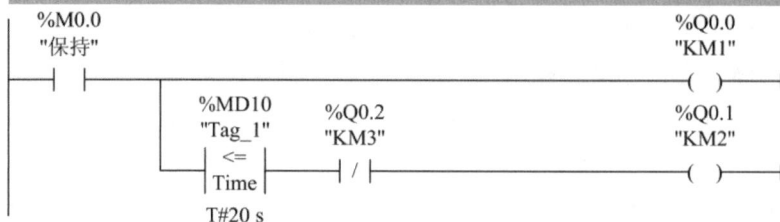

程序段4：电动机采用三角形连接运行阶段。当ET≥21 s时，Q0.2得电，电动机采用三角形连接运行。

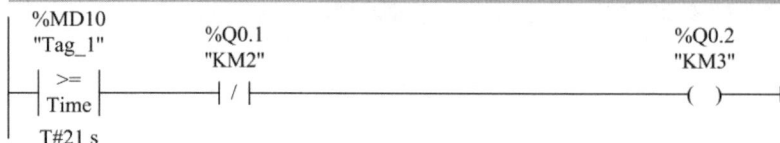

图 3-68　采用一个 TON 和两个比较操作指令的组合来实现星-三角降压启动

七、研讨测评

（一）填空题

1. S7-1200 PLC 的定时器为 IEC 定时器，共有_____种定时器，使用时需要使用与定时器相关的_____或者数据类型为 IEC_TIMER 的 DB 块变量。

2. 对于 S7-1200 PLC 定时器，PT 为_____，ET 为定时器定时开始后经过的时间，称为_____，它们的数据类型为_____位的_____，单位为_____。

3. 接通延时定时器 TON 用于将输出 Q 的_____延时到预设时间。当 IN 信号由

_____时开始定时，当前时间值大于或等于预设时间值时，输出 Q 变为_____，其常开触点_____，常闭触点_____。此时，若输入 IN 信号变为 0，则定时器当前时间值_____，定时器被复位。

4. 关断延时定时器 TOF 用于将输出 Q 复位操作延时预设时间。关断延时定时器在输入 IN 信号为_____时，输出 Q 为 1 状态，当前时间值被_____。当其输入信号由_____开始定时，当当前时间值大于或等于预设时间值时，定时器的当前时间值保持不变，输出 Q 变为_____，其常开触点_____，常闭触点_____。

5. 保持型接通延时定时器 TONR 的使能输入电路_____时开始定时，使能输入电路断开时，当前时间值_____。使能输入电路再次接通时_____。当_____输入为"1"时，TONR 被复位。

(二) 选择题

1. 以下( )是可以用于存储定时器 TON 经历时间的数据类型。

A. Time   B. Bool

C. %MD   D. %MW

2. 保持型接通延时定时器(TONR)一旦置 ON 后，需要触发( )才能将 TONR 置 OFF。

A. R 端置 ON   B. 将 PT 值改成 0

C. IN 端置 OFF   D. R 端置 OFF

3. 三台电动机延时顺序启停控制程序中，利用 TON 和 TOF 混合控制过程中，所用定时器的数量是( )个。

A. 6   B. 3   C. 4   D. 5

4. 在编写程序时，下列数据类型不能进行比较的是( )。

A. 整数   B. 双整数   C. 浮点数   D. 字节

5. 在梯形图中，比较指令是以( )触点的形式编程。

A. 常闭   B. 常开   C. 任意   D. 中间

(三) 判断题

1. 对于 S7-1200 PLC 的定时器，在编程时只能采用系统默认"IEC_Timer_0_DB_0"的名称，不能更改。( )

2. 利用博途软件调用 TON 定时器的功能框或线圈，系统会自动建立背景数据块。( )

3. OK 与 NOT_OK 指令用来检测输入数据是否为实数(即浮点数)。如果不是实数，OK 指令触点接通，反之 NOT_OK 指令触点接通。( )

4. 比较操作指令用于比较两个操作数的大小，若满足比较条件，则该触点接通。( )

5. TOF 定时器的输入端 IN 由"0"变为"1"时，输出端 Q 也由"0"变为"1"。( )

(四) 编程题

1. 用接在 I0.0 输入端的光电开关检测传送带上通过的产品，有产品通过时 I0.0 为 ON，如果在 10 s 内没有产品通过，由 Q0.0 发出报警信号，用 I0.1 输入端外接的开关解除报警信号。请设计梯形图程序。

2. 按下启动按钮 I0.0，Q0.5 控制的电动机运行 30 s，然后自动断电，同时 Q0.6 控制的制动电磁铁开始通电，10 s 后自动断电。请设计梯形图程序。

任务 12 基于 PLC 的跑马灯控制系统

一、任务描述

在日常生活中，我们经常看到广告牌上的各种彩灯在夜晚时灭时亮、有序变化。本任务要求使用 S7-1200 PLC 实现跑马灯控制，即按下启动按钮后，8 盏灯每隔 1 s 轮流点亮，如此循环，且无论何时按下停止按钮，8 盏灯全部熄灭。

二、学习目标

知识目标

1. 掌握移动指令、交换指令和循环移位指令的格式、功能及应用。
2. 掌握数学函数指令的格式、功能含义及应用。

技能目标

1. 会绘制跑马灯控制 I/O 接线图，并能根据任务要求完成跑马灯程序设计。
2. 掌握程序编制的原则和步骤，掌握程序调试的步骤和方法。

思政目标

1. 培养团队合作、创新意识及自主学习能力。
2. 培养学生精益求精的态度和工匠精神。

三、相关知识

1. 移动和交换指令

在 S7-1200 PLC 的梯形图中，用方框表示某些指令、函数(FC)和函数块(FB)，输入信号在方框的左边，输出信号在方框的右边。当其左侧逻辑运算结果(RLO)为"1"时，能流流到方框指令的左侧使能输入端 EN(Enable Input)。使能输入有能流时，方框指令才能执行。

如果方框指令 EN 端有能流输入，而且执行时无错误，则使能输出 ENO(Enable Output)端将能流流入下一元件。如果执行过程中有错误，能流在出现错误的方框指令中止。

1) 移动指令

移动(MOVE)指令用于将输入端 IN 的源数据传送(复制)给输出端 OUT1 的目的地址，并且将传递的数据转换为 OUT1 允许的数据类型(源数据的数据类型保持不变)。IN 和 OUT1 的数据类型可以是位、字符串、整数、浮点数、定时器、日期时间、Char、WChar、Struct、

Array、IEC 定时器/计数器数据类型、PLC 数据类型(UDT)，IN 的数据还可以是常数。

　　MOVE 指令可用于 CPU 不同数据类型之间的数据传送。MOVE 指令允许有多个输出，单击 MOVE 指令方框内 OUT1 前面的星号，将会增加一个输出，增加的输出名称为 OUT2，之后增加的输出编号按顺序递增。用鼠标右键单击某个输出端后面的短线，执行快捷菜单中的"删除"命令，将会删除该输出。删除后系统会自动调整剩下的输出编号。

　　移动指令的应用举例如图 3-69 所示，如果 IN 输入端数据类型的位长度大于输出 OUT1 数据类型的位长度，则目标值中源数据的高位会丢失。当数据被舍弃时，程序不会报错和提示。图 3-69 中首先将十六进制数 16#5678 传送给 MW2，然后将 MW2 中的数据传送给 MB4。由于 MW2 的位长度大于 MB4 的位长度，因此目标值 MW2 中源数据高位会丢失，此时只将低位数据(16#78)传送给目标存储单元(MB4)。如果 IN 输入端数据类型的位长度小于输出 OUTI 数据类型的位长度，目标值的高位会被改写为 0，图 3-69 中 MW2 的数据传输到 MD6，传输结果为 16#0000 5 678。

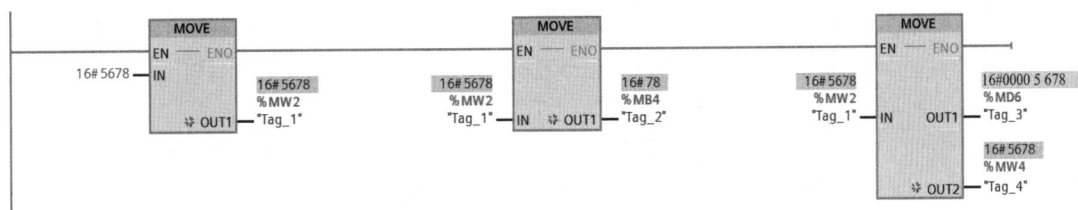

图 3-69　MOVE 指令的应用举例

　　注意： (1) 在使用 MOVE 指令时，目的地址的存储区大小必须要与输入端的数据长度相匹配；(2) 在使用 M 存储区时，存放数据的存储区地址不能产生重叠，如 MD102 和 MD104 的地址就产生了重叠。

　　2) 交换指令

　　交换指令即 SWAP 指令，指的是把字或双字，按字节为单位，颠倒顺序后再重新存入目标寄存器里。SWAP 指令格式如图 3-70 所示，需要注意的是输入端 IN 中的数据类型和待交换的数据类型要匹配，另外在交换的过程中，数据始终是以字节为单位进行处理的，即单个字节内的数据的顺序不会发生改变。

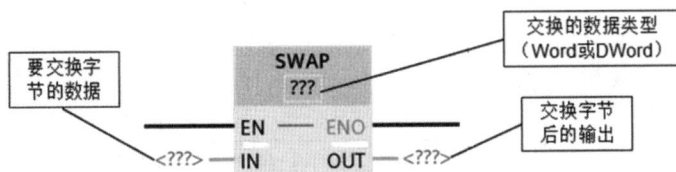

图 3-70　SWAP 指令格式

　　IN 和 OUT 为 Word 数据类型时，SWAP 指令交换输入端 IN 输入的高、低字节后，并保存到 OUT 指定的地址。IN 和 OUT 为 DWord 数据类型时，SWAP 指令交换 4 个字节中数据的顺序，交换后保存到 OUT 指定的地址。如图 3-71 所示，如对数据 16#1990 执行 1 次 SWAP 指令，待交换数据类型为 Word，交换后的数据为 16#9019。如对数据 16#1990 0318 执行 1 次 SWAP 指令，待交换数据类型为 DWord，交换后的数据为 16#1803 9019。由此可以看出，交换后单个字节内的数据顺序并不发生改变。

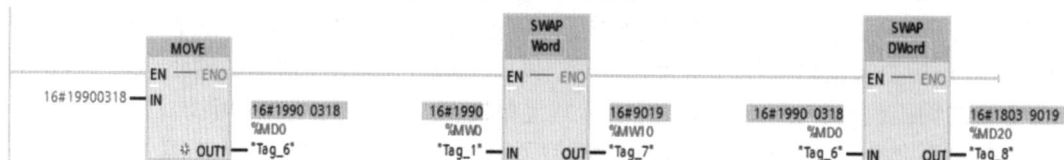

图 3-71　SWAP 指令的应用举例

2. 移位和循环移位指令

S7-1200 PLC 提供了左移(SHL)指令、右移(SHR)指令、循环右移(ROR)指令和循环左移(ROL)指令。

1) 移位指令

移位 SHL(或 SHR)指令将输入端 IN 指定的存储单元的整个内容逐位左移(或右移)若干位，移位的位数用输入端 N 来定义，移位的结果保存在输出端 OUT 指定的地址。

当移位位数为 0 时，不会发生移位，但是 IN 指定的输入值会被复制给 OUT 指定的地址。如果移位位数大于被移位的存储单元的位数，则所有原来的位都被移出，且全部被 0 或符号位取代。移位指令的 ENO 端总是为"1"状态。

无符号数移位和有符号数左移后空出来的位用 0 填充。有符号数右移后空出来的位用符号位(原来的最高位)填充，正数的符号位为 0，负数的符号位为 1。

执行移位指令时应注意，如果将移位后的数据要送回原地址，应使用边沿检测触点(P 触点或 N 触点)，否则在能流流入的每个扫描周期都要移位一次。

左移 n 位相当于乘以 2^n，如图 3-72 所示，将 MW20 中的数据左移 2 位，MW20 中存储的十进制数为 200，对应的二进制数为 0000 0000 1100 1000，当 M0.1 检测到上升沿信号后，触发左移指令，将 200 左移 2 位，相当于乘以 4，左移后的数为 800，对应二进制数为 0000 0011 0010 0000。执行左移指令之后最右边空出的两位填 0，左移示例如图 3-73 所示。

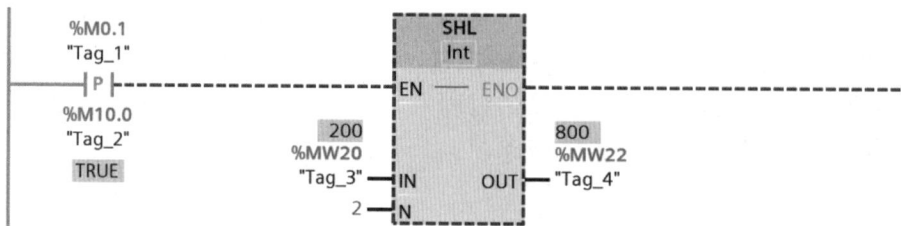

图 3-72　将 MW20 中的数据左移 2 位

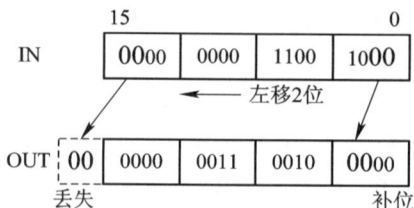

图 3-73　左移 2 位示例

右移 n 位相当于除以 2^n，如图 3-74 所示，将 MW10 中的数据右移 2 位，MW10 的值为 -100，对应的二进制数为 1111 1111 1001 1100，当 M0.1 检测到上升沿信号后，触发右移指令，将 −100 右移 2 位，右移后的数为 −25，对应二进制数为 1111 1111 1110 0111。执行右移指令之后最左边两位空出，由于此数为负数，因此最左边两位补符号位 1，右移示例如图 3-75 所示。

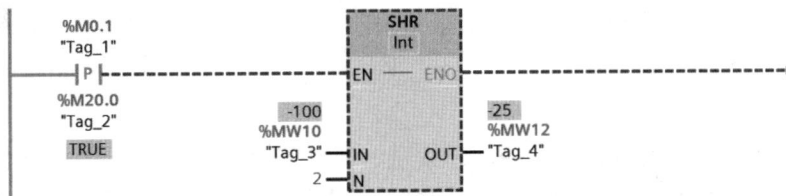

图 3-74　将 MW10 中的数据右移 2 位

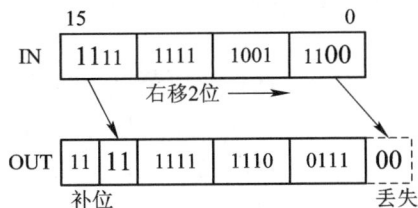

图 3-75　右移 2 位示例

2) 循环移位指令

循环移位 ROL(或 ROR)指令是指将输入端 IN 指定的存储单元的整个内容逐位循环左移(或循环右移)若干位后，移出来的位又被送回存储单元另一端空出来的位上，原始的位不会丢失。端口 N 指定移位的位数，移位的结果保存在输出端 OUT 指定的地址。移位的位数为 0 时不会发生移位，但是 IN 指定的输入值会被复制给 OUT 指定的地址。移位的位数可以大于被移位的存储单元的位数。执行循环移位指令后，ENO 端总是为"1"状态。

图 3-76 所示为循环左移指令的应用举例，移位前输入为 1000 1001 1011 1111 即 16#89BF，移位的位数为 4，移位后的结果为 9BF8，即 1001 1011 1111 1000。图 3-77 所示为循环右移指令的应用举例，移位前输入为 1000 1001 1011 1111，即 16#89BF，移位的位数为 4，移位后的结果为 16#F89B，即 2#1111 1000 1001 1011。

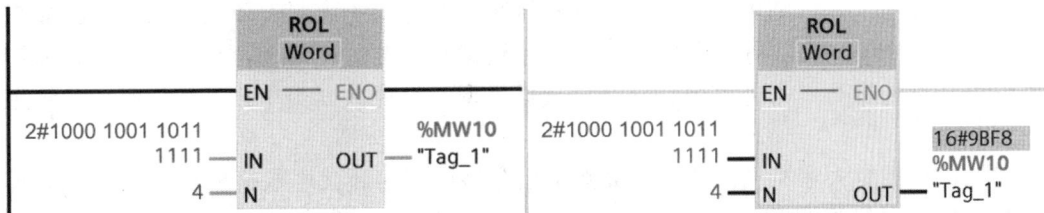

图 3-76　循环左移指令的应用举例

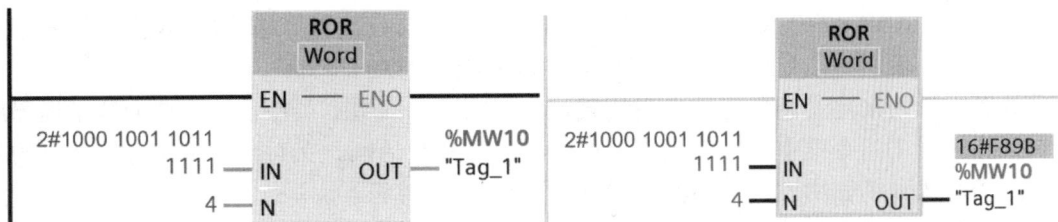

图 3-77　循环右移指令的应用举例

3. 基本数学运算指令

S7-1200 PLC 提供的基本数学运算指令包括加法(ADD)、减法(SUB)、乘法(MUL)、除法(DIV)、取余数(MOD)、计算(CALCULATE)、取补码(NEG)、递增(INC)、递减(DEC)、取最大最小值和取绝对值(ABS)等指令。下面介绍几个常用指令。

基本数学运算指令

1) 数学四则运算指令

数学四则运算指令包括加法、减法、乘法、除法指令，它们执行的操作数的数据类型可以是 SInt、Int、DInt、USInt、UInt、UDInt、Real 和 LReal，输入端 IN1 和 IN2 的数据可以是常数。但 IN1、IN2 和 OUT 的数据类型应该相同。

加法指令的使用如图 3-78 所示。加法指令可以实现若干数据相加，可以单击输入端 IN 后面的星号，也可以右击 ADD 指令，选择快捷菜单中的"插入输入"命令增加加数。用户可以指定加法指令的数据类型，若指定的数据类型与实际输入的数据类型不一致，PLC 会自动进行数据类型的隐式转换。图 3-78 中加法指令的数据类型为 Real 型，参与加法运算的 5 个输入，其中一个数据类型为 Int 型，PLC 会将其进行隐式转换并标记。

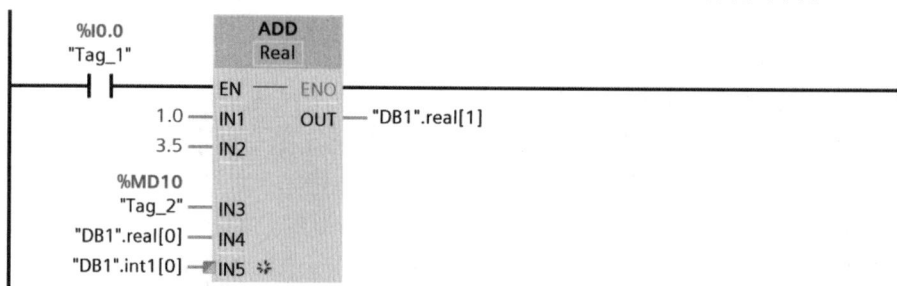

图 3-78   加法指令的使用

在执行加法指令时，还需要注意数据的超限问题。比如在图 3-78 中，如果加法指令的数据类型为 Int，指定的 5 个输入也都是 Int 型，其数据范围为-32 768～32 767。当其中一个加数特别大时，此时相加的结果大于 32 767，说明该结果已超过了 Int 型数值范围。此时，数据产生了溢出，运算结果不正确，而且不能通过将总和的数据类型从 Int 改为 DInt 来获得一个正确的结果。在实际使用时，必须特别注意数据的溢出问题，这类问题导致的错误隐蔽性强，不易排查。另外需要特别注意数据类型，以免数据类型自动转化时导致结果出错。

除法指令需要大家特别注意，整数除法指令将得到的商截尾取整后输出给 OUT，即整数与整数相除得到的结果仍是整数。例如 7 除以 2 得到的结果是 3，其小数部分被舍弃。

2) 计算指令

计算(CALCULATE)指令是用户可以按照计算公式自行编写算法的指令，当使用的运算指令较多时，使用该指令可以省去多个运算指令进行运算的步骤。

计算指令用来定义和执行数学表达式，可根据所选的数据类型计算复杂的数学运算或逻辑运算。双击指令框中间的数学表达式方框，打开对话框。在对话框中输入待计算的表达式，表达式只能使用方框内的输入端 IN 的数据和运算符。

计算指令允许有多个输入，单击 IN2 后面的星号，将会增加输入 IN3 等，以后增加的输入的编号也将依次递增。特别提醒，使用计算指令时，参与运算的数据类型必须一致。

计算指令应用举例如图 3-79 所示。当 PLC 通电后，执行"IN1*IN2-SIN(IN3)"实数运算，并将运算结果输出给 OUT 地址 MD22。

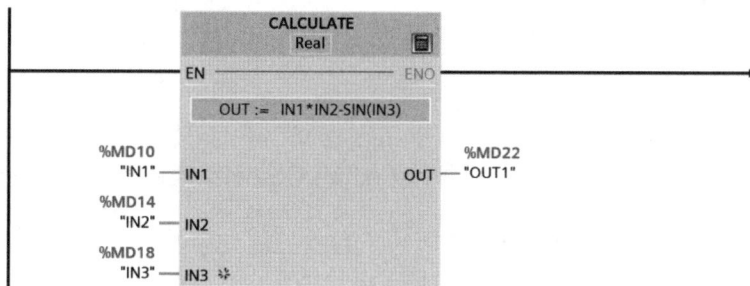

图 3-79　计算指令应用举例

4. 转换操作指令

S7-1200 PLC 的转换操作指令包括数据类型的转换值指令、浮点数转整数指令以及用于缩放和标准化指令。

(1) 转换值指令。转换值(CONV)指令用于将输入端 IN 指定的数据类型转换为 OUT 指定的数据类型，输入端 IN 的数据还可以是常数。

(2) 浮点数转整数指令。浮点数转整数指令包括：取整(ROUND)指令、结尾取整(TRUNC)指令、浮点数向上取整(CEIL)指令和浮点数向下取整(FLOOR)指令。

【例 3-9】 将 53 英寸[①](in)转换成以毫米(mm)为单位的整数，请设计控制程序。

分析：将所需转换的英寸数值与换算比例相乘即可得到对应的毫米数值。 例如，5 in = 5×25.4 mm = 127mm。据此，编写梯形图程序，如图 3-80 所示。

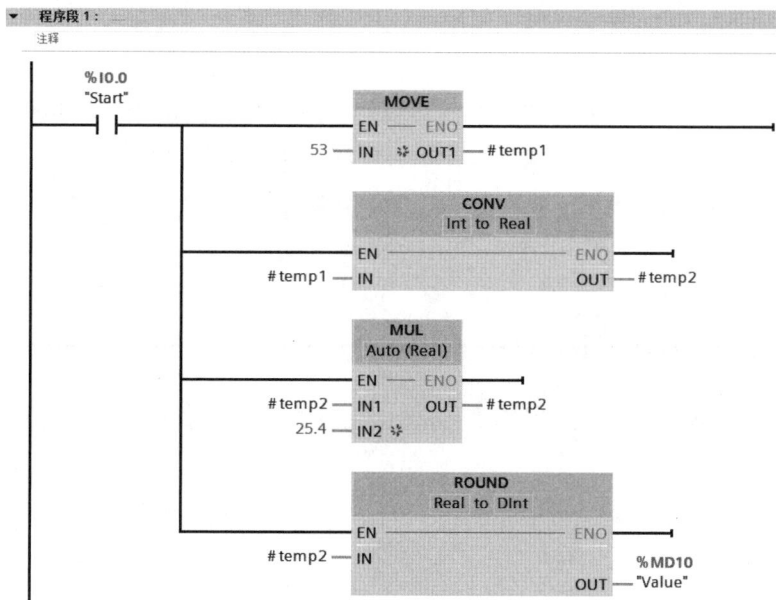

图 3-80　将 53 英寸转换成以毫米为单位的整数梯形图程序

---

① 1 英寸合 25.4 毫米。

四、任务实施

1. I/O 地址分配

本任务输入包含启动和停止按钮两个输入点，输出用 Q0.0～Q0.7 代表 8 盏灯。

用博途 V16 模拟跑马灯

2. PLC 控制接线图

根据本任务 I/O 地址分配情况，可得跑马灯 PLC 控制接线图，如图 3-81 所示。

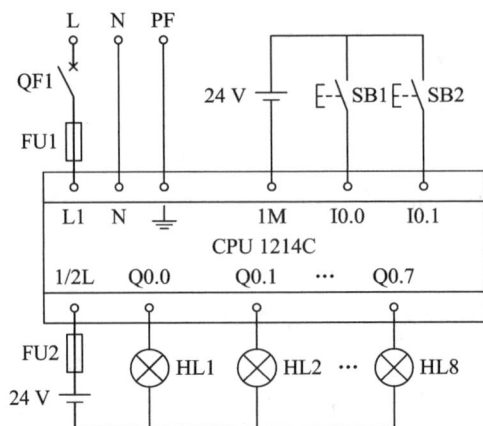

图 3-81　跑马灯 PLC 控制接线图

3. 工程项目创建

创建工程项目并进行项目的硬件组态。

4. 程序编写

本任务要求每 1 s 接在 QB0 端的 8 盏灯以跑马灯的形式流动闪亮。这里的时间信号由定时器产生，可使用移动和比较操作指令编写程序，如图 3-82 所示。

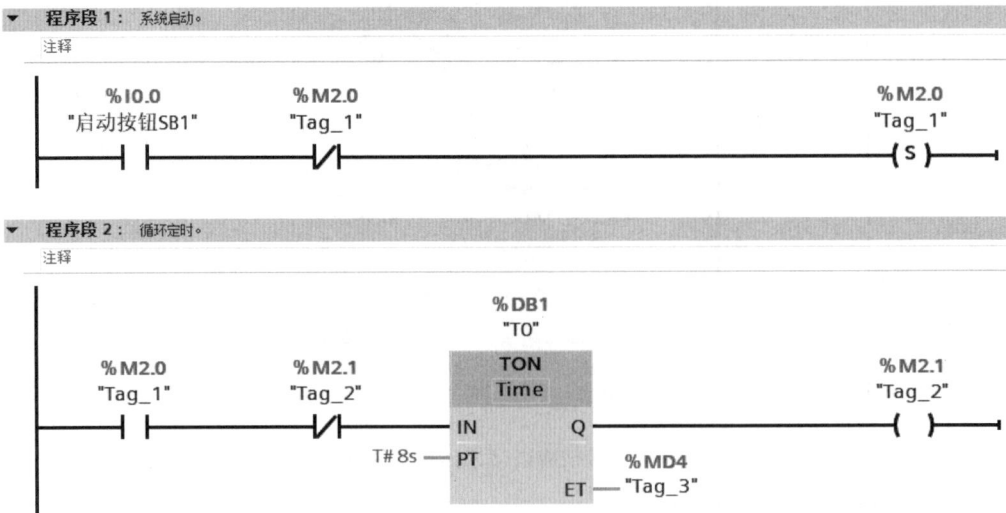

▼　**程序段 3：**　第1盏灯点亮。

注释

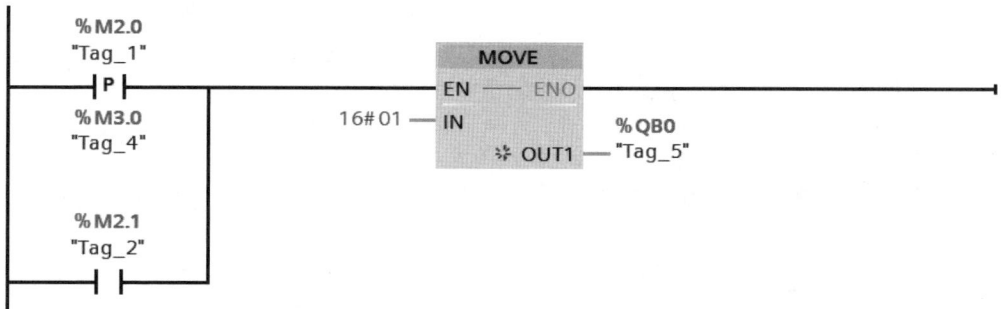

▼　**程序段 4：**　第2盏灯点亮。

注释

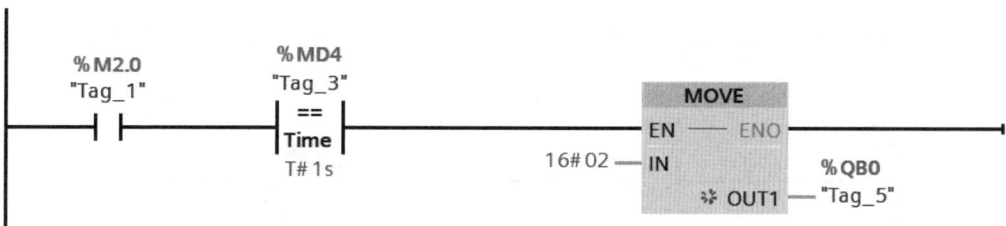

▼　**程序段 5：**　第3盏灯点亮。

注释

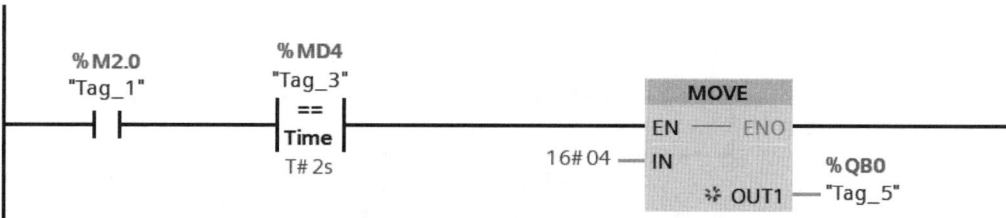

▼　**程序段 6：**　第4盏灯点亮。

注释

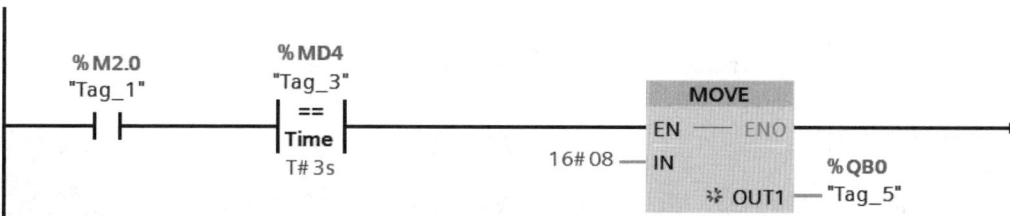

▼　**程序段 7：**　第5盏灯点亮。

注释

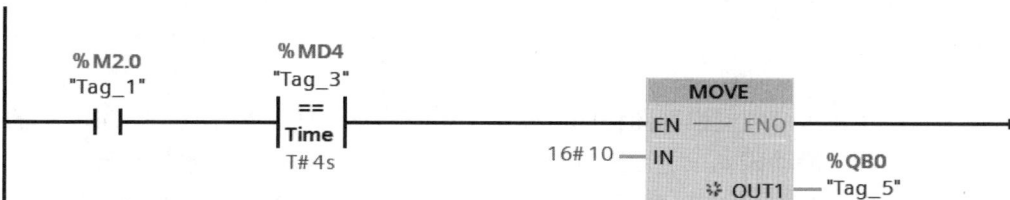

▼ 程序段 8：第6盏灯点亮。

注释

```
   %M2.0        %MD4
   "Tag_1"      "Tag_3"                        MOVE
     ┤├            ==                        EN ── ENO
                 Time                  16#20 ─ IN           %QB0
                 T# 5s                        ⚡ OUT1 ─ "Tag_5"
```

▼ 程序段 9：第7盏灯点亮。

注释

```
   %M2.0        %MD4
   "Tag_1"      "Tag_3"                        MOVE
     ┤├            ==                        EN ── ENO
                 Time                  16#40 ─ IN           %QB0
                 T# 6s                        ⚡ OUT1 ─ "Tag_5"
```

▼ 程序段 10：第8盏灯点亮。

注释

```
   %M2.0        %MD4
   "Tag_1"      "Tag_3"                        MOVE
     ┤├            ==                        EN ── ENO
                 Time                  16#80 ─ IN           %QB0
                 T# 7s                        ⚡ OUT1 ─ "Tag_5"
```

▼ 程序段 11：系统停止。

注释

```
   %I0.1                                                        %M2.0
   "停止按钮SB2"                                                 "Tag_1"
     ┤├──────┬────────────────────────────────────────────────( R )
             │            MOVE
             │          EN ── ENO
             └── 16#00 ─ IN           %QB0
                         ⚡ OUT1 ─ "Tag_5"
```

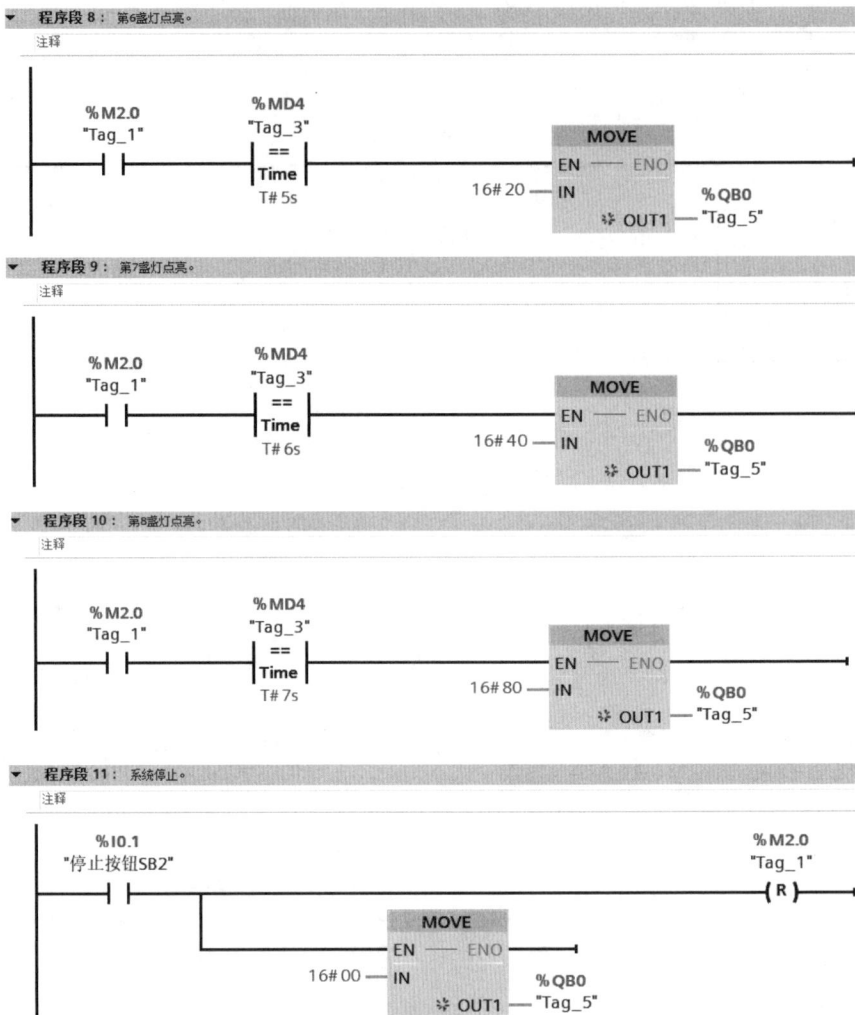

图 3-82　跑马灯的 PLC 控制程序

5. 程序调试

按照之前所学的调试程序的方法进行程序调试。

五、检查评价

本任务的重点是掌握移动指令、移位指令、循环移位指令和基本数学运算指令的格式和功能，并能根据任务要求完成跑马灯控制 I/O 地址分配、接线图绘制、硬件组态、程序设计及运行调试。

考核评价表

六、知识拓展

请编写一个流水灯控制梯形图程序，要求：按下启动按钮，每 1 s 接在 QB0 端的 8 盏灯以跑马灯的形式流动闪亮，之后重复上述过程；按下停止按钮，流水灯全部熄灭。

分析：这里可以使用系统时钟存储器、MOVE 及 ROL 指令来实现。程序如图 3-83 所示。

程序段 1： 系统启动并赋初值。
注释

```
    %I0.0              %M0.5
   "启动按钮"         "Clock_1Hz"
    ─┤├─                ─┤P├─                       ┌─────────────┐
                         %M3.0                      │    MOVE     │
                        "Tag_1"                     │ EN    ENO   │
                                         16#FE01 ───┤ IN          │
                                                    │       OUT1 ──┤  %MW20
                                                    └─────────────┘  "Tag_2"

                                                                    %M2.0
                                                                   "Tag_3"
                                                                   ─(S)─
```

程序段 2： 每秒移1位。
注释

```
    %M2.0              %I0.0              %M0.5
   "Tag_3"           "启动按钮"         "Clock_1Hz"              ┌─────────────┐
    ─┤├─                ─┤/├─              ─┤P├─                │    ROL      │
                                           %M3.1               │    Word     │
                                          "Tag_4"              │ EN    ENO   │
                                                       %MW20 ──┤ IN          │
                                                      "Tag_2"  │       OUT ──┤  %MW20
                                                          1 ───┤ N           │  "Tag_2"
                                                               └─────────────┘
```

程序段 3： 移8次后循环。
注释

```
    %M20.0
   "Tag_5"                   ┌─────────────┐
    ─┤├─                     │    MOVE     │
                             │ EN    ENO   │
                  16#FE01 ───┤ IN          │
                             │       OUT1 ──┤  %MW20
                             └─────────────┘  "Tag_2"
```

程序段 4： 显示。
注释

```
                  ┌─────────────┐
                  │    MOVE     │
                  │ EN    ENO   │
        %MB21 ────┤ IN          │
       "Tag_6"    │       OUT1 ──┤  %QB0
                  └─────────────┘  "Tag_7"
```

程序段 5： 系统停止。
注释

```
    %I0.1
   "停止按钮"              ┌─────────────┐
    ─┤├─                  │    MOVE     │
                          │ EN    ENO   │
               16#0000 ───┤ IN          │
                          │       OUT1 ──┤  %MW20
                          └─────────────┘  "Tag_2"
```

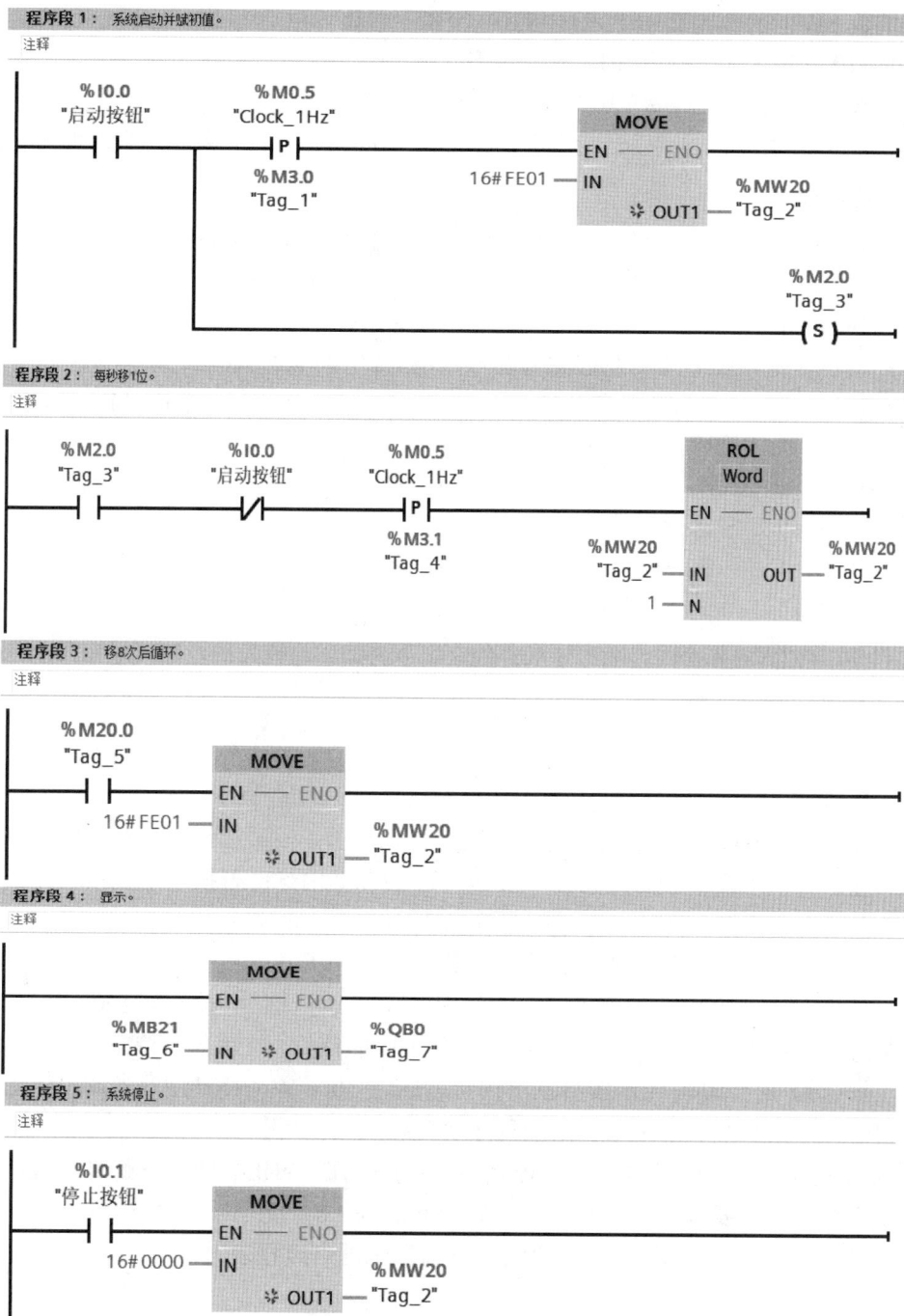

图 3-83　流水灯控制梯形图

七、研讨测评

(一) 填空题

1. MB2 的值为 2#1011 1110，循环左移 2 位后为_____，再左移 2 位后为_____。

2. 整数 MW4 的值为 2#1011 0110 1101 1010，右移 4 位后为 2#_____。

3. MB10 的值为 2#1100 0101，循环左移 3 位后为 2#_____。

4. 整数 MW2 的值为 16#A9D3，右移 4 位后为 2#_____。

5. 左移 n 位相当于_____，将十进制数 −200 右移 4 位，移位后的结果为_____。

(二) 选择题

1. 下列可以更改输入端 IN 中字节的顺序，并在输出端 OUT 中查询结果的指令是(　　)。
A. MOVE
B. GATHER
C. SCATTER
D. SWAP

2. 数据传送指令在不改变原值的情况下，将 IN 中的值送到(　　)中。
A. C
B. OUT
C. T
D. M

3. S7-1200 PLC 循环右移指令是(　　)。
A. SHR
B. SHL
C. ROR
D. ROL

4. S7-1200 PLC 左移指令是(　　)。
A. SHR
B. SHL
C. ROR
D. ROL

(三) 判断题

1. 在使用 MOVE 指令时目的地址的存储区大小必须要与输入端数据长度相匹配。(　　)

2. 右移 n 位相当于除以 2^n。(　　)

3. 循环移位指令在执行时不存在数据位的丢失。(　　)

(四) 编程题

1. 尝试使用 S7-1200 PLC 实现闪光灯的控制。要求：根据选择的按钮，闪光灯以相应的频率闪烁，若按下慢闪按钮，闪光灯以 0.5 Hz 的频率闪烁；若按下中闪按钮，闪光灯以 1Hz 的频率闪烁；若按下快闪按钮，闪光灯以 2 Hz 的频率闪烁；无论何时按下停止按钮，闪光灯熄灭。试画出 I/O 接线图并编制梯形图。

2. 一电暖器有 1000 W、2000 W 和 3000 W 三个工作挡位。电暖器有 1000 W 和 2000 W 两种加热丝。要求：用一个按钮能任意选择三种不同的挡位，按第一次按钮为一挡 1000 W；按第二次按钮为二挡 2000 W；按第三次按钮为三挡 3000 W，两种加热丝同时工作；按第四次按钮时，停止加热。请编写梯形图程序实现控制。

3. 请编制霓虹灯闪烁控制程序。控制要求：用 HL1～HL4 四只霓虹灯做成"欢迎光临"四个字，其闪烁要求见表 3-12。闪烁时间间隔为 1 s，反复循环进行。

表 3-12　"欢迎光临"闪烁灯流程表

灯	步　序							
	1	2	3	4	5	6	7	8
HL1	亮				亮		亮	
HL2		亮			亮		亮	
HL3			亮		亮		亮	
HL4				亮	亮		亮	

任务 13　基于 PLC 的成品库计数指示灯控制

一、任务描述

某企业成品库可存放 2000 件某类成品，仓库进口与出口各装一传感器，用于进出库检测统计。因为不断有产品进出库，所以需要对库存数进行统计。当库存数低于下限 200 件时，指示灯 HL1 亮；当库存数大于 1800 件且小于 2000 件时，指示灯 HL2 亮；当库存数达到库存上限 2000 件时，警铃 HA 响，提示库存已满(假设每次进出库数量为 1)。

二、学习目标

知识目标

1. 掌握计数器的分类、工作原理及编程应用。
2. 了解数据块的基本知识及使用方法。

技能目标

1. 能用计数器指令编制成品库计数指示灯控制的梯形图。
2. 熟练使用博途软件进行设备组态和梯形图编制，并能完成程序调试。

思政目标

1. 端正科学严谨的学习态度，提高分析问题和解决问题的能力及思辨能力。
2. 注重过程性评价，注重综合素养的提升。

三、相关知识

1. 计数器相关知识

S7-1200 PLC 提供了 3 种类型的计数器：加计数器(CTU)、减计数器(CTD)和加减计数器(CTUD)。它们是软件计数器，其最大计数速率受它所在 OB 的执行速率的限制。如果需要速率更高的计数器，可使用内置的高速计数器。计数器引脚汇总表如表 3-13 所示。

与定时器类似，使用 S7-1200 的计数器时，每个计数器需要使用一个存储在数据块中的结构来保存计数器数据。在程序编辑器中放置计数器即可分配该数据块，用户可以采用默认设置，也可以手动自行设置。使用计数器需要设置计数器的计数数据类型，计数值的数据范围取决于所选的数据类型，如果计数值是无符号整数，则可以减计数到零或加计数到其范围限值。如果计数值是有符号整数，则可以减计数到负整数限值或加计数到正整数限值。计数器支持的数据类型包括短整数型、整数型、双整数型、无符号短整数型、无符号整数型和无符号双整数型。

表 3-13　计数器引脚汇总表

名　称		数据类型	说　明
输入	CU(Count Up)/ CD(Count Down)	布尔型	信号输入端，可以不在引脚处加入边沿信号
	R	布尔型	计数器复位信号端，将 CV 清 0，在 CTU、CTUD 中出现
	LD	布尔型	预设值的装载控制端，在 CTD、CTUD 中出现
	PV	整数型	预设计数值
输出	Q	布尔型	信号输出端，当计数器当前值 CV≥PV 时，状态为 1
	QD	布尔型	信号输出端，当计数器当前值 CV≤0 时，状态为 1
	QU	布尔型	信号输出端，当计数器当前值 CV≥PV 时，状态为 1
	CV	整数型	当前计数值

1) 加计数器(CTU)指令

加计数器指令应用举例及其时序图如图 3-84 所示。图中计数器数据类型是整数型，预设值 PV(Preset Value)为 3，其工作原理如下。

当接在 R 输入端的复位输入 I0.1 为"0"状态，且接在 CU(Count Up)输入端的加计数脉冲从"0"到"1"(即输入端信号出现上升沿)时，当前计数值 CV(Count Value)加 1，当 CV = PV 时，Q 端输出 1。此后，每当 CU 从 0 变为 1，Q 端保持输出 1，CV 继续增加，直到 CV 达到指定的数据类型的最大值。此后 CU 输入的状态变化不再起作用，即 CV 的值不再增加。

在任意时刻，只要 R 端的状态为 1，Q 端就输出 0，CV 立即停止计数并回到 0。

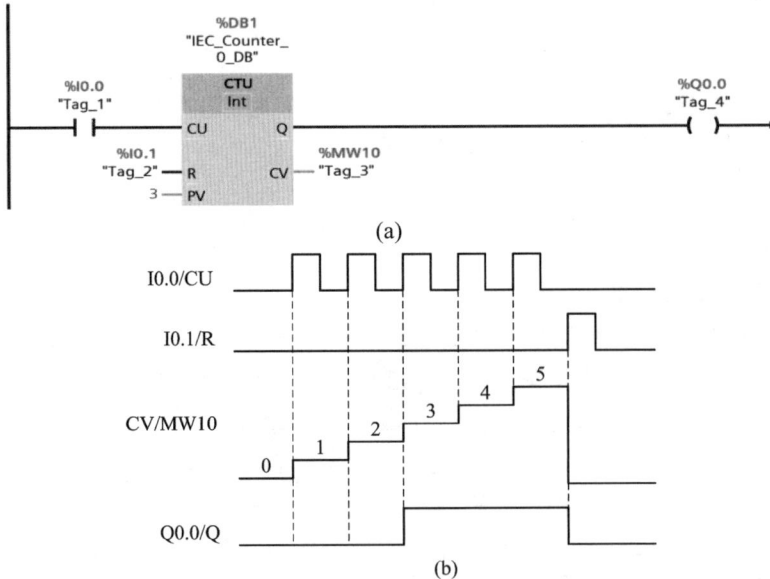

图 3-84　CTU 指令应用举例及其时序图

【例 3-10】 设计一个程序，实现用一个单按钮控制一盏灯的亮灭，即按奇数次按钮时，灯亮；按偶数次按钮时，灯灭。按钮与 I0.0 关联。

分析：单按钮控制一盏灯的亮灭的程序如图 3-85 所示。

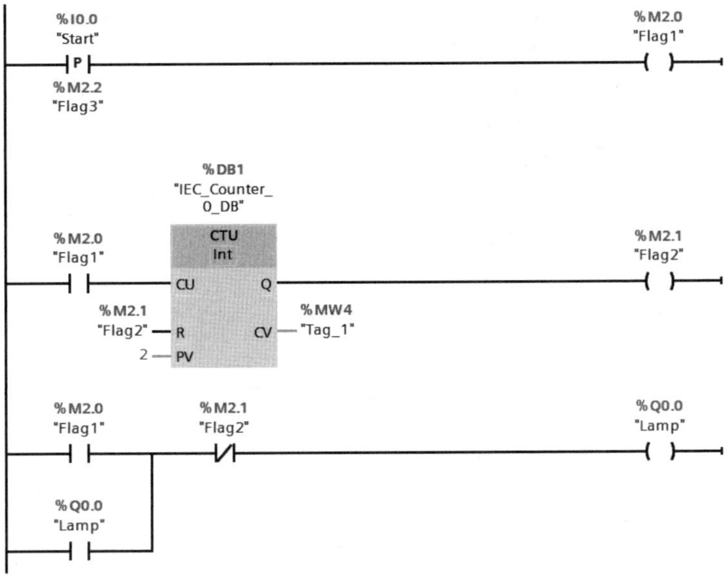

图 3-85 单按钮控制一盏灯的亮灭

【例 3-11】 用比较和计数指令编写开关灯程序，要求灯控按钮 I0.0 按下一次，灯 Q4.0 亮；按下两次，灯 Q4.0、Q4.1 全亮；按下三次，灯全灭，如此循环。

分析：在程序中所用计数器为加计数器，当加到 3 时，必须复位计数器，这是关键。开关灯控制梯形图程序如图 3-86 所示。

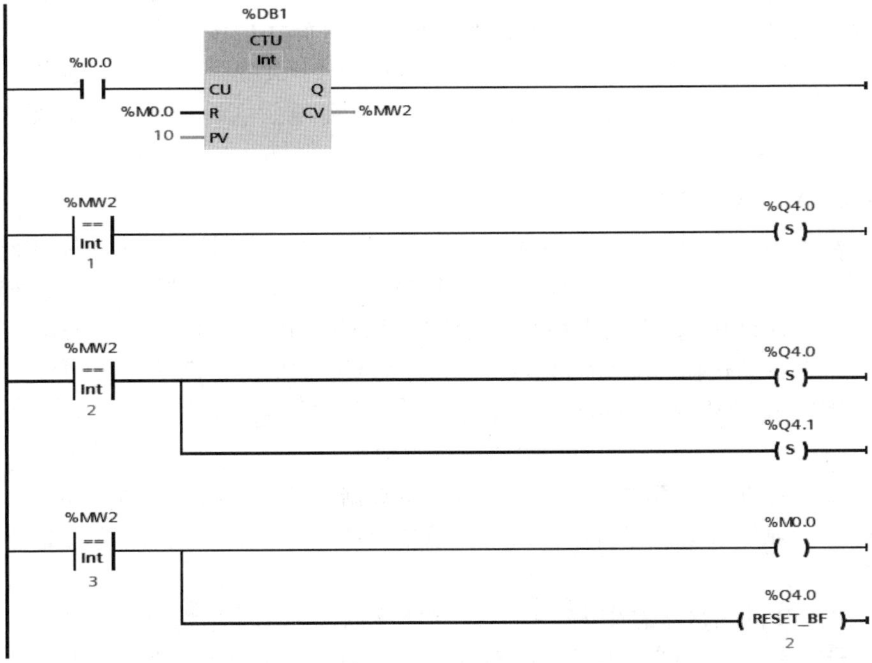

图 3-86 开关灯控制梯形图程序

2) 减计数器(CTD)指令

减计数器指令应用举例及其时序图如图3-87所示。图中计数器数据类型是整数型，预设值 PV 为 3，其工作原理如下。

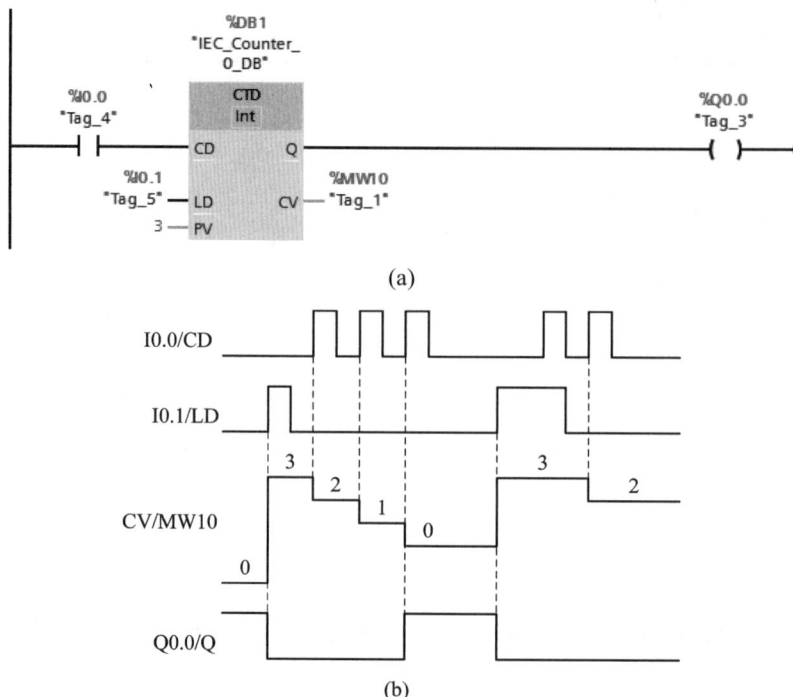

(a)

(b)

图3-87   CTD 指令应用举例及工作时序图

在 CTD 指令中，减计数器的装载输入 LD(LOAD)为"1"状态时，输出 Q 被复位为 0，并把预设计数值 PV 装入 CV。当减计数器 CD(Count Down)的信号为上升沿时，当前计数值 CV 减 1，且当 CV = 0 时，Q 端输出为 1。此后，每当 CD 从 0 变为 1，Q 端保持输出 1，CV 继续减少直到达到计数器指定的数据类型的最小值。此后 CD 输入的状态变化不再起作用，CV 的值不再减小。

3) 加减计数器(CTUD)指令

加减计数器指令应用举例及其时序图如图3-88所示。在某种程度上可以认为加减计数器 CTUD 是加计数器和减计数器的组合。在加减计数器指令中，可以通过递增和递减改变输出端 CV 的计数器值。如果输入端 CU 的信号状态从"0"变为"1"(上升沿信号)，则当前计数值加 1 并存储在输出端 CV 中。如果输入端 CD 的信号状态从"0"变为"1"(上升沿信号)，则输出端 CV 的计数值减 1。如果在一个程序周期内，输入端 CU 和 CD 都出现上升沿信号，则输出端 CV 的当前计数值保持不变。

当前计数值可以一直递增，直到达到所指定数据类型的上限。达到上限后，即使出现上升沿信号，当前计数也不再增加。同理，当当前计数值达到指定数据类型的下限后，当前计数值便不再递减。

当输入端 LD 的信号状态变为"1"时，输出端 CV 的计数值置为 PV 的值。只要输入端 LD 的信号状态仍为"1"，输入端 CU 和 CD 的信号状态就不会触发该指令。当输入端

R 的信号状态变为 "1" 时, 计数值置位为 "0"。只要输入端 R 的信号状态仍为 "1", 输入端 CU、CD 和 LD 信号状态的改变就不会触发加减计数器指令。

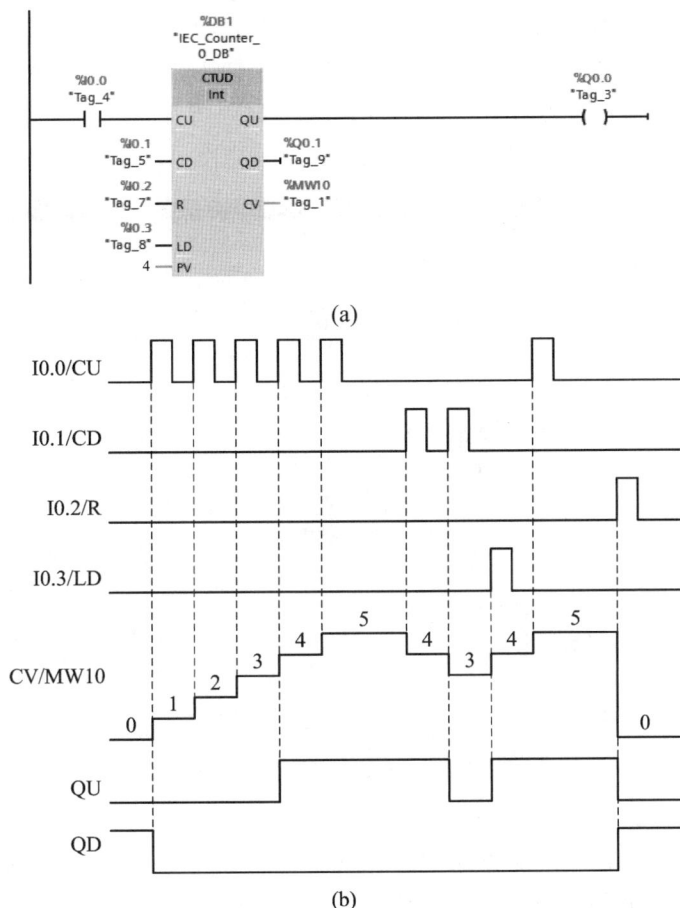

图 3-88 CTUD 指令应用举例及其时序图

在输出端 QU 中可查询加计数器的状态。如果当前计数值大于或等于预设计数值 PV, 则输出端 QU 的信号状态置为 "1"。在其他任何情况下, 输出 QU 的信号状态均为 "0"。在输出端 QD 中可查询减计数器的状态。如果当前计数值小于或等于 0, 则输出端 QD 的信号状态将置位为 "1"。在其他任何情况下, 输出端 QD 的信号状态均为 "0"。

2. 数据块

数据块(DB)用于存储程序数据(包括用户程序使用的变量数据)。它占用 CPU 的装载存储区和工作存储区, 与标识存储器(M 变量)的功能类似, 都是全局变量。不同的是标识存储器的空间大小在 CPU 技术规范中已经定义, 且不可扩展, 而数据块由用户自定义, 最大不能超过工作存储区或装载存储区。S7-1200 PLC 的非优化数据块的最大存储空间为 64 KB, 而优化数据块的存储空间要比这个大得多, 这个存储空间与 CPU 的类型有关。有的程序(如有的通信程序)只能使用非优化数据块, 多数程序可以使用优化数据块和非优化数据块, 但应优先使用优化数据块。

按照功能分, 数据块(DB)可以分为全局数据块、背景数据块和基于数据类型(用户定义数据类型、系统数据类型和数组类型)的数据块。

1) 全局数据块及其应用

全局数据块用于存储程序数据，如用户程序使用的变量数据。一个程序中可以创建多个数据块。全局数据块必须在创建后才可以在程序中使用。在图 3-88 所示的加减计数器指令应用举例中，计数器指令输出的当前值是存放在 MW10 中的，这里也可以将该值存放在数据块中。数据块的创建步骤如图 3-89 所示。

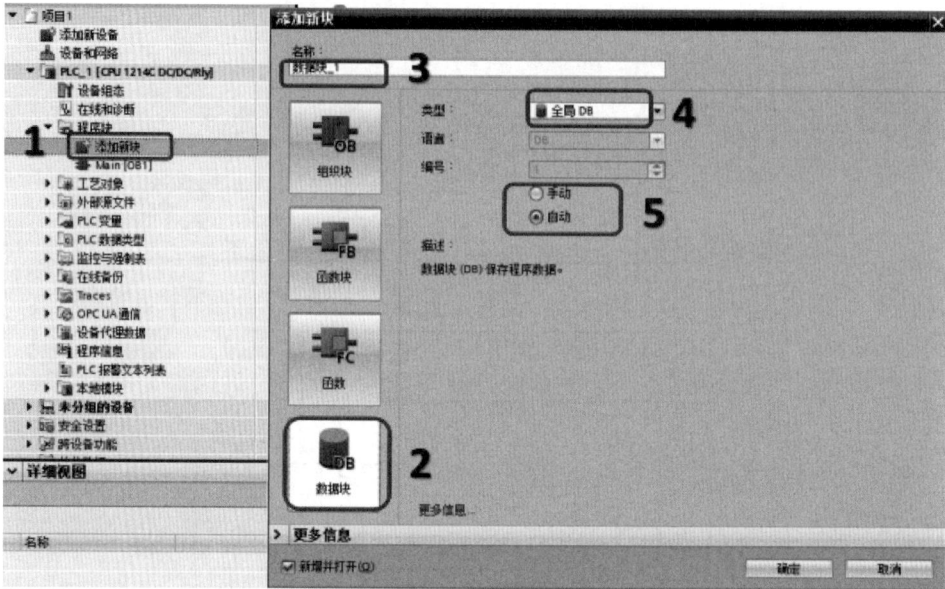

图 3-89 数据块的创建步骤

数据块创建完成之后，在数据块中建立变量"Initial_Value"用来存储计数器预设计数值，建立变量"Current_Value"用来存储计数器当前计数值，注意数据类型选择 Int，如图 3-90 所示。变量建立之后在程序中就可以使用了，如图 3-91 所示。

		名称	数据类型	起始值	保持	从 HMI/OPC..	从 H...	在 HMI ...	设定值	注释
1		▼ Static								
2		■ Initial_Value	Int	0		☑	☑	☑		计数器设定值
3		■ Current_Value	Int	0		☑	☑	☑		计数器当前值

图 3-90 在数据块中建立变量

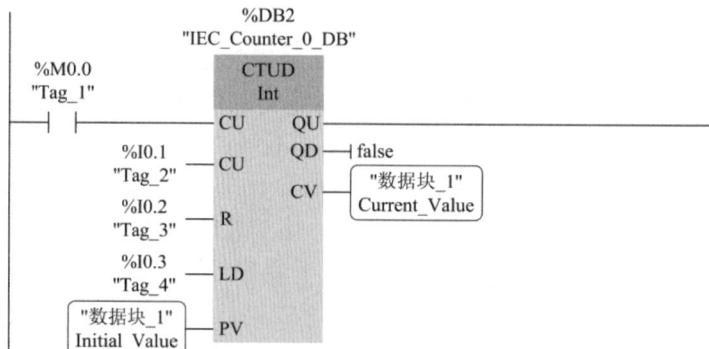

图 3-91 变量在程序中的应用

2) 背景数据块及其应用

背景数据块可直接分配给函数块(FB)。背景数据块的结构不能任意定义，它取决于函数块的接口声明。接口声明中只包含在该处已声明的那些块参数和变量，但在背景数据块中可定义特定的值，如声明变量的起始值。

在前面任务中用到的定时器指令和本任务用到的计数器指令都用到了背景数据块，只不过在调用指令之前并没有主动去建立数据块，而是在调用的时候由系统默认创建了背景数据块，并且放置在"系统块"目录下的"程序资源"子项中，如图 3-92 所示。

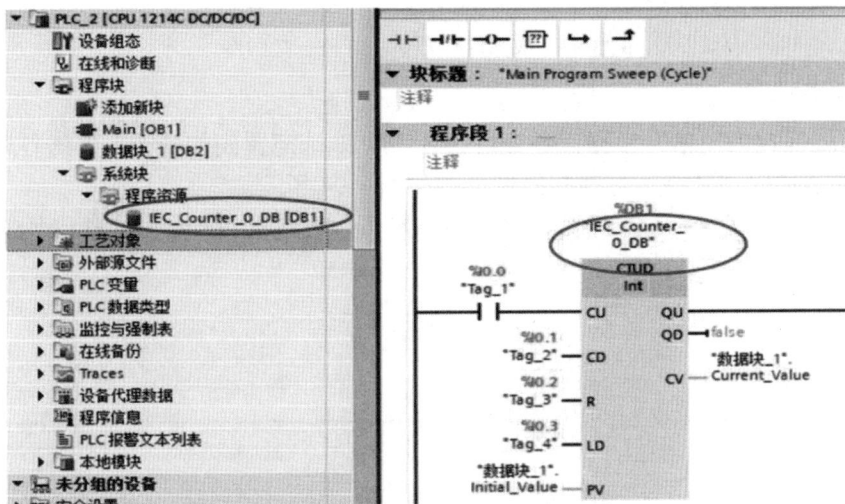

图 3-92　系统默认创建的背景数据块

四、任务实施

1. I/O 地址分配

根据任务要求，可得本任务 I/O 地址分配，见表 3-14。

成品库计数指示灯

表 3-14　I/O 地址分配表

名　称	端子	说　明
成品进库检测传感器	I0.0	进库产品统计信号
成品出库检测传感器	I0.1	出库产品统计信号
计数器清零按钮	I0.2	计数器清零
计数器装载按钮	I0.3	计数器装载
HL1	Q0.0	下限指示灯
HL2	Q0.1	上限指示灯
HA	Q0.2	警铃

2. 电路设计

连接传感器、按钮与输入端口，连接指示灯和警铃与输出端口，具体电路图如图 3-93 所示。

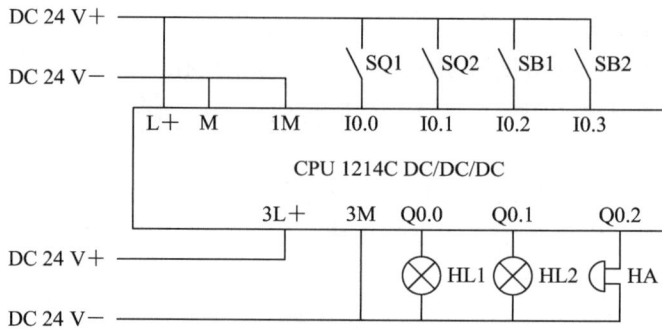

图 3-93　成品库计数指示灯控制接线图

3. 程序编写

程序的编写较为简单，根据任务分析将各 I/O 地址配置到加减计数器的各端口即可，基于 PLC 的成品库计数指示灯控制的梯形图如图 3-94 所示。

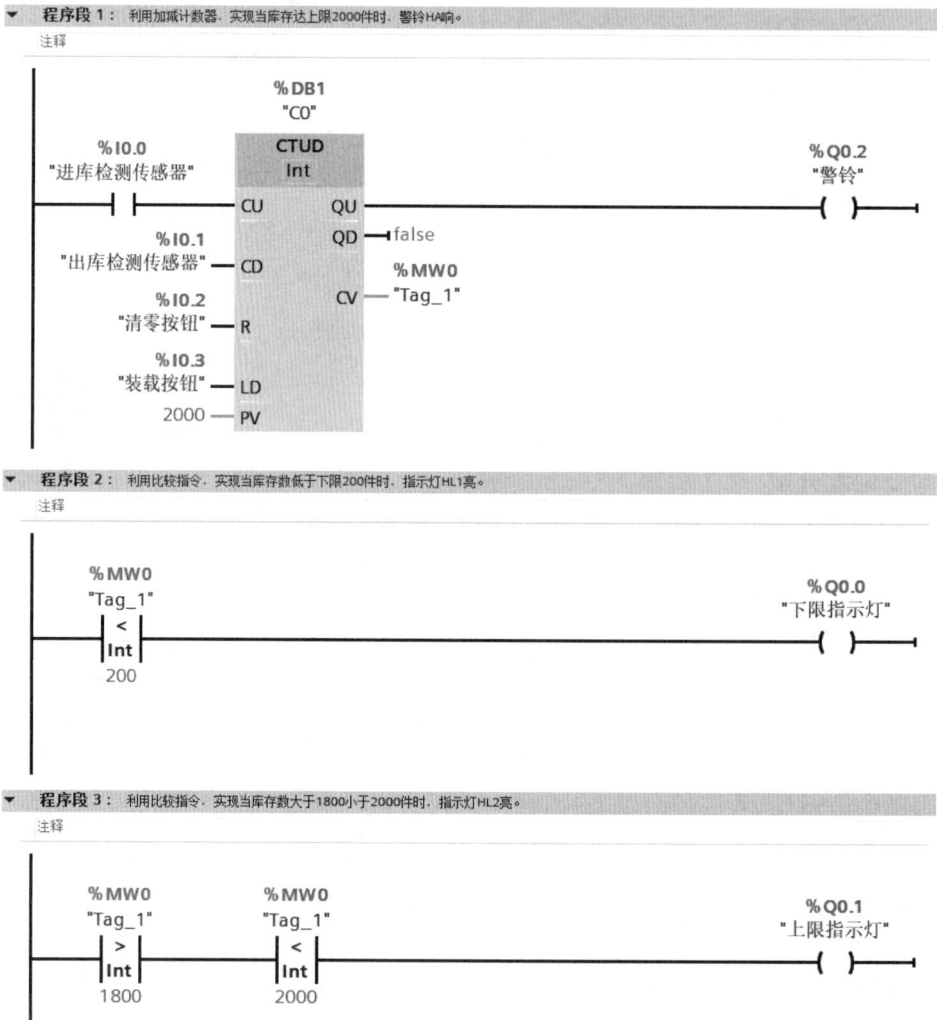

图 3-94　基于 PLC 的成品库计数指示灯控制的梯形图

4. 在仿真软件中验证程序

按照前面所学知识利用博途软件的仿真功能来验证上述程序的逻辑。

五、检查评价

考核评价表

根据成品库计数指示灯控制系统的完成情况，按照验收标准，对任务完成情况进行检查和评价，包括电路设计、I/O 地址分配、硬件组态、程序设计及仿真调试等。

六、知识拓展

按要求实现四彩灯循环控制。要求如下：按启动按钮 SB1 时，第一盏灯 L1 运行 1 s 后停止，同时第二盏灯 L2 运行；L2 运行 2 s 后停止，同时第三盏灯 L3 运行；L3 运行 3 s 后停止，同时第四盏灯 L4 运行；L4 运行 4 s 后停止，同时第一盏灯 L1 又运行，重复刚才的动作，循环三次后四盏灯都停止，中途按停止按钮 SB2 时，运行的灯立即停止。

分析：此题要综合运用定时器、计数器及边沿指令，梯形图程序如图 3-95 所示(请大家认真研究程序，给每段程序标注说明)。

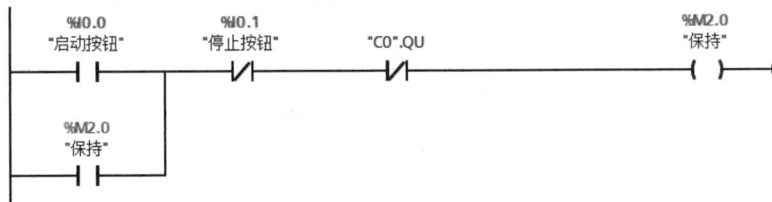

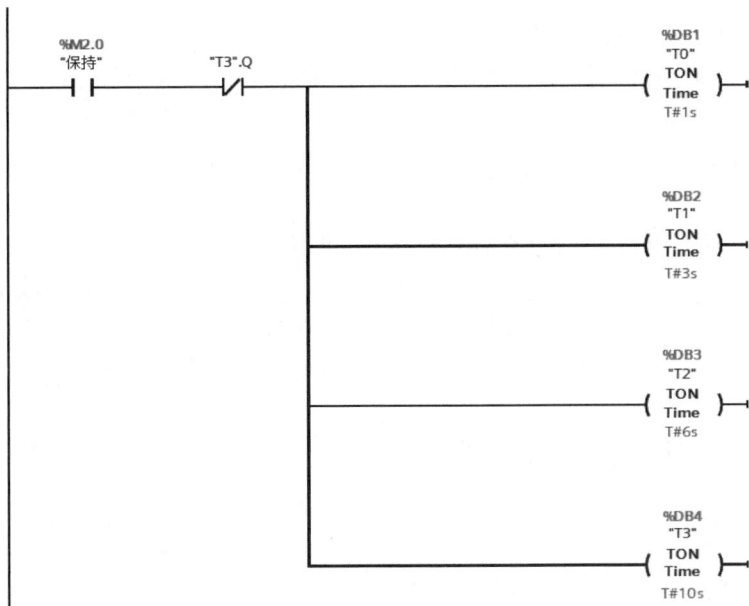

程序段 3：___

注释

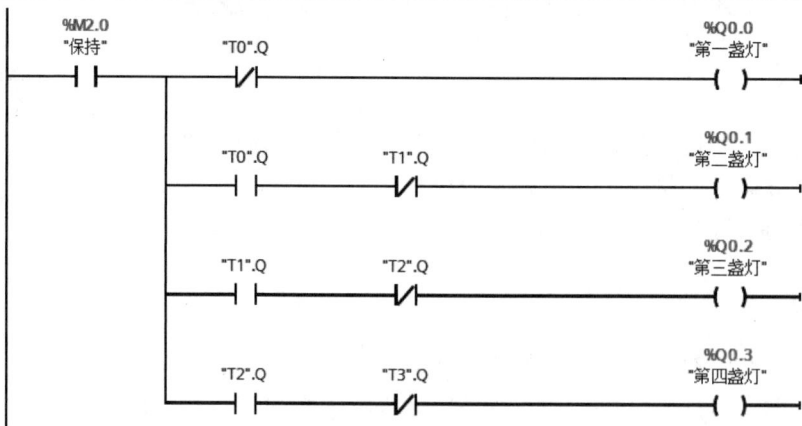

程序段 4：___

注释

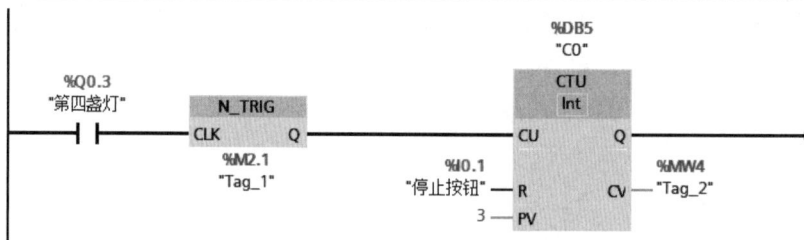

图 3-95　四彩灯循环梯形图程序

七、研讨测评

(一) 填空题

1. S7-1200 PLC 有 3 种计数器：分别是_____、_____和_____。

2. 对于 S7-1200 PLC 的加减计数器(CTUD)，CD 为_____输入端，CU 为_____输入端，CTUD 在计数过程中，当 CU 由_____时，当前计数值 CV_____；当 CD 由_____时，当前计数值 CV_____。如果同时出现 CU 和 CD 的_____，则当前计数值 CV_____。

3. 对于 S7-1200 PLC 的加计数器(CTU)，在复位端 R 对应信号为_____时，当 CU 由_____时，计数当前值 CV_____，当 CV_____PV 时，计数器输出 Q_____，此后再出现计数输入信号 CU，Q 保持_____。在任意时刻，只要复位端 R_____，CV 被_____，输出 Q 变为_____，此时，加计数器的常闭触点_____，常开触点_____。

4. 西门子博途软件中减计数指令的助记符为_____，加计数器的输入 CU 端和输出 Q 端的数据类型为_____。

(二) 选择题

1. 以下哪一项不是加计数器的引脚 (　　)。

A. IN　　　　　　　B. CU　　　　　　　C. CV　　　　　　　D. PV

2. LD 端可以是(　　)的引脚。

A. CTU　　　　　　B. CTD　　　　　　C. CTUD　　　　　　D. CTD 和 CTUD

3. 在博途软件中插入加计数器(CTU)时，自动跳出的用于存储其默认背景数据块是(　　)。

A. IEC_Timer_0_DB　　　　　　　　B. IEC_Timer_1_DB

C. IEC_Counter_1_DB　　　　　　　D. IEC_Counter_0_DB

4. 设加计数器(CTU)的预设计数值 PV 等于 5，假如输入端 CU 被连续置"ON" 10次后，CV 值等于(　　)。

A. 5　　　　　　　B. 6　　　　　　　C. 10　　　　　　　D. 0

5. 下列指令中，当前计数值既可以增加又可以减少的是(　　)。

A. TON　　　　　　B. CTU　　　　　　C. CTUD　　　　　　D. TONR

(三) 判断题

1. 计数器功能块属于背景数据块 DB 结构。(　　)

2. 计数器个数可以很多，使用时仅受 CPU 存储器容量的限制。(　　)

3. 加减计数器(CTUD)的输入端有两个，分别是 CU1 和 CU2。(　　)

4. CU 端置 ON 后，CV 会增加；CD 端置 ON 后，CV 会减小。(　　)

(四) 编程题

1. 三台电动机相隔 10 s 启动，各运行 15 s 停止，循环往复。试用比较操作指令完成程序设计。

2. 用 PLC 实现 1 个按钮控制 3 盏灯亮灭。要求：第 1 次按下按钮，第 1 盏灯亮；第 2次按下按钮，第 2 盏灯亮；第 3 次按下按钮，第 3 盏灯亮；第 4 次按下按钮，第 1～3 盏灯同时亮；第 5 次按下按钮，第 1～3 盏灯同时熄灭。试画出 I/O 接线图并编制梯形图程序。

项目四　顺序控制系统的设计与应用

在编写 PLC 程序时，要求程序结构简洁、可读性好、运行效率高、便于调试。本项目以电动机、工业洗衣机、十字路口红绿灯为控制对象，共设 4 个任务，主要目标是让学生掌握跳转程序控制指令、顺序控制功能图、模块化结构编程，了解中断功能的编程思想和应用场合，掌握顺序控制系统的设计方法，能优化程序结构，提高程序执行效率。

任务 14　利用程序控制指令切换电动机控制方式

一、任务描述

设系统包含两台电动机，且有"单台运行""交替运行""同时运行"三种控制方式，系统启动后，默认是单台运行。当系统处于某一种控制方式时，按下启动按钮则系统运行，按下停止按钮则系统停止。当采用"交替运行"控制方式时，首先电动机 1 运行 5s，停止 2s；然后电动机 2 运行 5s，停止 2s。如此循环。当定时器当前计时值等于 0 时，两台电动机停止工作。本任务就是使用程序控制指令切换电动机控制方式。

二、学习目标

知识目标

理解程序控制指令的概念和工作原理。

技能目标

掌握程序控制指令的编程方法，能优化程序结构。

思政目标

懂得灵活变通，利用现有条件转变思路。

三、相关知识

程序控制指令打破了 PLC 从上向下的线性扫描方式的限制，使之可以根据不同条件来灵活跳转到同一程序块的不同程序段中执行。合理使用该类指令，可以达到优化程序结构、增强程序流向的控制功能。程序控制指令包括用来改变程序执行顺序的跳转指令以及在程序运行中用于控制的指令。其中，跳转指令又包括逻辑结构跳转指令、跳转列表指令、跳转分支指令等。这里只介绍跳转指令。

1. 逻辑结构跳转指令

逻辑结构跳转指令分为高电平跳转(JMP)指令和低电平跳转(JMPN)指令。逻辑结构跳转指令与标签(LABEL)指令是配合使用的。

1) JMP 指令

当 JMP 指令的跳转线圈输入端的逻辑运算结果(RLO)为 1，即满足跳转条件时，则跳转到该指令顶部 LABEL 指定的目标标签处，从该标签后的第一条指令开始继续以线性扫描方式执行。反之，则不跳转，继续执行跳转指令之后的程序。

2) JMPN 指令

当 JMPN 指令的跳转线圈输入端的 RLO 为 0，即满足跳转条件时，则跳转到该指令顶部 LABEL 指定的目标标签处，从该标签后的第一条指令开始继续以线性扫描方式执行。反之，则不跳转。

3) 逻辑结构跳转指令使用说明

(1) 在本扫描周期内，逻辑结构跳转指令与标签指令之间的程序段不会被执行，待下一个扫描周期再根据条件决定是否执行。

(2) 只能在同一个程序块内跳转，不能从一个程序块跳转到另一个程序块，即跳转指令与标签指令应该在同一个程序块中。

(3) 在同一个程序块内，可以向前或向后跳转，也可以从多个位置跳转到同一个标签处。跳转标签的名称只能使用一次，一个程序段只能设置一个跳转标签。

(4) 标签名称的第一个字符必须是字母，其余的可以是字母、数字或下划线。

(5) 使用返回(RET)指令可停止逻辑结构跳转指令的执行。返回(RET)指令用于停止有条件执行或无条件执行的块。该指令线圈通电时，停止执行当前的块，不再执行该指令下面的程序，返回调用它的程序块。该指令线圈断电时，继续执行指令下面的程序。通常，用户不需要专门在块结尾调用RET指令来结束块，操作系统会自动在块结尾加上返回指令。

RET 指令线圈上面的参数是返回值，其数据类型为 Bool，可以是 True、False 或指定的位地址。如果当前的块是 OB，则返回值被忽略；如果当前的块是 FC 或 FB，则返回值作为 FC 或 FB 的 ENO 值传送给调用它的块。

2. 跳转列表指令

跳转列表(JMP_LIST)指令的符号如图 4-1 所示。JMP_LIST 指令可以定义多个有条件跳转，用端口 K 的值指定输出端 DESTn 的编号 n，由 DESTn 指定要跳转的标签。单击冒号按钮，可以手动递增 DESTn 的数量，n 的取值为 0～31。

如图 4-1 所示，JMP_LIST 指令执行时，若跳转值 K＝0 时，则跳转至 DEST0 指定的标签 LAB0 处；K＝1 时，则跳转至 DEST1 指定的标签 LAB1 处；K＝2 时，则跳转至 DEST2 指定的标签 LAB2 处。需要注意的是，如果 K 的数值大于 DESTn 的最大编号，则不进行跳转，而是继续执行该指令的下一个程序段。

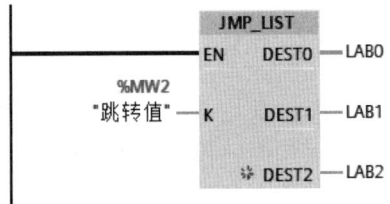

图 4-1　JMP_LIST 指令

3. 跳转分支指令

跳转分支(SWITCH)指令的符号如图 4-2 所示。SWITCH 指令根据一个或多个比较指令的结果，定义要执行的多个程序跳转。用端口 K 指定要比较的值，将该值与各个输入提供的值进行比较。点击输入端的比较符号，可以从下拉列表中选择比较方法。点击指令框中的"？？？"位置，可以从下拉列表中选择该指令的数据类型(字符串、整数、浮点数等)。S7-1200 PLC 最多可以声明 32 个输出。

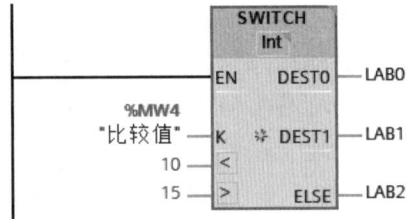

图 4-2　SWITCH 指令

SWITCH 指令执行时，按照输入端从上向下的顺序依次进行比较，直到满足条件为止。图 4-2 中，首先比较 K 值与 10 的大小关系。若 K 值小于 10，则跳转至 DEST0 指定的标签 LAB0 处，而后续的比较将不执行；若 K 值大于 15，则跳转至 DEST1 指定的标签 LAB1 处；若上述条件均不满足，则跳转至 ELSE 指定的标签 LAB2 处。如果 ELSE 未指定跳转标签，则继续执行该指令的下一个程序段。

四、任务实施

1. 控制系统设计

根据任务要求，本系统包含 3 个数字量输入信号(启动按钮、停止按钮和模式切换按钮)，两个数字量输出信号，两台电动机的接触器 KM1 和 KM2，因此本系统选用 CPU 1214C DC/DC/Rly。

2. I/O 地址分配

根据任务要求，为输入/输出信号分配地址，如表 4-1 所示。

表 4-1　I/O 地址分配表

输 入 信 号			输 出 信 号		
输入元件	作用	输入继电器	输出元件	作用	输出继电器
SB0	启动按钮	I0.0	KM1	电动机 1 接触器	Q0.0
SB1	停止按钮	I0.1	KM2	电动机 2 接触器	Q0.1
SB2	模式切换按钮	I0.2			

3. PLC 控制系统接线图

根据任务要求，PLC 控制系统接线图如图 4-3 所示。

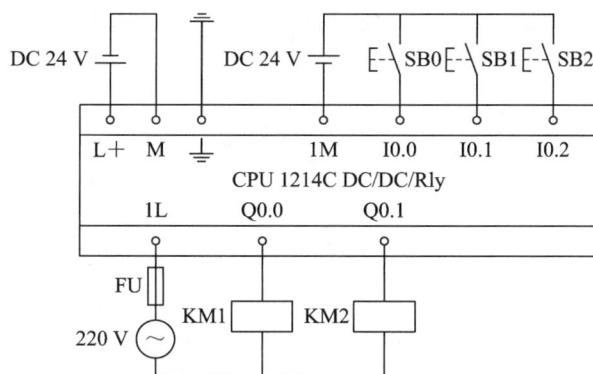

图 4-3　PLC 控制系统接线图

4. 创建工程项目及变量表

用 TIA Portal 软件创建项目及变量表，具体创建方法前面已经介绍过，此处不再重述。

5. 程序设计

梯形图程序如图 4-4 所示。

程序段1：在系统首个扫描周期，当跳转值等于3时，将跳转值清零。

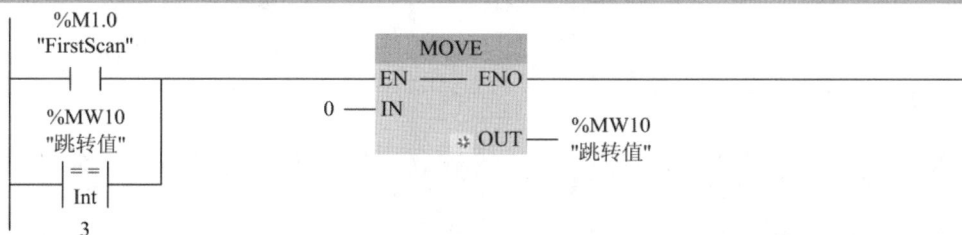

程序段2：每次按下模式切换按钮，跳转值加1，同时复位上一模式的输出寄存器或中间变量，以保证不影响下一模式的运行。

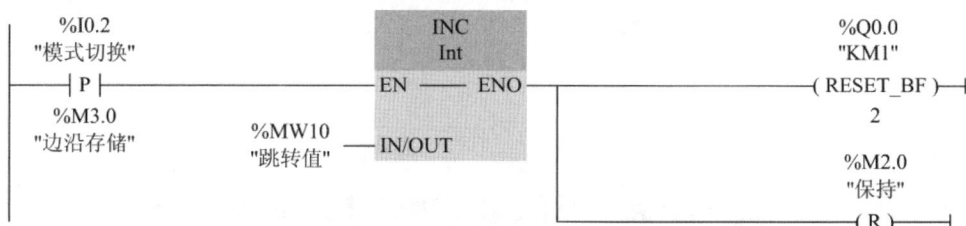

程序段3：跳转值分别等于0、1、2时，分别跳转到"单台运行""交替运行""同时运行"标签位置。由于ELSE没有指定跳转标签，所以当跳转值不等于以上数值时，则继续执行SWITCH指令的下一段程序，即执行程序段4的"单台运行"模式。

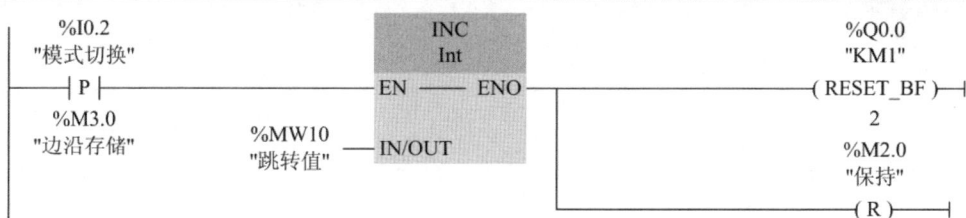

程序段4："单台运行"模式。当按下启动按钮时，电动机1运行。按下停止按钮时，电动机1停止。

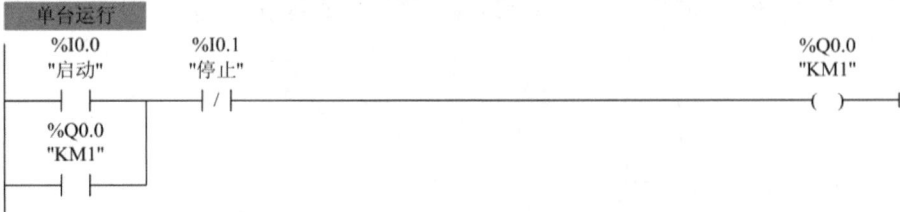

单台运行

```
  %I0.0        %I0.1                                              %Q0.0
  "启动"       "停止"                                             "KM1"
  ─┤├──────────┤/├─────────────────────────────────────────────( )──
  %Q0.0
  "KM1"
  ─┤├─
```

程序段5："单台运行"模式的返回。

```
                                                                    1
  ──────────────────────────────────────────────────────────( RET )──
```

程序段6："交替运行"模式下的启保停功能。

交替运行

```
  %I0.0        %I0.1                                              %M2.0
  "启动"       "停止"                                             "保持"
  ─┤├──────────┤/├─────────────────────────────────────────────( )──
  %M2.0
  "保持"
  ─┤├─
```

程序段7："交替运行"模式下的定时功能。两台电动机循环运行一次用时14 s。

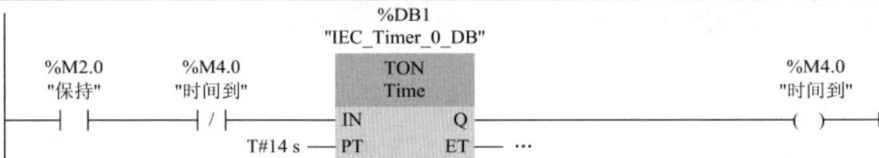

```
                              %DB1
                         "IEC_Timer_0_DB"
  %M2.0      %M4.0                                             %M4.0
  "保持"     "时间到"         TON                              "时间到"
  ─┤├────────┤/├──────┐      Time     ┌────────────────────────( )──
                      │                │
                 T#14 s ─┤ IN       Q ├─
                         │ PT      ET ├─ ···
```

程序段8："交替运行"模式。电动机1运行5 s，停止2 s；然后电动机2运行5 s，停止2 s。如此循环。当定时器当前计时值等于0时，两台电动机停止工作。

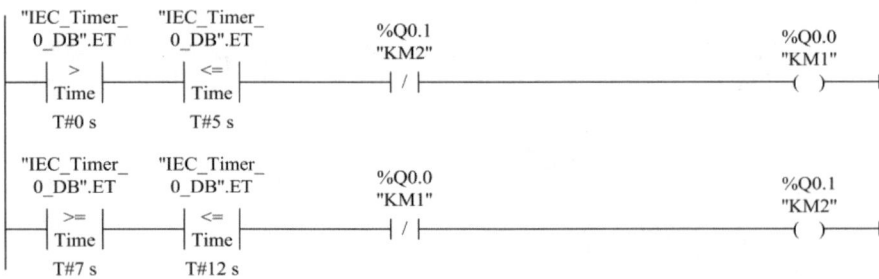

```
  "IEC_Timer_    "IEC_Timer_
  0_DB".ET       0_DB".ET          %Q0.1                       %Q0.0
  ─┤ > ├─────────┤ <= ├────────────┤/├─────────────────────────( )──
    Time           Time            "KM2"                       "KM1"
   T#0 s          T#5 s

  "IEC_Timer_    "IEC_Timer_
  0_DB".ET       0_DB".ET          %Q0.0                       %Q0.1
  ─┤ >= ├────────┤ <= ├────────────┤/├─────────────────────────( )──
    Time           Time            "KM1"                       "KM2"
   T#7 s          T#12 s
```

程序段9："交替运行"模式的返回。

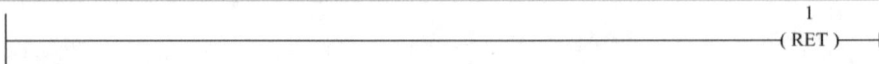

```
                                                                    1
  ──────────────────────────────────────────────────────────( RET )──
```

程序段10："同时运行"模式的启保停功能。

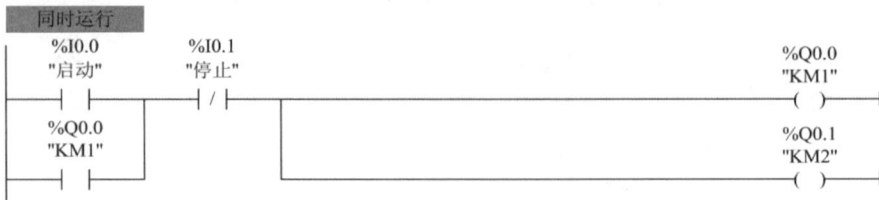

同时运行

```
  %I0.0        %I0.1                                              %Q0.0
  "启动"       "停止"                                             "KM1"
  ─┤├──────────┤/├───────────────┬─────────────────────────────( )──
  %Q0.0                          │                              %Q0.1
  "KM1"                          │                              "KM2"
  ─┤├─                           └─────────────────────────────( )──
```

图 4-4　梯形图程序

五、检查评价

本任务要求理解程序控制指令的概念和作用，熟练使用 JMP、JMP_LIST、SWITCH 等指令，优化程序结构，增强程序流向的控制功能。

考核评价表

六、研讨测评

(一) 选择题

1. 当 JMP 指令的跳转线圈输入端的逻辑运算结果 RLO 为(　　)，即满足跳转条件时，则跳转到该指令顶部 LABEL 指定的目标标签处。

A. 0　　　　　　　　B. 1

2. S7-1200 PLC 允许 SWITCH 指令最多声明(　　)个输出。

A. 16　　　　　B. 32　　　　　C. 64　　　　　D. 8

3. RET 指令线圈上面的参数是返回值，数据类型为(　　)。

A. Bool　　　　　　　　　B. Int

C. Real　　　　　　　　　D. Word

4. JMP_LIST 指令执行时，如果 K 值大于 DESTn 的最大编号，则(　　)跳转。

A. 进行　　　　　B. 不进行

(二) 判断题

1. 程序控制指令打破了 PLC 从上向下的线性扫描方式的限制。(　　)

2. 逻辑结构跳转指令与标签指令配合使用时，两者可以处于不同的程序块中。(　　)

3. 跳转标签的名称只能使用一次，一个程序段可以设置多个跳转标签。(　　)

4. 在同一个程序块内，可以向前或向后跳转，也可以从多个位置跳转到同一个标签处。(　　)

(三) 编程题

1. 使用程序控制指令实现即可点动控制又可自锁控制的电动机控制程序，运行模式由切换开关 SB1 控制。当 SB1 断开时，执行点动控制；当 SB1 接通时，执行自锁控制。

2. 一台电动机有三种控制方式，分别为点动控制、连续运行控制和自动控制，控制要求如下：

(1) SB1 为启动按钮，系统默认为点动控制。按下 SB1，电动机启动运行；松开 SB1，电动机停止。

(2) SB3 为控制方式的选择按钮。第一次点按 SB3，切换到连续运行控制；第二次点按 SB3，切换到自动控制；第三次点按 SB3，恢复到点动控制。

(3) 选择连续运行控制后，若点按启动按钮 SB1，电动机开始连续运行；点按停止按钮 SB2，电动机停止。

(4) 选择自动控制后，若点按启动按钮 SB1，电动机运行 10 min 后自动停止；在电动机运行期间，点按停止按钮 SB2 则电动机会停止。

请根据上述要求编写对应程序。

任务 15   基于 PLC 的工业洗衣机控制

一、任务描述

工业洗衣机的正反洗涤由交流电动机的正反转控制，并且整个工作过程按固定的流程进行。其流程如下：按下启动按钮，开始进水，当水位到达高水位线后停止进水，开始洗涤。正转洗涤 15 s，暂停 3 s；反转洗涤 15 s，暂停 3 s。再正转洗涤，如此反复 20 次，完成洗衣过程后自动停机。本任务通过 PLC 控制来实现上述工业洗衣机的洗衣过程。

二、学习目标

知识目标

1. 理解顺序功能图的基本概念。
2. 掌握顺序功能图的编排方法。

技能目标

1. 能独立完成一般顺控系统工作过程分析及顺序功能图绘制。
2. 能用博途软件完成设备组态、顺序控制梯形图程序，并进行仿真或在线调试运行。

思政目标

1. 养成严谨认真、脚踏实地、勤于思考的学习态度。
2. 增强创新意识及责任担当的工匠精神。

三、相关知识

1. 顺序控制与顺序功能图

1) 顺序控制与顺序功能图的基本概念

顺序功能图的
基本知识

顺序控制也称步进控制，按照生产工艺预先规定的顺序，在各个输入信号的作用下，根据内部状态和时间的顺序，控制各个执行机构自动有序运行。它是一种按时间顺序或逻辑顺序进行控制的开环控制。

在工业控制中，顺序控制应用非常广泛，例如搬运机械手的运动控制、多种液体混合控制、交通信号灯的控制等。顺序控制包含工作任务、转移条件和转移目标三个要素。

顺序功能图(Sequential Function Chart，SFC)又称为状态转移图或功能表图，它是描述控制系统的控制过程、功能和特性的一种图形，也是设计顺序控制程序的工具。顺序功能

图主要由步、有向连线、转换、转换条件和命令(或动作)组成。

(1) 步。顺序控制设计就是将系统的一个工作周期划分成若干顺序相连的阶段,这些阶段称为步。每一步相当于控制系统的一个阶段,用编程元件(位存储器 M)代表各步。

当系统正处于某一步时,该步处于活动状态,称为"活动步"。步处于活动状态时,相应的动作被执行;处于不活动状态时,相应的非存储型的动作被停止执行。

系统的初始状态相对应的"步"称为初始步,初始状态一般是系统等待启动命令的相对静止的状态。初始步用双线方框表示,每个顺序功能图至少应有一个初始步。

除初始步以外的步均为一般步,一般步用单线矩形方框表示。方框中都有一个表示该步的元件编号,该元件称为状态元件。状态元件可以按状态顺序连续编号,也可以不连续编号。

在顺序功能图中,如果某一步被激活,则该步处于活动状态。步被激活时,该步的所有命令与动作均得到执行,而未被激活的步中的命令与动作均不能得到执行。在顺序功能图中,被激活的步有一个或几个。当下一个步被激活时,前一个活动步一定要关闭。顺序控制就是逐个激活步从而完成全部控制任务的。

(2) 有向连线。在顺序功能图中,随着时间的推移和转换条件的实现,步的活动状态会发生进展,步发生进展的路线和方向用有向连线表示。步的进展方向习惯上从上到下、从左到右。此时有向连线上的箭头可以省略。如果步的进展方向不是上述方向,则必须用箭头表示步的进展方向。

(3) 转换与转换条件。转换用与有向线段垂直的短线表示,转换将相邻的两步分隔开。使系统由当前步进入下一步的信号称为转换条件。转换条件可以是外部的输入信号,例如按钮、行程开关及开关量传感器等的接通或断开;也可以是 PLC 内部产生的信号,例如定时器、计数器的输出位等。转换条件可以是单个信号,也可以是多个信号的逻辑组合。

(4) 命令或动作。命令指控制要求,而动作指完成控制要求的程序。与状态对应则是指每一个状态中所发生的命令或动作。在顺序功能图中,命令或动作是用相应的文字和符号(包括梯形图程序行)写在状态矩形框的旁边,并用直线与状态矩形框相连的。

2) 顺序功能图的基本结构

顺序功能图包含单流程结构、选择流程结构和并行流程结构 3 种基本结构。

(1) 单流程结构。单流程结构如图 4-5(a)所示,它是由一系列相继激活的步组成的,每一步后面只有一个转换,每个转换后面只有一步。

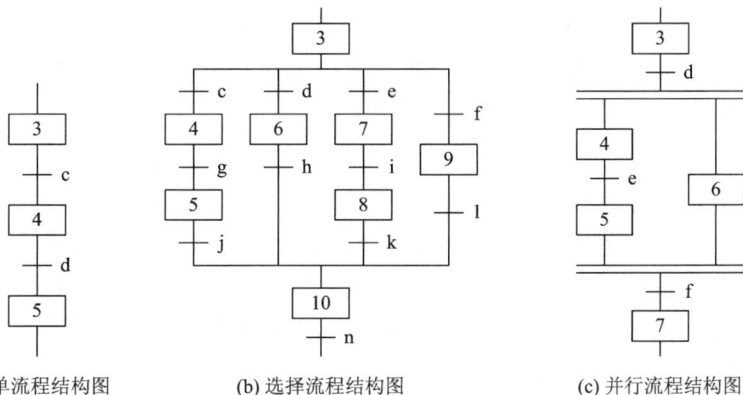

(a) 单流程结构图   (b) 选择流程结构图   (c) 并行流程结构图

图 4-5 顺序功能图的基本结构

(2) 选择流程结构。选择流程结构是指由两个及两个以上的分支结构组成，但只能从中选择一个分支执行的结构。选择流程在执行时究竟选择哪条路径，取决于哪条路径的转换条件首先变为 1。如图 4-5(b)所示，如果步 3 是活动步，当转换条件 d 为 1 时，则步 3 进展为步 6。同理，当转换条件 c 为 1 时，步 3 也可以进展为步 4，但是一次只能选择一个序列。选择序列的开始称为分支，选择序列的结束称为合并，不管选择哪个分支，只要满足转换条件，最终将汇合到合并处。

(3) 并行流程结构。并行流程结构是指由两个及两个以上的分支组成，且当某个转移条件满足后使这些分支同时执行的结构。并行流程结构反映系统几个同时工作的独立部分的工作情况。为了强调转换的同步实现，并行流程结构开始与合并处的水平连线用双水平线表示。并行流程结构的特点是：有多条路径，且必须同时执行；各条路径都执行后，才会继续往下执行。在图 4-5(c)中，步 3 后面有两个分支，如果转换条件 d 为 1，则同时执行步 4 和步 6；如果转换条件 f 为 1，则两个分支汇合到步 7。

3) 顺序功能图中的转换实现

(1) 转换实现必须同时满足两个条件：

① 该转换的前级步必须是活动步。

② 对应的转换条件成立。

(2) 转换实现应完成的操作：

① 所有由有向连线与相应转换符号相连的后续步都变成活动步。

② 所有由有向线段与相应转换符号相连的前级步都变为不活动步。

(3) 绘制顺序功能图的注意事项如下：

① 两个步绝对不能直接相连，必须用一个转换将它们隔开。

② 两个转换也不能直接相连，必须用一个步将它们隔开。

③ 初始步可能没有输出执行，但必不可少，否则无法表示初始状态，系统也无法返回停止状态。

④ 自动控制系统应能重复执行同一工艺过程，因此在顺序功能图中一般应有由步和有向连线组成的闭环。

⑤ 在顺序功能图中，只有当某一步的前级步是活动步时，该步才有可能变成活动步。

2. 顺序功能图的编程方法

S7-1200 PLC 不支持顺序功能图语言，所以必须根据顺序功能图采用某种编程方法编写出梯形图程序。常用的编程方法有：置位复位编程法和启保停编程法。本任务重点介绍置位复位编程法，启保停编程法请读者自学。

1) 使用置位复位编程法设计顺序控制程序

使用置位复位编程法设计顺序控制程序时，将各转换的所有前级步对应的常开触点与转换对应的触点或电路串联，该串联电路即为启保停电路中的启动电路，用它作为使所有后续步置位和使所有前级步复位的条件。在任何情况下，各步的控制电路都可以用这一原则来设计。这种设计方法有规律可循，梯形图与转换实现之间有着严格的对应关系。

2) 使用置位复位编程法设计顺序功能图

图 4-6 为一单流程结构顺序功能图。图中 M1.0 为 CPU 首次扫描接通位。当接通 PLC

电源后，M1.0 接通一个扫描周期，使 M2.0 置位。M2.0 置位后，要实现 I0.0 与 I0.1 对应的转换必须同时满足两个条件：前级步为活动步(即 M2.0 为 ON)和转换条件成立(I0.0 与 I0.1 同时为 ON)。在梯形图中，可以用 M2.0、I0.0 和 I0.1 的三个常开触点组成的串联电路来表示上述条件。该电路接通时，两个条件同时满足，将该转换的后续步变为活动步，即用置位指令将 M2.1 置位，同时将该转换的前级步变为不活动步，即用复位指令将 M2.0 复位。同理，要实现图 4-6 中 I0.2 对应的转换必须同时满足两个条件：前级步为活动步(M2.1 为 ON)和转换条件成立(I0.2 为 ON)。在梯形图中，可以用 M2.1 和 I0.2 的常开触点组成的串联电路来表示上述条件。该电路接通时，两个条件同时满足，用置位指令将 M2.2 置位，同时用复位指令将 M2.1 复位。

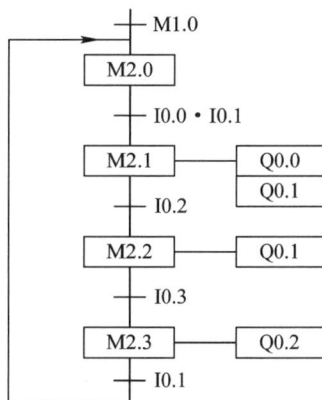

图 4-6　单流程结构顺序功能图

在任何情况下，代表步的位存储器的控制电路都可以使用置位复位编程法来设计，每一个转换对应一个这样的控制置位和复位的电路块。图 4-6 对应的全部程序见图 4-7，采用置位复位编程方法编制复杂顺序功能图的梯形图，既容易掌握，又不容易出错，更能显示该方法的优越性。

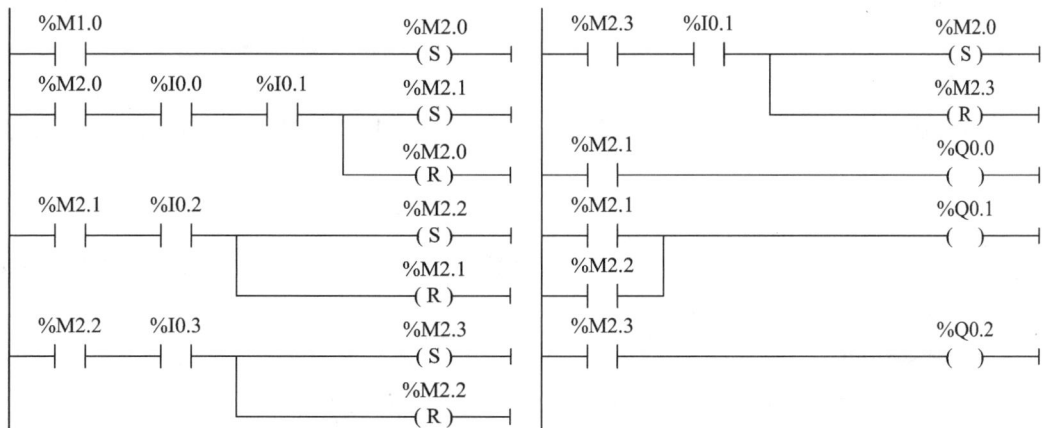

图 4-7　依据顺序功能图编写的梯形图程序

【例 4-1】　某锅炉的鼓风机和引风机的控制要求如下：开机时先启动引风机，10 s 后启动鼓风机；停机时先关鼓风机，5 s 后再关引风机。试设计上述程序。

分析：

(1) 步的划分。依据被控对象的工作过程及控制要求，将整个工作过程划分为四步。第一步，先开引风机；第二步，10 s 后鼓风机启动，之后两者同时运行；第三步，先关鼓风机，引风机继续运行；第四步，5 s 后关引风机。

(2) 转换条件的确定。转换条件是使系统从当前步进入下一步的信号，该题的转换条件包括启动按钮、停止按钮和定时器触点的接通。

(3) 顺序功能图的绘制。划分了步并确定了转换条件后，就可以根据以上分析和被控对象的工作内容、步骤、顺序及控制要求画出顺序功能图，这是顺序控制中最关键的一步。

图 4-8 为绘制好的锅炉的鼓风机和引风机的顺序功能图。

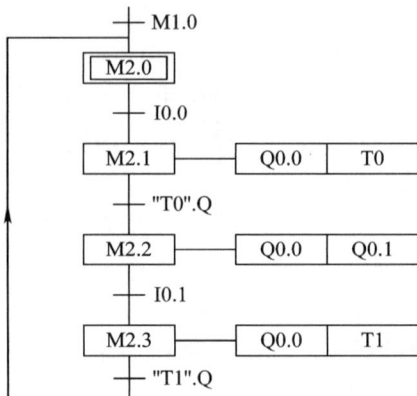

图 4-8　某锅炉的鼓风机和引风机的顺序功能图

(4) 梯形图程序的编写。根据顺序功能图，结合上述的置位复位编程法，可以很快编写出梯形图程序，此处不再赘述。

四、任务实施

1. 控制系统设计

根据任务要求分析，本控制需要停止按钮、启动按钮和过载保护三个输入信号，以及交流电机正转和反转两个输出信号，因此，可以选择继电器输出类型，及输入点数大于 3 和输出点数大于 2 的 PLC。本任务 PLC 选型为 CPU 1214C DC/DC/Rly，订货号为 6ES7 214-1HG40-0XB0。

2. I/O 地址分配

根据任务分析，停止按钮、启动按钮和过载保护三个输入分别用 I0.0、I0.1 和 I0.2 表示；电动机正转和反转分别用 Q0.0 和 Q0.1 来表示。

3. 系统接线图

工业洗衣机控制电路接线图如图 4-9 所示。

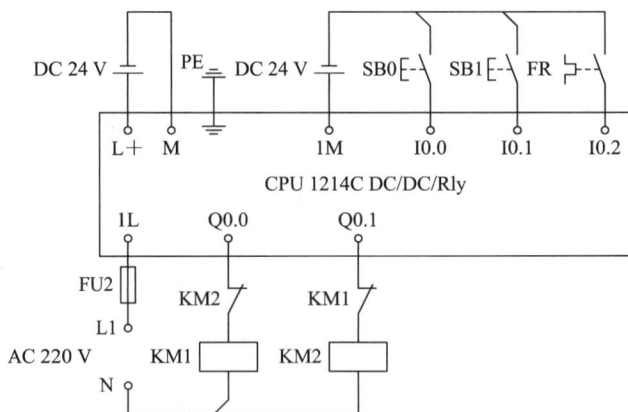

图 4-9　工业洗衣机控制电路接线图

4. PLC 程序设计

1) 建立变量表

变量表如图 4-10 所示。

		名称	数据类型	地址	保持	从 H...	从 H...	在 H...
1		停止按钮	Bool	%I0.0	☐	☑	☑	☑
2		启动按钮	Bool	%I0.1	☐	☑	☑	☑
3		过载保护	Bool	%I0.2	☐	☑	☑	☑
4		正转	Bool	%Q0.0	☐	☑	☑	☑
5		反转	Bool	%Q0.1	☐	☑	☑	☑

图 4-10　工业洗衣机变量表

2) 顺序功能图

根据任务要求分析可以画出工业洗衣机洗涤过程的顺序功能图，如图 4-11 所示。本任务控制流程共分为 6 步，分别用位存储器 M0.0～M0.5 来表示。M0.0 步为初始步(为系统初始化、停止和过载保护)；M0.1 步为洗衣机正转，M0.2 步为正转暂停；M0.3 步为洗衣机反转；M0.4 步为反转暂停；M0.5 步为循环计数。

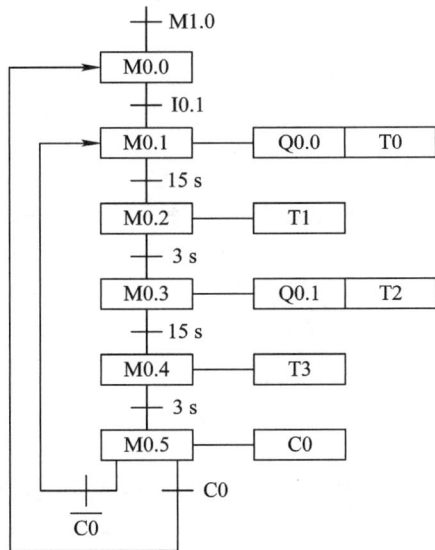

图 4-11　工业洗衣机洗涤过程的顺序功能图

3) 程序设计

梯形图如图 4-12 所示。

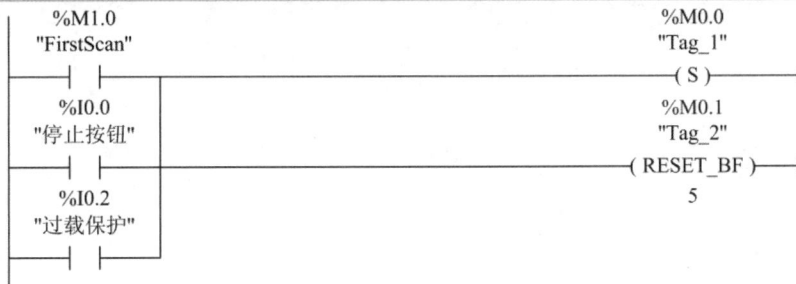

程序段2：系统启动。按下启动按钮，激活M0.1步，洗衣机正转。

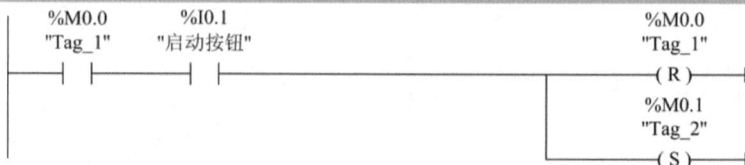

```
 %M0.0        %I0.1                                    %M0.0
"Tag_1"     "启动按钮"                                 "Tag_1"
 ─┤ ├────────┤ ├───────────────────────────────────────( R )─
                                                         %M0.1
                                                        "Tag_2"
                                                       ───( S )─
```

程序段3：M0.1激活并计时，当洗衣机正转洗涤15 s后，正转暂停，同时转移到M0.2步。

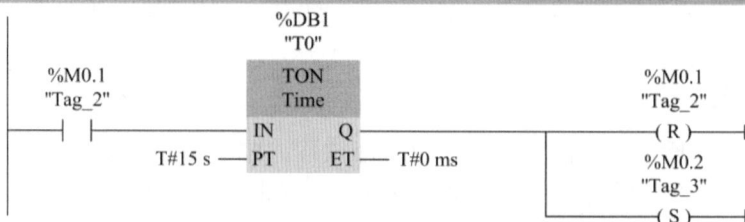

```
                           %DB1
                           "T0"
 %M0.1                                                  %M0.1
"Tag_2"                    TON                          "Tag_2"
 ─┤ ├─────────────────┤    Time    ├───────────────────( R )─
                       ─IN        Q─
              T#15 s ──PT        ET── T#0 ms            %M0.2
                                                        "Tag_3"
                                                       ───( S )─
```

程序段4：M0.2步被激活，暂停3 s计时开始。

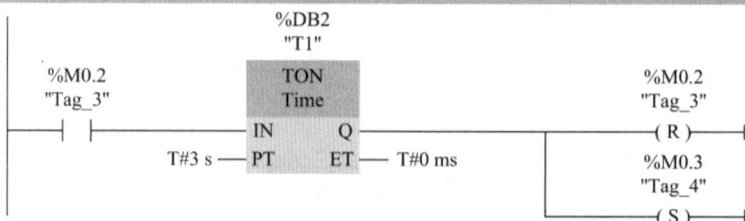

```
                           %DB2
                           "T1"
 %M0.2                                                  %M0.2
"Tag_3"                    TON                          "Tag_3"
 ─┤ ├─────────────────┤    Time    ├───────────────────( R )─
                       ─IN        Q─
               T#3 s ──PT        ET── T#0 ms            %M0.3
                                                        "Tag_4"
                                                       ───( S )─
```

程序段5：暂停3 s时间到，M0.3步被激活，洗衣机反转洗涤，并计时15 s。

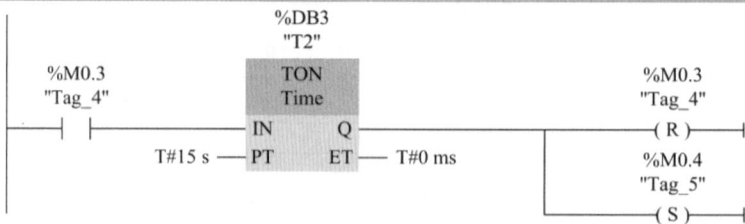

```
                           %DB3
                           "T2"
 %M0.3                                                  %M0.3
"Tag_4"                    TON                          "Tag_4"
 ─┤ ├─────────────────┤    Time    ├───────────────────( R )─
                       ─IN        Q─
              T#15 s ──PT        ET── T#0 ms            %M0.4
                                                        "Tag_5"
                                                       ───( S )─
```

程序段6：洗衣机反转洗涤15 s后，M0.4步被激活，洗衣机暂停3 s。

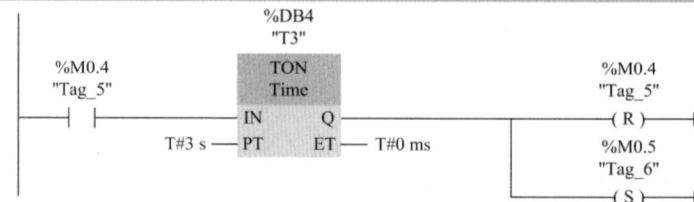

```
                           %DB4
                           "T3"
 %M0.4                                                  %M0.4
"Tag_5"                    TON                          "Tag_5"
 ─┤ ├─────────────────┤    Time    ├───────────────────( R )─
                       ─IN        Q─
               T#3 s ──PT        ET── T#0 ms            %M0.5
                                                        "Tag_6"
                                                       ───( S )─
```

程序段7：暂停时间到，M0.5步被激活，计数器计数1次。

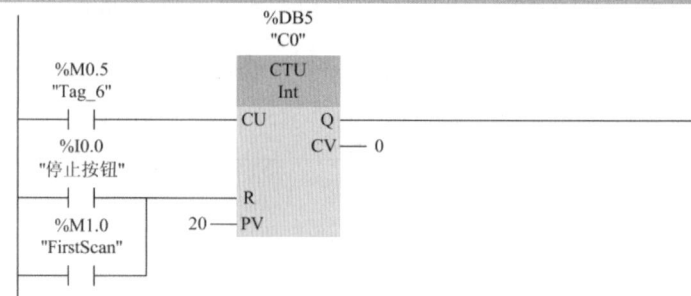

```
                           %DB5
                           "C0"
 %M0.5                                                
"Tag_6"                    CTU                          
 ─┤ ├─────────────────┤    Int     ├──────────────────
                       ─CU        Q─
                               CV── 0
 %I0.0
"停止按钮"
 ─┤ ├──────────────────R
 %M1.0                     20 ──PV
"FirstScan"
```

程序段8：若计数次数未到，则继续进行正反转循环洗涤过程，激活M0.1步进入下一个循环；若计数次数达到循环次数，则激活M0.0步，系统自动停止。

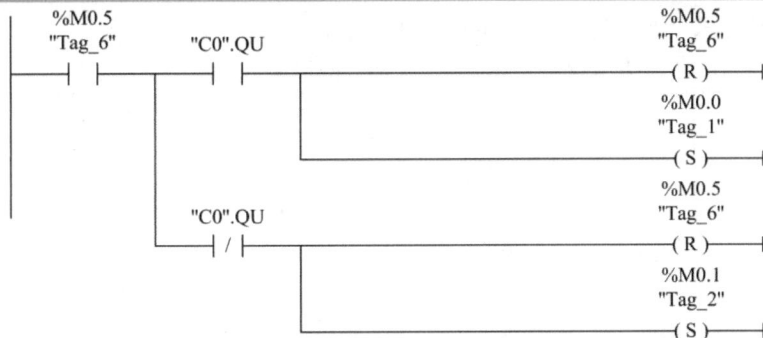

程序段9：当M0.1步和M0.3步分别被激活时，分别控制电动机实现正转或反转。

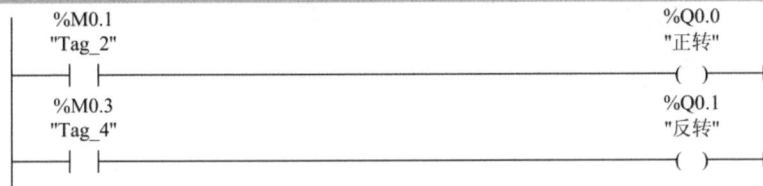

图 4-12　工业洗衣机控制梯形图

五、检查评价

根据工业洗衣机控制系统的完成情况，按照验收标准，对任务完成情况进行检查和评价，包括电路设计、I/O 地址分配、硬件组态、程序设计等。

考核评价表

六、知识拓展

图 4-13 是某剪板机的工作示意图，初始状态时，压钳和剪刀均在上限位置，限位开关 SQ1 和 SQ2 为 ON 状态。按下启动按钮 SB，之后的工作过程如下：首先板料右行，右行到位后，限位开关 SQ4 动作；然后压钳下行，压紧板料后，压力继电器 KP 为 ON，压钳保持压紧状态；接着剪刀开始下行，当剪断料板后，剪刀下限位开关 SQ3 变为 ON，延时 1 s；最后，压钳和剪刀同时上行，当它们分别碰到限位开关 SQ1 和 SQ2 后，两者均停止，之后又开始下一周期的工作，剪完 5 块料板后剪板机停止工作并回到初始状态。

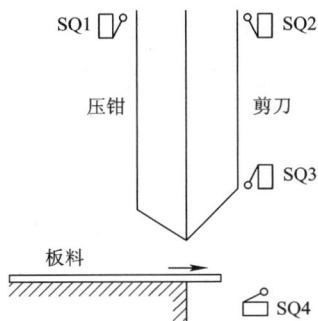

图 4-13　剪板机工作示意图

(1) 打开博途软件，创建新项目，名称为"剪板机控制"，选择项目保存路径，然后单击"创建"按钮完成创建，并完成项目硬件组态，启用系统存储器字节 MB1。

(2) 根据控制要求，画出剪板机控制 I/O 地址分配表，如表 4-2 所示。

表 4-2　剪板机控制 I/O 地址分配表

输入信号(I)			输出信号(O)		
设备名称	符号	I 元件地址	设备名称	符号	Q 元件地址
启动按钮 SB	SB	I0.0	板料右行 KM1	KM1	Q0.0
压钳上限位开关 SQ1	SQ1	I0.1	剪刀下行 KM2	KM2	Q0.1
剪刀上限位开关 SQ2	SQ2	I0.2	剪刀上行 KM3	KM3	Q0.2
剪刀下限位开关 SQ3	SQ3	I0.3	压钳下行 YV1	YV1	Q0.3
板料右限位开关 SQ4	SQ4	I0.4	压钳上行 YV2	YV2	Q0.4
压力继电器 KP	KP	I0.5			

(3) 绘制剪板机控制的顺序功能图，如图 4-14 所示。

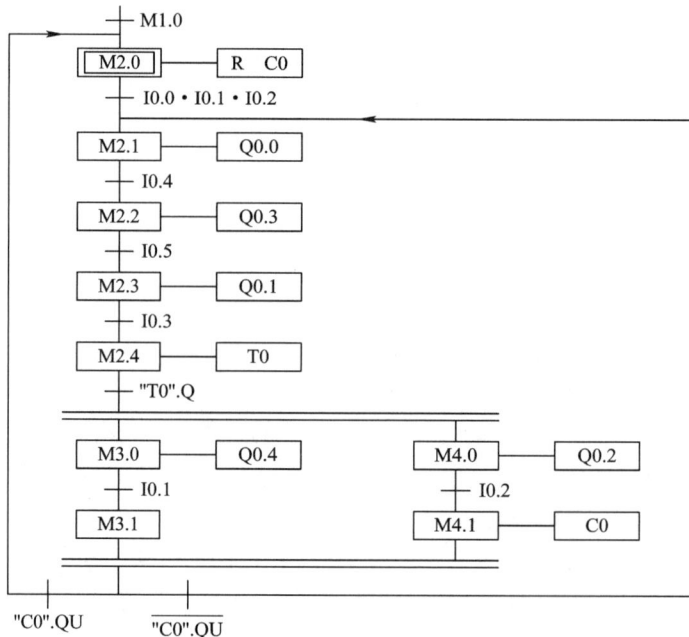

图 4-14　剪板机的顺序功能图

(4) 将图 4-14 所示的顺序功能图转换为梯形图程序。

七、研讨测评

(一) 填空题

1. 顺序功能图组成的要素为_____、_____、_____、_____和_____。

2. 在顺序功能图中，转换实现必须满足的两个条件为_____和_____。

3. 顺序功能图的基本结构分为_____、_____和_____三种类型。

4. 在顺序控制系统中，程序设计时一般先绘制_____，然后使用启保停编程法或_____编程法，将_____转换为_____。

5. 顺序控制中，在运行开始时，必须使初始步激活使之成为活动步，一般可用_____或_____进行驱动。

(二) 选择题

1. 下列不属于顺序功能图基本结构的是(   )。

A. 单流程　　　　B. 选择流程　　　　C. 循环流程　　　D. 并行流程

2. 在单流程结构顺序功能图中(   )。

A. 任何时候只有一个状态被激活

B. 任何时候只有两个状态同时被激活

C. 任何时候可以有有限个状态同时被激活

D. 任何时候同时被激活的状态数没有限制

3. (   )是转换条件满足时，同时执行几个分支，当所有分支都执行结束后，若转换条件满足，再转向汇合状态。

A. 选择流程　　　B. 并行流程　　　　C. 循环　　　　　D. 跳转

4. 在 SFC 中，向前面状态进行转换的流程称为(   )，用箭头指向转换的目标状态。

A. 选择流程　　　B. 并行流程　　　　C. 循环　　　　　D. 跳转

(三) 判断题

1. 顺序控制中的选择流程指的是多个流程分支可同时执行的分支流程。(   )

2. S7-1200 PLC 的顺序控制程序可以直接使用顺序功能图编制。(   )

3. 在顺序功能图中，重复和循环实际上是一种特殊的选择流程。(   )

4. 对于顺序控制，在程序执行过程中，每一时刻的活动步可能不止一步。(   )

(四) 编程题

用 PLC 控制工业洗衣机，要求按下启动按钮后，洗衣机进水，当高位开关动作时，开始洗涤。先正向洗涤 20 s，暂停 3 s；然后反向洗涤 20 s，暂停 3 s；最后正向洗涤 20 s，暂停 3 s，如此循环 3 次结束并排水。当水位下降到低水位时进行脱水(同时排水)，脱水时间为 10 s，这样完成一次大循环。经过 3 次大循环后，洗涤结束并报警，报警 6 s 后自动停机。试绘制 PLC I/O 接线图、顺序功能图及梯形图。

▶ 任务 16　基于 PLC 的十字路口交通灯控制系统 ◀

一、任务描述

本任务是使用 S7-1200 PLC 实现十字路口交通灯控制。要求按下启动按钮，系统开始运行。南北方向红灯亮 20 s，在此期间东西方向绿灯亮 15 s，15 s 后东西方向黄灯亮 3 s，3 s 后东西方向黄灯以 2 Hz 频率闪烁 2 s。当东西方向黄灯闪烁结束后，东西方向红灯亮 20 s，在此期间南北方向绿灯亮 15 s，15 s 后南北方向黄灯亮 3 s，3 s 后南北方向黄灯以 2 Hz 频率闪烁 2 s。当南北方向黄灯闪烁结束后，南北方向红灯再次亮 20 s，如此循环。无论何时按下停止按钮，系统都停止运行。

二、学习目标

知识目标

1. 理解并掌握 S7-1200 PLC 的编程方法。
2. 了解 PLC 程序中块的类别、作用及选用原则。

技能目标

1. 掌握 FC 和 FB 的编程方法。
2. 能独立完成交通灯控制系统电气原理图绘制、I/O 地址分配及程序编写。

思政目标

1. 提升用专业技能解决实际问题的能力。
2. 增强的安全意识、工匠意识、创新意识。

三、相关知识

1. 编程方法

S7-1200 PLC 的编程方法主要有线性化编程、模块化编程和结构化编程。

1）线性化编程

线性化编程是指将整个用户程序放在主程序 OB1 中，以实现一个自动化控制任务。由于 PLC 采用循环扫描工作方式，因此即使有些指令不需要使用，但 CPU 也要重复地执行所有指令，这就造成了 CPU 运行效率低、资源浪费。该编程方法适合编写一些规模较小、运行过程比较简单的控制程序，不适合编写大型程序。

2）模块化编程

模块化编程是指将程序根据功能分为不同的逻辑块，且每个逻辑块完成不同的功能。在 OB1 中可以根据条件来调用不同功能的逻辑块，被调用块与调用块之间没有数据交换。由于逻辑块是有条件调用的，所以提高了 CPU 的运行效率。模块化编程易于分工合作，调试方便。

3）结构化编程

结构化编程是指将控制要求中类似或相关的任务归类，在功能或功能块中编程，形成通用的程序。用户可以通过不同的参数调用相同的功能或通过不同的背景数据块调用相同的功能块。

结构化编程中，调用块与被调用块之间有数据交换，需要对数据进行管理。结构化编程具有很高的编程和程序调试效率；程序结构层次清晰，标准化程度高；适用于比较复杂、规模较大的控制工程的程序设计。

2. S7-1200 PLC 所包含的块

采用块结构，能够显著提高 PLC 程序的组织透明性、可理解性和易维护性。S7-1200 PLC 的块包括组织块(OB)、数据块(DB)、功能(FC)和功能块(FB)。使用这些块可以创建有效的用户程序结构。

S7-1200 PLC 的组织块

1) 组织块(OB)

组织块(Organization Block，OB)是操作系统和用户程序之间的接口，由操作系统调用，其程序由用户编写，用于实现 PLC 循环扫描控制、中断程序的执行、PLC 的启动、错误处理等功能。

组织块分为程序循环 OB、启动 OB、循环中断 OB、硬件中断 OB 等多种类型，每个组织块必须有唯一的编号。例如，需要连续执行的程序应放在程序循环 OB1 中，因此 OB1 也称为主程序。CPU 在 RUN 模式时循环执行 OB1，在 OB1 中可以调用 FC 和 FB。如果用户程序生成了其他程序循环 OB，CPU 按编号的顺序执行它们，首先执行主程序 OB1，然后执行编号大于或等于 123 的程序循环 OB。一般用户程序只需要一个程序循环 OB。

2) 功能(FC)

功能(Function，FC)通常用于对一组输入值执行特定运算，是用户程序的子程序。FC 相当于函数，在程序中的不同位置可以多次调用同一个 FC，简化重复执行的任务。FC 具有与调用它的块共享的输入、输出参数，但不具有背景数据块，没有固定的存储区。当 FC 执行结束后，其临时变量中的数据就会丢失。因此，可以使用全局数据块或 M 存储区来存储 FC 执行结束后需要保存的数据。FC 的创建步骤如下：

S7-1200 的功能(FC)和功能块(FB)

(1) 依次点击"PLC_1"→"程序块"→"添加新块"，在添加新块对话框中，点击 FC 选项，块名称为"功能一"，语言选择 LAD，块编号自动编排为 1(可手动修改)，如图 4-15 所示。

(2) 进入"功能一[FC1]"编程页面，点击"块接口"的向下箭头，展开 FC1 的块接口区域，接口参数如图 4-16 所示，各参数含义说明如表 4-3 所示。

图 4-15　添加 FC

图 4-16　FC 接口参数

表 4-3　FC 块接口参数说明

接口参数	说　　明
Input(输入)	由调用它的块提供的输入数据，该端口只能读、不能写
Output(输出)	块程序执行的结果返回给调用块，该端口只能写、不能读
InOut(输入/输出)	初值由调用它的块提供，块程序执行的结果返回给调用块，该端口既能读又能写
Temp(临时数据)	暂时保存在局部数据堆栈中的数据，只有在执行块时使用临时数据，执行完以后数据不保存，可能被覆盖。该端口先赋值后使用
Constant(常数)	在声明时指定值，程序中不能修改其值
Return(返回值)	程序的返回值，属于输出参数

3) 功能块(FB)

功能块(Function Block，FB)是用户程序的子程序，是一种使用参数进行调用的程序块。FB 具有专用的存储区，每次调用 FB 时都会为其分配一个独立的背景数据块。当 FB 执行结束后，保存在背景数据块中的数据不会丢失，而且可以供其他代码块使用。在多次调用同一个 FB 时，如果使用包含特定操作参数的不同背景数据块，则可以控制不同的设备。

FB 的创建步骤如下：

(1) 依次点击"PLC_1"→"程序块"→"添加新块"，在添加新块对话框中，点击 FB 选项，块名称为"功能块"，语言选择 LAD，块编号自动编排为 1，如图 4-17 所示。

(2) 进入"功能块[FB1]"编程页面，点击"块接口"的向下箭头，展开 FB1 的块接口区域，接口参数如图 4-18 所示。与 FC 接口参数相比，FB 接口参数多了 Static(静态变量)，而没有 Return。Static 不会生成外部接口，在 DB 中有一个绝对的唯一地址，用于保存运算中的中间变量。这些中间变量可读可写，没有先后之分。

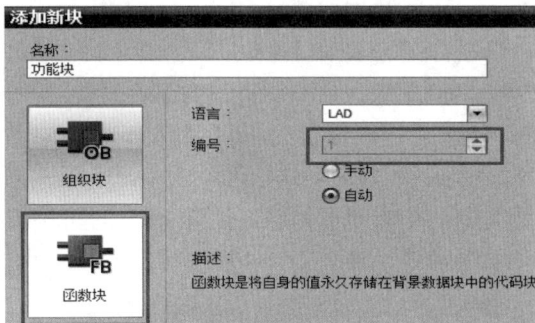

图 4-17　添加 FB

图 4-18　FB 接口参数

FB 和 FC 的区别如表 4-4 所示。

表 4-4　FB 和 FC 的区别

功能块(FB)	功能(FC)
调用时必须生成一个背景数据块去存放运算数据	调用时不需要生成背景数据块
相当于一个独立的单元，只用给出启动命令就可以执行块中的程序并输出结果	相当于一个计算公式，即每一个数据都需要外部输入或输出，给定输入参数运算后直接输出结果，数据存储在外部接口变量中

4) 数据块(DB)

前面任务中已经介绍过数据块，此处不再重述。这里简要介绍多重背景数据块。

当程序多次调用 FB 时，会生成大量的背景数据块"碎片"，影响程序的执行效率。多重背景数据块的使用，可以让若干个 FB 共用一个背景数据块，这样可以减少数据块的个数，提高程序的执行效率。图 4-19 所示为某个多重背景数据块示意图，其编程思路是创建一个比 FB1、FB2 级别更高的 FB20，来调用作为"局部背景"的 FB1 和 FB2。对于 FB1、FB2 的每一次调用，都将数据存储在 FB20 的背景数据块 DB10 中。这样就不需要为 FB1、FB2 分配任何背景数据块。如果不使用多重背景数据块，则需要两个背景数据块，而使用多重背景数据块只需要 1 个背景数据块，有效地减少了数据块的数量。

1200 FB 多重背景数据块的生成与调用

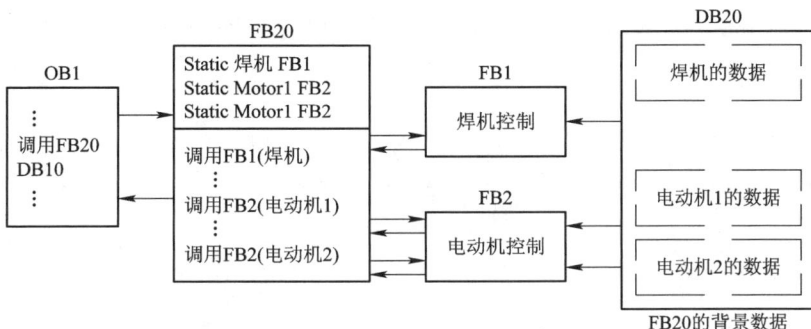

图 4-19　某个多重背景数据块示意图

多重背景数据块的特点：

(1) 多重背景数据块的设计可将各个 FB 背景数据都压缩在一个背景数据块中，用户能够更有效地利用数据块的资源；

(2) 设置多重背景数据块的作用就是减少程序中数据块的数量，以便简化程序的结构，提高 PLC 的运行效率，方便程序的调试；

(3) 多重背景数据块使得"面向对象的编程风格"成为可能，这个过程就是对象的实例化。

四、任务实施

1. 程序设计

本任务使用子程序编程更加方便，逻辑结构更清晰，因此在不考虑南北、东西方向输出的情况下需要实现的逻辑功能是一样的，此时仅需要让定时器自动复位即可实现程序循环运行。

1) 子程序 FC1 设计

添加 FC1 块，命名为"红绿灯子程序"。FC1 接口参数如图 4-20 所示，FC1 程序设计如图 4-21 所示。

"#定时器.ET"是程序段 1 中定时器的当前定时时间引脚，即当使能接通后，定时器的定时时间在 0～20 s 内，当前方向红灯接通；另一方向，0～15 s 期间绿灯接通，15～18 s 内黄灯接通，18～20 s 内黄灯以 2 Hz 频率接通。

程序段1：启动块后开始计时。

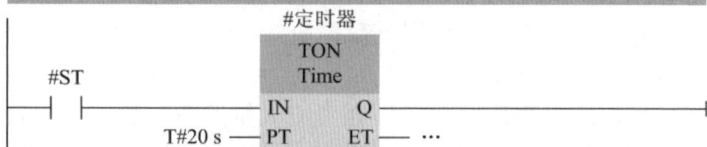

程序段2：运算程序及输出。

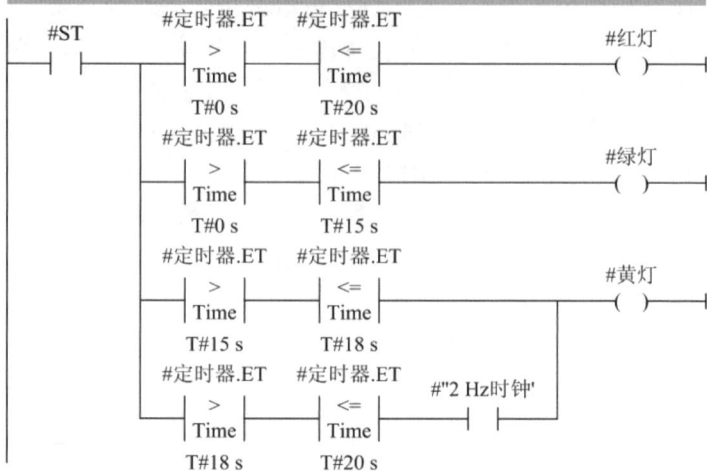

图 4-20 FC1 接口参数

图 4-21 FC1 程序

2) 主程序 OB1 设计

在编写子程序 FC1 时，在 InOut 中定义了定时器，因为在主程序中调用 FC1 时需要外部给定变量，所以需要新建定时器专用数据块存储定时器的运算数据。由于程序需要调用两次 FC1 子程序，所以需要添加两个定时器专用数据块，类型均选择 IEC_TIMER，名称分别为 T2 和 T3，如图 4-22 所示。主程序 OB1 如图 4-23 所示。

图 4-22 添加定时器专用数据块

程序段1：启保停。

程序段2：定时器循环计时。

程序段3：东西方向绿灯亮、黄灯亮，南北方向红灯亮。

程序段4：南北方向绿灯亮、黄灯亮，东西方向红灯亮。

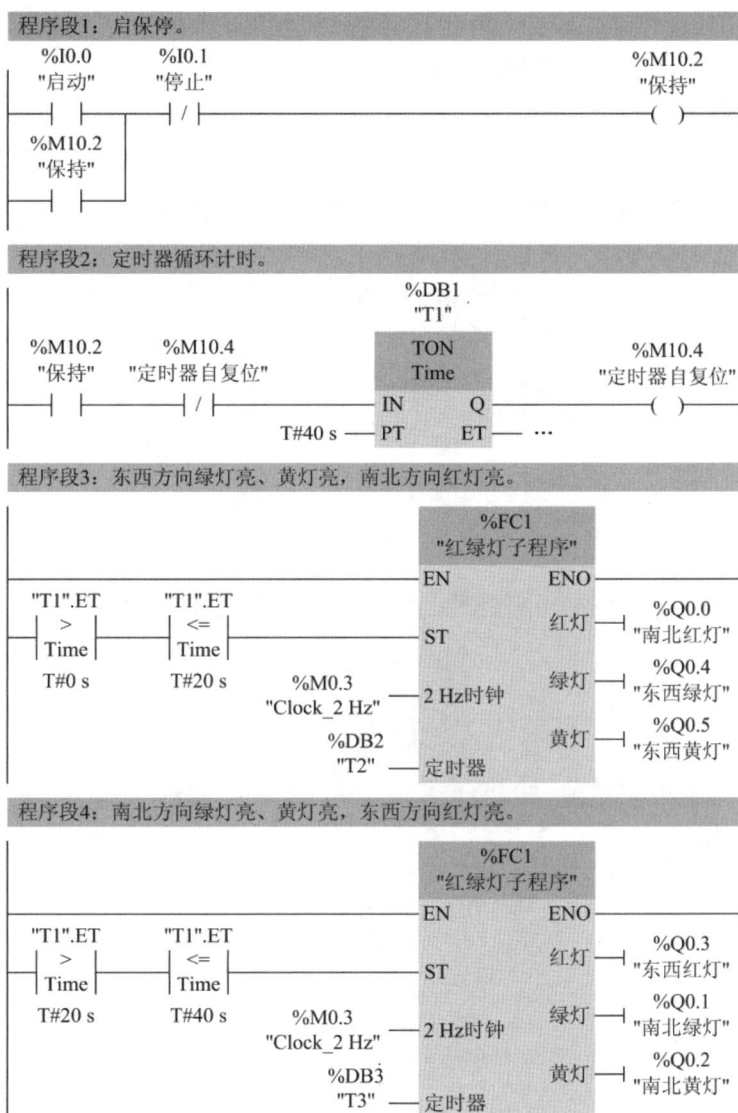

图 4-23 OB1 程序

2. 调试程序

将编好的程序下载到 CPU 上，并连接好线路，进行仿真或者在线调试。

五、检查评价

本任务的重点是熟悉 PLC 程序中块的类别、作用及选用原则，并能将 FC 和 FB 调用方法应用于十字路口交通灯控制系统。

考核评价表

六、知识拓展

1. 任务要求及分析

本任务控制要求不变，但这里要求使用 FB 编写程序实现该功能。FB 和 FC 最大的区别是，FB 在调用时会自动生成一个背景数据块，利用背景数据块就可以把定时器数据放在 FB 中，因此就不需要添加定时器专用数据块了。

2. 编写程序

1) 子程序 FB1 设计

添加 FB1 块，命名为"红绿灯子程序"。FB1 接口参数如图 4-24 所示，FB1 程序设计如图 4-25 所示。

		名称	数据类型
1	▼	Input	
2	■	ST	Bool
3	■	2Hz时钟	Bool
4	▼	Output	
5	■	红灯	Bool
6	■	绿灯	Bool
7	■	黄灯	Bool

图 4-24　FB1 接口参数

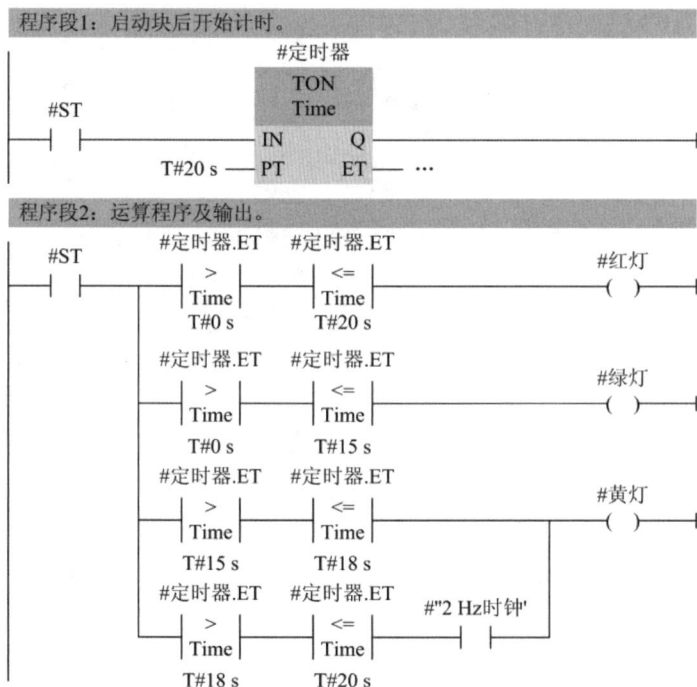

图 4-25　FB1 程序

"#定时器.ET"是程序段 1 中定时器的当前定时时间引脚，即当使能接通后，定时器的定时时间在 0～20 s 内，当前方向红灯接通；另一方向，0～15 s 内绿灯接通，15～18 s 内黄灯接通，18～20 s 内黄灯以 2 Hz 频率接通。

2) 主程序 OB1 设计

主程序设计共包括 4 个程序段，共调用两次 FB1 块，自动生成两个背景数据块，用于存储在运行过程中的运算数据，所以在使用 FB 块时无须新建定时器的专用数据块。主程序 OB1 如图 4-26 所示。

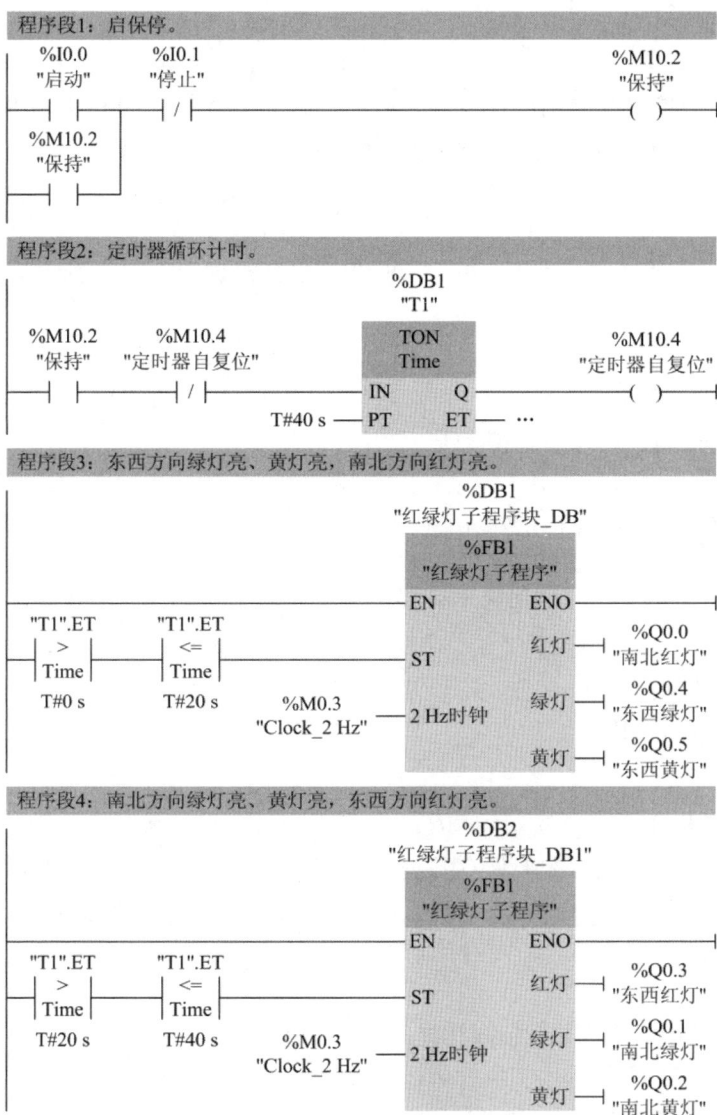

图 4-26　OB1 程序

ST 是 FB1 块中的使能端，用定时器 T1 的当前运行时间来控制 FB1 块中的程序是否运行，当 T1 当前计时时间在 0～20 s 以内时执行此次调用。当使能端接通后，块中的定时器开始计时，块中定时器的定时数据调用的是当前背景数据块中的数据，在计时器计时期间南北方向红灯亮 20 s，同时东西方向绿灯亮 15 s，15 s 后东西方向黄灯亮 3 s，之后以 2 Hz 频率闪烁 2 s。块在执行运算完成后把执行结果给到输出引脚，由输出引脚再给到实际的 Q 点实现控制功能。

七、研讨测评

(一) 选择题

1. FB 接口参数中的哪一项内容不保存到背景 DB 中？(　　)

A. Input   B. Output

C. Static   D. Temp

2. 用户程序提供一些通用的指令块，以便控制一类或相同的部件，通用指令块提供的参数说明各部件的控制差异。这种编程方法称为(   )。

    A. 线性化编程   B. 分布式编程

    C. 模块化编程   D. 结构化编程

3. 若在组织块 OB1 中需调用 FB1，在 FB1 中又需调用 FC1，则它们的编程先后顺序为(   )。

    A. OB1，FB1，FC1   B. FC1，FB1，0B1

    C. OB1，FC1，FB1   D. FB1，FC1，0B1

4. 如果没有中断，CPU 循环执行(   )。

    A. OB1   B. OB100   C. OB82   D. OB35

5. 生成程序时，自动生成的块是(   )。

    A. OB100   B. OB1   C. FC1   D. FB1

6. CPU 检测到错误时，如果没有相应的错误处理 OB，CPU 将进入(   )模式。

    A. 停止   B. 运行   C. 报警   D. 中断

7. CPU 可以同时打开(   )个共享数据块和(   )个背景数据块。

    A. 1，0 或 0，1   B. 1，1   C. 1，多个   D. 多个，1

(二) 判断题

1. 利用 JMP 指令，可以从组织块(OB)转到功能(FC)或功能块(FB)中。(   )

2. 如果代码块执行完后需要保存数据，则应该使用 FB，而不是 FC。(   )

3. 功能(FC)没有背景数据块，不能给 FC 的局部变量分配初始值。(   )

4. 如果调用功能块(FB)时，没有给形参赋以实参，功能块就调用背景数据块中形参的数值。(   )

5. 一个 CPU 事件可以中断相同优先级事件 OB 的执行。(   )

6. OB10 经 OB1 调用后才能执行。(   )

7. OB1 也称为主程序。(   )

(三) 简答题

1. 请叙述 FC 和 FB 的作用与区别。

2. 请叙述全局数据块和背景数据块的作用和区别。

(四) 编程题

使用 FC 或 FB 实现 3 台交流电机顺序启动，控制要求如下：

(1) 3 台电机都要求采用星形-三角形降压启动，其中电动机的星形启动时间为 5 s，电动机的星形连接向三角形连接过渡时间为 1 s；

(2) 按下启动按钮，3 台电机顺序启动，即 M1 启动，5 s 后 M2 启动，再等 5 s 后 M3 启动；

(3) 按下停止按钮，3 台电机顺序停止，即 M3 停止，2 s 后 M2 停止，再等 2 s 后 M1 停止。

任务 17　基于 PLC 的电动机正反转循环运行控制系统

一、任务描述

本任务是使用 S7-1200 PLC 实现电动机正反转循环运行控制。控制要求：按下启动按钮，电动机正转运行 2 h 后，再反转运行 1 h，如此循环运行；按下停止按钮，电动机停止运行。本任务要求使用循环中断组织块实现计时功能。

二、学习目标

知识目标

1. 理解中断的概念和事件的处理顺序。
2. 掌握中断的类型及其功能。

技能目标

1. 掌握中断组织块的创建和组态方法。
2. 能使用中断组织块或中断指令编写中断程序。

思政目标

增强责任心、提高工匠意识。

三、相关知识

1. 中断功能

中断是指在 PLC 正常执行某一程序的过程中，某一时刻发生了内部/外部事件或由程序预先安排的事件，导致 CPU 中断了正在执行的程序，而转去执行该事件对应的中断程序，当执行完中断程序后，返回到被中断的程序的断点处继续执行原来的程序。中断功能就是用中断程序及时地处理中断事件。

中断程序是用户编写的，但不是由用户程序调用的，而是在中断事件发生时由操作系统调用的。因此，中断程序应该放在由中断事件驱动的组织块(OB)中编写。

1) 事件与组织块

事件是 S7-1200 PLC 操作系统的基础，分为能够启动 OB 和无法启动 OB 两种类型的事件。能够启动 OB 的事件，会调用已经分配给该事件的 OB，或按照事件的优先级将其输入队列，如果没有为该事件分配 OB，则会触发默认系统响应。无法启动 OB 的事件会触发

相关事件类别的默认事件响应。

2) 事件执行的优先级与中断队列

每个事件都有它的优先级，不同优先级的事件分为 3 个优先级组。优先级的编号越大，优先级越高。CPU 一般按事件优先级的高低来处理，先处理高优先级的事件；优先级相同的事件按"先来先服务"的原则处理。更高优先级组的事件可以中断正在执行的 OB。相同或较低优先级组的事件无法中断正在执行的 OB，而是根据该事件的优先级添加到对应的中断队列排队等待。等当前的 OB 处理完后，再处理排队的事件。表 4-5 所示为能够启动 OB 的事件编号和优先级情况。

表 4-5　能够启动 OB 的事件

事件类型	OB 编号	OB 个数	启 动 事 件	OB 优先级	优先级组
程序循环	1 或 ≥123	≥1	启动或结束上一个循环 OB	1	1
启动	100 或 ≥123	≥0	STOP 到 RUN 的切换	1	2
延时中断	20～23 或 ≥123	延时中断 + 循环中断数量 ≤4	延时时间到	3	2
循环中断	30～38 或 ≥123		固定的循环时间到	8	2
硬件中断	40～47 或 ≥123	≤50	上升沿(≤16 个)；下降沿(≤16 个)	5	2
			HSC：计数值 = 参考值(≤6 个)；HSC：计数方向变化(≤6 个)；HSC：外部复位(≤6 个)	6	2
诊断错误中断	82	0 或 1	模块检测到错误	9	2
时间错误中断	80	0 或 1	超出最大循环时间，调用的 OB 正在执行，队列溢出，因中断负载过高而丢失中断	26	3

2. 中断组织块及指令

S7-1200 PLC 提供了多种中断，下面以硬件中断、循环中断、延时中断以及相关指令为例进行介绍。

1) 硬件中断

(1) 硬件中断的功能。

硬件中断(Hardware Interrupt)OB 用于处理需要快速响应的事件。出现硬件中断事件时，要立即中止当前正在执行的程序，改为执行对应的硬件中断 OB。

(2) 硬件中断事件与硬件中断 OB。

用户程序中最多可使用 50 个互相独立的硬件中断 OB。S7-1200 PLC 支持下列硬件中断事件，这些事件在硬件组态时进行定义。

① CPU 某些内置或信号板上的数字量输入产生的上升沿/下降沿事件。

② 高速计数器当前计数值等于预设计数值(CV = PV)。

③ 高速计数器的计数方向发生改变，即计数值由增大变为减小，或由减小变为增大。

④ 高速计数器的数字量外部复位输入的上升沿，将计数值复位为 0。

(3) 添加硬件中断 OB。

在 TIA Portal 软件的项目树中，双击"添加新块"，弹出如图 4-27 所示的对话框。然后点击"组织块"，在列表中选中" Hardware interrupt"，并设置块的名称、语言、编号。硬件中断 OB 的编号为 40～47 或者大于或等于 123。如果该块为第一次添加，则块编号默认为 40。参数设置好后，单击"确定"，OB40 添加完成。

图 4-27　添加硬件中断 OB

(4) 组态硬件中断 OB。

鼠标右击 PLC_1 文件夹，单击"属性"，弹出如图 4-28 所示对话框。在该对话框中单击"常规"选项卡，再选中左边"数字量输入"的通道 0，右边窗口显示该通道地址为 I0.0。接着，勾选"启用上升沿检测"生成硬件中断事件，事件名称默认为"上升沿 0"。

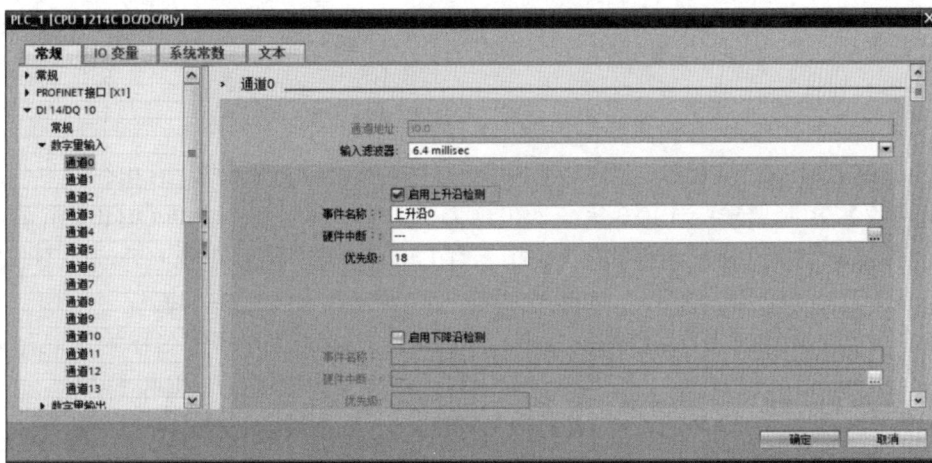

图 4-28　启用上升沿检测

接下来为该事件连接对应的硬件中断 OB。单击图 4-28 中"硬件中断"右边的 ... 按钮，弹出如图 4-29 所示对话框，然后选择并勾选事先已创建的 OB40，完成连接。若对话框中不存在任何硬件中断 OB，可以点击"新增"进行创建。若勾选对话框中的"---"，表示没有 OB 连接到该事件。

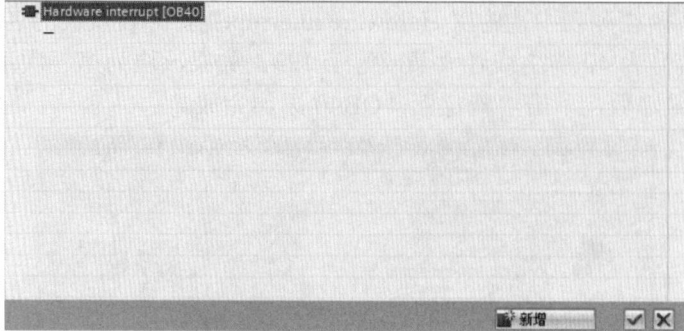

图 4-29　中断事件连接中断 OB

(5) 硬件中断指令。

1 个硬件中断事件通常由 1 个中断 OB 处理，有时根据任务需求可以使用多个中断 OB 分段处理，这时就要用到 ATTACH 指令和 DETACH 指令。

① "将 OB 附加到中断事件"指令 ATTACH。

ATTACH 指令如图 4-30 所示。OB_NR 端口用于指定 OB 的符号或数字名称，EVENT 端口用于指定硬件中断事件。ADD 端口默认为 0，表示该事件将取代先前为该 OB 分配的所有事件。RET_VAL 端口显示指令的状态。

ATTACH 指令执行后，将 EVENT 端口指定的硬件中断事件连接到 OB_NR 端口指定的 OB。当该事件发生时，CPU 将调用该 OB 并执行其程序。

② "将 OB 与中断事件脱离"指令 DETACH。

DETACH 指令如图 4-31 所示。指令执行后，断开 EVENT 端口指定的硬件中断事件与 OB_NR 端口指定的 OB 的连接关系。

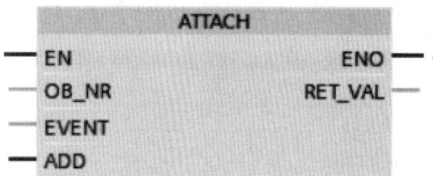

图 4-30　ATTACH 指令

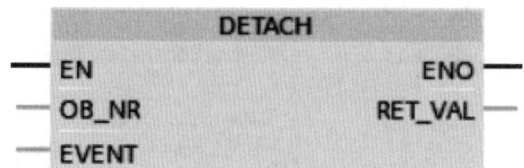

图 4-31　DETACH 指令

【例 4-2】 控制要求：当 I0.0 第一次出现上升沿时，调用硬件中断 OB40，指示灯 Q0.0 点亮；再次出现上升沿时，调用 OB41，指示灯 Q0.0 熄灭。此后随着上升沿的不断出现，OB40 与 OB41 交替调用，指示灯 Q0.0 交替亮灭。请完成设备组态和编程。

分析：根据上述组态方法，启用输入端口 I0.0 的上升沿事件，事件名称为"上升沿 0"，并连接到 OB40，即当 I0.0 第一次出现上升沿时，CPU 调用并执行 OB40 程序。

OB40 程序如图 4-32 所示，它实现两个功能：一是利用 DETACH 指令断开该事件与 OB40 的连接，再利用 ATTACH 指令将该事件连接到 OB41，即当 I0.0 下一次出现上升沿时，调用并执行 OB41；二是置位 Q0.0。

▼程序段1: "上升沿0"事件先与OB40断开，再与OB41连接。

注释

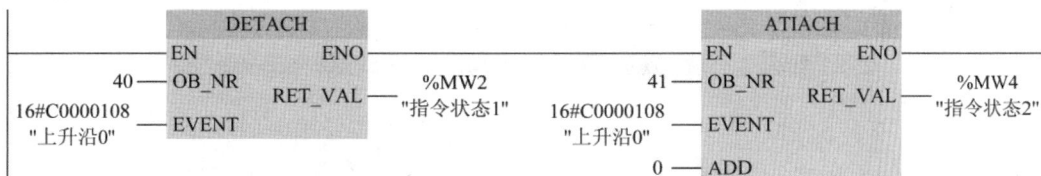

▼程序段2: 置位Q0.0。

注释

图 4-32　OB40 程序

在 DETACH 指令的 OB_NR 端直接输入 40; 双击 EVENT 左边的红色问号，单击出现的 ▣ 按钮，在下拉列表中选择"上升沿 0"。在 ATTACH 指令的 OB_NR 端输入 41; 在 EVENT 端选择"上升沿 0"; 在 ADD 端输入 0。在程序段 2 使用置位指令，置位 Q0.0。

OB41 程序如图 4-33 所示，它实现两个功能：一是利用 DETACH 指令断开该事件与 OB41 的连接，再利用 ATTACH 指令将该事件连接到 OB40，即当 I0.0 下一次出现上升沿时，调用并执行 OB40 程序; 二是复位 Q0.0。

▼程序段1: "上升沿0"事件先与OB41断开，再与OB40连接。

注释

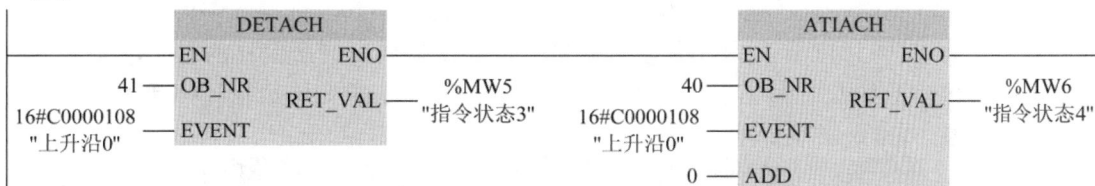

▼程序段2: 置位Q0.0。

注释

图 4-33　OB41 程序

2) 循环中断

(1) 循环中断的功能。

循环中断(Cyclic Interrupt)OB 以设定的循环时间(1～60 000 ms)周期性地执行，与程序循环 OB 的执行无关。循环中断 OB 有数量限制，其与延时中断 OB 的个数之和最多为 4。循环中断 OB 常用于 PID 运算时定时采集模拟量数据。

(2) 添加循环中断 OB。

如图 4-34 所示，在"添加新块"对话框列表中选择"Cyclic interrupt"，然后对块的名称、语言、编号、循环时间进行设置。循环中断 OB 的编号应为 30～38，或者大于或等于

123。这里循环中断 OB 的编号设为 30。循环时间(即循环中断的时间间隔)是基本时钟周期 1 ms 的整数倍,范围为 1～60 000 ms,默认值为 100 ms,即系统每隔 100 ms,会执行一次 OB30。参数设置好后,单击"确定"按钮,OB30 添加完成。

图 4-34　添加循环中断 OB

(3) 循环中断 OB 属性设置。

打开 OB30 的属性对话框,如图 4-35 所示,在"循环中断"选项卡中可以修改循环时间和相移。相移(即相位偏移)是指与基本时钟周期相比启动时间所偏移的时间,用于防止循环时间有公倍数的几个循环中断 OB 同时启动,避免了长时间连续执行中断程序。相移数值范围为 0～100 ms,默认值为 0 ms。

图 4-35　循环中断 OB 属性

(4) 循环中断指令。

① "设置循环中断参数"指令 SET_CINT。

SET_CINT 指令符号如图 4-36 所示。通过该指令,用户可以在 PLC 运行期间重新设置 OB_NR 端口指定的 OB 的循环时间和相移。CYCLE 为循环时间设置值,PHASE 为相移设置值。如果不存在该 OB 或者不支持所用的时间间隔,则 RET_VAL 端口中会输出对应的错误报警。如果 CYCLE 数值为"0",表示未调用该 OB。

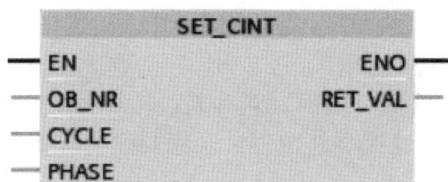

图 4-36 SET_CINT 指令

② "查询循环中断参数"指令 QRY_CINT。

QRY_CINT 指令符号如图 4-37 所示。该指令执行时，可查询 OB_NR 端口指定的 OB 的当前参数。

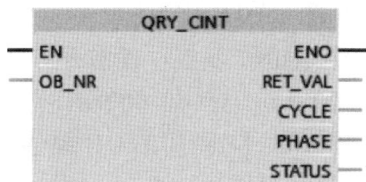

图 4-37 QRY_CINT 指令

【例 4-3】 在 OB1 中编写查询和设置循环中断 OB30 的梯形图程序。组态 OB30 时，循环时间设置为 100 ms。

分析：查询和设置循环中断 OB30 的梯形图如图 4-38 所示。当 M0.0 为 1 时，QRY_CINT 指令先查询 OB30 的状态，其中循环时间查询结果 CYCLE 端口为 100 000 μs(100 ms)。在 PLC 运行过程中，如果需要修改 OB30 循环时间，可让 M0.1 为 1，执行 SET_CINT 指令，则将循环时间设置为 200 000 μs(200 ms)。

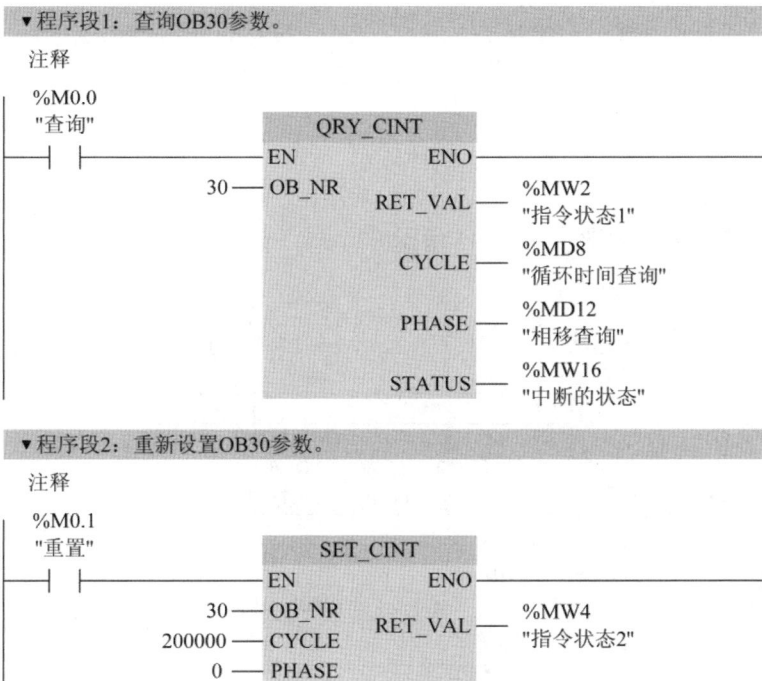

图 4-38 查询和设置 OB30

3) 延时中断

(1) 延时中断的功能。

PLC 普通定时器的工作过程与扫描方式有关，所以定时误差较大。如果需要高精度的延时，应使用延时中断，即在过程事件发生后，需要延时一定的时间再执行延时中断(Time Delay Interrupt)OB。

(2) 添加延时中断 OB。

在"添加新块"对话框中单击"OB"，在列表中选择"Time delay interrupt"，块编号为 20~23，或者大于或等于 123。这里块编号设为 20。单击"确定"，OB20 添加完成。

(3) 延时中断指令。

① "启动延时中断"指令 SRT_DINT。

启动延时中断，必须调用 SRT_DINT 指令。该指令符号如图 4-39 所示，当 EN 使能端接收上升沿时，启动延时过程。DTIME (1~60 000 ms)用于设定延时时间，在指令调用后开始计时；OB_NR 用于指定延时时间到时调用的 OB 编号。

② "取消延时中断"指令 CAN_DINT。

延时中断启用完后，若不再需要使用延时中断，则可使用 CAN_DINT 指令来取消已启动的延时中断 OB。该指令符号如图 4-40 所示，当 EN 端处于接通状态，该指令将取消调用 OB_NR 所指定的 OB，当 SRT_DINT 指令再次执行时该 OB 也不会被调用。

图 4-39   SRT_DINT 指令   图 4-40   CAN_DINT 指令

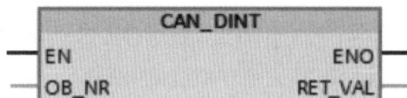

四、任务实施

1. 系统接线图

本任务的控制系统接线图如图 4-41 所示。

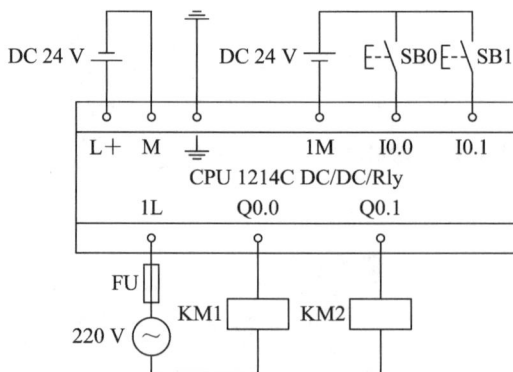

图 4-41   控制系统接线图

2. 程序设计

1) 添加 OB100

在"添加新块"对话框中单击 OB，在列表中选择"Startup"，编程语言选择 LAD，块编号默认为 100，单击"确定"，启动块 OB100 添加完成。

2) OB100 程序

CPU 刚启动时会调用 OB100。如图 4-42 所示，在 OB100 内部实现循环中断次数清零功能。

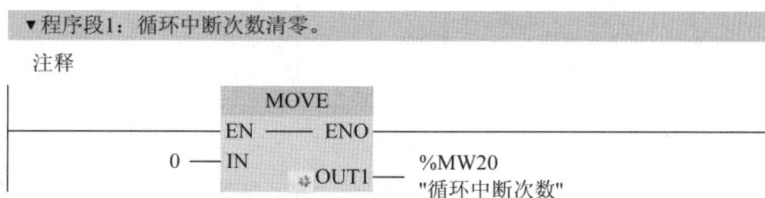

图 4-42　OB100 程序

3) 添加 OB30

添加循环中断 OB30，编程语言选择 LAD，循环时间设置为 60 000 ms(1 min)。

4) OB30 程序

OB30 程序如图 4-43 所示，CPU 每隔 1 min 执行一次 OB30 程序，循环中断次数加 1。当循环中断次数达到 180，即计时时间达到 3 h，代表电动机正、反转循环一个周期结束，需要将循环中断次数清零，为电动机下一次循环运行做准备。

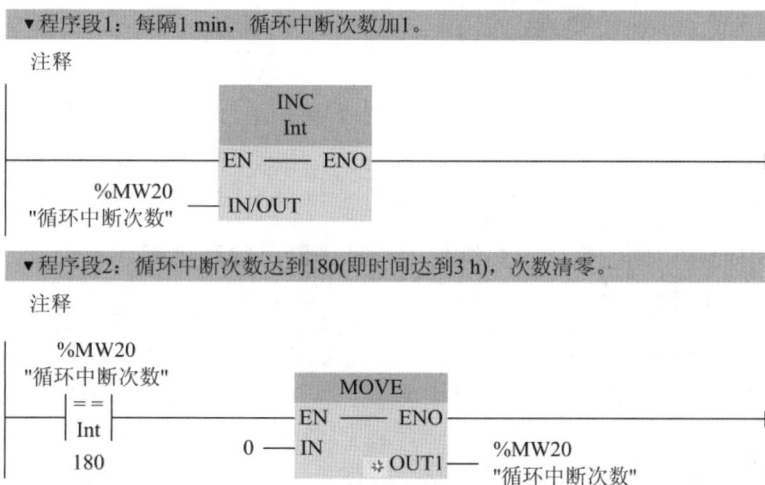

图 4-43　OB30 程序

5) OB1 程序

OB1 程序如图 4-44 所示，按下启动按钮后，当循环中断次数在 0～120 范围内(即时间在 0～2 h)时，电动机正转运行；当循环中断次数在 120～180 范围内(即时间在 2～

3 h)时，电动机反转运行；当某一时刻按下停止按钮时，电动机停止运行，循环中断次数清零。

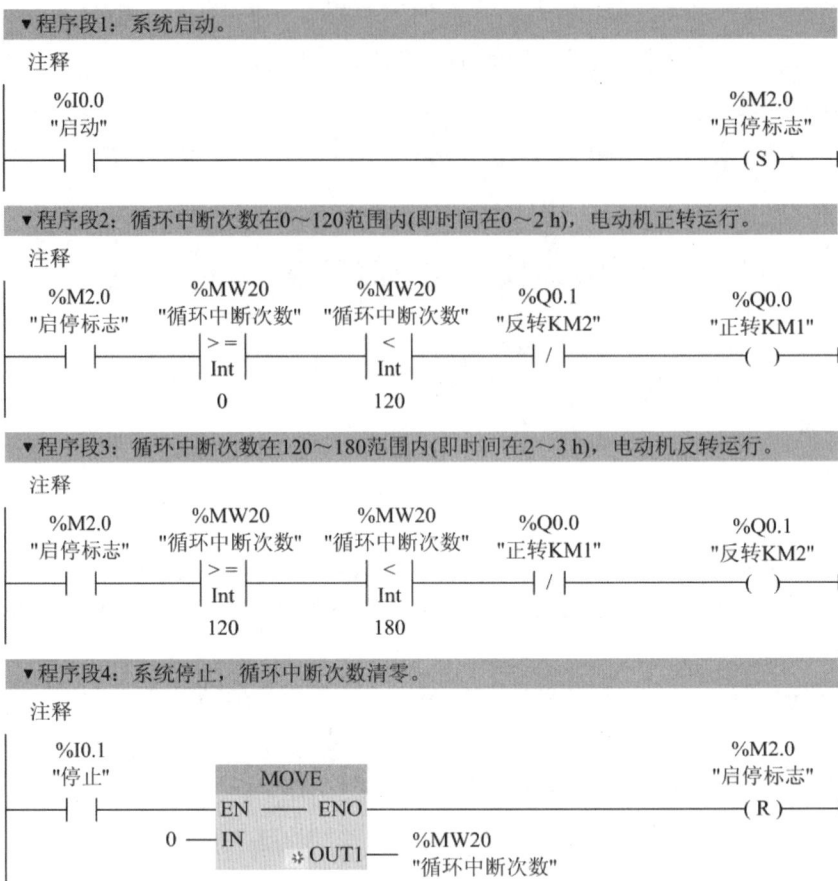

▼程序段1：系统启动。

注释

%I0.0
"启动"

%M2.0
"启停标志"
(S)

▼程序段2：循环中断次数在0～120范围内(即时间在0～2 h)，电动机正转运行。

注释

%M2.0
"启停标志"

%MW20
"循环中断次数"
>=
Int
0

%MW20
"循环中断次数"
<
Int
120

%Q0.1
"反转KM2"
/

%Q0.0
"正转KM1"
( )

▼程序段3：循环中断次数在120～180范围内(即时间在2～3 h)，电动机反转运行。

注释

%M2.0
"启停标志"

%MW20
"循环中断次数"
>=
Int
120

%MW20
"循环中断次数"
<
Int
180

%Q0.0
"正转KM1"
/

%Q0.1
"反转KM2"
( )

▼程序段4：系统停止，循环中断次数清零。

注释

%I0.1
"停止"

MOVE
EN　ENO
0 — IN
⚡ OUT1 — %MW20
"循环中断次数"

%M2.0
"启停标志"
(R)

图 4-44　OB1 程序

五、检查评价

本任务要求理解中断的概念，熟练使用硬件中断、循环中断、延时中断等功能以及中断指令。

考核评价表

六、知识拓展

1. 任务描述

上述任务中，在 I/O 地址分配、系统接线图均不变的情况下，要求在编程时使用延时中断 OB 实现计时功能，使用硬件中断 OB 实现立即停车。

2. 程序设计

1) OB100 程序

如图 4-45 所示，在 OB100 内部实现延时中断次数清零功能。

▼程序段1: 延时中断次数清零。

注释

```
          MOVE
      EN ─── ENO
   0 ─ IN
          OUT1 ─── %MW20
                   "延时中断次数"
```

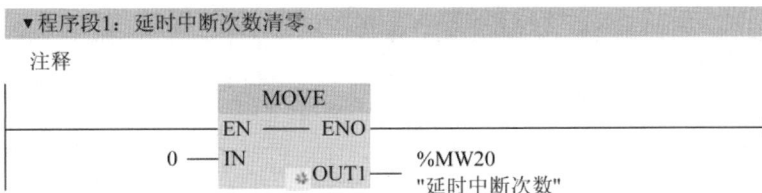

图 4-45　OB100 程序

2) OB20 程序

如图 4-46 所示，延时 1 min 后执行 1 次 OB20，延时中断次数加 1，并重新触发 1 次延时中断。当延时中断次数达到 180，即计时时间达到 3 h 时，代表电动机正、反转循环一个周期结束，需要将延时中断次数清零，为电动机下一次循环运行做准备。

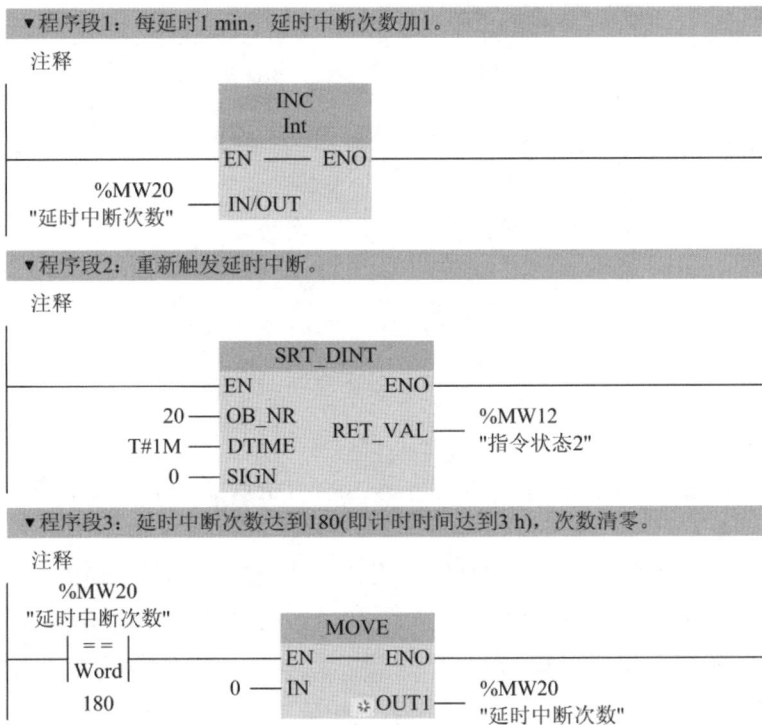

▼程序段1: 每延时1 min，延时中断次数加1。

注释

```
              INC
              Int
          EN ─── ENO
 %MW20 ─ IN/OUT
"延时中断次数"
```

▼程序段2: 重新触发延时中断。

注释

```
            SRT_DINT
       EN ─────── ENO
   20 ─ OB_NR
            RET_VAL ─── %MW12
T#1M ─ DTIME              "指令状态2"
    0 ─ SIGN
```

▼程序段3: 延时中断次数达到180(即计时时间达到3 h)，次数清零。

注释

```
 %MW20
"延时中断次数"
  ==             MOVE
 Word        EN ─── ENO
  180      0 ─ IN
                  OUT1 ─── %MW20
                           "延时中断次数"
```

图 4-46　OB20 程序

3) 添加 OB40 并组态硬件中断

添加 OB40，编程语言选择 LAD。然后在"PLC_1"的"属性"对话框中选择数字量输入通道 1(地址为 I0.1)，勾选"启用上升沿检测"，生成名称为"上升沿 1"的硬件中断事件，并连接到 OB40。

4) OB40 程序

当停止按钮按下时，I0.1 端口出现上升沿，则调用并执行 OB40 程序。如图 4-47 所示，在 OB40 中完成启停标志复位，正转、反转复位，取消延时中断，延时中断次数清零的功能。

▼程序段1: 启停标志位置位，电动机停止运行。

注释

%M2.0
"启停标志"
——(R)——

%Q0.0
"正转KM1"
——(R)——

%Q0.1
"反转KM2"
——(R)——

▼程序段2: 取消延时中断功能。

注释

CAN_DINT
EN　　　　ENO
20 — OB_NR
RET_VAL — %MW14
"指令状态3"

▼程序段3: 延时中断次数清零。

注释

MOVE
EN —— ENO
0 — IN
　　↳ OUT1 — %MW20
"延时中断次数"

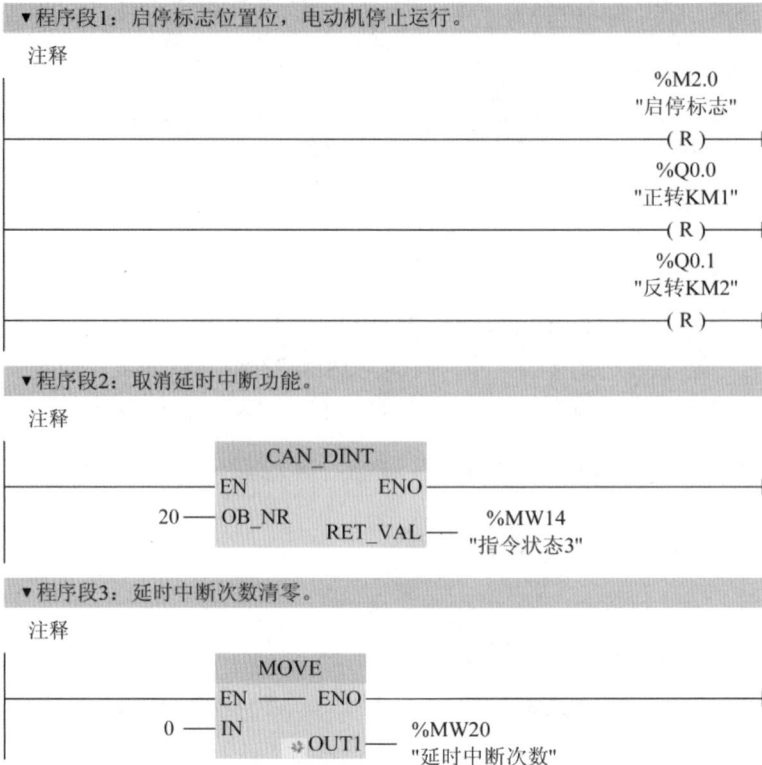

图 4-47　OB40 程序

5) OB1 程序

OB1 程序如图 4-48 所示。

程序段 1～2：系统启动后，执行延时指令 SRT_DINT，启用延时中断功能，延时时间为 1 min。

程序段 3～4：当延时中断次数在 0～120 范围内(即时间在 0～2 h)时，电动机正转运行；当延时中断次数在 120～180 范围内(即时间在 2～3 h)时，电动机反转运行。

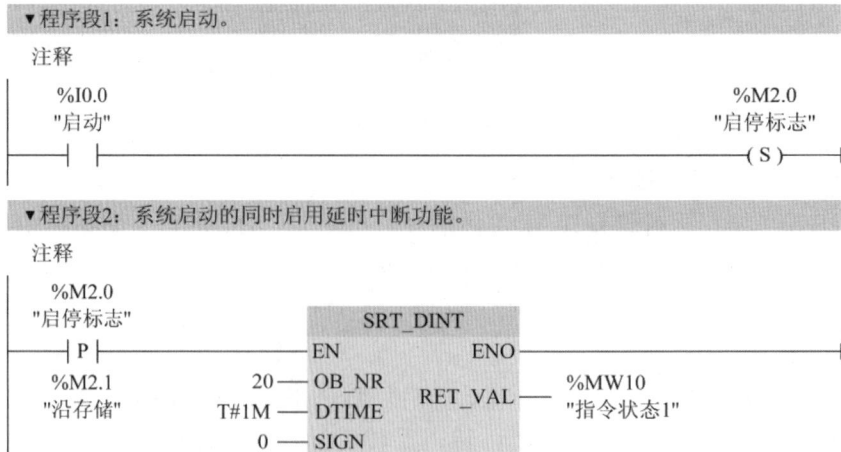

▼程序段1: 系统启动。

注释

%I0.0
"启动"
——| |——

%M2.0
"启停标志"
——(S)——

▼程序段2: 系统启动的同时启用延时中断功能。

注释

%M2.0
"启停标志"
——| P |——

%M2.1
"沿存储"

SRT_DINT
EN　　　　ENO
20 — OB_NR
T#1M — DTIME
0 — SIGN
RET_VAL — %MW10
"指令状态1"

▼程序段3：延时中断次数在0～120范围内(即时间在0～2 h)，电动机正转运行。

注释

```
  %M2.0        %MW20        %MW20        %Q0.1        %Q0.0
 "启停标志"   "延时中断次数" "延时中断次数"  "反转KM2"     "正转KM1"
  ─┤ ├──────────┤>=├──────────┤<├──────────┤/├──────────( )─
              │ Int │      │ Int │
                0            120
```

▼程序段4：延时中断次数在120～180范围内(即时间在2～3 h)，电动机反转运行。

注释

```
  %M2.0        %MW20        %MW20        %Q0.0        %Q0.1
 "启停标志"   "延时中断次数" "延时中断次数"  "正转KM1"     "反转KM2"
  ─┤ ├──────────┤>=├──────────┤<├──────────┤/├──────────( )─
              │ Int │      │ Int │
               120           180
```

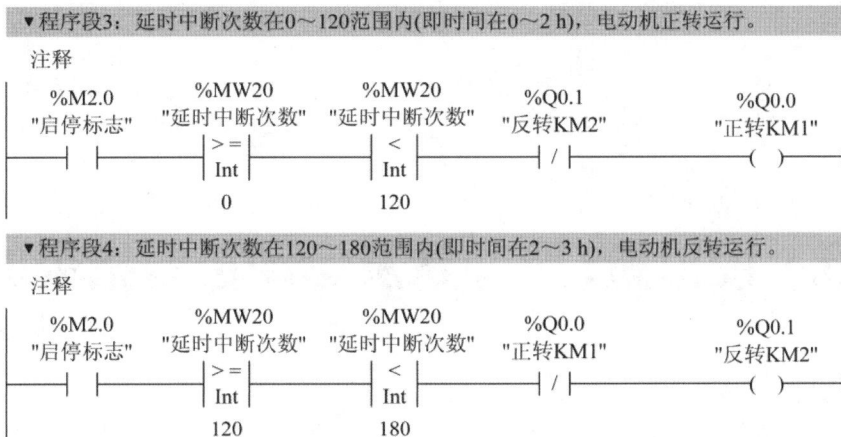

图 4-48　OB1 程序

七、研讨测评

(一) 填空题

1. 在用户程序中最多可使用_____个互相独立的硬件中断 OB。

2. 循环中断 OB 有数量限制，其与延时中断 OB 的个数之和最多为_____。

3. 在中断事件发生时，中断程序由_____调用。

4. 循环中断 OB 的循环时间是_____的整数倍，范围为 60 000 ms。

(二) 判断题

1. 如果一个中断事件发生，在该中断 OB 执行期间，同一个中断事件再次发生，则新发生的中断事件丢失。(　　)

2. 一个硬件中断事件只允许对应一个硬件中断 OB，而一个硬件中断 OB 可以分配给多个硬件中断事件。(　　)

3. 在 CPU 运行期间，不可以对中断事件进行重新分配。(　　)

4. 循环中断 OB 以设定的循环时间周期性地执行，因此与程序循环 OB 的执行有关。(　　)

(三) 简答题

1. 简述 PLC 的中断功能。

2. 请列出 S7-1200 PLC 支持的硬件中断事件。

(四) 编程题

1. 编写程序，按下启动按钮 SB1，启动时间中断，当指定的日期和时间到达后指示灯 HL1 点亮；当按下停止按钮 SB2，取消时间中断，HL1 熄灭。

2. 应用 ATTACH 指令和 DETACH 指令，在 I0.0 出现上升沿事件时，交替调用硬件中断 OB40 和 OB41，并分别进行 Q0.0 的置位和复位。

项目五 模拟量、脉冲量及运动控制指令的应用

在工业控制领域，常需要对现场的温度、压力、液位、速度等连续变化的物理量或高频脉冲信号进行采集或控制。本项目共设 4 个任务，主要目标是让学生理解标准化与缩放指令、PID 指令、高速计数器指令、运动控制指令的原理，掌握模拟量模块、HMI 画面、高速计数器、脉冲发生器、轴工艺对象的组态方法，以及 PLC 与 HMI 通信连接、PLC 与编码器、PLC 与步进驱动器的硬件接线。

任务 18 基于 PLC 的多种液体混合配比控制系统

一、任务描述

在制备所用药品时，常将多种液体混合并搅拌均匀后，再投入使用。现有液体 A 和液体 B，请采用 S7-1200 PLC 按照固定比例将两种液体投入加药罐进行搅拌和排放。

控制要求：按下启动按钮，先启动进料泵 1 以投入液体 A，当投入式液位传感器检测到罐内液位达到 30 cm 时关闭进料泵 1，同时启动进料泵 2 以投入液体 B；当液位达到 70 cm 时，关闭进料泵 2，并启动搅拌器；搅拌 10 s 后，关闭搅拌器，并打开出料泵进行液体排放；当液位下降到 0 cm，关闭出料泵，结束本次混合。之后又开始投入液体 A，如此循环下去。任何时刻按下停止按钮，系统不会立即停止，而是等待本次液体混合结束后才停止工作。

二、学习目标

知识目标

1. 理解模拟量的基础知识。
2. 理解 NORM_X 和 SCALE_X 指令的工作原理和作用。

技能目标

1. 能选择合适的模拟量模块，并进行正确组态。

2. 能使用 NORM_X 和 SCALE_X 指令实现模拟量与数字量的转换。

思政目标

1. 学习模拟量、数字量的区别与联系，提高对比分析能力，开拓多元思维。
2. 学习 NORM_X 指令的标准化思想，懂得采用标准，提高工作效率。

三、相关知识

1. 模拟量

模拟量区别于数字量，是指在时间或数值上均是连续变化的物理量，例如温度、压力、流量、液位等。工业控制中，需要对输入的某些

模拟量应用概述

模拟量进行测量，也需要输出一些模拟量对执行机构进行控制，因此要求 PLC 有处理模拟量的能力。但 PLC 内部执行的均是数字量，所以模拟量处理需要经历两个过程：一个是将模拟量转换为数字量(A/D 转换)，另一个是将数字量转换为模拟量(D/A 转换)。

2. 模拟量模块

S7-1200 PLC 模拟量模块是以标准模块方式实现的，包括模拟量输入模块 SM1231、模拟量输出模块 SM1232、模拟量输入/输出模块 SM1234。

1) 模拟量输入模块

工业现场的传感器将被控物理量转换为非标准电信号，再送入转换器转换为标准电信号(如 DC 0～20 mA、DC 0～10 V 等)。模拟量输入模块(主要部件为 A/D 转换器)的作用是将标准电信号转换为 PLC 内部处理用的数字量信号，并以整数格式存放在 I 寄存器的字地址(如 IW96)中。该模块可选择的输入信号类型有电压型、电流型、热电阻型和热电偶型等。对于电压型和电流型，主要有 4 路 13 位或 16 位、8 路 16 位模拟量输入，电压有 ±5 V、±10 V，电流有 0～20 mA、4～20 mA 等多种量程。双极性的模拟量满量程转换后对应的数字量为 −27 648～ +27 648，单极性的模拟量满量程转换后对应的数字量为 0～ +27 648。对于热电阻型和热电偶型，均具有 4 路、8 路输入，分辨率为 0.1℃或 0.1℉。

2) 模拟量输出模块

模拟量输出模块(主要部件为 D/A 转换器)的作用是将存储在 Q 寄存器字地址(如 QW96)中的数字量转换为模拟量(标准电信号)并输出，从而控制模拟量负载。该模块具有 2 路 14 位、4 路 14 位模拟量输出。该模块可以输出 −10～ +10 V 的电压，对应的数字量满量程为 −27 648～ +27 648，最小负载阻抗应为 1000 Ω；也可以输出 0～20 mA 的电流，对应的数字量满量程为 0～ +27 648，最大负载阻抗应为 600 Ω。

3) 模拟量输入/输出模块

模拟量输入/输出模块具有 4 路 13 位模拟量输入和 2 路 14 位模拟量输出，在性能指标上相当于是 4 路 13 位的模拟量输入模块(SM1231 AI 4 × 13 BIT)和 2 路 14 位的模拟量输出模块(SM1232 AQ 2 × 14 BIT)的组合。

除了上述可扩展的模拟量模块，S7-1200 PLC 的 CPU 本体集成了两个模拟量输入通道，而且 CPU 1215C 和 CPU 1217C 还集成了两个模拟量输出通道。另外，当控制系统所需模拟

量信号较少时，可以使用信号板中的模拟量通道，这样可以减少扩展模块占用的设备空间。

3. 模拟量模块的地址分配

模拟量模块以通道为单位，1 个通道占 1 个字的地址，因此模拟量输入地址、输出地址的标识符分别是 IW、QW。

一个模拟量模块最多有 8 个通道，从 96 号字节开始，S7-1200 PLC 给每一个模拟量模块分配了 8 个字(16 个字节)的地址。N 号槽的模拟量模块的起始地址为$(N-2) \times 16 + 96$，其中 $N \geqslant 2$。采用 TIA Portal 软件对模块组态时，系统将会根据模块所在的槽号，按上述原则自动地给模块分配默认地址(I/QW96～I/QW222)。用户也可以通过软件修改系统自动分配的地址。

S7-1200 PLC 的 CPU 模块集成的模拟量输入/输出通道地址分别为 I/QW64、I/QW66。信号板上的模拟量输入/输出通道地址是 I/QW80。

4. 模拟量模块的组态

模拟量输入或输出模块提供多种类型的信号，每种信号又有多种量程可以选择，因此需要对模块信号类型和范围等参数进行设置。但 CPU 本体集成的模拟量通道，其输入信号均为电压(0～10 V)，输出信号均为电流(0～20 mA)，无法对其更改。

下面以模拟量输入/输出模块 SM1234 AI 4 × 13 BIT/AQ 2 × 14 BIT(6ES7 234-4HE32-0XB0)为例介绍模拟量模块的组态步骤。

(1) 在 TIA Portal 软件中依次打开"设备组态"→"设备视图"，将上面 SM1234 模块添加至 2 号槽，然后选中视图中的该模块，最后单击巡视窗口右上方的 ▲ 按钮，进入该模块的属性窗口。

(2) 如图 5-1 所示，依次选中属性窗口中的"常规"→"AI 4/AQ 2"→"模拟量输入"，接着设置积分时间用于降低噪声，并为各个输入通道设置信号的测量类型、范围及滤波级别。测量类型包括电压和电流，如果选择电压，则电压范围包括 ±2.5 V、±5 V、±10 V；如果选择电流，则电流范围包括 0～20 mA 和 4～20 mA。滤波级别分为无、弱、中、强 4 个级别，一般选择"弱"级，以抑制工频信号对模拟量信号的干扰。

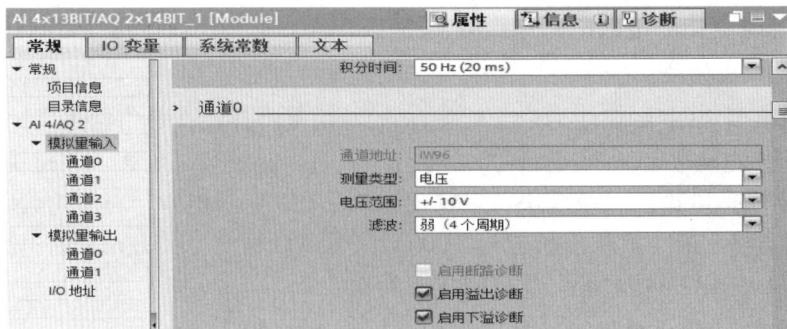

图 5-1   模拟量输入组态

(3) 如图 5-2 所示，依次选中"AI 4/AQ 2"→"模拟量输出"，选择 CPU 进入 STOP 模式后输出通道的响应方式，包括"使用替代值"和"保持上一个值"。如果选择"使用替代值"，则需要设置替代值。模拟量输出信号包括电压(±10 V)和电流(0～20 mA、4～20 mA)。

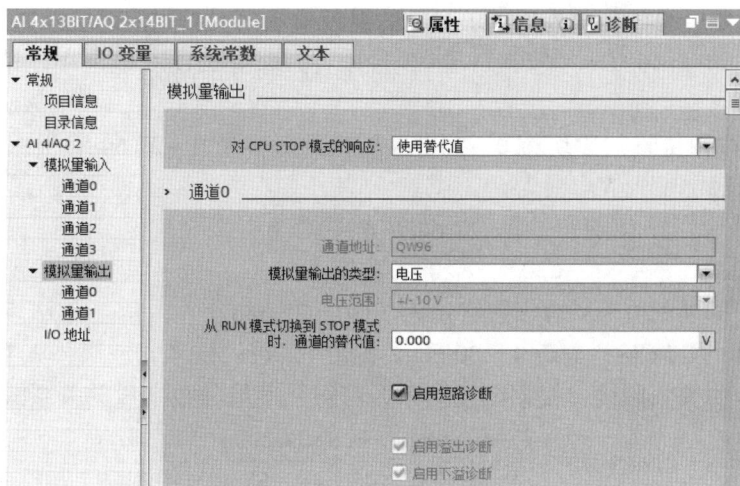

图 5-2　模拟量输出组态

(4) 依次选中"AI 4/AQ 2"→"I/O 地址",显示系统自动为输入通道和输出通道分配的地址范围(可手动修改)。

5. 标准化指令与缩放指令

在 S7-1200 PLC 中,标准化指令 NORM_X 与缩放指令 SCALE_X 通常配合使用以实现模拟量输入和输出的格式转换。标准化指令 NORM_X 将整数输入值 VALUE(MIN≤VALUE≤MAX)线性转换(标准化或称归一化)为 0.0～1.0 之间的浮点数,转化结果输出到 OUT 地址中。缩放指令 SCALE_X 将浮点数输入值 VALUE(0.0≤VALUE≤1.0)线性转换(映射)为在 MIN 下限和 MAX 上限定义的数值范围内的整数,转化结果保存在 OUT 指定的地址中。

NORM_X 与 SCALE_X 指令应用举例如图 5-3 所示。第一行程序 NORM_X 指令将位于 0～20 区间内的常数 4 进行归一化,结果为 0.2。第二行程序 SCALE_X 指令将 0.0～1.0 范围内的浮点数 0.6 线性转换为 20～50 范围内的数,结果为 38。

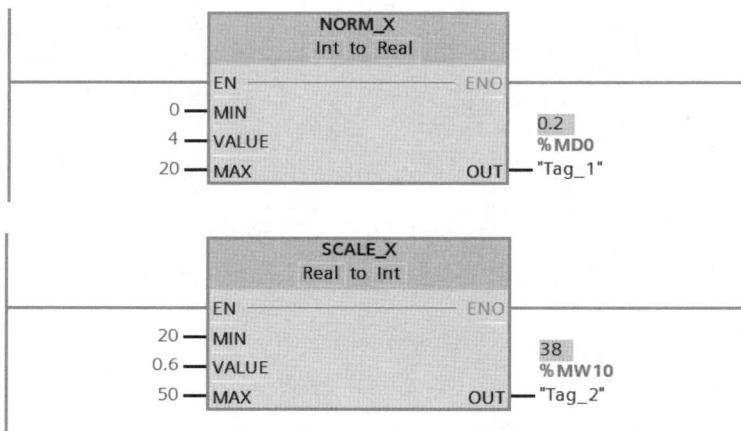

图 5-3　标准化指令与缩放指令应用举例

【例 5-1】　某温度变送器量程为 −200～500℃,其输出信号为 4～20 mA。PLC 的模拟量输入模块将 0～20 mA 的电流信号转换为数字量 0～27 648。

(1) 假设转换后的数字量为 N，求对应的温度值 $T(℃)$ 的计算表达式。

(2) 假设 N 等于 16 589，存于 IW96 地址中，T 存于 MD40 地址中，请编写程序求出 T 值。

分析：(1) 模拟量输入模块将 0～20 mA 转换为数字量 0～27 648，根据线性转换关系，设 4 mA 对应的数字量为 X，则

$$\frac{27\ 648-0}{20-0}=\frac{X-0}{4-0}$$

求得 $X=5530$，即 4～20 mA 对应数字量为 5530～27 648。

数字量 5530～27 648、电流 4～20 mA、温度 −200～500℃，三者一一对应，由此可画出如图 5-4 所示的关系曲线。根据线性关系，可得温度值与数字量的关系式为

$$\frac{T-(-200)}{N-5530}=\frac{500-(-200)}{27\ 648-5530}$$

整理后可得

$$T=\frac{700}{22118}(N-5530)-200$$

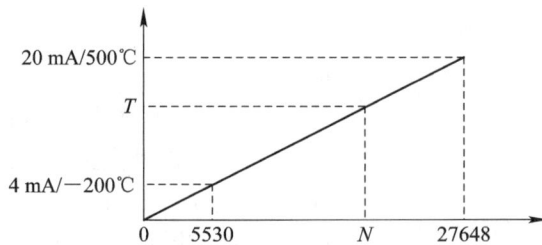

图 5-4　数字量与模拟量的转换关系曲线

(2) 使用 NORM_X 与 SCALE_X 指令编写数字量转换为模拟量的程序，如图 5-5 所示，当 N 等于 16 589 时，对应的温度值 T 等于 150℃。

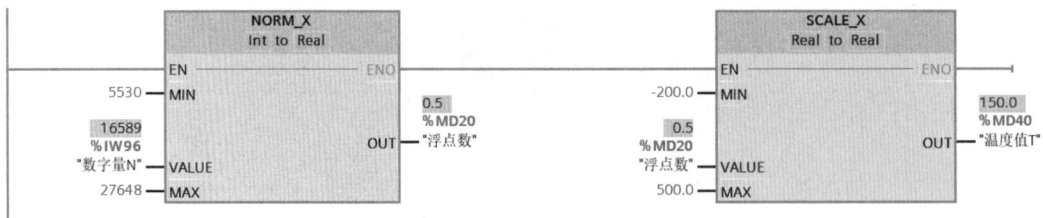

图 5-5　数模转换程序

四、任务实施

1. 系统设计

根据任务要求，系统包含两个数字量输入元件：启动按钮和停止按钮；1 个模拟量输入元件：液位传感器(量程为 0～100 cm，输出信号为 0～10 V)；4 个数字量输出元件：进料泵 1，进料泵 2，搅拌器、出料泵。因此，本系统选择 CPU 1214C DC/DC/Rly，传感器连接至 CPU 集成的模拟量输入通道 0。

2. I/O 地址分配

根据任务要求为输入和输出信号分配地址，如表 5-1 所示。

表 5-1　I/O 地址分配

输　入			输　出		
输入元件	作用	输入继电器	输出元件	作用	输出继电器
SB0	启动按钮	I0.0	KM1	进料泵 1 的接触器	Q0.0
SB1	停止按钮	I0.1	KM2	进料泵 2 的接触器	Q0.1
			KM3	搅拌器的接触器	Q0.2
			KM4	出料泵的接触器	Q0.3

3. 系统接线图

根据任务要求，系统接线图设计如图 5-6 所示。

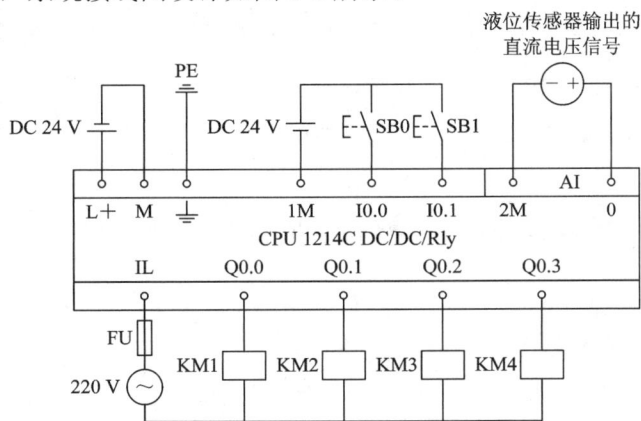

图 5-6　系统接线图

4. 创建工程项目及变量表

在 TIA Portal 软件中创建新项目，命名为"基于 PLC 的多种液体混合配比控制系统"，然后添加 CPU 1214C DC/DC/Rly。根据任务要求，结合 I/O 地址分配创建 PLC 变量表。

5. 编写程序

根据任务要求可知，系统工作流程符合顺序控制，所以将工作流程分步骤进行。第 0 步为初始步，系统进行初始化；第 1 步，投入液体 A；第 2 步，投入液体 B；第 3 步，搅拌；第 4 步，出料。梯形图程序如图 5-7 所示。

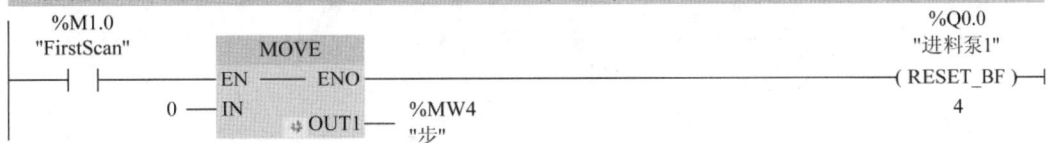

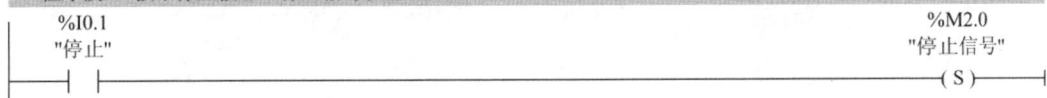

程序段3：使用NORM_X和SCALE_X指令，将液位反馈值(数字量)转换为实际液位(工程量)，并存于MD12中。

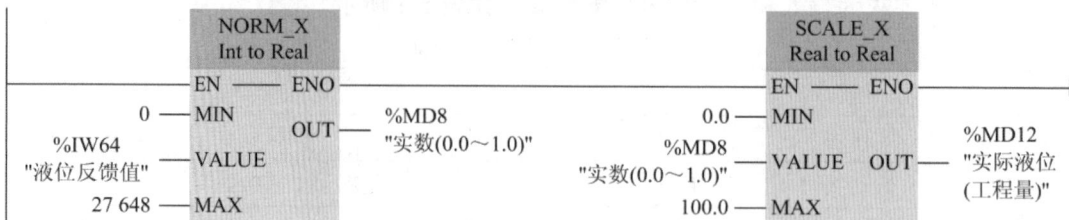

NORM_X
Int to Real
EN　　ENO
0 — MIN
%IW64　　　OUT — %MD8
"液位反馈值"　VALUE　　　"实数(0.0～1.0)"
27 648 — MAX

SCALE_X
Real to Real
EN　　ENO
0.0 — MIN
%MD8　　　OUT — %MD12
"实数(0.0～1.0)" — VALUE　　"实际液位(工程量)"
100.0 — MAX

程序段4：在第0步中，若按下启动按钮，进入第1步，开始投入液体A。

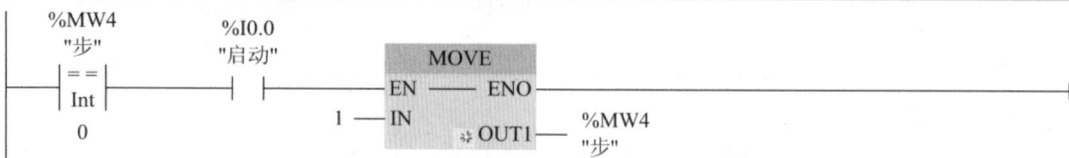

%MW4
"步"　　　　%I0.0
== 　　　　"启动"
Int
0

MOVE
EN — ENO
1 — IN
　　OUT1 — %MW4
　　　　　"步"

程序段5：在第1步中，当罐内液位达到30.0 cm时，进入第2步，开始投入液体B。

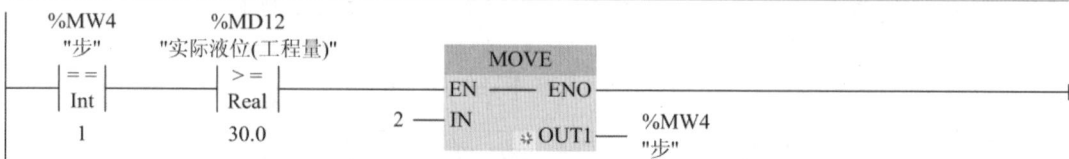

%MW4　　　%MD12
"步"　　　"实际液位(工程量)"
== 　　　>=
Int　　　Real
1　　　　30.0

MOVE
EN — ENO
2 — IN
　　OUT1 — %MW4
　　　　　"步"

程序段6：在第2步中，当罐内液位达到70.0 cm时，进入第3步，开始搅拌。

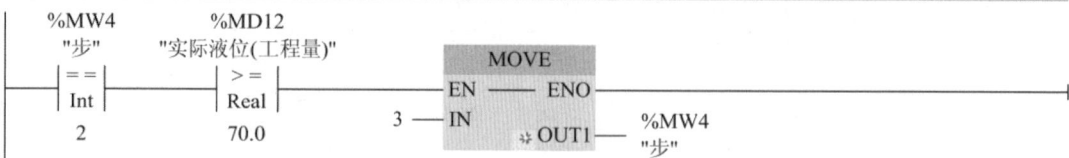

%MW4　　　%MD12
"步"　　　"实际液位(工程量)"
== 　　　>=
Int　　　Real
2　　　　70.0

MOVE
EN — ENO
3 — IN
　　OUT1 — %MW4
　　　　　"步"

程序段7：在第3步中，搅拌10 s后，进入第4步，开始出料。

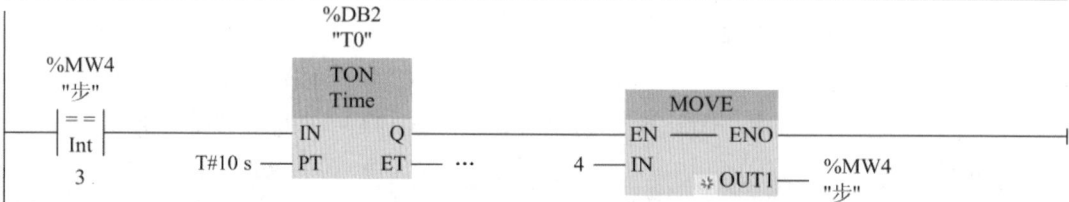

%DB2
"T0"
%MW4
"步"　　　　TON
== 　　　　Time
Int　　　　IN　　Q
3　　　T#10 s — PT　ET …

MOVE
EN — ENO
4 — IN
　　OUT1 — %MW4
　　　　　"步"

程序段8：在第4步中，当罐内液位下降到0 cm时，代表出料完成，返回第1步开始循环执行。当某一时刻发出停止信号，系统并不会立即停止，需要等到本次液体混合结束后(即出料完成，液位下降到0 cm)才能回到第0步，系统停止工作。

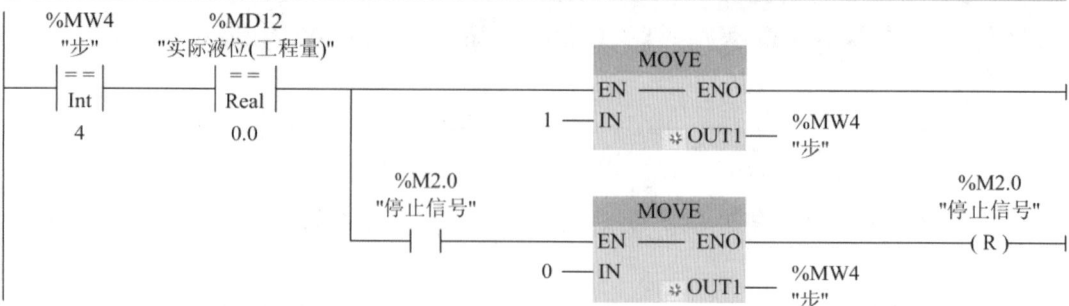

%MW4　　　%MD12
"步"　　　"实际液位(工程量)"
== 　　　==
Int　　　Real
4　　　　0.0

MOVE
EN — ENO
1 — IN
　　OUT1 — %MW4
　　　　　"步"

%M2.0
"停止信号"

MOVE
EN — ENO
0 — IN
　　OUT1 — %MW4
　　　　　"步"

%M2.0
"停止信号"
(R)

程序段9：当第1步被激活后，进料泵1运行，投入液体A。

```
    %MW4                                                    %Q0.0
    "步"                                                    "进料泵1"
   ┤ == ├                                                    ( )
    Int
     1
```

程序段10：当第2步被激活后，进料泵2运行，投入液体B。

```
    %MW4                                                    %Q0.1
    "步"                                                    "进料泵2"
   ┤ == ├                                                    ( )
    Int
     2
```

程序段11：当第3步被激活后，搅拌器运行。

```
    %MW4                                                    %Q0.2
    "步"                                                    "搅拌器"
   ┤ == ├                                                    ( )
    Int
     3
```

程序段12：当第4步被激活后，出料泵运行。

```
    %MW4                                                    %Q0.3
    "步"                                                    "出料泵"
   ┤ == ├                                                    ( )
    Int
     4
```

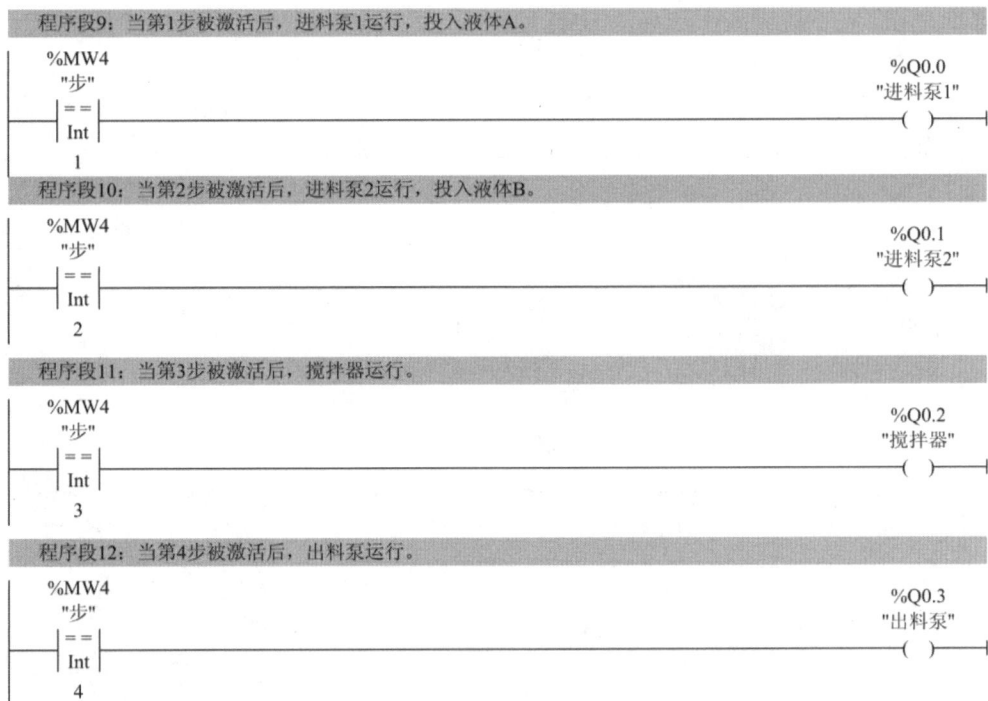

图 5-7　梯形图程序

五、检查评价

本任务要求掌握模拟量基础知识，模拟量模块的作用、选型和组态，使用 NORM_X 和 SCALE_X 指令实现模拟量与数字量之间的转换。

考核评价表

六、知识拓展

1. 任务要求及分析

在原"基于 PLC 的多种液体混合配比控制系统"任务的基础上，加入 HMI，实现系统的可视化控制。控制要求：HMI 操控界面上包含启动按钮、停止按钮，进料泵、出料泵和搅拌器的运行状态显示，当前工序显示，液体 A 投入设定，液体 B 投入设定，当前液位显示，搅拌时间设置，当前搅拌时间显示。

2. 添加 HMI 设备

在 TIA Portal 软件中打开"基于 PLC 的多种液体混合配比控制系统"项目，双击"添加新设备"，在弹出的对话框中选中"HMI"设备，在 HMI 菜单列表中选择精智面板 TP900 Comfort，设备命名为"HMI_1"，然后取消对话框左下角"启动设备向导"的勾选，单击"确定"按钮后，生成并进入 HMI_1 画面。

3. PLC 与 HMI 的网络连接

双击"设备和网络"，进入网络视图。单击网络视图左上角的

PLC 与 HMI 通信连接

连接按钮，在下拉列表中选择"HMI 连接"，然后将鼠标箭头放在 PLC_1 的以太网端口(绿色小方框)上，按住鼠标左键并拖拽出一条线至 HMI_1 的以太网端口上，生成"HMI_连接_1"的网络线，此时网络连接已完成。单击"HMI_连接_1"网络线，在下方巡视窗口单击"属性"，可查看两者连接的详细信息，如图 5-8 所示。

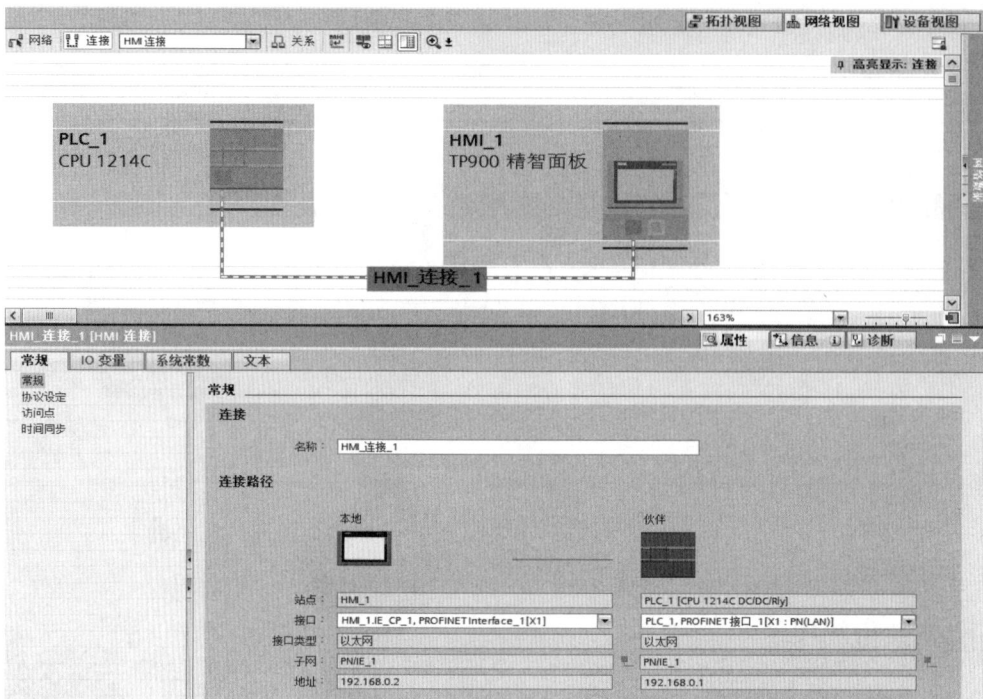

图 5-8 PLC 与 HMI 网络连接

4. 创建 PLC 数据块

根据本任务控制要求，原 PLC 变量表继续使用。这里需创建数据块"控制数据[DB3]"如图 5-9 所示。液体 A 设定的起始值为 30 cm，液体 B 设定的起始值为 40 cm，搅拌时间设定的起始值为 10 000 ms。

		名称	数据类型	偏移量	起始值	保持
		控制数据				
1		▼ Static				
2		HMI启动	Bool	0.0	false	
3		HMI停止	Bool	0.1	false	
4		工序	Int	2.0	0	
5		液体A设定	Real	4.0	30.0	
6		液体B设定	Real	8.0	40.0	
7		液体总量设定	Real	12.0	0.0	
8		当前液位	Real	16.0	0.0	
9		搅拌时间设定	Time	20.0	T#10000ms	
10		当前搅拌时间	Time	24.0	T#0ms	

图 5-9 控制数据[DB3]

5. 编写 PLC 程序

由于本任务增加了 HMI 发出的启动和停止命令，液体 A 和 B 的投入值设定以及搅拌时间设定等功能，所以需要对原任务的 PLC 程序做进一步优化，优化结果如图 5-10 所示。

程序段1： 第一个扫描周期，工序设置为第0步(初始步)，复位所有输出。

```
%M1.0                                                                          %Q0.0
"FirstScan"              MOVE                                                  "进料泵1"
   ┤├              EN ──── ENO                                             ( RESET_BF )
                0 ─ IN                                                          4
                         ✱ OUT1 ──── %DB3.DBW2
                                     "控制数据"工序
```

程序段2： 通过硬件停止按钮或HMI上的停止按钮，发出停止信号。

```
%I0.1                                                                          %M2.0
"停止"                                                                      "停止信号"
  ┤├                                                                          ─( S )─
%DB3.DBX0.1
"控制数据"
HMI停止
  ┤├
```

程序段3： 使用NORM_X和SCALE_X指令实现液位反馈值(数字量)到当前液位(工程量)的转换。

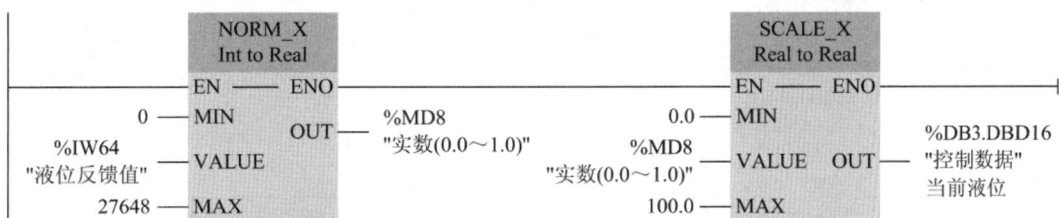

```
          NORM_X                              SCALE_X
         Int to Real                         Real to Real
      EN ──── ENO                         EN ──── ENO
   0 ─ MIN         %MD8              0.0 ─ MIN
                OUT ─ "实数(0.0~1.0)"        %MD8          OUT ─ %DB3.DBD16
%IW64 ─ VALUE                         "实数(0.0~1.0)" ─ VALUE    "控制数据"
"液位反馈值"                                                      当前液位
27648 ─ MAX                          100.0 ─ MAX
```

程序段4： 求液体A设定值与液体B设定值之和，即混合液体总设定值。

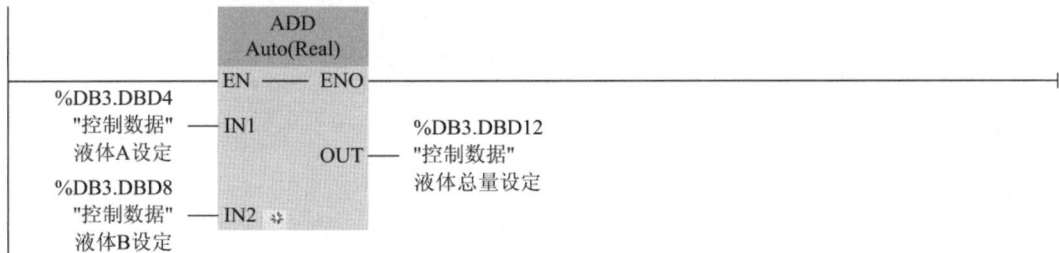

```
              ADD
            Auto(Real)
         EN ──── ENO
%DB3.DBD4
"控制数据" ─ IN1
液体A设定                OUT ─ %DB3.DBD12
                             "控制数据"
%DB3.DBD8                     液体总量设定
"控制数据" ─ IN2 ✱
液体B设定
```

程序段5： 在第0步中，若按下硬件启动按钮或HMI启动按钮，进入第1步(投入液体A)。

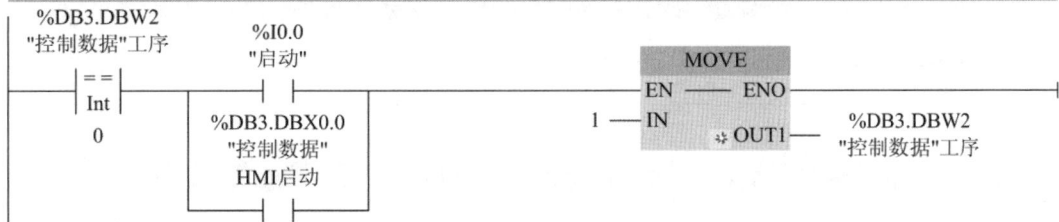

```
%DB3.DBW2         %I0.0
"控制数据"工序     "启动"                        MOVE
  ┤==├             ┤├                       EN ──── ENO
  Int                                    1 ─ IN
   0         %DB3.DBX0.0                          ✱ OUT1 ── %DB3.DBW2
             "控制数据"                                       "控制数据"工序
             HMI启动
               ┤├
```

程序段6： 在第1步中，当前液位达到液体A设定值时，进入第2步(投入液体B)。

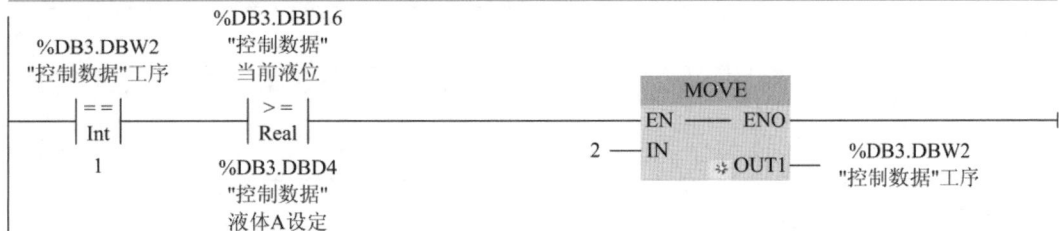

```
                 %DB3.DBD16
                 "控制数据"
%DB3.DBW2         当前液位
"控制数据"工序
  ┤==├             ┤>=├                      MOVE
  Int              Real                    EN ──── ENO
   1                                    2 ─ IN
             %DB3.DBD4                            ✱ OUT1 ── %DB3.DBW2
             "控制数据"                                       "控制数据"工序
             液体A设定
```

程序段7：在第2步中，当前液位达到液体A与B的总设定值时，说明液体B已投加完成，进入第3步(搅拌)。

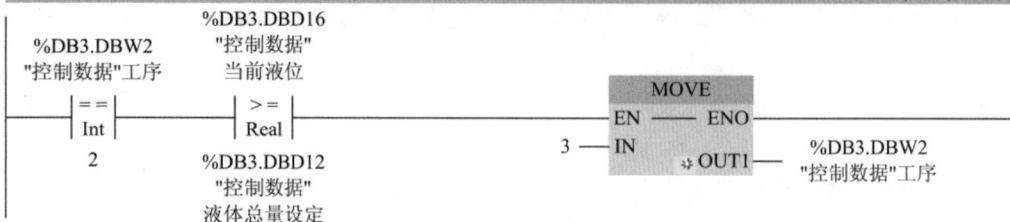

```
%DB3.DBW2          %DB3.DBD16
"控制数据"工序      "控制数据"
                   当前液位                              MOVE
   ==                >=                              EN ── ENO
   Int              Real                          3 ─ IN
   2                                                   ⊕ OUT1    %DB3.DBW2
                   %DB3.DBD12                                    "控制数据"工序
                   "控制数据"
                   液体总量设定
```

程序段8：在第3步中，搅拌时间达到设定值后，进入第4步(出料)。

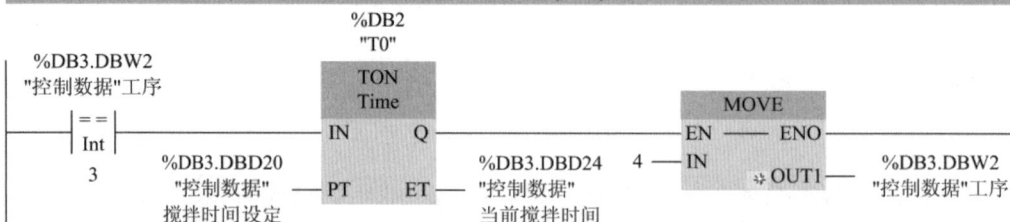

```
                        %DB2
                        "T0"
%DB3.DBW2
"控制数据"工序           TON
                        Time                               MOVE
   ==                  IN    Q                          EN ── ENO
   Int                                               4 ─ IN
   3        %DB3.DBD20                %DB3.DBD24              ⊕ OUT1   %DB3.DBW2
            "控制数据"   PT   ET       "控制数据"                       "控制数据"工序
            搅拌时间设定              当前搅拌时间
```

程序段9：在第4步中，当液位下降到0 cm时，返回第1步，循环执行。当某一时刻发出停止信号，系统并不会立刻停止，而是等到所在工作周期结束(即液位下降到0 cm且出料完成)后再回到第0步。

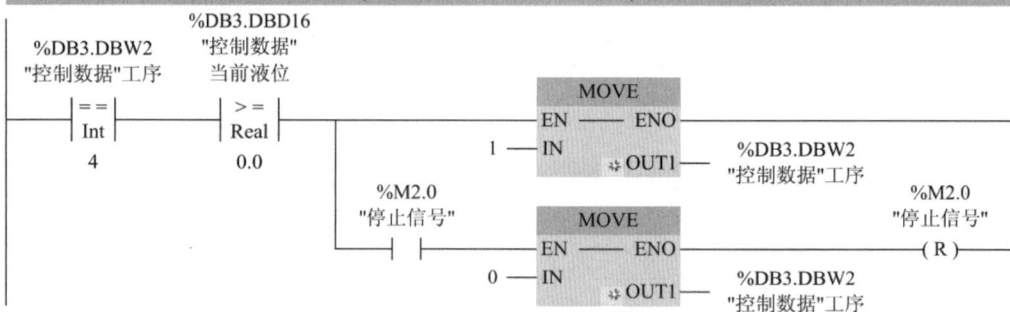

```
                   %DB3.DBD16
%DB3.DBW2          "控制数据"
"控制数据"工序      当前液位                              MOVE
   ==                >=                              EN ── ENO
   Int              Real                          1 ─ IN
   4                0.0                                 ⊕ OUT1    %DB3.DBW2
                                                                 "控制数据"工序

                   %M2.0                                                  %M2.0
                   "停止信号"                   MOVE                      "停止信号"
                                            EN ── ENO                   ──( R )──
                                         0 ─ IN
                                                ⊕ OUT1    %DB3.DBW2
                                                         "控制数据"工序
```

程序段10：第1步被激活后，进料泵1运行，投入液体A。

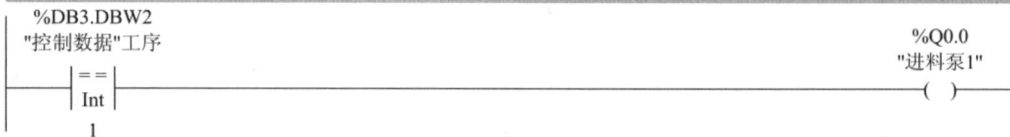

```
%DB3.DBW2                                                         %Q0.0
"控制数据"工序                                                    "进料泵1"
   ==                                                            ──(  )──
   Int
   1
```

程序段11：第2步被激活后，进料泵2运行，投入液体B。

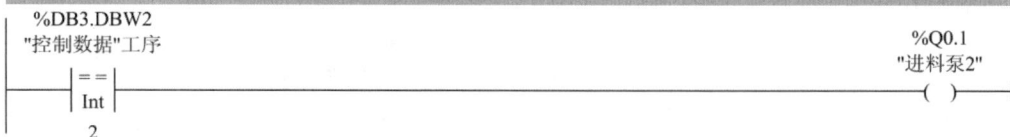

```
%DB3.DBW2                                                         %Q0.1
"控制数据"工序                                                    "进料泵2"
   ==                                                            ──(  )──
   Int
   2
```

程序段12：第3步被激活后，搅拌器运行。

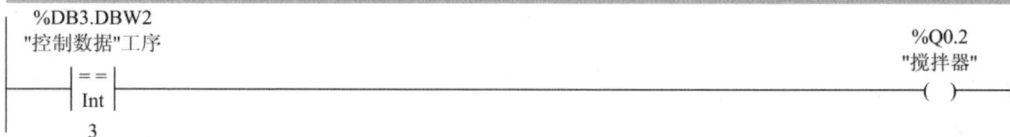

```
%DB3.DBW2                                                         %Q0.2
"控制数据"工序                                                    "搅拌器"
   ==                                                            ──(  )──
   Int
   3
```

程序段13：第4步被激活后，出料泵运行。

```
%DB3.DBW2                                                         %Q0.3
"控制数据"工序                                                    "出料泵"
   ==                                                            ──(  )──
   Int
   4
```

图 5-10　梯形图程序

6. 创建 HMI 变量

HMI 变量分为内部变量和外部变量。HMI 外部变量与 PLC 变量关联，两者数据同步，实现 HMI 与 PLC 之间的信息交互。HMI 内部变量用于 HMI 设备内部计算或执行其他任务，存储在 HMI 设备的存储器中，与 PLC 没有连接关系。

下面以用户自定义方式为例介绍 HMI 变量的创建过程。

依次进入"HMI_1"→"HMI 变量"→"默认变量表"，如图 5-11 所示，左侧部分为 HMI 变量名称和数据类型，右侧部分为 PLC 变量和地址等信息，中间部分为 HMI 与 PLC 的"连接"单元。在左侧"名称"单元中创建 HMI 变量"HMI 启动"，数据类型为 Bool 型。然后单击"连接"单元的 ▣ 按钮，弹出如图 5-12 所示窗口，选择"HMI_连接_1"，确定后，PLC 名称单元中显示已连接到 PLC_1。再单击 PLC 变量单元的 ▣ 按钮，弹出如图 5-13 所示窗口，选择 PLC_1→"程序块"→"控制数据[DB3]"中的"HMI 启动"变量，确定后，HMI 变量"HMI 启动"与 PLC 变量"控制数据 HMI 启动"两者关联成功。

图 5-11　HMI 变量表

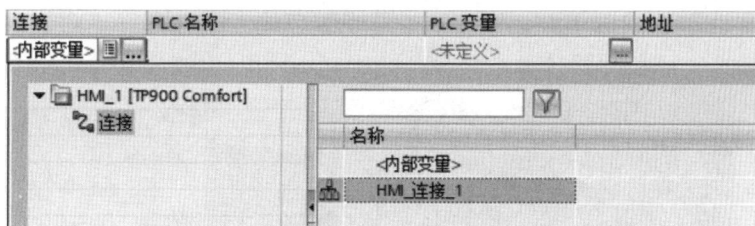

图 5-12　连接单元

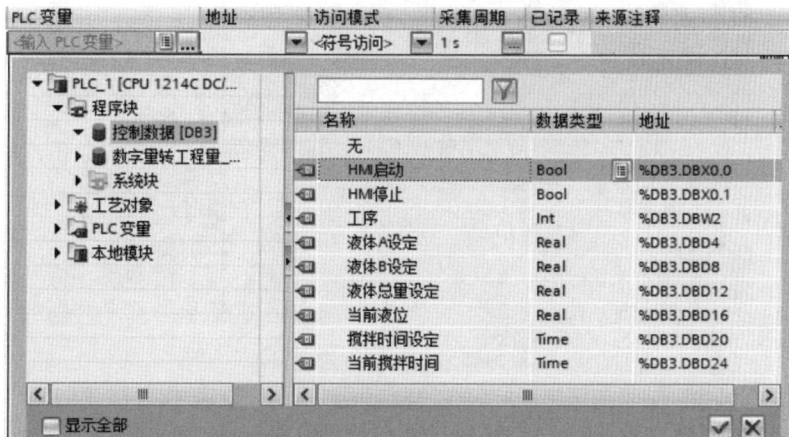

图 5-13　关联 PLC 变量

接下来，在 HMI 变量表的"访问模式"单元，选择"绝对访问"，此时在"地址"单元中会显示 PLC 变量的地址。本任务采集周期选择 100 ms，表示 HMI 每隔 100 ms 采集一次变量。按照上述方法，创建本任务所需的全部 HMI 变量，并关联对应的 PLC 变量，如图 5-14 所示。

默认变量表							
名称 ▲	数据类型	连接	PLC 名称	PLC 变量	地址	访问模式	采集周期
HMI启动	Bool	HMI_连接_1	PLC_1	控制数据.HMI启动	%DB3.DBX0.0	<绝对访问>	100 ms
HMI停止	Bool	HMI_连接_1	PLC_1	控制数据.HMI停止	%DB3.DBX0.1	<绝对访问>	100 ms
HMI进料泵1	Bool	HMI_连接_1	PLC_1	进料泵1	%Q0.0	<绝对访问>	100 ms
HMI进料泵2	Bool	HMI_连接_1	PLC_1	进料泵2	%Q0.1	<绝对访问>	100 ms
HMI搅拌器	Bool	HMI_连接_1	PLC_1	搅拌器	%Q0.2	<绝对访问>	100 ms
HMI出料阀	Bool	HMI_连接_1	PLC_1	出料泵	%Q0.3	<绝对访问>	100 ms
HMI工序	Int	HMI_连接_1	PLC_1	控制数据.工序	%DB3.DBW2	<绝对访问>	100 ms
HMI液体A设定	Real	HMI_连接_1	PLC_1	控制数据.液体A设定	%DB3.DBD4	<绝对访问>	100 ms
HMI液体B设定	Real	HMI_连接_1	PLC_1	控制数据.液体B设定	%DB3.DBD8	<绝对访问>	100 ms
HMI当前液位	Real	HMI_连接_1	PLC_1	控制数据.当前液位	%DB3.DBD16	<绝对访问>	100 ms
HMI搅拌时间设定	Time	HMI_连接_1	PLC_1	控制数据.搅拌时间设定	%DB3.DBD20	<绝对访问>	100 ms
HMI当前搅拌时间	Time	HMI_连接_1	PLC_1	控制数据.当前搅拌时间	%DB3.DBD24	<绝对访问>	100 ms

图 5-14   全部 HMI 变量

7. 组态 HMI 画面

在 HMI 画面中添加各种功能的元件，例如，按钮用于控制现场设备的启停；I/O 域用于显示生产过程数据；图形用于显示设备的运行状态，从而实现系统的可视化控制。

HMI 画面组态

(1) 进入 HMI 编辑画面。依次双击"HMI_1"→"画面"→"画面_1"，进入编辑画面。其中 ▶ 绿色箭头所指示的为起始画面。

(2) 泵指示灯组态。打开 HMI 编辑画面右侧的工具箱，将"●"拖拽至画面合适位置，如图 5-15 所示。在画面中选中圆，然后单击巡视窗口的"属性"→"布局"或通过鼠标拖拽的方式调整圆的半径和位置等参数。

图 5-15   创建圆形指示灯

依次单击"动画"→"显示"→"添加新动画"，在弹窗中选择"外观"，如图 5-16 所示。然后为"外观"关联 HMI 变量，如图 5-17 所示，单击变量名称区域的 ⋯ 按钮，在弹窗中选择 HMI_1→HMI 变量→默认变量表→HMI 进料泵 1 变量。确定后，会显示变量的名称及地址 Q0.0。然后在"类型"区域选择"范围"，在窗口下方区域的"范围"单元添加 0 和 1，如图 5-18 所示。0 对应的背景色选择红色，1 对应的背景色选择绿色，即当 HMI 变量 "HMI 进料泵 1" 等于 0 时，圆形显红色；等于 1 时，圆形显绿色。按照上述方法，对进料泵 2、搅拌器、出料泵的指示灯进行组态。

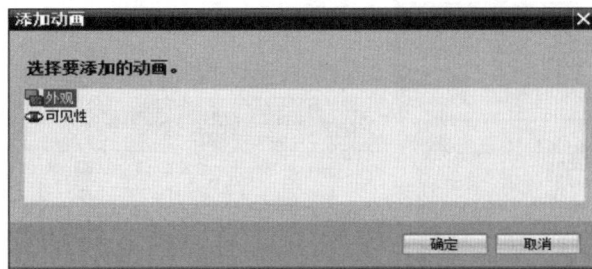

图 5-16　添加外观动画

图 5-17　关联 HMI 变量

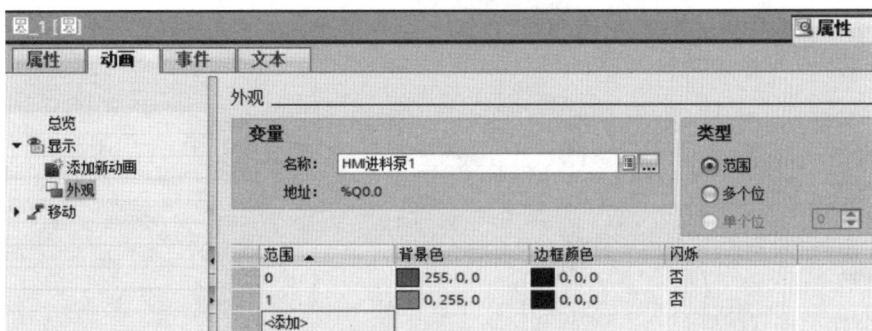

图 5-18　添加范围

(3) 文本组态。拖拽 4 个文本域 A 到 4 个圆的正下方，分别重命名为进料泵 1、进料泵 2、搅拌器、出料泵。如果文本框太小，可以在文本的 "属性" → "布局" 栏对高度、宽度等参数进行设置。

(4) 按钮组态。拖拽按钮█████至圆形下方合适位置，然后命名为启动按钮。选中启动按钮，单击巡视窗口中的 "属性" → "事件" → "按下" → "添加函数"，再单击右侧出现的下拉箭头，选择 "系统函数" → "编辑位" → "置位位" 作为按钮的执行函数，如图 5-19 所示。然后为 "置位位" 函数关联对应的位变量，单击变量右侧的█████按钮，在弹窗中选择 HMI_1 → HMI 变量 → 默认变量表 → HMI 启动变量，如图 5-20 所示。按照同样的方法，单击"释放",执行函数选择"复位位",关联的变量仍然选择 HMI 变量"HMI 启动"。

图 5-19　选择按钮执行函数　　　　　　　图 5-20　关联 HMI 变量

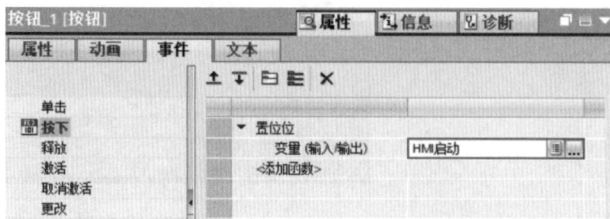

按上述步骤对启动按钮组态完成后,在系统运行时按下启动按钮,HMI 变量"HMI 启动"置位;释放该按钮,该变量复位。该变量信息会同步给 PLC 变量"控制数据 HMI 启动",从而控制系统的运行。按照同样的方法,组态停止按钮,按下时置位 HMI 变量"HMI 停止";释放时复位该变量。

(5) I/O 域组态。首先添加"当前工序"的 I/O 域。如图 5-21 所示,拖拽"I/O 域" **0.12** 至画面右侧合适位置,I/O 域方框的高度、宽度、文本格式等参数都可以在"属性"中设置。选中 I/O 域,单击"属性"→"常规",在"过程"区域关联 HMI 变量,单击 **...** 按钮,在弹窗中选择 HMI 变量→默认变量表→HMI 工序。在"类型"区域,选择该 I/O 域的模式(输入、输出或输入/输出),该 I/O 域是把 PLC 地址 DB3.DBW2 中存储的工序显示在 HMI 上,所以此处选择"输出"。在"格式"区域,显示格式选择"十进制";移动小数点设置为"0",即小数部分的位数为 0;格式样式选择"9",即 1 位整数。然后拖拽一个文本至该 I/O 域左侧,命名为"当前工序"。

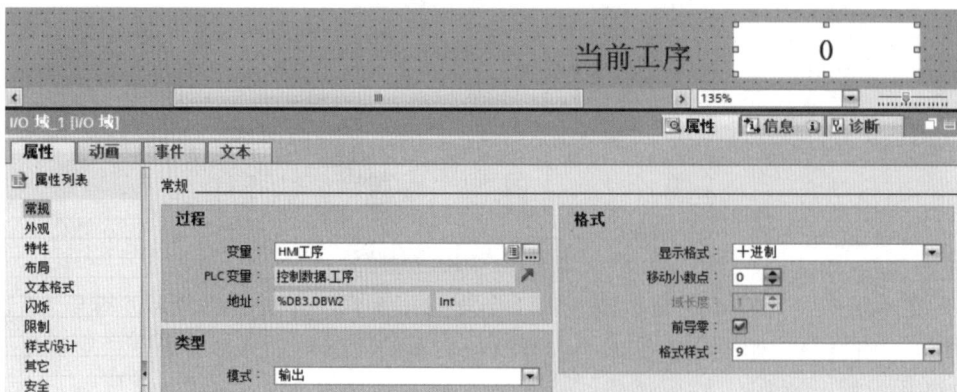

图 5-21　I/O 域"常规"窗口

接下来添加"液体 A 设定"的 I/O 域,关联的 HMI 变量为"HMI 液体 A 设定"。该 I/O 域既能将手动输入的液体 A 设定值传送给 PLC,又可以显示当前液位,所以类型模式选择"输入/输出"。显示格式选择"十进制",格式样式选择"99.9"。为该 I/O 域添加文本,命名为"液体 A 设定 cm"。按照上述方法组态其余的 I/O 域。最终 HMI 监控界面如

图 5-22 所示。

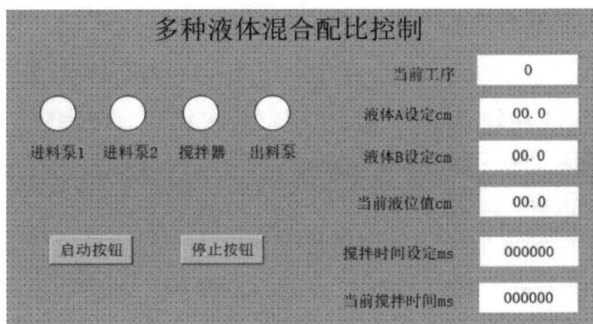

图 5-22　HMI 监控界面

8. 仿真测试

选中 PLC_1 文件夹，单击开始仿真按钮，下载 PLC 项目，进入在线监视状态。然后选中 HMI_1 文件夹，再单击按钮，打开 HMI 仿真画面，查看 PLC 与 HMI 连接是否正确。无误后，HMI 显示工序处于第 0 步，泵均为停止状态(显红色)，液体 A、液体 B、搅拌时间的设定值分别显示为 30.0 cm、40.0 cm、10 000 ms(可在 HMI 画面中手动修改)。然后按下 HMI 启动按钮，查看系统工作是否符合控制要求。

七、研讨测评

(一) 填空题

1. CPU 1214C 最多可以扩展_____个信号模块、_____个信号板。

2. 如果模拟量模块输入通道的信号类型为电流型，其测量范围是 0~20 mA，那么 4~20 mA 信号接入该通道，经 A/D 转换后的数字量为_____。

3. 经 A/D 转换得到的数字量，其存放地址的长度是_____位。

4. 模拟量输入地址和输出地址的标识符分别是_____和_____。

5. 在进行 PLC 与 HMI 网络组态时，连接协议应选择_____。

6. 在 HMI 界面中组态 I/O 域，其类型模式包括_____、_____、_____三种。

(二) 判断题

1. 标准化指令(NORM_X)功能是将整数输入值 VALUE(MIN≤VALUE≤MAX)线性转换为 0.0~1.0 范围内的浮点数，转换结果保存在 OUT 指定的地址。(　　)

2. S7-1200 PLC 右侧最多只能扩展 8 个模拟量模块。(　　)

3. S7-1200 PLC 模拟量输出用 AQ 表示。(　　)

4. SM1234 模拟量输入/输出模块相当于是 SM1231 和 SM1232 两种模块的组合。(　　)

5. HMI 变量的数据类型与 PLC 的数据类型必须一致。(　　)

6. 用户可以在触摸屏上创建各种触摸式按键，以取代相应的硬件元件，减少 PLC 需要的 I/O 点数，降低系统的成本，提高设备的性能和附加价值。(　　)

(三) 简答题

1. 总结 S7-1200 PLC 的 CPU 通过信号板和信号模块进行扩展时的区别。

2. 在模拟量控制系统设计过程中，CPU 模块、模拟量模块等硬件应该如何选型。

3. 简述 HMI 外部变量与内部变量的作用。

（四）编程题

1. 某温度控制系统的控制要求如下，请根据要求编写对应程序。

(1) 温度控制范围为 150～200℃；

(2) 当按下启动按钮时，开始加热；

(3) 将测量温度保存到字地址中，用于显示；

(4) 当温度高于 200℃时，HL1 指示灯点亮，同时停止加热；否则 HL1 指示灯熄灭；

(5) 当温度低于 150℃时，HL2 指示灯点亮，同时启动加热；否则 HL2 指示灯熄灭；

(6) 按下停止按钮时，停止加热。

2. 某温度传感器输入量程为 0～100℃，输出量程为 0～10 V。将传感器传送的 0～10 V 电压信号接入 PLC 模拟量输入模块，可转换成 0～27 648 的数字量。现假设当前被测温度为 65℃，请编写程序求出模拟量输入模块转换后的数字量的值。

任务 19　基于 PLC 的水箱液位恒定控制系统

一、任务描述

　　一个水箱包含进水口和出水口，出水口的流量是变化的，进水口的流量由一台变频泵控制，水箱液位由一个量程为 0～100 cm、输出信号为 0～10 V 的液位传感器来检测。本任务是采用 S7-1200 PLC 控制变频泵，保证液位高度为 60 cm，当液位高于 85 cm 或低于 35 cm 时，系统发出报警指示。

二、学习目标

知识目标

1. 了解 PID 控制器的组成及各单元的作用。
2. 掌握 PLC 模拟量闭环控制系统的工作过程。

技能目标

1. 能进行 PID 控制器的组态和参数调节。
2. 能灵活运用 PID 指令进行编程。

思政目标

学习 PID 的组成和作用，懂得集百家之长并融于自身。

三、相关知识

1. 模拟量的 PID 控制

PID 控制器由比例单元 P、积分单元 I 和微分单元 D 组成，因此具有比例单元的及时反映能力，又有积分单元的消除余差能力，还有微分单元的超前控制功能。其因具有结构简单、稳定性好、工作可靠、调整方便等优点，在工业控制领域仍占据主导地位。现今，PID 控制器已演变为数字处理器中的 PID 算法，比如 PLC 就是利用闭环控制模块实现了 PID 控制功能。

PID 控制

利用 PID 控制器，可以实现压力、温度、流量、液位等物理量的控制。图 5-23 所示为基于 PLC 模拟量闭环控制系统的组成，点画线框内的部分由 PLC 实现。

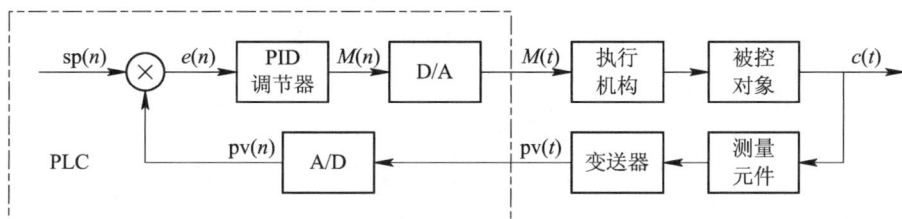

图 5-23　基于 PLC 的模拟量闭环控制系统的组成

运行过程中，PID 控制器按照一定时间间隔采集被控量的反馈值(输入值)。$sp(n)$、$e(n)$、$M(n)$、$pv(n)$ 均为第 n 次采样时的数字量，$M(t)$、$c(t)$、$pv(t)$ 均为随时间连续变化的模拟量。由于 PLC 内部只能处理数字量，所以需要测量元件(传感器、变送器)将被控量 $c(t)$ 转换为标准直流电信号 $pv(t)$，并送入 PLC 模拟量输入模块，经 A/D 转换得到数字量 $pv(n)$。再将设定值 $sp(n)$ 与反馈值 $pv(n)$ 作比较，其误差值 $e(n) = sp(n) - pv(n)$ 经过 PID 运算后结果为 $M(n)$，$M(n)$ 送至模拟量输出模块，经 D/A 转换后得到标准直流电信号 $M(t)$，用于控制执行机构(如变频器、电动调节阀等)，进而使实际值趋近设定值或系统进入稳态，实现对被控量的闭环控制。

2. PID 指令

PID 指令共有 3 种类型，下面仅介绍 PID_Compact 指令。该指令是集成了调节功能的通用 PID 控制器，通过连续输入变量和输出变量的调节实现控制工艺过程。该指令的视图分为基本视图和扩展视图，两者可以通过指令下边框的三角符号进行切换。图 5-24 所示为 PID 指令扩展视图，由图可以看到黑色和灰色字迹的所有端口，控制功能丰富。而在基本视图中，只能看到黑色字迹的端口，通过设置这些基本端口来实现最基本的控制功能。

PID_Compact 指令的输入、输出、输入/输出端的部分参数说明分别如表 5-2 至表 5-4 所示。

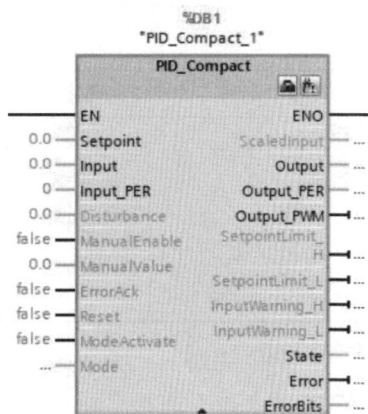

图 5-24　PID 指令扩展视图

表 5-2   PID_Compact 指令部分输入参数

参数名称	数据类型	说　　明	默认值
Setpoint	Real	PID 控制器处于自动模式下的设定值	0.0
Input	Real	过程变量的反馈值(工程量)，即用户程序的变量用作过程值的源	0.0
Input_PER	Int	过程变量的反馈值(模拟量)，直接连接模拟量输入通道 IW 地址	0
ManualValue	Real	用作手动模式下的 PID 输出值，即手动给定值	0.0
Reset	Bool	重新启动控制器	FALSE
ModeActivate	Bool	出现上升沿时，PID 控制器将切换到保存在 Mode 参数中的工作模式	FALSE

表 5-3   PID_Compact 指令部分输出参数

参数名称	数据类型	说　　明	默认值
Output	Real	PID 的输出值(Real 形式)	0.0
Output_PER	Int	PID 的输出值(模拟量)，直接连接模拟量输出通道 QW 地址	0
Output_PWM	Bool	PID 的输出值(脉宽调制)	False
InputWarning_H	Bool	"1" 状态时过程值达到或超过报警上限	False
InputWarning_L	Bool	"1" 状态时过程值达到或低于报警下限	False
State	Int	State 参数显示了 PID 控制器当前的工作模式。可使用输入参数 Mode 和 ModeActivate 处的上升沿更改工作模式。其中： 0：未激活；　　　1：预调节； 2：精确调节；　　3：自动模式； 4：手动模式；　　5：带错误监视的替代输出值	0

表 5-4   PID_Compact 指令的输入/输出参数

参数名称	数据类型	说　　明	默认值
Mode	Int	在 Mode 上，指定 PID_Compact 指令将转换到的工作模式。其中： 0：未激活；　　　1：预调节； 2：精确调节；　　3：自动模式； 4：手动模式	4

3. PID 组态

1) PID 指令调用

为了保证精确的采样时间，采用固定的时间间隔执行 PID 指令，可以在循环中断块里调用 PID 指令，使得 PID 指令随着循环中断块产生中断而周期性执行。

首先创建 OB30, 语言选择 LAD, 循环时间设置为 100 ms。接着将 PID_Compact 指令拖放到 OB30 的编程区域, 背景数据块命名为 "PID_Compact_1", 编号为 DB1。该指令添加完成后, 会生成对应的工艺对象, 如图 5-25 左侧项目树所示。

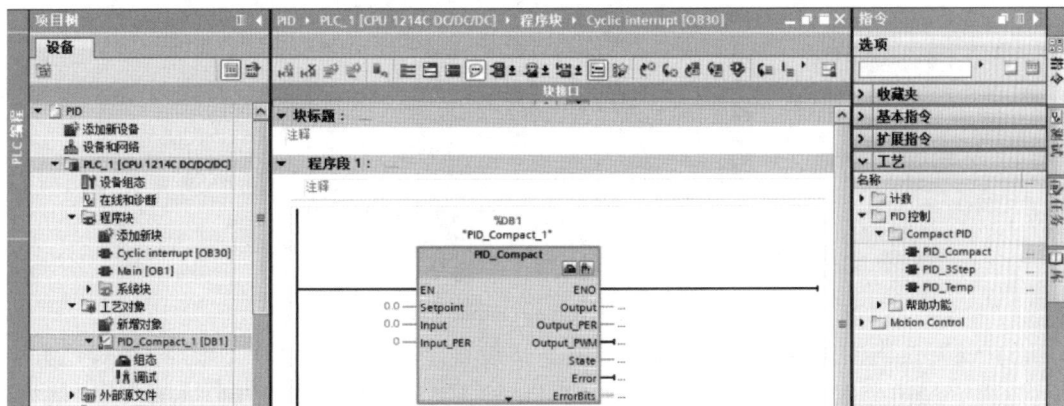

图 5-25 PID 指令及工艺对象背景数据块

需要注意, 虽然在 OB30 中调用 PID 指令, 但 OB30 的循环时间并不是 PID 采样时间, PID 采样时间是 OB30 循环时间的整数倍, 由系统自动计算得出。

2) 参数设置

单击 PID_Compact 指令块右上角的组态按钮 ，进入组态界面。接着设置如下参数。

(1) 设置控制器类型。如图 5-26 所示, 单击 "控制器类型", 在此选择被控物理量及其单位。如果勾选 "CPU 重启后激活 Mode", 将 Mode 设置为 "自动模式", 那么 CPU 重启后 PID 直接进入自动模式。"反转控制逻辑"只有在需要反向调节的控制系统中才会勾选, 例如制冷控制系统中, 阀门开度越大, 室内温度越低。

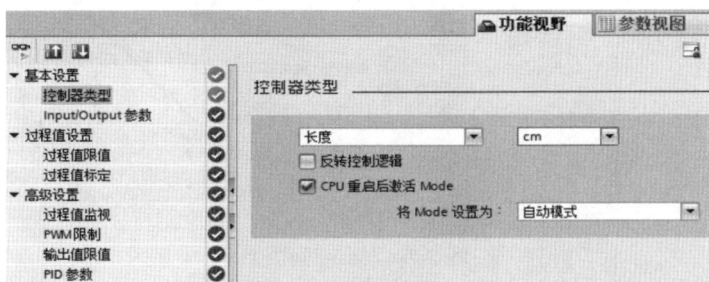

图 5-26 控制器类型

(2) 设置 Input/Output 参数。如图 5-27 所示, 单击 "Input/Output 参数", 在 Input 列表中选择一个实际使用的 PID 输入值。如果选择 "Input", 则用户需要通过编程把输入值(模拟量)转换成工程量后, 再送入 PID 指令的输入端 "Input"。如果选择 "Input_PER(模拟量)", 则直接把模拟量输入地址(如 IW96)送入 PID 指令的输入端 "Input_PER"。

在 Output 列表中选择一个实际使用的 PID 输出值。Output_PER(模拟量)输出的是数字量(范围为 0～27 648), 直接存放到模拟量输出通道地址中。Output 输出的是百分比数(0%～100%), 存放到 Real 数据类型的存储器中, 用于控制阀门等设备的开度, 最终还要用 SCALE 指令将其转换成数字量(范围为 0～27 648)。Output_PWM 输出的是脉宽调制的开关量, 直接存放到数字量输出端口地址。以上三种输出类型，无论选择哪一种，三个输出端均有效。

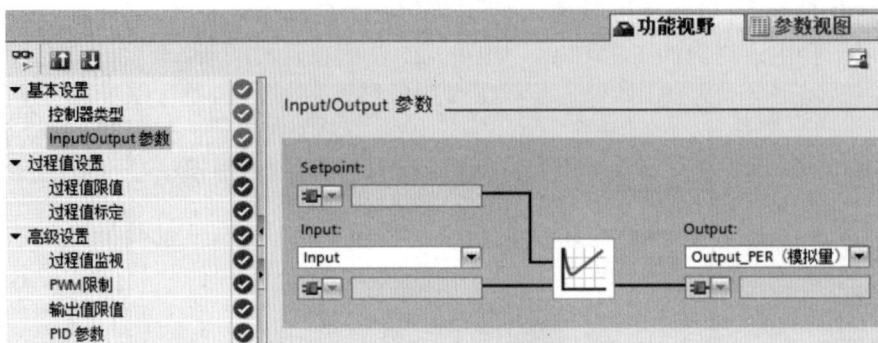

图 5-27   Input/Output 参数

(3) 设置过程值限值。设置过程值限值是指设置过程值的上限和下限。在运行过程中，一旦过程值超出上限值或者低于下限值，PID 会报错，停止 PID 控制功能，输出值被置为 0。

(4) 标定过程值。标定过程值是指设置缩放过程值(输入值)或给过程值设置偏移量。如果"Input_PER(模拟量)"作为 PID 的实际输入，则需要进行"过程值标定"设置。如图 5-28 所示，缩放比例为：过程值 0.0～100.0 cm 经 A/D 转换后，对应的数字量为 0.0～27 648.0。

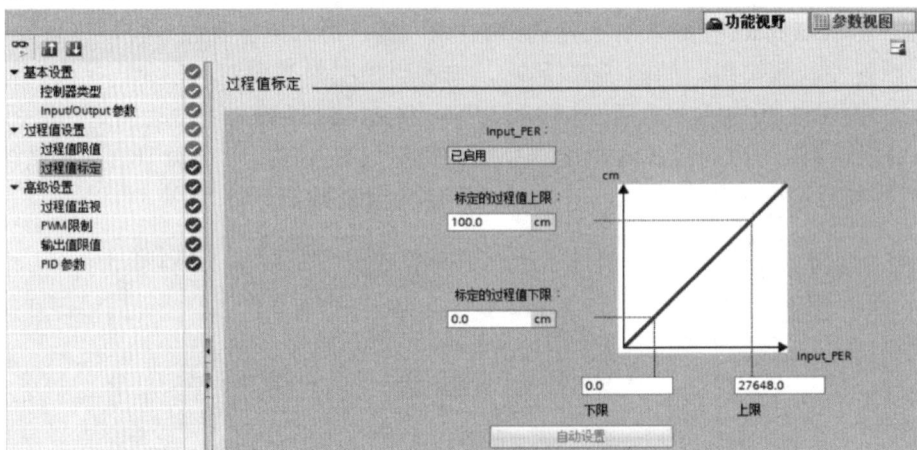

图 5-28   标定过程值

(5) 监视过程值。设置过程值的警告上限和下限，起到提醒报警的作用。通常情况下，将过程值警告范围设置在过程值限值范围之内。运行过程中，过程值如果超过警告上限或低于警告下限，则 PID 指令的输出参数 InputWarning_H 或 InputWarning_L 将置"1"。

(6) 设置 PWM 限制。设置 PWM 限制是指设置 PID 指令"Output_PWM"端脉冲输出的最短接通时间(高电平)和最短关闭时间(低电平)。此脉冲与 CPU 集成的脉冲发生器(PTO/PWM)无关。如果"Output"或"Output_PER"作为 PID 的实际输出，则该位置的最短接通时间和最短关闭时间必须设置为 0.0 s。

(7) 设置输出值限值。设置输出变量的限制值(百分比形式)，可使在手动或自动模式下 PID 输出值不超出限制范围。如果超出，则 PID 会报错。在错误未修正时，Output 可以使用替代值进行输出。

(8) 设置 PID 参数。如果在"PID 参数"设置窗口勾选了"启用手动输入",则可以手动设置 PID 参数。由于 PLC 具有良好的 PID 参数自整定功能,能够自动调试和优化参数,速度快而且效果好,所以通常使用参数自整定功能。

4. PID 面板调试

由于 PLCSIM 不支持 PID 仿真,所以需要将项目下载到实体 PLC 进行调试。项目下载完成后,单击 PID_Compact 指令块右上角的 图标进入 PID 调试面板,如图 5-29 所示。

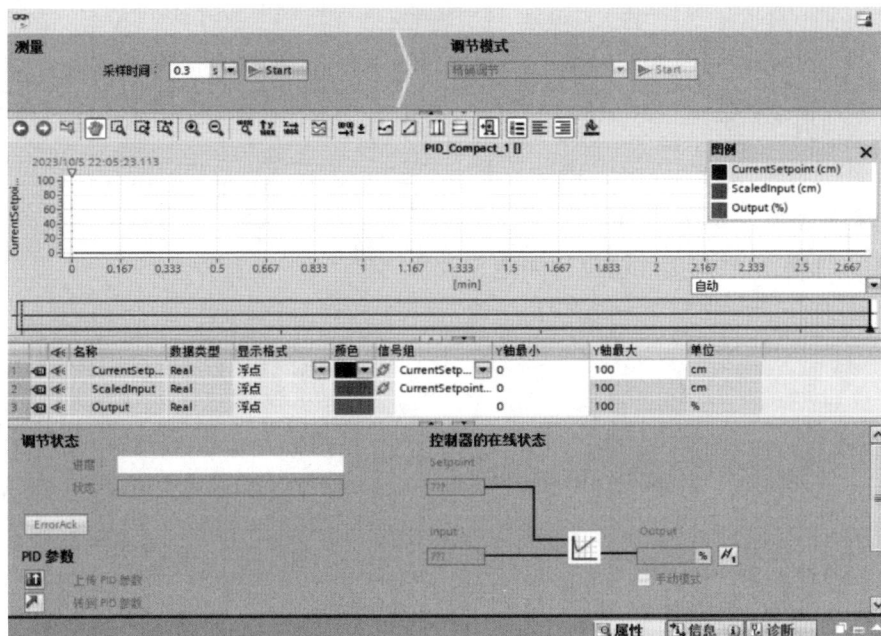

图 5-29　PID 调试面板

(1) 预调节模式。先单击 按钮进入实时监控状态,在"测量"区域设置采样时间。然后单击后边的"Start",开始测量在线值。接着在"调节模式"下拉列表选择"预调节",再单击后边的"Start",开始预调节。当预调节完成后,"调节状态"区域显示"系统已调节"。

(2) 精确调节模式。预调节完成后,选择"精确调节"模式,再单击"Start"进入参数自整定过程。当精确调节完成后,"调节状态"区域显示"系统已调节",自整定过程结束。

(3) 上传 PID 参数。由于自整定过程是 CPU 内部进行的,整定得到的参数并不在项目中,所以需要在调试面板处于实时监控状态值的情况下,单击面板左下方的 按钮将参数上传至项目。单击后,PID 工艺背景数据块会显示与 CPU 中不一致的值,此时需要重新下载该数据块至 CPU,完成参数同步。

四、任务实施

1. 系统设计

根据任务要求,本系统包含两个数字量输入元件:启动按钮和停止按钮;1 个模拟量输入元件：液位传感器(输出电压信号)；1 个数字量输出元件：变频器 KM；1 个模拟量输出元件，用于控制变频器频率。本系统选择 CPU 1214C DC/DC/Rly。

2. I/O 地址分配

根据任务要求为 I/O 信号分配地址，如表 5-5 所示。

表 5-5   I/O 地址分配

输　入			输　出		
输入元件	作用	输入继电器	输出元件	作用	输出继电器
SB0	启动按钮	I0.0	KM	变频器的接触器	Q0.0
SB1	停止按钮	I0.1	HL1	高报警指示灯	Q0.5
			HL2	低报警指示灯	Q0.6

3. 系统接线图

根据任务要求，系统接线图设计如图 5-30 所示。

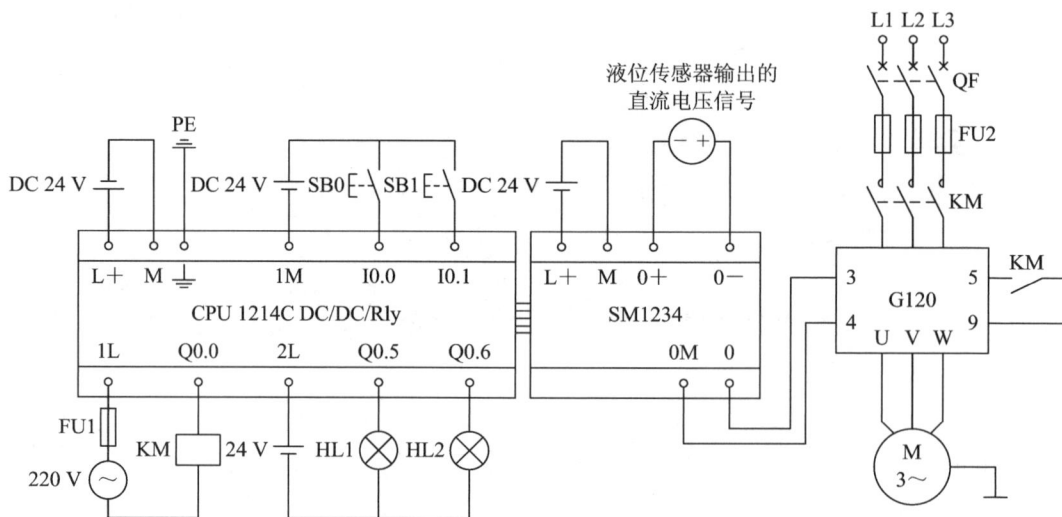

图 5-30   系统接线图

4. 创建工程项目

在 TIA Portal 软件创建新项目，命名为"基于 PLC 的水箱液位恒定控制系统"，然后添加 CPU 1214C DC/DC/Rly 和 SM1234 AI 4 × 13 BIT/AQ 2 × 14 BIT。

5. 模块及 PID 组态

(1) 模块组态。进入 AI/AQ 模块属性窗口，选中模拟量输入通道 0，地址为 IW96，测量类型和范围选择电压信号和 ±10 V。选中模拟量输出通道 0，地址为 QW96，输出类型和范围也选择电压信号和 ±10 V。

(2) PID 组态。在 OB30 中调用 PID_Compact 指令，并进入 PID 组态窗口。控制器类型选择"长度"，单位选择"cm"。勾选"CPU 重启后激活 Mode"，将 Mode 设置为"自动模式"。选择"Input"作为 PID 的实际输入，选择"Output_PER"作为 PID 的实际输出。过程值上限设置为 100.0 cm，下限设置为 0.0 cm。过程值警告上限设置为 85.0 cm，下限设置为 35.0 cm。输出值上限设置为 100.0%，下限设置为 0.0%。其他设置均采用默认值。

6. 创建变量表

根据 I/O 地址分配以及系统功能需求，创建 PLC 变量表(如图 5-31 所示)以及数据块"PID 控制[DB2]" (如图 5-32 所示)。如果后期需要引入 HMI 对 PID 参数进行手动设置时，HMI 变量可以关联 DB2 中的变量。

		名称	数据类型	地址	保持
1		启动	Bool	%I0.0	
2		停止	Bool	%I0.1	
3		液位反馈值	Int	%IW96	
4		占比	Real	%MD8	
5		变频器KM	Bool	%Q0.0	
6		高报警HL1	Bool	%Q0.5	
7		低报警HL2	Bool	%Q0.6	
8		PID输出值	Int	%QW96	

图 5-31　PLC 变量表

		名称	数据类型	偏移量	起始值	保持
1		▼ Static				
2		液位设定值	Real	0.0	60.0	
3		液位实际值	Real	4.0	0.0	
4		手动输出值	Real	8.0	0.0	
5		模式激活	Bool	12.0	false	
6		模式设置	Int	14.0	3	
7		高报警	Bool	16.0	false	
8		低报警	Bool	16.1	false	
9		当前模式	Int	18.0	0	

图 5-32　"PID 控制[DB2]"数据块

7. 编写程序

(1) OB1 程序如图 5-33 所示。

程序段1：液位反馈值由数字量转换为工程量。将模拟量输入地址IW96中存储的数字量转换为以"cm"为单位的工程量，并存于DB2.DBD4中。

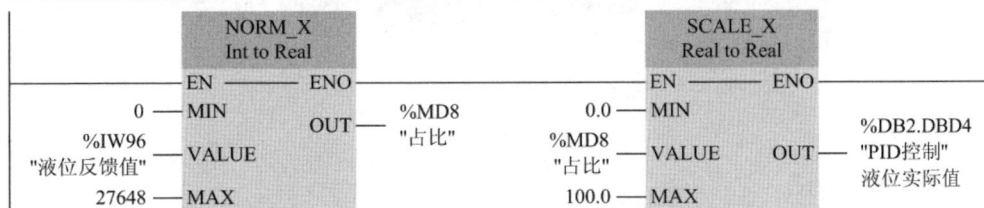

程序段2：按下启动按钮，变频器使能并保持。按下停止按钮，变频器停止。

程序段3：当液位高于85 cm或低于35 cm时，PID发出过程值高报警或低报警信号，对应的指示灯点亮。当报警信号消失，5 s后指示灯熄灭。

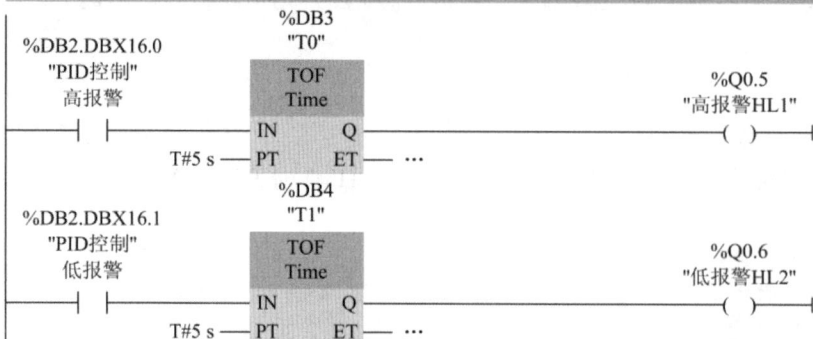

图 5-33 OB1 程序

(2) 循环中断块 OB30 程序如图 5-34 所示。

变频器使能后(Q0.0 = 1)，PID 开始工作。液位设定值(默认为 60 cm)存于 DB2.DBD0 中，液位实际值(工程量)存于 DB2.DBD4 中，经过 PID 调节后得到的 PID 输出值存于 QW96 中。QW96 数值经 D/A 转换为 0～10 V 电压信号送给变频器，变频器控制抽水泵的转速，从而形成 PID 闭环调节。如果需要手动设置 PID 输出值，可以关联 PID 指令的 ModeActivate、Mode、ManualValne 引脚，在 HMI 上将 PID 调为手动模式并输入给定值。

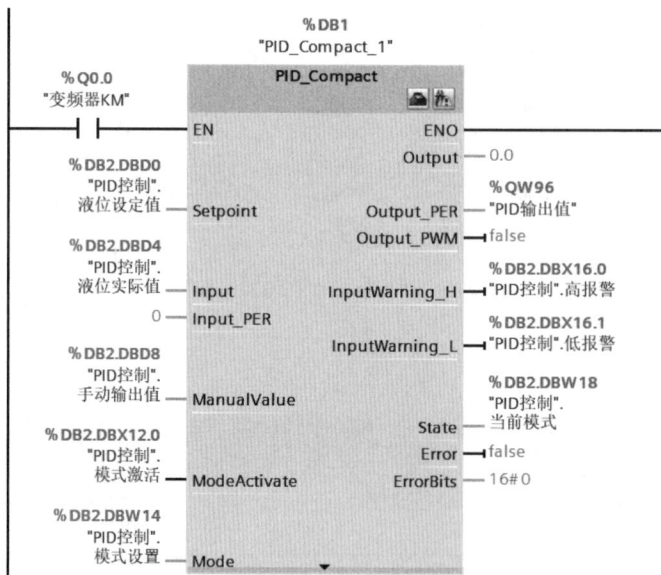

图 5-34 OB30 程序

8. PID 面板调试

项目下载到 CPU 后，进入 PID 调试面板。采样时间设为 0.3 s，先进行预调节，再进行精确调节，最后上传整定后的 PID 参数，并重新下载项目。

五、检查评价

本任务要求了解 PID 控制器的组成及各单元作用，掌握 PLC 闭环控

考核评价表

制系统的工作过程,掌握 PID 指令的基础知识和组态方法,熟练使用 PID 指令编写模拟量恒定的控制程序。

六、研讨测评

(一) 填空题

1. PID 控制器是由_____、_____、_____三个单元组成的。

2. S7-1200 PLC 的 PID 控制功能主要依靠三部分来实现,即_____、_____、_____。

3. PID_Compact 指令的输入引脚 Input 的数据类型是_____。

4. S7-1200 PLC 提供了_____种不同控制算法的 PID 控制器,最多可同时对_____个 PID 回路进行控制。

(二) 判断题

1. PID 是一种闭环控制算法。( )

2. 循环中断组织块的循环时间就是 PID 采样时间。( )

3. PID_Compact 指令块输出端"Output_PWM"引脚发出的脉冲就是 CPU 集成的脉冲发生器 PWM。( )

4. 为实现冰箱制冷闭环控制,在组态 PID 指令时需要勾选"反转控制逻辑"才能保证系统稳定运行。( )

(三) 简答题

1. 简述 PID 控制的组成及工作原理。

2. 简述 PLC 模拟量闭环控制系统的工作过程。

(四) 编程题

采用 S7-1200 PLC 对电炉进行恒温控制。温度传感器检测电炉温度并反馈给 PLC,与温度设定值产生的差值进行 PID 运算,然后由 Q0.0 端口输出一个脉冲串送至固态继电器,固态继电器控制电炉电热丝的加热电压的大小,进而达到恒温闭环控制。(使用"Output_PWM"作为 PID 指令的实际输出)

▶ 任务 20 S7-1200 PLC 高速计数器的应用 ◀

一、任务描述

本任务通过 PLC 内部高速计数器计算来自一个增量式编码器的脉冲数量,并实现以下功能。首先,编码器正转,高速计数器从 0 开始加计数,当脉冲数量达到 3000 时,指示灯 HL1 点亮、HL2 熄灭;达到 6000 时,HL1 熄灭,HL2 点亮。然后编码器反转,高速计数器开始减计数,当计数值减到 0 时,灯全部熄灭。周而复始运行。

二、学习目标

知识目标

1. 理解高速计数器相关知识。
2. 理解编码器的原理。

技能目标

1. 掌握高速计数器的组态和编程方法。
2. 掌握 PLC 与编码器的接线方法。

思政目标

1. 提高理论联系实际、学以致用的能力。
2. 将高速计数器、脉冲发生器的高效率、精准性融入学习、工作中。

三、相关知识

1. 高速计数器

普通计数器因受扫描周期的影响，无法计量频率较高的脉冲信号。因此，S7-1200 PLC 最多提供 6 个高速计数器(HSC)，用于接收编码器、光栅等输入的高速脉冲信号。高速计数器不同于普通计数器，其独立于 CPU 的扫描周期进行计数。用户可通过硬件组态和调用相关指令来控制高速计数器的工作。

高速计数器的
组态和应用

1) 高速计数器的计数模式

(1) 单相计数模式。该模式包含一个脉冲信号、一个方向信号，其工作原理如图 5-35 所示。当方向信号为高电平时，当前计数值增加；当方向信号为低电平时，当前计数值减小。方向信号可以由用户程序控制(内部方向控制)，也可以由外部按钮等设备控制(外部方向控制)。

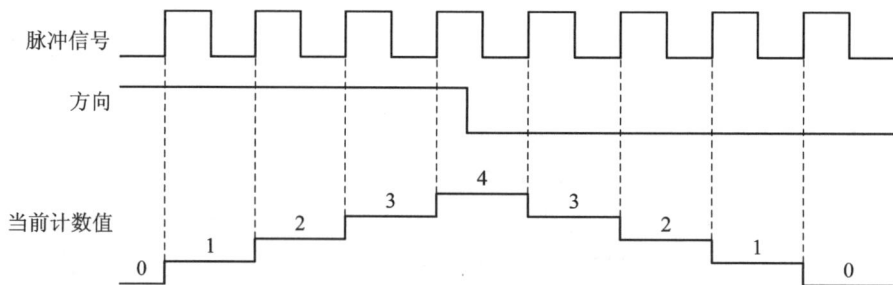

图 5-35 单相计数模式工作原理

(2) 两相加减计数模式。该模式包含加计数、减计数两个脉冲输入端，其工作原理如图 5-36 所示。当加计数有效时，当前计数值增加；当减计数有效时，当前计数值减小。

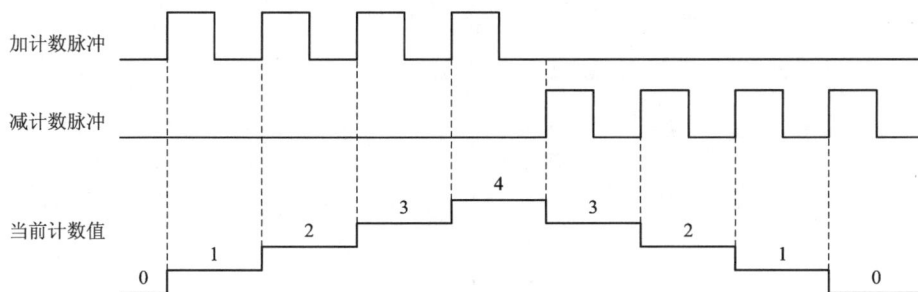

图 5-36　双相加减计数工作原理

(3) A/B 相正交计数模式。该模式包含 A 相、B 相两个脉冲输入端。如果 A 相超前 B 相，即 A 相先通、B 相再通，则在 A 相上升沿时，当前计数值增加。如果 B 相超前 A 相，即 B 相先通、A 相再通，则在 A 相下降沿时，当前计数值减小。

图 5-37 所示为 A/B 相正交计数的 1 倍频模式工作原理。如果选择 4 倍频模式，则是在时钟脉冲的每一个周期计 4 次数，因此使用 4 倍频模式计数更为准确。

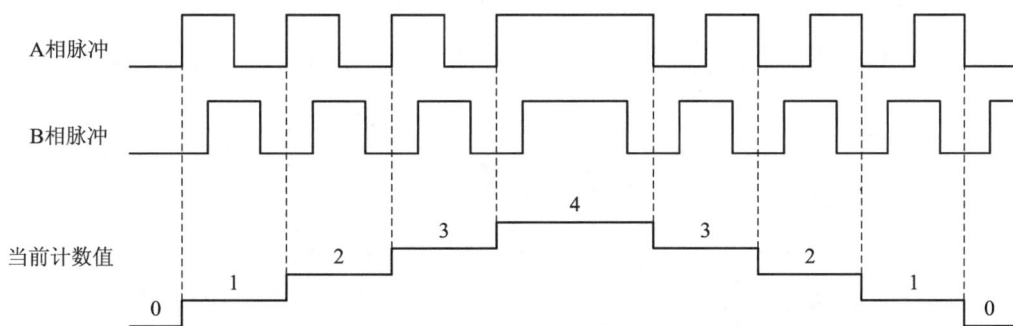

图 5-37　A/B 相正交计数 1 倍频模式工作原理

2) 高速计数器的寻址

高速计数器的测量值存储在输入过程映像区内，数据类型为 32 位双整型有符号数，用户可以在设备组态中修改这些存储地址，在程序中可直接访问这些地址。高速计数器 HSC1～HSC6 的默认地址分别为 ID1000、ID1004、ID1008、ID1012、ID1016、ID1020。

由于过程映像区受扫描周期影响，因此在一个扫描周期内高速计数器的测量值不会发生变化，但高速计数器中的实际值有可能会在一个扫描周期内变化，用户可通过读取外设地址的方式，读取到当前时刻的实际值。以 ID1000 为例，其外设地址为 "ID1000:P"。

3) 高速计数器的中断功能

S7-1200 PLC 在高速计数器中提供了中断功能，用于处理某些特定条件下触发的程序。高速计数器共有 3 个中断事件：

(1) 当前值等于参考值；

(2) 同步(复位)信号接通；

(3) 计数方向发生改变。

4) 高速计数器的组态

(1) 如图 5-38 所示，在设备的属性对话框中，依次选中"常规"→"高速计数器 (HSC)"→"HSC1"→"常规"，勾选"启用该高速计数器"。

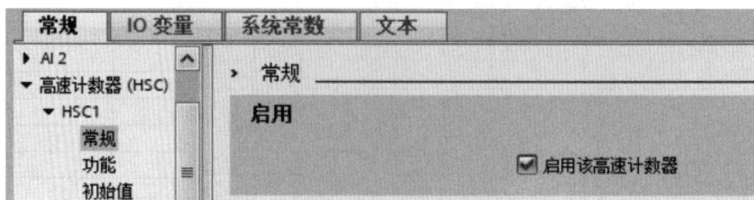

图 5-38　启用高数计数器

(2) 如图 5-39 所示，依次选中"HSC1"→"功能"，设置 HSC1 的功能参数。

计数类型包括计数、周期、频率和运动控制。

工作模式包括单相、两相、A/B 相正交计数和 A/B 相正交计数 4 倍频模式。

计数方向与工作模式有关。当处于单相计数工作模式时，计数方向可由用户程序来控制(内部方向控制)，或者由外部物理输入点来控制(外部方向控制)。当处于其他工作模式时，该选项不允许设置。

初始计数方向包括加计数和减计数。

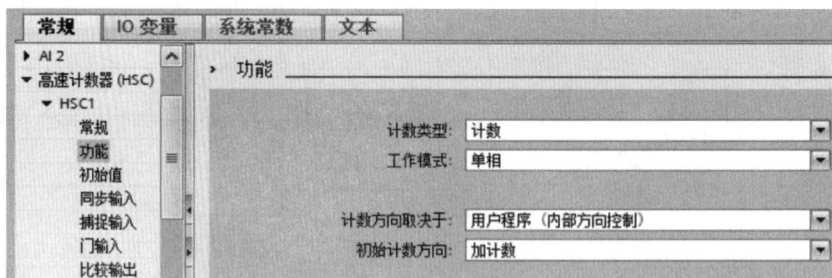

图 5-39　功能设置

(3) 如图 5-40 所示，依次选中"HSC1"→"初始值"，设置 HSC1 的初始值参数。

初始计数器值指高速计数器复位后重新计数的起始数值。

初始参考值指当计数器值达到该值时，可以激发一个硬件中断。

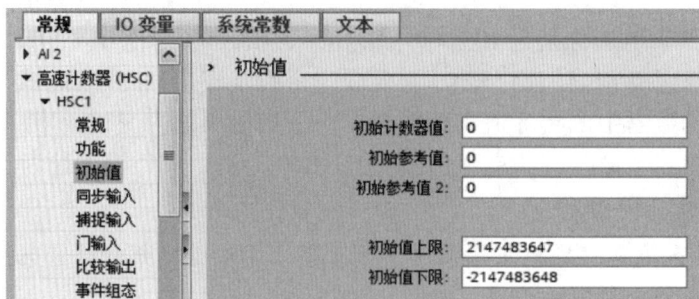

图 5-40　初始值设置

(4) 如图 5-41 所示，依次选中"HSC1"→"事件组态"，勾选"为计数器值等于参考值这一事件生成中断"，表示当计数器值等于参考值时产生中断。系统会自动生成该中断事件的名称(可修改)。然后单击"硬件中断"右侧的 [...] 按钮，为该事件连接对应的硬件中断组织块。

图 5-41　事件组态

(5) 如图 5-42 所示，依次选中"HSC1"→"硬件输入"，设置硬件输入端口。

时钟发生器输入用于设置高速脉冲的输入端口。例如选择 I0.0 端口，其最高频率为 100 kHz。

在组态功能时，当计数方向由外部物理输入点来控制(外部方向控制)时，这里的"方向输入"选项才允许设置对应的输入端口。

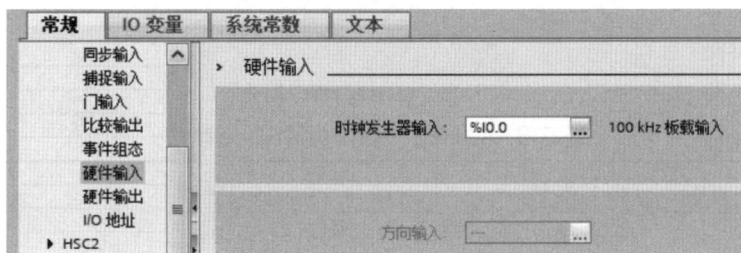

图 5-42　硬件输入设置

(6) 每个高速计数器的计数值存储在输入过程映像区，占用 4 个字节。依次选中"HSC1"→"I/O 地址"，显示 HSC1 的输入地址，默认为 IB1000～IB1003(可手动修改)。

(7) 如图 5-43 所示，在高速脉冲输入端口确定后(如 I0.0)，依次选中"DI14/DQ10"→"数字量输入"→"通道 0"，然后根据实际情况修改该端口的输入滤波时间。滤波时间要比输入脉宽(扫描周期)小，如果滤波时间过大，输入脉冲将被过滤掉，导致高速计数器计不到数。

例如，滤波时间为 6.4 ms 时能检测到的最大频率为 78 Hz；滤波时间为 10 ms 时能检测到的最大频率为 100 kHz；滤波时间为 0.1 ms 时能检测到的最大频率为 1 MHz。

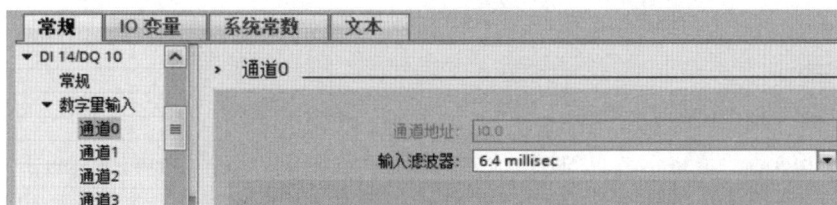

图 5-43　输入滤波器设置

5) 高速计数器指令

高速计数器无须启动条件设置，只要在硬件配置里启用并组态了高速计数器，即使程序中不添加高速计数器指令，高速计数器也能正常计数。所以，高速计数器指令不是必须使用的。

S7-1200 PLC 提供了 2 条高速计数器配置指令，用于配置高速计数器的参数。这些参数需要使用背景数据块来存储。图 5-44 所示为 CTRL_HSC 指令，该指令的部分参数说明如表 5-6 所示。

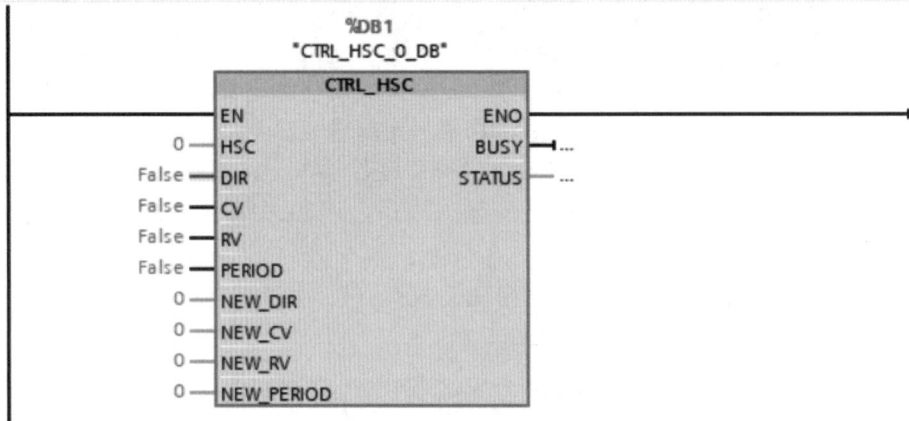

图 5-44　CTRL_HSC 指令

表 5-6　CTRL_HSC 指令部分参数

参　　数	数据类型	说　　明
HSC	HW_HSC	高速计数器硬件标识符
DIR	Bool	1 表示使能新方向
CV	Bool	1 表示使能新初始值
RV	Bool	1 表示使能新参考值
NEW_DIR	Int	新方向选择：1 表示正向(加)，−1 表示反向(减)
NEW_CV	DInt	新计数器值
NEW_RV	DInt	新参考值

硬件标识符的设置：双击指令输入端 "HSC" 左侧的输入区域，再单击出现的 ▦ 按钮，在下拉列表中选择已启用和组态的 "Local～HSC_1"，数据类型设为 HW_HSC，最后会在 "HSC" 引脚左侧显示 HSC1 的硬件标识符，数值为 257。

2. 编码器

1) 编码器介绍

编码器(Encoder)是将信号(如比特流)或数据进行编制，转换为可用于通信、传输和存储的信号形式的设备。编码器把角位移或直线位移转换成电信号，前者称为码盘，后者称为码尺。

按照工作原理，编码器分为增量式和绝对式两类。增量式编码器是将位移转换成周期性的电信号，再把这个电信号转变成计数脉冲，用脉冲的个数表示位移的大小。

2) 编码器与 PLC 的连接

图 5-45 所示为三相增量式编码器(PNP 型)与 PLC 的连接图。电源正极与编码器正极相连；电源负极与编码器负极、PLC 的 1M 端相连；编码器 A 相、B 相、Z 相分别与 PLC 的 I0.0、I0.1、I0.2 端口相连。

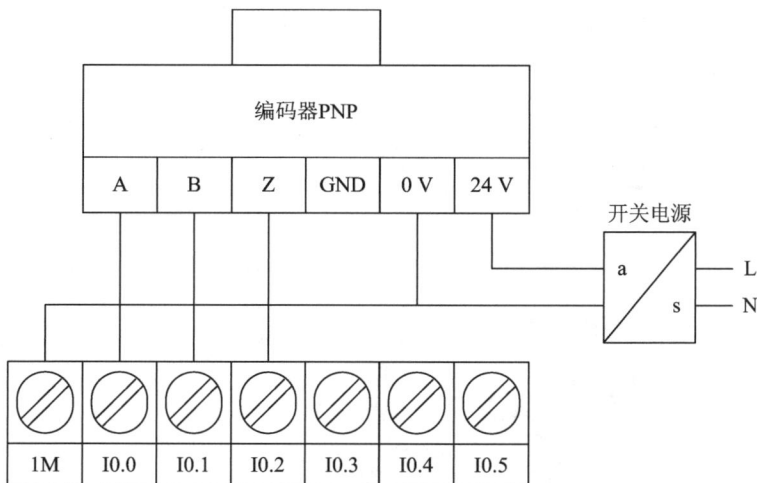

图 5-45 三相增量式编码器(PNP 型)与 PLC 的连接图

四、任务实施

1. 系统设计

根据任务要求可知，系统包含两个数字量输入点：增量式编码器 A 相和 B 相；两个数字量输出点：运行指示灯 HL1 和 HL2。

因为编码器输入脉冲频率较高，所以 HSC 的脉冲输入端口优先选择高频率的 I0.0。HL1 和 HL2 分别由 Q0.0 和 Q0.1 控制。

2. 创建工程项目

用 TIA Portal 软件创建新项目，命名为"S7-1200 PLC 高速计数器的应用"，然后添加 CPU 1214C DC/DC/Rly。

3. 编程思路

根据任务要求，系统经历 3 次中断，分别为当前值等于 3000、6000 或 0 时，因此对应 3 个硬件中断 OB。当某一个中断事件发生时，调用对应的中断程序。但中断事件都是"高速计数器值等于参考值"，所以在调用中断的同时要设定新的参考值，并连接新的中断 OB。由于高速计数器需要判断编码器的旋转方向，所以工作模式应该选择 A/B 相正交计数模式。

4. 高速计数器组态及中断块创建

(1) 创建 3 个硬件中断 OB：HSC1 = 3000[OB40]，HSC1 = 6000[OB41]，HSC1 = 0[OB42]。即当计数值增加到 3000 时调用 OB40；增加到 6000 时调用 OB41；减小到 0

时调用 OB42。

(2) 组态 HSC1。HSC1 启用后，计数类型选择"计数"，工作模式选择 A/B 正交计数模式"，初始计数方向为"加计数"，初始计数器值为 0，初始参考值为 3000。勾选"为计数器值等于参考值这一事件生成中断"，该事件连接硬件中断 OB40。时钟发生器 A 相的输入端口选择 I0.0，B 相输入端口选择 I0.1。 HSC1 的输入地址为 ID1000。

5. 编写系统程序

(1) OB40 程序如图 5-46 所示。

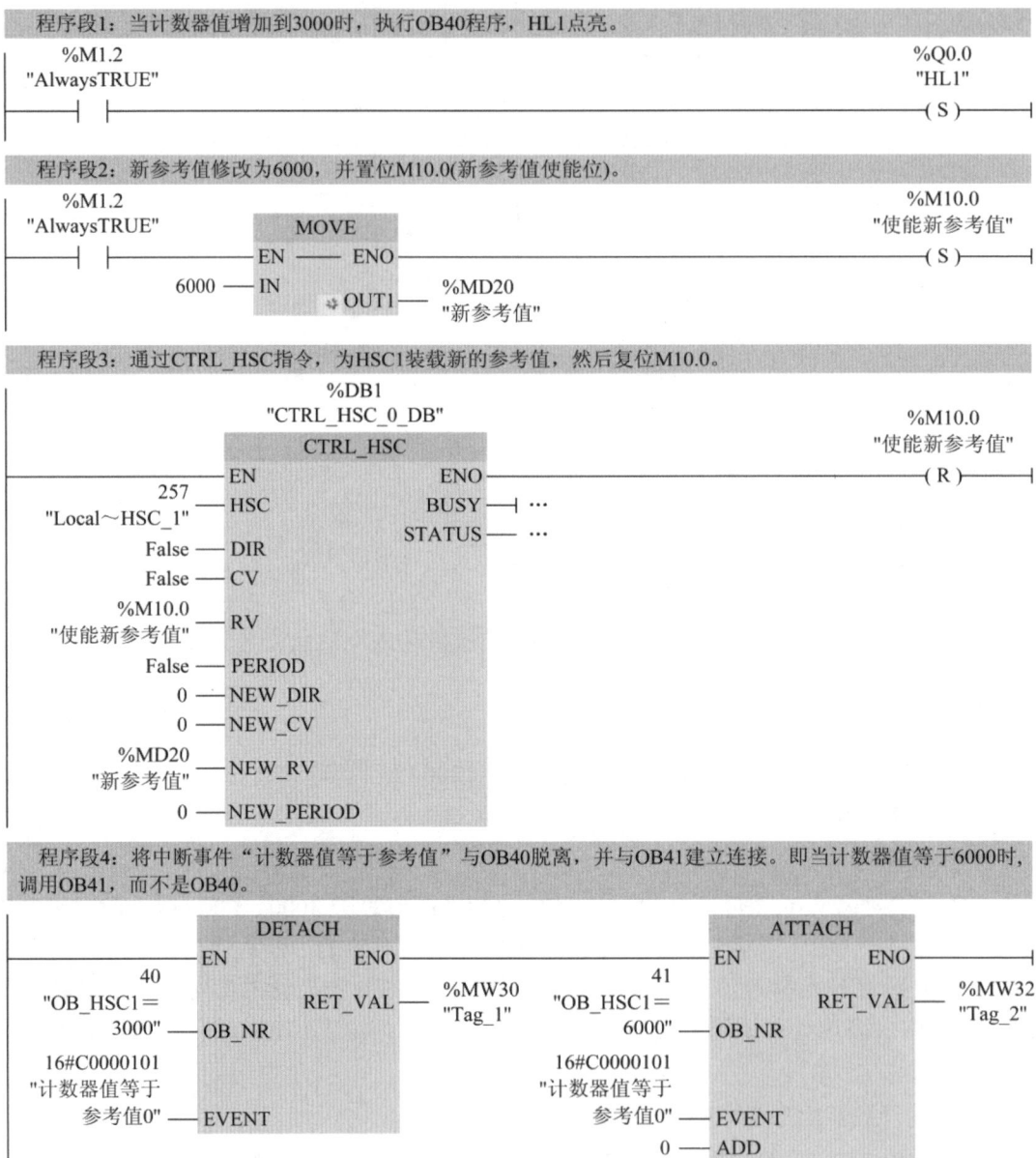

程序段1：当计数器值增加到3000时，执行OB40程序，HL1点亮。

```
    %M1.2                                                    %Q0.0
"AlwaysTRUE"                                                  "HL1"
    ├─┤ ├─────────────────────────────────────────────────( S )
```

程序段2：新参考值修改为6000，并置位M10.0(新参考值使能位)。

```
    %M1.2                                                    %M10.0
"AlwaysTRUE"              MOVE                            "使能新参考值"
    ├─┤ ├────────────┤EN     ENO├─────────────────────────( S )
                6000 ─┤IN
                         ⁂ OUT1├── %MD20
                                   "新参考值"
```

程序段3：通过CTRL_HSC指令，为HSC1装载新的参考值，然后复位M10.0。

```
                          %DB1
                    "CTRL_HSC_0_DB"
                        CTRL_HSC                             %M10.0
                                                         "使能新参考值"
            ┤EN                ENO├───────────────────────( R )
      257 ─┤HSC              BUSY├── …
"Local~HSC_1"                STATUS├── …
    False ─┤DIR
    False ─┤CV
    %M10.0
"使能新参考值" ─┤RV
    False ─┤PERIOD
        0 ─┤NEW_DIR
        0 ─┤NEW_CV
    %MD20
 "新参考值" ─┤NEW_RV
        0 ─┤NEW_PERIOD
```

程序段4：将中断事件"计数器值等于参考值"与OB40脱离，并与OB41建立连接。即当计数器值等于6000时，调用OB41，而不是OB40。

```
                DETACH                                      ATTACH
            ┤EN        ENO├                              ┤EN       ENO├
        40                      %MW30          41                      %MW32
"OB_HSC1=            RET_VAL├──"Tag_1"  "OB_HSC1=        RET_VAL├──"Tag_2"
   3000"─┤OB_NR                           6000"─┤OB_NR
16#C0000101                           16#C0000101
"计数值等于                            "计数值等于
 参考值0"─┤EVENT                        参考值0"─┤EVENT
                                              0 ─┤ADD
```

图 5-46　OB40 程序

(2) OB41 程序如图 5-47 所示。

程序段1：当计数器值等于6000时，执行OB41程序，HL1熄灭，HL2点亮。

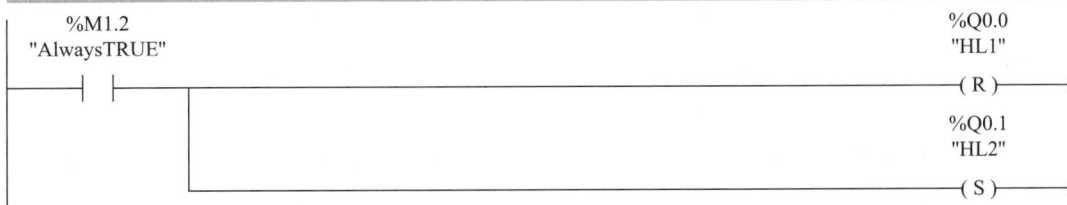

```
    %M1.2                                                    %Q0.0
  "AlwaysTRUE"                                               "HL1"
     ┤ ├──────┬───────────────────────────────────────────( R )
            │                                                %Q0.1
            │                                                "HL2"
            └────────────────────────────────────────────( S )
```

程序段2：新参考值修改为0，并置位M10.0。

```
    %M1.2                                                  %M10.0
  "AlwaysTRUE"           MOVE                            "使能新参考值"
     ┤ ├──────────────EN    ENO──────────────────────────( S )
                    0 ─ IN
                        ※ OUT1 ── %MD20
                                  "新参考值"
```

程序段3：通过CTRL_HSC指令，为HSC1装载新的参考值，然后复位M10.0。

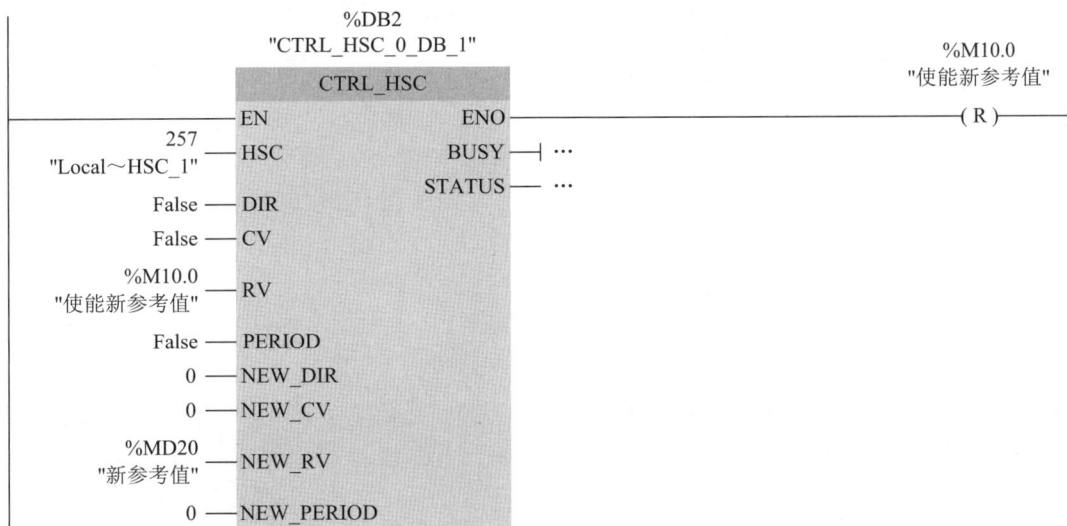

```
                        %DB2
                   "CTRL_HSC_0_DB_1"                        %M10.0
                        CTRL_HSC                          "使能新参考值"
        ──────────────EN         ENO────────────────────────( R )
            257 ───── HSC        BUSY ─┤ …
         "Local~HSC_1"           STATUS ─ …
          False ──── DIR
          False ──── CV
         %M10.0
        "使能新参考值" ── RV
          False ──── PERIOD
              0 ──── NEW_DIR
              0 ──── NEW_CV
         %MD20
         "新参考值" ── NEW_RV
              0 ──── NEW_PERIOD
```

程序段4：将中断事件"计数器值等于参考值"与OB41脱离，并与OB42建立连接。即当计数器值等于0时，调用OB42，而不是OB41。

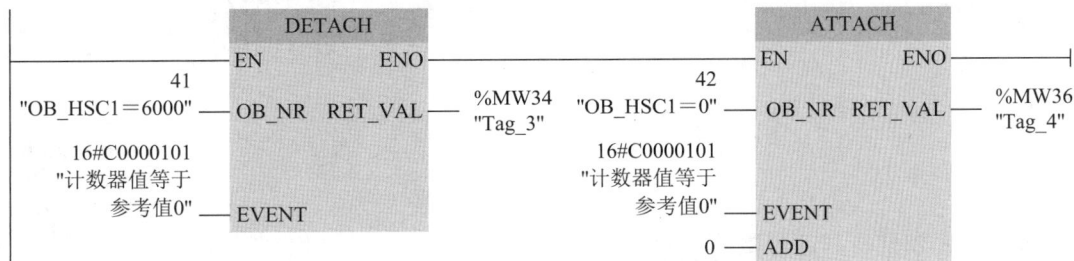

```
              DETACH                              ATTACH
        ──── EN    ENO ────              ──── EN    ENO ────
        41                                42
   "OB_HSC1=6000"                    "OB_HSC1=0"
        ── OB_NR  RET_VAL ── %MW34         ── OB_NR  RET_VAL ── %MW36
                             "Tag_3"                            "Tag_4"
    16#C0000101                       16#C0000101
   "计数器值等于                      "计数器值等于
    参考值0" ── EVENT                  参考值0" ── EVENT
                                              0 ── ADD
```

图 5-47　OB41 程序

(3) OB42 程序如图 5-48 所示。

程序段1: 当计数器值等于0时, 执行OB42程序, HL1和HL2均熄灭。

```
    %M1.2                                                          %Q0.0
  "AlwaysTRUE"                                                      "HL1"
      ┤ ├                                                       ( RESET_BF )
                                                                     2
```

程序段2: 新参考值修改为3000, 并置位M10.0。

```
    %M1.2                                                          %M10.0
  "AlwaysTRUE"              MOVE                                  "使能新参考值"
      ┤ ├              EN       ENO                                 ( S )
                3000 — IN
                        ⇲ OUT1 — %MD20
                                 "新参考值"
```

程序段3: 通过CTRL_HSC指令, 为HSC1装载新的参考值, 然后复位M10.0。

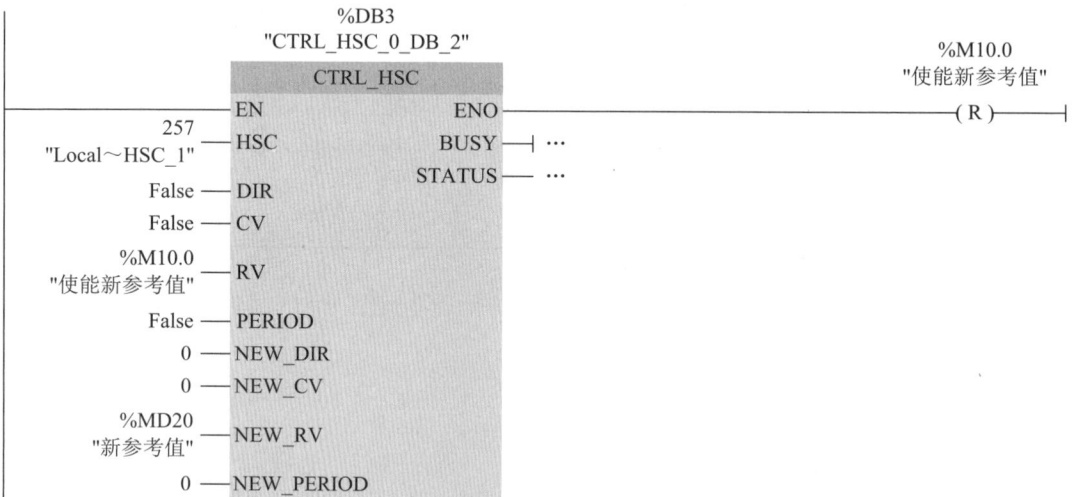

```
                              %DB3
                        "CTRL_HSC_0_DB_2"
                                                                   %M10.0
                           CTRL_HSC                              "使能新参考值"
                       EN            ENO                            ( R )
                257 —  HSC          BUSY ┤ ···
         "Local～HSC_1"             STATUS ┤ ···
              False —  DIR
              False —  CV
             %M10.0
         "使能新参考值" — RV
              False —  PERIOD
                  0 —  NEW_DIR
                  0 —  NEW_CV
             %MD20
            "新参考值" — NEW_RV
                  0 —  NEW_PERIOD
```

程序段4: 将中断事件 "计数器值等于参考值" 与OB42脱离, 并与OB40建立连接。即当计数器值等于3000 时, 调用OB40, 而不是OB42。

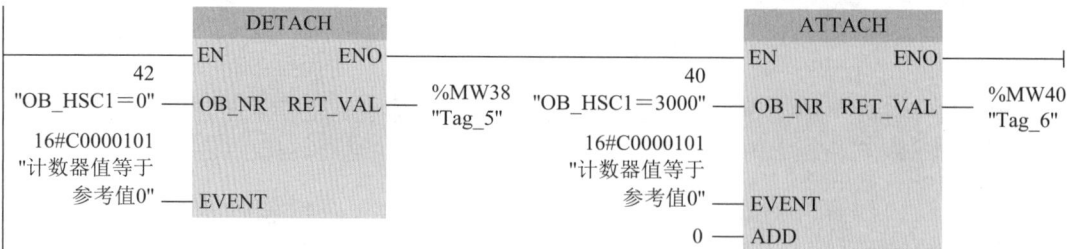

```
              DETACH                                    ATTACH
          EN        ENO                             EN        ENO
    42                                        40
"OB_HSC1＝0" — OB_NR  RET_VAL — %MW38    "OB_HSC1＝3000" — OB_NR  RET_VAL — %MW40
 16#C0000101          "Tag_5"     16#C0000101          "Tag_6"
 "计数器值等于                      "计数器值等于
 参考值0" — EVENT                   参考值0" — EVENT
                                          0 — ADD
```

图 5-48   OB42 程序

五、检查评价

本任务要求掌握高速计数器的基础知识和组态方法, 熟练使用高速计数器指令和中断指令, 掌握编码器与 PLC 的接线方法。

考核评价表

六、研讨测评

(一) 填空题

1. S7-1200 PLC 最多提供_____个高速计数器。
2. 高速计数器的测量值存储地址的数据类型是_____。
3. 高速计数器具有_____个中断事件。
4. 增量式编码器 A 相与 B 相的相位差为_____。

(二) 多选题

1. 下列选项中属于高速计数器计数类型的是(   )。
A. 计数   B. 周期
C. 频率   D. 运动控制
2. 下列可以作为 S7-1200 PLC 中 CPU 高速计数器中断条件的是(   )。
A. 当前值等于预置值
B. 使用外部信号复位
C. 带有外部方向控制时，计数方向发生改变
3. 高速计数器的工作模式包括(   )。
A. 单相   B. 两相
C. A/B 相正交计数   D. A/B 相正交计数 4 倍频

(三) 判断题

1. PLC 的某个输入点可以同时作为高速计数器的输入点和普通数字量输入点。(   )
2. 由于过程映像区受扫描周期影响，因此在一个扫描周期内高速计数器的测量值不会发生变化，但高速计数器中的实际值有可能会在一个扫描周期内变化。(   )
3. 只要在硬件配置里使能并组态了高速计数器，程序中即使不添加 CTRL_HSC 指令，高速计数器也能正常计数。(   )
4. 旋转增量式编码器是在转动时输出脉冲，通过计数器来确定其位置。(   )

(四) 简答题

1. 请叙述 S7-1200 PLC 高速计数器有时候计不到数的原因。
2. 请从编码器原理的角度分析打印机、扫描仪在开机时为什么要回原点？

(五) 编程题

1. 高速计数器从 0 开始计数，当计数器值达到 1000 时，计数器复位，Q0.0 置位，并设定新参考值为 2000。当计数器值达到 2000 时，计数器复位，Q0.0 复位，并将新参考值再设为 1000，周而复始执行此功能。
2. 使用 PTO 控制步进电动机，脉冲频率由 Q0.0 端口输出。脉冲频率可以通过按钮 SB1 进行切换。当第一次点按 SB1 按钮时，Q0.0 输出 10 kHz 频率；第二次点按 SB1 按钮时，Q0.0 输出 20 kHz 频率；第三次点按 SB1 时，Q0.0 无脉冲输出。请编写 PLC 程序，实现以上功能。

任务 21　基于 PLC 的运料小车往返控制系统

一、任务描述

现有一运料小车，动力装置为步进电动机。本任务利用 S7-1200 PLC 控制小车在 A、B 两点之间进行往返运动。当小车遇到紧急情况时，按下停止按钮，小车立即停下。在小车回到原点后，按下启动按钮才能开启一次新循环。在非循环状态下，可以通过操控 MCGSC 触摸屏手动控制小车左行、右行或回原点等动作。运料小车往返示意图如图 5-49 所示。

图 5-49　运料小车往返示意图

二、学习目标

知识目标

1. 了解运动控制方式的类别。
2. 理解运动控制指令的作用和原理。

技能目标

1. 掌握运动控制指令的选择和组态方法。
2. 熟练使用运动控制指令编写小车往返程序。

思政目标

1. 提高观察、理解、分析及解决问题的能力，提升投身工控行业的使命感。
2. 锤炼技能，深化工匠意识，养成敬业、精益、专注和创新的职业精神。

三、相关知识

S7-1200 PLC 运动控制功能可以通过脉冲接口控制步进电动机或伺服电动机来实现。在 TIA Portal 软件中生成"轴"和"命令表"等工艺对象，CPU 使用这些工艺对象来控制驱动器的脉冲和方向，并在程序中调用运动控制指令来控制轴，从而启动驱动器实现驱动任务。S7-1200 PLC 中 DC 输出类型的 CPU 提供了直接控制驱动器的板载输出，Rly 输出类型的 CPU 需要增加信号板来控制驱动器。

1. 运动控制方式

根据驱动方式的不同，运动控制方式分为三种，如图 5-50 所示。

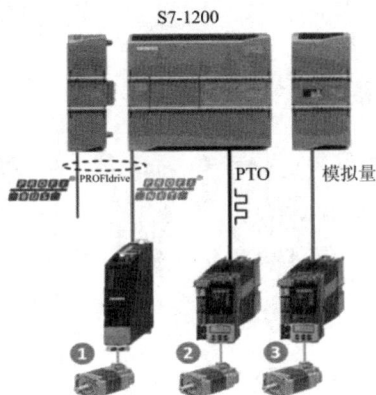

图 5-50　S7-1200 PLC 运动控制驱动方式

(1) PROFIdrive 方式。S7-1200 PLC 通过基于 PROFIBUS/PROFINET 的 PROFIdrive 方式与支持 PROFIdrive 的驱动器连接，进行运动控制。

(2) 脉冲序列(PTO)方式。S7-1200 PLC 通过发送脉冲序列的方式控制驱动器，该方式可以是脉冲加方向、A/B 正交，也可以是正/反脉冲。

(3) 模拟量方式。S7-1200 PLC 通过输出模拟量来控制驱动器。

如果 S7-1200 PLC 中 CPU 的版本是 V4.0 或者以下版本，则运动控制就只有 PTO 这一种控制方式。到目前为止，一个 S7-1200 最多可以控制 4 个轴，并且不能扩展。

2. 脉冲发生器

S7-1200 PLC 中 CPU 根据硬件版本不同，最多可提供 4 路脉冲发生器，用于输出高速脉冲。这些脉冲发生器广泛应用于运动控制系统中。脉冲发生器的信号类型包括脉冲序列输出(PTO)和宽度可调脉冲(PWM)输出两种，可以通过 DC 输出类型的 CPU 本体的数字量输出点或信号板上的输出点进行输出。

脉冲发生器提供占空比为 50% 的方波脉冲序列输出信号，用于对位置进行精确控制；提供连续的、脉冲宽度可以用程序控制的脉冲序列输出信号，多用于对转速、力矩等模拟量进行精确控制。每个脉冲发生器只能在 PTO 和 PWM 两种方式中任选其一，两者不能同时使用。

1) 脉冲发生器的组态

(1) 启用脉冲发生器。如图 5-51 所示，在设备的属性对话框中，依次选中"常规"→"脉冲发生器"→"PTO1/PWM1"→"常规"，勾选"启用该脉冲发生器"。

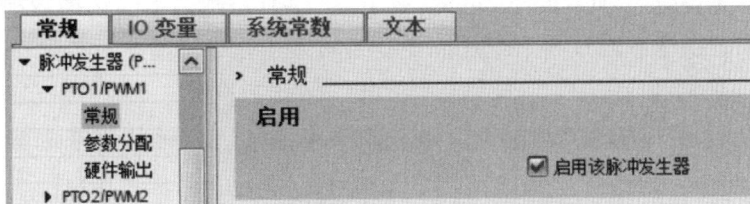

图 5-51　启用脉冲发生器

(2) 设置脉冲参数。如图 5-52 所示，选中"参数分配"，设置脉冲相关参数。信号类型分为 PWM 和 PTO 两种，本任务选择"PTO(脉冲 A 和方向 B)"，下方的"时基"等多个选项不需要设置。

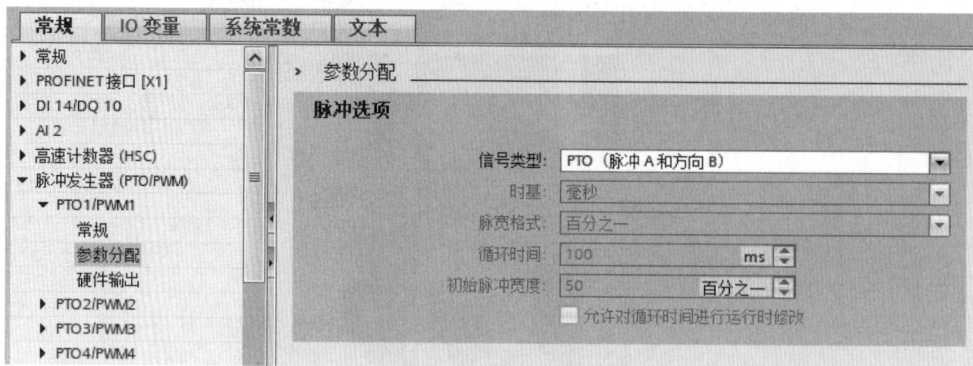

图 5-52　参数分配

(3) 设置输出端口。如图 5-53 所示，选中"硬件输出"，设置脉冲输出端口。由于信号类型为"PTO(脉冲 A 和方向 B)"，所以需要选择 PTO 的脉冲输出端口，启用和选择 PTO 的方向输出端口。

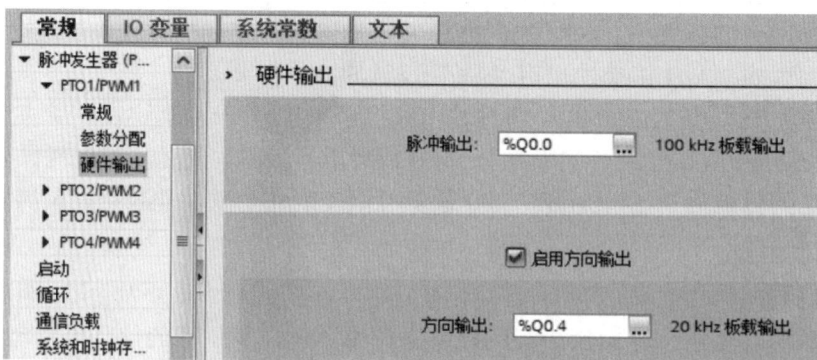

图 5-53　硬件输出设置

3. 轴工艺对象

1) 添加轴工艺对象

在运动控制中，无论是开环控制还是闭环控制方式，每一个轴都需要添加一个轴工艺对象。在 TIA Portal 软件的项目中，添加 CPU 1214C DC/DC/DC(6ES7 214-1AG40-0XB0 V4.4 版本)，然后在项目树中选择"工艺对象"→"新增对象"→"运动控制"→"TO_PositioningAxis"，添加轴工艺对象。

工艺对象"定位轴"(TO_PositioningAxis)用于映射控制器中的物理驱动装置，可使用 PLCopen 运动控制指令，通过用户程序向驱动装置发出定位命令。

2) 组态轴工艺对象

双击轴工艺对象下方的"组态"，进入组态窗口，设置轴的"基本参数"和"扩展参数"。

(1) "常规"参数设置如图 5-54 所示，驱动器选择"PTO(Pulse Train Output)"。

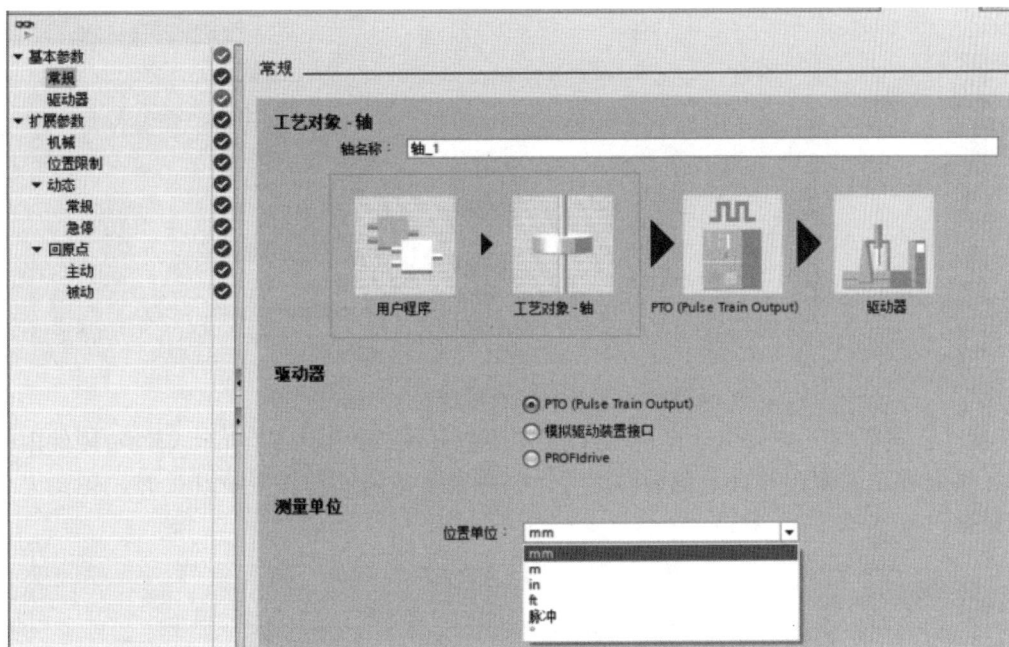

图 5-54 常规参数

(2) "驱动器"参数设置如图 5-55 所示。脉冲发生器信号类型选择"PTO(脉冲 A 和方向 B)"。

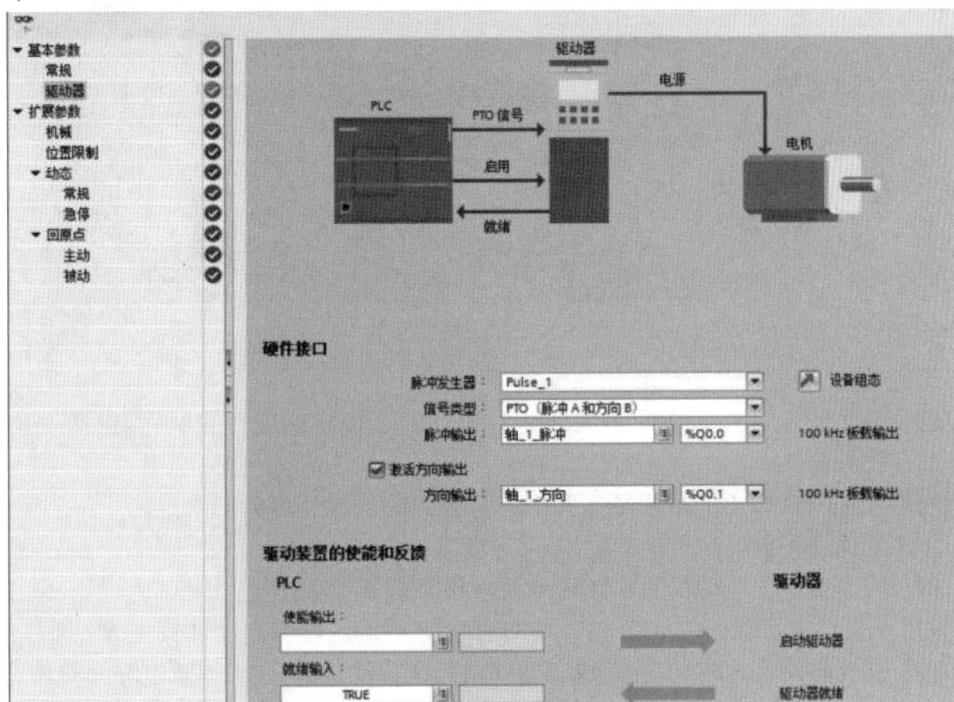

图 5-55 驱动器参数

(3) "机械"参数用于设置电动机每旋转一周的脉冲数及电动机每旋转一周产生的机械距离。机械参数设置如图 5-56 所示。

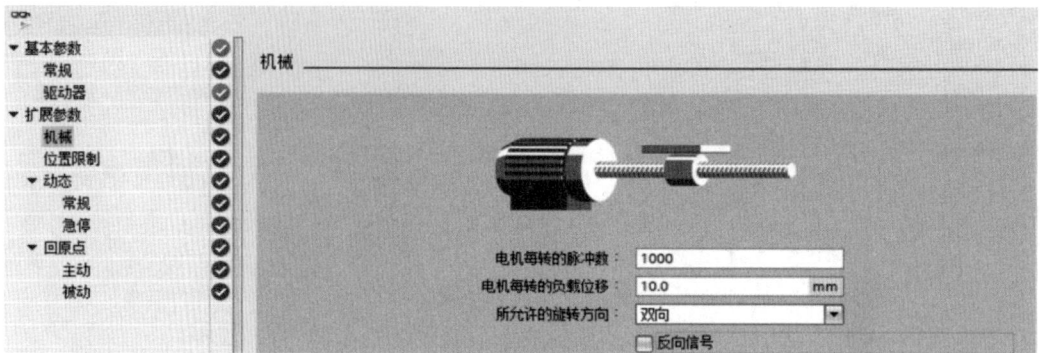

图 5-56　机械参数

(4)"位置限制"参数用于设置软件/硬件限位开关,如图 5-57 所示。软件/硬件限位开关用来保证轴在工作台的有效范围内运行,当轴发生故障而超过限位开关时,轴要停止运行并报错。

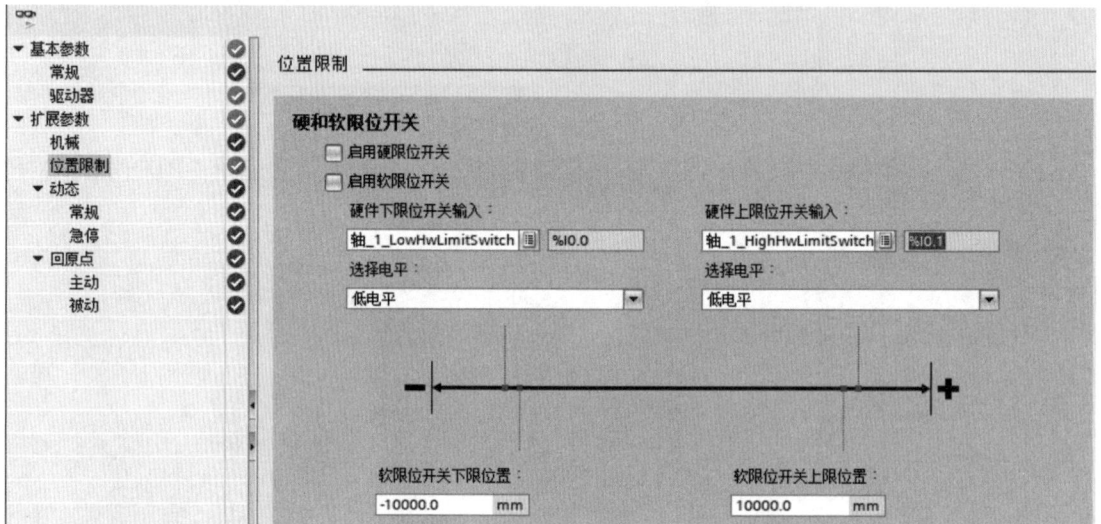

图 5-57　位置限制参数

(5) 动态中"常规"参数设置如图 5-58 所示。

速度限值的单位,用于设置"最大转速"和"启动/停止速度"的单位,包括"脉冲/s""转/分钟""mm/s"。

最大转速由 PTO 输出的最大频率和电动机允许的最大速度共同限定。

启动/停止速度根据电动机的启动/停止速度来设定该值。

加速度/减速度根据电动机和实际控制要求设置加速度/减速度。

如果用户先设定了加速度/减速度,则加速/减速时间由软件自动计算生成。用户也可以先设定加速/减速时间,这样加速度/减速度就由系统自动计算。加速/减速时间与加速/减速速度的关系为

$$加速/减速时间 = \frac{最大速度 - 启动/停止速度}{加速度/减速度}$$

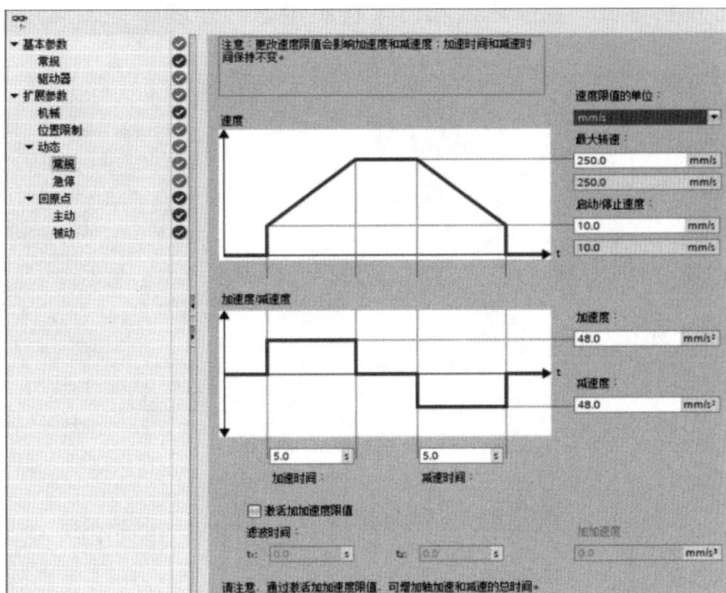

图 5-58　动态中"常规"参数

(6) "急停"参数设置如图 5-59 所示。当轴出现错误时或使用 MC_Power 指令禁用轴时(StopMode = 0 或 StopMode = 2)时，会使用"急停"这个参数。

最大转速和启动/停止速度与动态参数"常规"中的一致。

如果用户先设定了紧急减速度，则急停减速时间由软件自动计算生成。用户也可以先设定急停减速时间，紧急减速度由系统自动计算。急停减速时间与紧急减速度的关系为

$$急停减速时间 = \frac{最大速度 - 启动/停止速度}{紧急减速度}$$

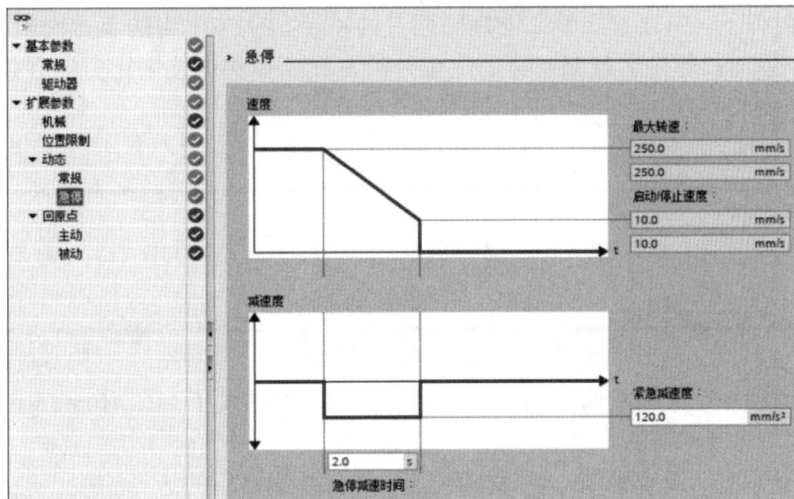

图 5-59　急停参数

(7) 主动回原点参数设置如图 5-60 所示。"原点"也是"参考点"，"回原点"的作用是把轴的实际机械位置和 S7-1200 PLC 程序中轴的位置坐标统一，以进行绝对位置定位。一般情况下，西门子 PLC 的运动控制在使能绝对位置定位之前必须执行"回原

点"，当轴触发了主动回原点操作，轴就会按照组态的速度去寻找原点开关信号，并完成回原点命令。

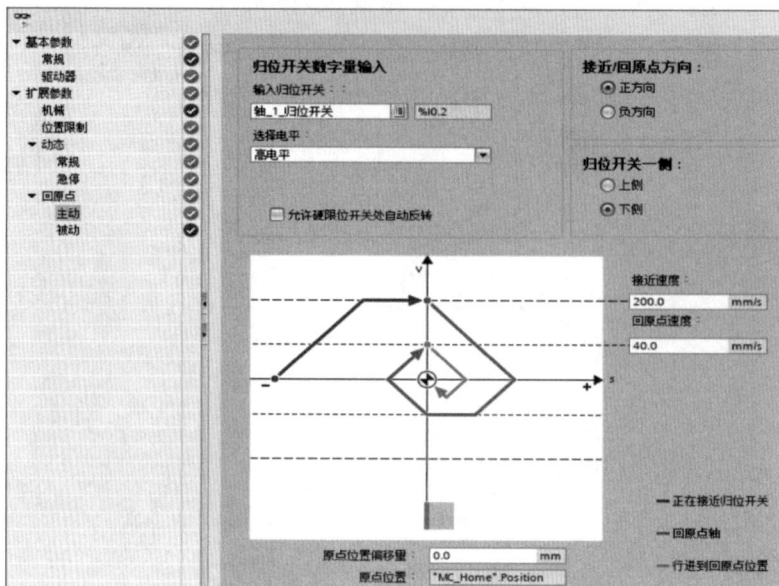

图 5-60　主动回原点参数

① 输入归位开关：设置原点开关的 DI 输入点。

② 选择电平：当轴碰到原点开关时，选择原点开关的有效电平，即高电平或低电平。

③ 允许硬件限位开关处自动反转：如果轴在回原点的一个方向上没有碰到原点，则需使能该选项，这样轴可以自动调头，向反方向寻找原点。

④ 接近/回原点方向：设置寻找原点的起始方向。当触发了寻找原点功能后，轴向"正方向"或"负方向"开始寻找原点，如图 5-61 所示。当已知轴和参考点的相对位置后，可以合理设置"接近/回原点方向"来缩短回原点的路径。图 5-61 中的负方向表示回原点，触发回原点命令后，轴首先运行到左边的限位开关，然后掉头继续向正方向寻找原点开关。

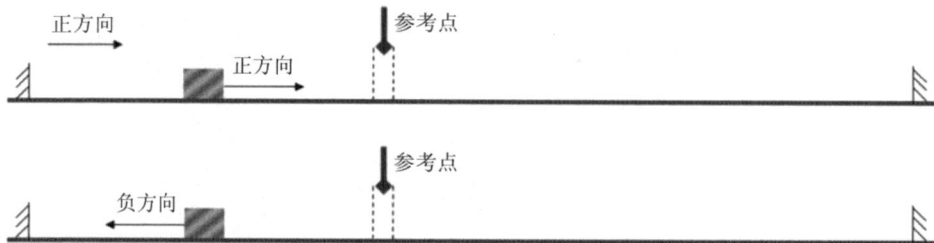

图 5-61　回原点示意图

⑤ 接近速度：设置寻找原点的起始速度。当程序中触发了 MC_Home 指令后，轴立即以"接近速度"运行来寻找原点。

⑥ 回原点速度：设置轴第一次碰到原点开关有效边沿后的运行速度。触发 MC_Home 指令后，轴以"接近速度"运行来寻找原点，当轴碰到原点开关的有效边沿后轴从"接近速度"切换到"回原点速度"来完成原点定位。"回原点速度"要小于"接近速度"，且不宜设置过快。

⑦ 原点位置偏移量：该值不为零时，轴在距离原点开关一段距离(该距离值是偏移量)

停下，把该位置标记为原点位置。该值为零时，轴会停在原点开关边沿处。

4. S7-1200 PLC 运动控制指令

在 PLC 程序中，通过调用运动控制指令来控制轴，从而启动驱动器来实现驱动任务。S7-1200 PLC 运动控制指令共有 12 个，如图 5-62 所示。

S7-1200PLC 运动
控制指令及应用

图 5-62　S7-1200 PLC 运动控制指令

四、任务实施

1. 控制系统设计

小车运行机构由滑台、丝杠、步进电动机、限位开关和光电传感器等组成。本任务的小车运行机构有两个传感器(NPN 型)、两个限位开关和一个步进电动机，共四个输入点，两个输出点。步进电动机的控制驱动器需 PLC 的脉冲信号，因此选用 CPU 1214C DC/DC/DC。

本任务控制系统由三部分组成：人机界面(MCGS)、机械传动和控制程序。人机界面主要控制小车启动、停止及运行过程监控；机械传动用于保护整个装置不超程，其中光电传感器为小车往返提供触发条件；控制程序使小车按照任务要求输出相应的数字信号给步进电动机。小车两点往返的流程图如图 5-63 所示。

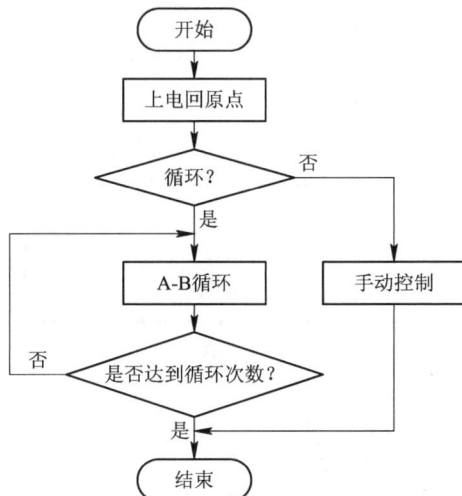

图 5-63　运料小车往返运动流程图

2. I/O 地址分配

根据 PLC 输入/输出点分配原则及本任务控制要求,运料小车往返 I/O 地址分配表如表 5-7 所示。

表 5-7　运料小车往返 I/O 地址分配表

输　入			输　出		
输入继电器	作　用	元　件	输出继电器	作　用	元　件
I0.0	机械限位 1	SQ1	Q0.0	脉冲输出	步进驱动器 PUL +
I0.1	机械限位 2	SQ2	Q0.1	方向输出	步进驱动器 DIR +
I0.2	光电开关 A 点	B1			
I0.3	光电开关 B 点	B2			

3. 系统接线图

根据本任务控制要求及 I/O 地址分配,PLC 接线图如图 5-64 所示,步进电动机接线图如图 5-65 所示,触摸屏只需接入 5 V 电源即可。

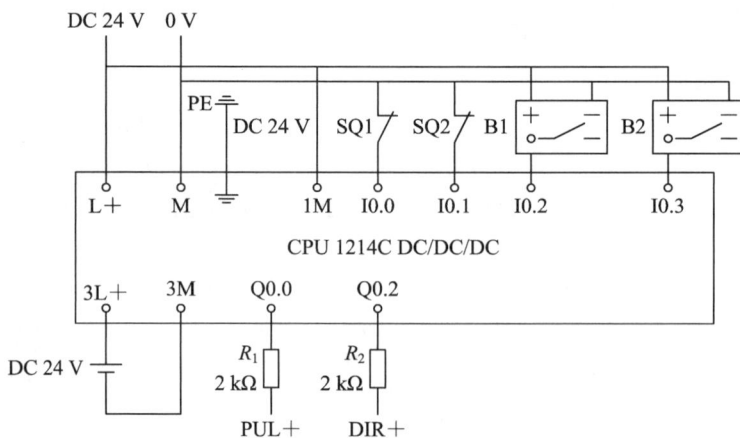

图 5-64　PLC 接线图

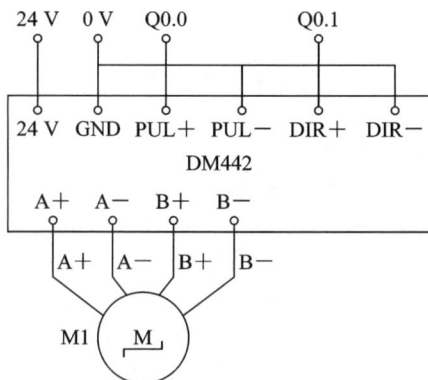

图 5-65　步进电动机接线图

4. 创建项目

在 TIA Portal 软件中创建新项目，命名为"基于 PLC 的运料小车往返控制系统"，然后添加 CPU 1214C DC/DC/DC。

5. 创建变量表

根据 I/O 地址分配和任务要求，创建 PLC 变量表，如图 5-66 所示。

	名称	变量表	数据类型	地址	保持
1	轴_1_脉冲	默认变量表	Bool	%Q0.0	
2	轴_1_方向	默认变量表	Bool	%Q0.1	
3	SQ1	默认变量表	Bool	%I0.0	
4	SQ2	默认变量表	Bool	%I0.1	
5	光电开关A点（原点）	默认变量表	Bool	%I0.2	
6	光电开关B点	默认变量表	Bool	%I0.3	
7	向右点动	默认变量表	Bool	%M2.0	
8	向左点动	默认变量表	Bool	%M2.1	
9	手动回原点	默认变量表	Bool	%M2.2	
10	右行循环	默认变量表	Bool	%M2.3	
11	左行循环	默认变量表	Bool	%M2.4	
12	循环启动	默认变量表	Bool	%M2.5	
13	停止	默认变量表	Bool	%M2.6	
14	回原点辅助指令	默认变量表	Bool	%M2.7	
15	循环辅助继电器	默认变量表	Bool	%M3.0	
16	System_Byte	默认变量表	Byte	%MB1	
17	FirstScan	默认变量表	Bool	%M1.0	
18	DiagStatusUpdate	默认变量表	Bool	%M1.1	
19	AlwaysTRUE	默认变量表	Bool	%M1.2	
20	AlwaysFALSE	默认变量表	Bool	%M1.3	

图 5-66　PLC 变量表

6. 轴工艺对象组态

(1) 依次选中"基本参数"→"常规"，将轴名称设为"轴_1"，驱动器选择"PTO"，测量单位选择"mm"。

(2) 依次选中"基本参数"→"驱动器"，脉冲发生器选择"Pulse_1"，信号类型选择"PTO(脉冲 A 和方向 B)"，PTO 脉冲输出端口为 Q0.0，PTO 方向输出端口为 Q0.1。

(3) 依次选中"扩展参数"→"机械"，将电动机每转的脉冲数设为 1000，丝杠导程设为 4.0 mm，所允许的旋转方向设为双向。

(4) 依次选中"扩展参数"→"位置限制"，启用硬限位开关，硬件下限位开关输入点为 I0.0，硬件上限位开关输入点为 I0.1，均为低电平。

(5) 依次选中"动态"→"常规"，将速度限值单位设为 mm/s，最大转速为 50 mm/s，启动/停止速度设为 10 mm/s，加速度、减速度均设为 80 mm。

(6) 依次选中"动态"→"急停"，将紧急减速度设为 400 mm。

(7) 依次选中"回原点"→"主动"，将输入归位开关设为 I0.2，选择高电平。接近/回原点方向设为正方向，归位开关一侧设为下侧。勾选"允许硬限位开关处自动反转"。接近速度设为 20 mm/s，回原点速度设为 10 mm/s，原点位置偏移量设为 0.0 mm。

7. MCGS 触摸屏界面绘制

(1) 双击桌面上的 ![MCGS]图标，打开新建工程设置界面，选择 TPC1261Hii 型号触摸屏。

(2) 依次点击"文件"→"工程另存为"，项目名称命名为"运料小车往返控制"。点击"保存"，弹出工作台窗口。

(3) 选择"设备窗口"并点击"设备组态"，进入设备窗口组态界面。在空白处点击右键进入"设备工具箱"→"设备管理"，从中添加通用串口设备和 Siemens_1200，并存盘。

(4) 依次进入"实时数据库"→"新增对象"，新增 8 个开关型变量，如图 5-67 所示。

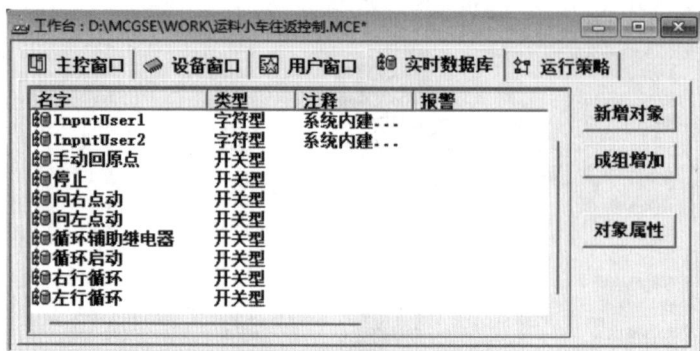

图 5-67　实时数据库对象设置

(5) 回到"设备窗口"，选择设备 0→[Siemens_1200]并点击右键，选择属性，增加设备通道并连接变量，如图 5-68 所示。

图 5-68　变量定义

(6) 依次进入"用户窗口"→"新建窗口"，设计人机界面，如图 5-69 所示。

图 5-69　人机界面设计

8. 编写程序

本任务程序共包括 5 段，如图 5-70 所示。

程序段1：实现小车回原点。系统上电或者按下手动回原点按钮后，激活MC_Home指令，执行回原点命令。

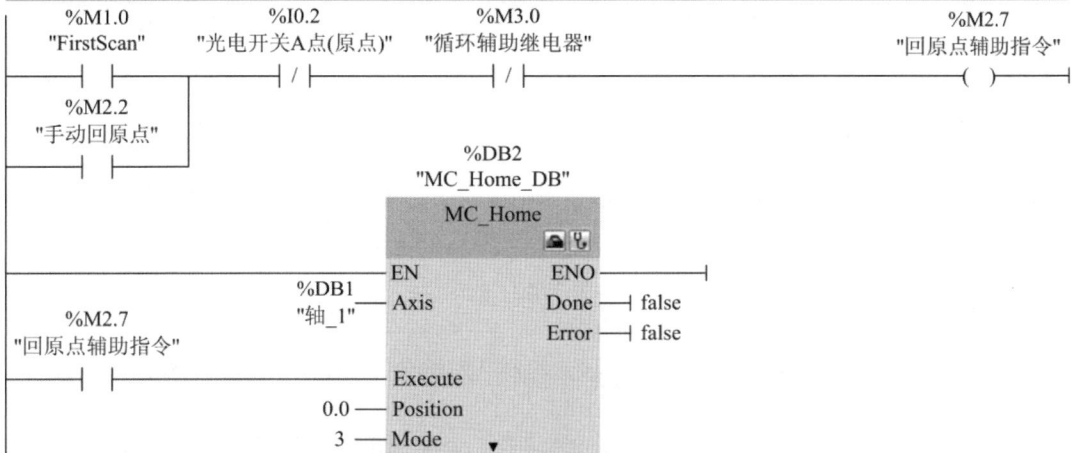

```
   %M1.0              %I0.2                  %M3.0                                          %M2.7
 "FirstScan"     "光电开关A点(原点)"     "循环辅助继电器"                              "回原点辅助指令"
   ┤ ├                ┤/├                    ┤/├                                           ( )

   %M2.2
 "手动回原点"
   ┤ ├
                                          %DB2
                                      "MC_Home_DB"

                                         MC_Home

                                    ─── EN        ENO ───
                            %DB1   ─── Axis       Done ─┤ false
                           "轴_1"                Error ─┤ false
   %M2.7
 "回原点辅助指令"
   ┤ ├ ─────────────────────────────── Execute
                                 0.0 ── Position
                                   3 ── Mode      ▼
```

程序段2：启动轴。在系统接线图中，限位开关SQ1和SQ2采用常闭接法，当运料小车超程压下限位开关使开关断开，轴_1失电，小车立即停止。小车复位需要先将步进电动机断电再手动复位。

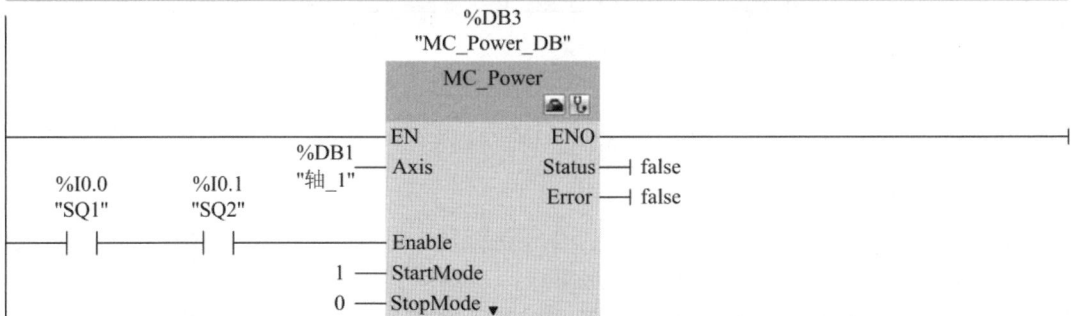

```
                                          %DB3
                                      "MC_Power_DB"

                                         MC_Power

                                    ─── EN         ENO ───
                            %DB1   ─── Axis      Status ─┤ false
                           "轴_1"                 Error ─┤ false
   %I0.0        %I0.1
   "SQ1"        "SQ2"
   ┤ ├          ┤ ├ ─────────────────── Enable
                                   1 ── StartMode
                                   0 ── StopMode  ▼
```

程序段3：通过MC_MoveJog指令实现运料小车左行或右行。

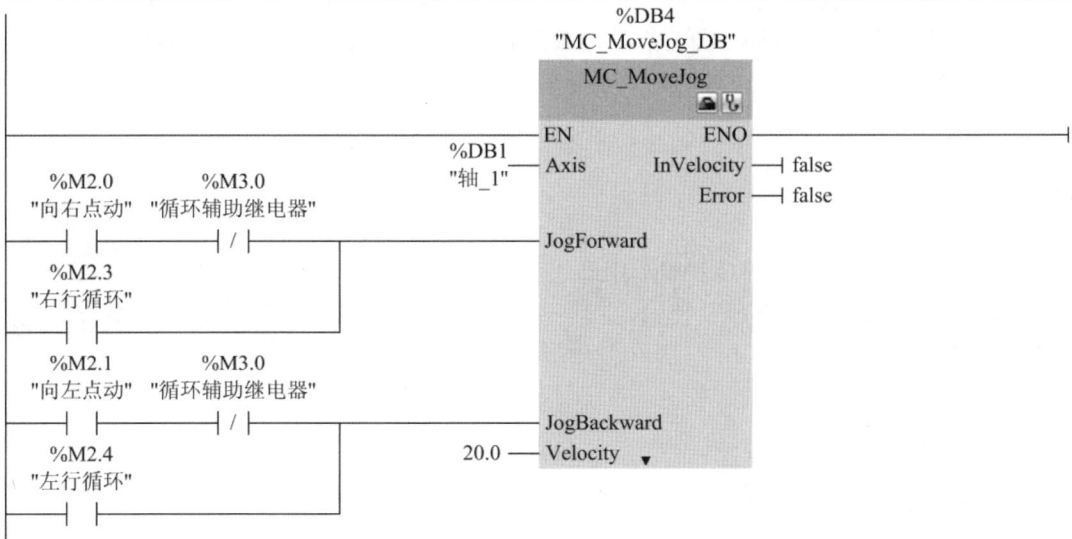

```
                                          %DB4
                                     "MC_MoveJog_DB"

                                        MC_MoveJog

                                    ─── EN         ENO ───
                            %DB1   ─── Axis    InVelocity ─┤ false
                           "轴_1"               Error ─┤ false
   %M2.0         %M3.0
 "向右点动"   "循环辅助继电器"
   ┤ ├           ┤/├ ──────────────────── JogForward
   %M2.3
 "右行循环"
   ┤ ├

   %M2.1         %M3.0
 "向左点动"   "循环辅助继电器"
   ┤ ├           ┤/├ ──────────────────── JogBackward
   %M2.4                            20.0 ── Velocity   ▼
 "左行循环"
   ┤ ├
```

程序段4：A、B两点循环，小车循环启动之前必须回原点。小车左行至B点，光电开关B检测到小车而闭合，复位左行，置位右行，进行循环。

%M2.5
"循环启动"

%I0.2
"光电开关A点(原点)"

%M3.0
"循环辅助继电器"
(S)

%M3.0
"循环辅助继电器"

%I0.2
"光电开关A点(原点)"

%M2.3
"右行循环"
(R)

%M2.4
"左行循环"
(S)

%I0.3
"光电开关B点"

%M2.4
"左行循环"
(R)

%M2.3
"右行循环"
(S)

程序段5：停止循环。按下停止按钮，小车停在当前位置。

%M2.6
"停止"

%M3.0
"循环辅助继电器"
(R)

%M2.3
"右行循环"
(R)

%M2.4
"左行循环"
(R)

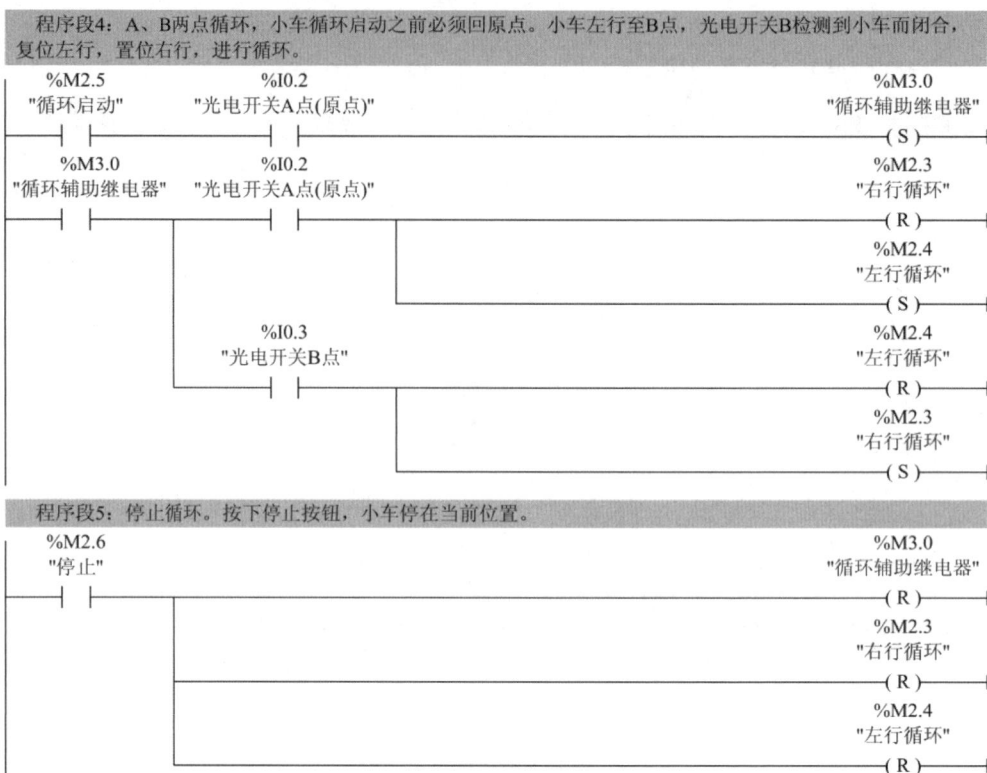

图 5-70　本任务程序

9. 调试程序

将调试好的用户程序下载到 CPU 中，并连接线路、触摸屏和 PLC。观察初次上电或点触摸屏手动回原点按钮，运料小车是否回原点；观察运料小车回原点后，点触摸屏循环启动按钮，运料小车是否会在 A 和 B 之间循环运行；观察点触摸屏停止按钮，运料小车循环运行是否停止。非循环状态下，观察点触摸屏向右点动/向左点动，运料小车是否会向右/向左点动；若一直让小车向右/向左点动，触碰到限位开关 SQ1/SQ2，观察运料小车是否会立即停止；观察在触摸屏上设计的相关指示灯是否能按运行状态亮灭。若上述条件均满足，则本任务调试无误。

五、检查评价

本任务的重点是掌握 PTO/PWM 组态过程及编程方法，掌握运动控制指令的功能，参数设置、选择及使用，实现基于 PLC 的运料小车往返控制系统程序设计及调试等。

考核评价表

六、研讨测评

(一) 填空题

1. S7-1200 PLC 的 CPU 提供了 1 个_____和 1 个_____，通过脉冲接口对步进电

动机或伺服电动机进行控制。

2. ＿＿＿＿＿＿＿为驱动器提供电动机运动所需的脉冲。

3. ＿＿＿＿＿＿＿是目前为止所有版本的 S7-1200 PLC 的 CPU 都有的控制方式,该控制方式由 CPU 向轴驱动器发送高速脉冲信号(以及方向信号)来控制轴的运行

4. ＿＿＿＿＿＿＿指令使轴归位,设置参考点,用来将轴坐标与实际的物理驱动器位置进行匹配。

(二) 判断题

1. PTO 为高速脉冲输出,它总是输出一定频率和占空比为 50%的方波脉冲。(　　)

2. "轴"工艺对象是用户程序与驱动器的接口。(　　)

3. 运动控制功能指令块在轴对象组态未完成前也能使用。(　　)

4. 轴做绝对位置定位前一定要触发 MC_Home 指令。(　　)

5. 在运动控制中无论是开环控制还是闭环控制方式,每一个轴都需要添加一个轴"工艺对象"。(　　)

6. MC_MoveRelative 相对定位轴指令块的执行不需要建立参考点,只需要定义距离、速度和方向即可。(　　)

(三) 选择题

1. 下列指令中属于回原点指令的是(　　)

A. MC_ Home B. MC_Power

C. MC_Reset D. MC_ Halt

2. 下列指令中属于启动/禁用轴指令的是(　　)

A. MC_ Home B. MC_Power

C. MC_Reset D. MC_ Halt

3. 下列指令中属于轴绝对定位指令的是(　　)

A. MC_MoveAbsolute B. MC_MoveRelative

C. MC_MoveVelocity D. MC_MoveJog

(四) 简答题

1. 请简述起始位置偏移量。

2. 请简述接近速度。

项目六 通信与网络应用

S7-1200 PLC 具有丰富的通信接口和通信模块,具备强大的通信功能,提供多种通信选项,如 I-Device(智能设备)、PROFINET、PROFIBUS、远距离控制通信、PtP(点对点)通信、USS、AS-i、Modbus RTU 和 I/O Link MASTER 等,本项目将通过 4 个任务介绍 S7-1200 PLC 与其他型号 PLC、变频器等之间的相互通信,具体介绍并行通信方式和串行通信方式,S7 通信和开放式用户通信方法,数据发送指令 PUT、数据接收指令 GET 等指令的应用。通过对本项目的学习,读者应能熟悉和掌握 S7-1200 PLC 的通信功能及其与其他设备间通信的实现方式。

任务22 基于 PLC 的多路口交通灯控制系统

一、任务描述

现有 3 个交通路口的交通灯,组成绿色通道交通信号灯控制系统(又称绿波带,即汽车以绿波速度行驶,从 1 号交通灯出发后,在即将到达 2 号交通灯时,2 号交通灯变为绿灯,到达 3 号交通灯时,3 号交通灯变为绿灯)。交通灯由红、黄、绿三种颜色的信号灯组成。要求按下启动按钮,3 个交通灯开始运行,1 号交通灯启动,间隔 1 min 后,2 号交通灯开始运行,再间隔 1 min 后,3 号交通灯开始运行。交通灯南北方向红灯亮 20 s,同时东西方向绿灯亮 15 s,15 s 后东西方向黄灯常亮 3 s,3 s 后该黄灯以频率 2 Hz 闪烁 2 s;东西方向黄灯闪烁结束后,东西方向红灯亮 20 s,同时南北方向绿灯亮 15 s,15 s 后南北方向黄灯常亮 3 s,3 s 后该黄灯以 2 Hz 频率闪烁 2 s,循环执行程序。按下停止按钮,3 个交通灯停止运行。

二、学习目标

知识目标

1. 深度理解并行通信方式和串行通信方式的含义、特点及区别,并了解西门子通信网络的相关知识。
2. 掌握 S7-1200 PLC 间的 S7 通信和开放式用户通信方法。

3. 掌握 PUT 指令、GET 指令、TSEND_C 指令和 TRCV_C 指令的功能与参数设置。

技能目标

1. 会设计基于 PLC 的多路口交通灯控制系统，能够绘制出对应的 I/O 接线图并完成接线，能根据控制要求编写梯形图程序。
2. 能够熟练应用 S7 通信和开放式用户通信方法实现基于 PLC 的多路口交通灯控制。

思政目标

1. 增强投身工控行业的自豪感、责任感和使命感。
2. 增强工匠意识，树立职业精神。

三、相关知识

1. 通信简介

终端与其他设备(例如其他终端、计算机和外部设备)通过数据传输进行通信。数据传输可以通过两种方式进行：并行通信方式和串行通信方式。

(1) 并行通信方式。一组数据的各数据位在多条线上同时被传输，这种传输方式称为并行通信。它以计算机的字长(通常是 8 位、16 位或 32 位)为传输单位，每次传送一个字长的数据。并行是指多位数据同时通过并行线进行传送，这样数据传送速度大大提高，但并行传送的线路长度受到限制，因为长度增加，干扰就会增加，数据也就容易出错。

(2) 串行通信方式。串行通信是一种传统的、经济有效的通信方式，可以用于不同厂商产品之间节点少、数据量小、通信速率低、实时性要求不高的场合，多用于连接扫描仪、条码阅读器和支持 Modbus 协议的现场仪表、变频器等带有串行通信接口的设备。

串行通信按照数据传送的方向分为单工、半双工和全双工三种传输方式；按照传输数据的格式规定分成同步通信和异步通信两种传输方式。

同步通信广泛应用于位置编码器和控制器之间。控制器产生时钟脉冲串，传感器产生数据脉冲串。同步通信以帧为数据传输单位，字符之间既没有间隙，也没有起始位和停止位。为保证接收端能正确区分数据流，收发双方必须建立起同步的时钟，如图 6-1 所示。

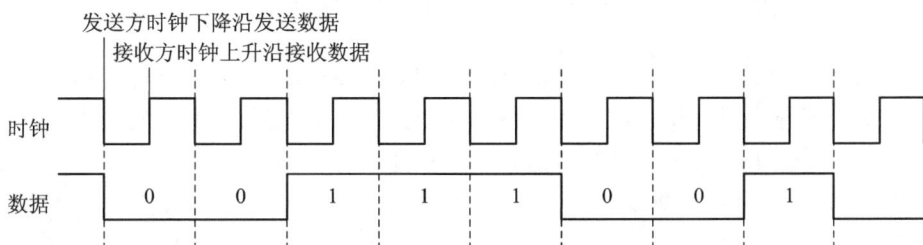

图 6-1　同步通信数据发送与接收

异步通信以字符为传输单位。传输开始时，组成这个字符的各个数据位将连续发送，接收端通过检测字符中的起始位和停止位来判断接收到达的字符，如图 6-2 所示。

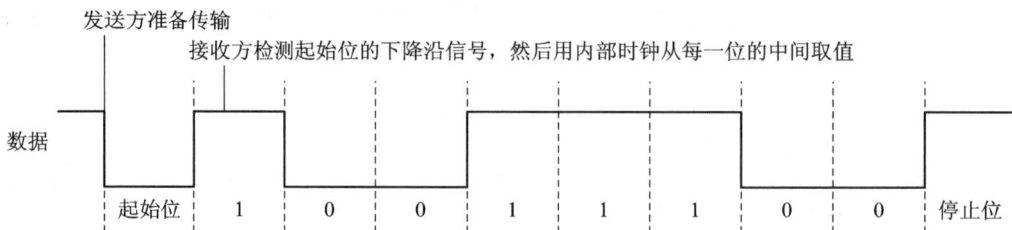

图 6-2　异步通信数据发送和接收

S7-1200 PLC 的串行通信采用异步通信传输方式，每个字符有 1 个起始位、7 或 8 个数据位、1 个奇偶校验位或无校验位、1 个停止位，传输时间取决于通信模块端口的波特率设置。

2. 西门子通信网络

1) 现场总线网络

PROFIBUS(Process Field Bus)具有标准化的设计和开放的结构,遵循这一标准的设备即使是不同的公司制造，也能够互相兼容。

PROFIBUS 由三种通信协议组成，即 PROFIBUS DP、PROFIBUS PA 和 PROFIBUS FMS。PROFIBUS DP 在主站和从站之间采用轮循的通信方式，主要应用于自动化系统中单元级和现场级通信，适用于传输中小量的数据。PROFIBUS PA 是为过程控制的特殊要求而设计的，使用了扩展的 PROFIBUS DP 协议进行数据传输，电源和数据通过总线并行传输，可以用于对安全有较高要求的场合，主要面向过程自动化系统中单元级和现场级通信。PROFIBUS FMS 主要用于车间级主站之间的通信，是面向对象的通信，适用于大数据量的数据传输。对于西门子 PLC 系统，PROFIBUS 还提供了 S7 通信和 S5 兼容通信(PROFIBUS FDL)两种通信方式。

SIMATIC S7-1200 不支持 PROFIBUS FMS 和 PROFIBUS FDL 通信，可以通过 PROFIBUS DP 或者 PROFIBUS S7 与其他设备通信。

2) 以太网通信

西门子工业以太网可以应用于单元级、管理级的网络，其通信数据量大、传输距离长。西门子工业以太网可同时运行多种通信服务，例如 PG/OP 通信、S7 通信、开放式用户通信和 PROFINET 通信。S7 通信和开放式用户通信为非实时性通信，主要用于站点间数据通信。基于工业以太网开发的 PROFINET 通信具有很好的实时性，主要用于连接现场分布式站点。

设备与设备之间进行以太网通信需要配合 IEFC RJ45 插头使用。单根 IEFC 2×2 电缆的通信距离为 100 m，通信速率可达 100 Mb/s。IEFC 4×2 电缆可用于连接主干网，其通信速率最大可达 1000 Mb/s。使用光纤通信时，通信距离没有限制。

S7-1200 PLC 的 CPU 本体集成了 1 个以太网接口，其中 CPU 1211C、CPU 1212C 和 CPU 1214C 只有 1 个以太网 RJ45 端口，CPU 1215C 和 CPU 1217C 则内置了 1 个双 RJ45 端口的以太网交换机。S7-1200 PLC 的 CPU 可以通过直接连接或交换机连接的方式与其他设备通信。

S7-1200 PLC 的 S7 通信

(1) S7 通信。S7 通信是专门为西门子控制产品优化设计的通信方式，

它是面向连接的，具有较高的安全性。连接是指两个通信"伙伴"之间为了执行通信而建立的逻辑链路，而不是两个"伙伴"之间用物理媒介(例如电缆)实现的连接。S7 连接是要通过组态且占用 CPU 的连接资源的静态连接。基于连接的通信可分为单向连接和双向连接，S7-1200 PLC 仅支持 S7 单向连接。

单向连接的客户机是向服务器请求服务的设备，客户机调用 GET/PUT 指令读、写服务器的存储区。服务器在通信中是被动方，用户不用编写服务器的 S7 通信程序，S7 通信是由服务器的操作系统完成的。

① PUT 指令：向远程 CPU 写入数据。PUT 指令及部分引脚含义如表 6-1 所示。

表 6-1　PUT 指令及各引脚含义

PUT 指令	引 脚 含 义
<???> PUT Remote-Variant EN　ENO …—REQ　DONE—… …—ID　ERROR—… <???>—ADDR_1　STATUS—… <???>—SD_1	REQ：用于触发 PUT 指令的执行，每个上升沿触发一次
	ID：S7 通信连接 ID，该连接 ID 在组态 S7 连接时生成
	ADDR_n：指向伙伴 CPU 写入区域的指针
	SD_n：指向本地 CPU 发送区域的指针
	DONE：数据被成功写入伙伴 CPU
	ERROR：指令执行出错，错误代码参考 STATUS
	STATUS：通信状态字，当 ERROR 为 TRUE 时，通过代码查找错误原因

② GET 指令：从远程 CPU 读取数据。GET 指令各部分引脚含义如表 6-2 所示。

表 6-2　GET 指令及部分引脚含义

GET 指令	引 脚 含 义
<???> GET Remote-Variant EN　ENO …—REQ　NDR—… …—ID　ERROR—… <???>—ADDR_1　STATUS—… <???>—RD_1	REQ：用于触发 GET 指令的执行，每个上升沿触发一次
	ID：S7 通信连接 ID，该连接 ID 在组态 S7 连接时生成
	ADDR_n：指向伙伴 CPU 发送区域的指针
	RD_n：指向本地 CPU 写入区域的指针
	NDR：数据从伙伴 CPU 读取成功
	ERROR：指令执行出错，错误代码参考 STATUS
	STATUS：通信状态字，当 ERROR 为 TRUE 时，通过代码查找错误原因

(2) 开放式用户通信。基于 CPU 集成的 PN 接口的开放式用户通信(Open User Communication)是一种程序控制的通信方式，这种通信只受用户程序的控制，可以用程序建立和断开事件驱动的通信连接，在运行期间也可以修改通信连接。在开放式用户通信中，PLC 可以用功能块建立连接。指令 TSEND 和 TRCV 用于通过 TCP 和 ISO-on-TCP 协议发

送和接收数据。

① TSEND 指令：通过以太网发送数据(TCP)。TSEND 指令及部分引脚含义如表 6-3 所示。

表 6-3　TSEND 指令及部分引脚含义

TSEND 指令	引 脚 含 义
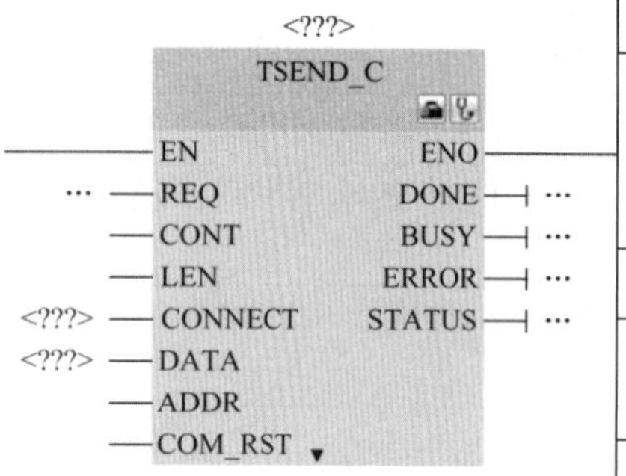 <???> TSEND_C EN　　　　　ENO … ─ REQ　　　 DONE ─ … ─ CONT　　　 BUSY ─ … ─ LEN　　　 ERROR ─ … <???> ─ CONNECT　STATUS ─ … <???> ─ DATA ─ ADDR ─ COM_RST ▼	REQ：上升沿时触发发送作业
	CONT：控制连接建立。当 CONT 为 0 时，断开连接；为 1 时，建立连接并保持
	LEN：发送数据长度。LEN = 0 时，发送长度取决于 DATA 指定的数据发送区。当 DATA 为优化数据块的结构化变量时，建议设置 LEN = 0
	CONNECT：指向连接描述结构的指针
	DATA：指向发送区的指针，本地数据区域支持优化访问或标准访问
	ADDR：将参数改为隐藏，只用于 UDP 通信，用于指定通信伙伴的地址信息
	COM_RST：用于复位连接

② TRCV 指令：通过以太网读取数据(TCP)。TRCV 指令及各参数定义如表 6-4 所示。

表 6-4　TRCV 指令及部分各引脚含义

TRCV 指令	引 脚 含 义
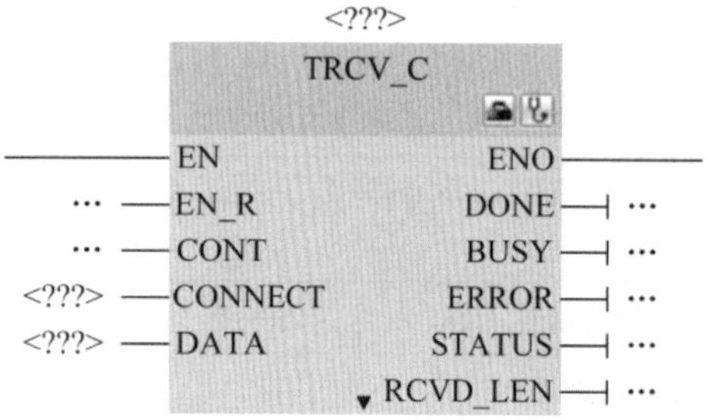 <???> TRCV_C EN　　　　　ENO … ─ EN_R　　　 DONE ─ … … ─ CONT　　　 BUSY ─ … <???> ─ CONNECT　ERROR ─ … <???> ─ DATA　　 STATUS ─ … ▼ RCVD_LEN ─ …	EN_R：启用接收功能
	CONT：控制连接建立。当 CONT 为 0 时，断开连接；为 1 时，建立连接并保持
	LEN：接收数据长度。LEN = 0 时，接收长度取决于 DATA 指定的数据接收区。当 DATA 为优化数据块的结构化变量时，建议设置 LEN = 0
	CONNECT：指向连接描述的指针
	DATA：指向接收区的指针，本地数据区域支持优化访问或标准访问
	RCVD_LEN：实际接收到的字节数

四、任务实施

1. 控制系统设计

根据任务描述设计并画出顺序功能图。本任务控制系统的顺序功能图如图 6-3 所示，图中相关注释如表 6-5 所示。

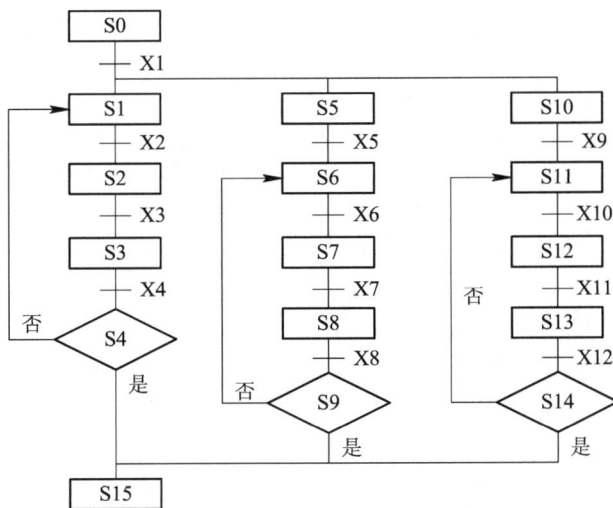

图 6-3　控制系统的顺序功能图

表 6-5　顺序功能图相关注释

序列号	释　义
S0	系统初始化
S1	1 号交通灯总定时器开始计时，由定时器输出自复位定时器
S2	1 号交通灯南北方向红灯亮 20 s，同时东西方向绿灯亮 15 s，15 s 后东西方向黄灯常亮 3 s，3 s 后该黄灯以 2 Hz 频率闪烁 2 s
S3	1 号交通灯东西方向红灯亮 20 s，同时南北方向绿灯亮 15 s，15 s 后南北方向黄灯常亮 3 s，3 s 后该黄灯以 2 Hz 频率闪烁 2 s
S4	判断是否按下停止按钮
S5	定时 10 s 启动 2 号交通灯
S6	2 号交通灯总定时器开始计时，由定时器输出自复位定时器
S7	2 号交通灯南北方向红灯亮 20 s，同时东西方向绿灯亮 15 s，15 s 后东西方向黄灯常亮 3 s，3 s 后该黄灯以 2 Hz 频率闪烁 2 s
S8	2 号交通灯东西方向红灯亮 20 s，同时南北方向绿灯亮 15 s，15 s 后南北方向黄灯常亮 3 s，3 s 后该黄灯以 2 Hz 频率闪烁 2 s
S9	判断是否按下停止按钮
S10	定时 20 s 启动 3 号交通灯
S11	3 号交通灯总定时器开始计时，由定时器输出自复位定时器
S12	3 号交通灯南北方向红灯亮 20 s，同时东西方向绿灯亮 15 s，15 s 后东西方向黄灯常亮 3 s，3 s 后该黄灯以 2 Hz 频率闪烁 2 s
S13	3 号交通灯东西方向红灯亮 20 s，同时南北方向绿灯亮 15 s，15 s 后南北方向黄灯常亮 3 s，3 s 后该黄灯以 2 Hz 频率闪烁 2 s
S14	判断是否按下停止按钮
S15	结束
X1	判断是否按下停止按钮

序列号	释　义
X2	1 号交通灯总定时器时间大于 0 s 且小于或等于 20 s
X3	1 号交通灯总定时器时间大于 20 s 且小于或等于 40 s
X4	1 号交通灯总定时器计时完成
X5	2 号交通灯启动
X6	2 号交通灯总定时器时间大于 0 s 且小于或等于 20 s
X7	2 号交通灯总定时器时间大于 20 s 且小于或等于 40 s
X8	2 号交通灯总定时器计时完成
X9	3 号交通灯启动
X10	3 号交通灯总定时器时间大于 0 s 且小于或等于 20 s
X11	3 号交通灯总定时器时间大于 20 s 且小于或等于 40 s
X12	3 号交通灯总定时器计时完成

2. I/O 地址分配

每个交通路口南北方向和东西方向各有三种颜色灯，即每个交通路口需要 6 个输出点。由于路口间距离较远，通过通信的方式控制更为经济，所以选用 3 个可满足任务设计要求的 PLC(CPU 选择 CPU 1214C DC/DC/DC)，每个 PLC 负责控制一个交通路口。根据 PLC 输入/输出点分配原则及基于 PLC 的多路口交通灯控制要求，进行 I/O 地址分配，PLC1、PLC2 和 PLC3 I/O 地址分配如下：

(1) 1 号交通灯处 PLC1 的输入继电器 I0.0 和 I0.1 分别连接启动按钮 SB0 和停止按钮 SB1，输出继电器 Q0.0～Q0.5 分别连接南北和东西两个方向的 6 个 LED 灯(LED1～LED6)。

(2) 2 号交通灯处 PLC2 的输出继电器 Q0.0～Q0.5 分别连接南北和东西两个方向的 6 个 LED 灯(LED1～LED6)。

(3) 3 号交通灯处 PLC3 的输出继电器 Q0.0～Q0.5 分别连接南北和东西两个方向的 6 个 LED 灯(LED1～LED6)。

3. PLC 控制接线图

根据基于 PLC 的多路口交通灯控制要求及 I/O 地址分配，多路口交通灯的 PLC 控制接线图如图 6-4 所示。

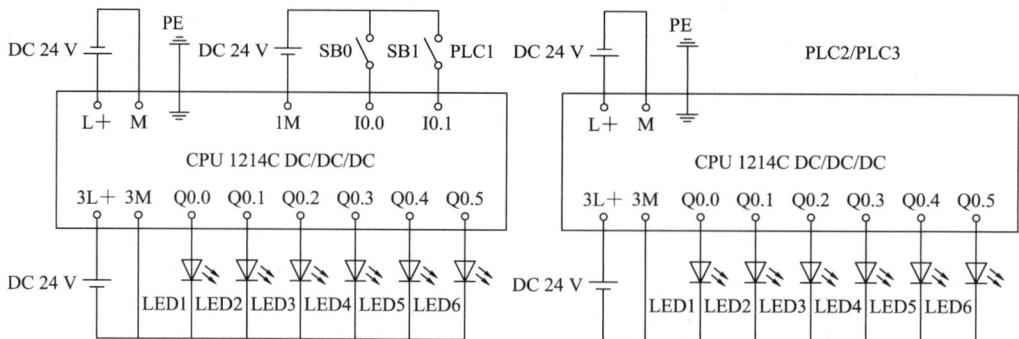

图 6-4　多路口交通灯 PLC1/PLC2/PLC3 控制的 I/O 接线图

4. 创建工程项目

在 Portal 视图中选择"创建新项目"，输入项目名称"多路口交通灯"，选择项目保存路径，创建项目并进行项目的硬件组态。添加 3 个 PLC(CPU 1214C DC/DC/DC)，3 个 PLC 的 IP 地址分别设为 192.168.0.1、192.168.0.2、192.168.0.3。PLC 建立后，进入设备组态，由于一个 PLC 不能实现本任务功能，需要多个 PLC 之间通信以同时控制 PLC，故启用 PLC1 的系统时钟存储器，用系统时钟的 10 Hz 时钟去触发开放式发送指令。虽然 PLC2 和 PLC3 中仅需一直接收数据，使能引脚一直接通即可，但在实现红绿灯功能时，黄灯需要以 2 Hz 频率闪烁，所以 PLC2 和 PLC3 的系统时钟也需要激活。3 个 PLC 要配合完成任务，那么 3 个 PLC 之间就要进行通信，所以在组态时需要直接把子网建立好，并且 3 个 PLC 在同一子网内。建立子网时，直接在设备和网络中把 3 个 PLC 的以太网口连接即可，如图 6-5 所示。

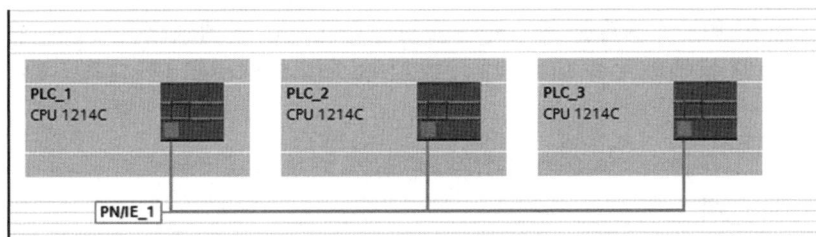

图 6-5　添加子网

5. 编辑变量表

本任务中，除启用系统时钟产生的变量外，还可在 3 个 PLC 中继续添加如下变量。

(1) 在 PLC1 中，I0.0 为启动，I0.1 为停止，Q0.0～Q0.5 为 PLC 输出到两个方向的灯；IB0 为数据发送，如图 6-6 所示。

图 6-6　多路口交通灯 PLC1 部分变量表

(2) 在 PLC2 中，Q0.0～Q0.5 为 PLC 输出到两个方向的灯；MB10 为数据接收，从数据接收区中提取的 M10.0 和 M10.1 两个位对应 PLC1 中发送的启动和停止信号，如图 6-7 所示。

图 6-7　多路口交通灯 PLC2 部分变量表

(3) 在 PLC3 中，Q0.0～Q0.5 为 PLC 输出到两个方向的灯；MB10 为数据接收，从数据接收区中提取的 M10.0 和 M10.1 两个位对应 PLC1 中发送的启动和停止信号，如图 6-8 所示。

10		数据接收	默认变量表	Byte	%MB10		✓	✓	✓
11		接收启动	默认变量表	Bool	%M10.0		✓	✓	✓
12		接收停止	默认变量表	Bool	%M10.1		✓	✓	✓
13		3号南北红	默认变量表	Bool	%Q0.0		✓	✓	✓
14		3号南北绿	默认变量表	Bool	%Q0.1		✓	✓	✓
15		3号南北黄	默认变量表	Bool	%Q0.2		✓	✓	✓
16		3号东西红	默认变量表	Bool	%Q0.3		✓	✓	✓
17		3号东西绿	默认变量表	Bool	%Q0.4		✓	✓	✓
18		3号东西黄	默认变量表	Bool	%Q0.5		✓	✓	✓
19		保持1	默认变量表	Bool	%M11.0		✓	✓	✓
20		保持2	默认变量表	Bool	%M11.1		✓	✓	✓

图 6-8　多路口交通灯 PLC3 变量表

6. 建立通信

(1) 首先在 PLC1 主程序中调用一个 TSEND_C 指令，如图 6-9 所示。点击指令右上方的小工具箱图标进行组态连接，伙伴选择 PLC2，即选择发送数据对象为 PLC2，如图 6-10 所示。在 PLC1 和 PLC2 的连接参数处选择新建，此处新建的数据为连接数据，新建完成后，新建的 PLC1 连接数据块在 PLC1 中，PLC2 的连接数据块在 PLC2 中，如图 6-11 所示。

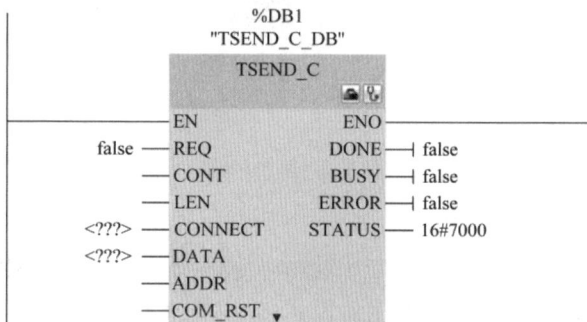

图 6-9　调用发送指令

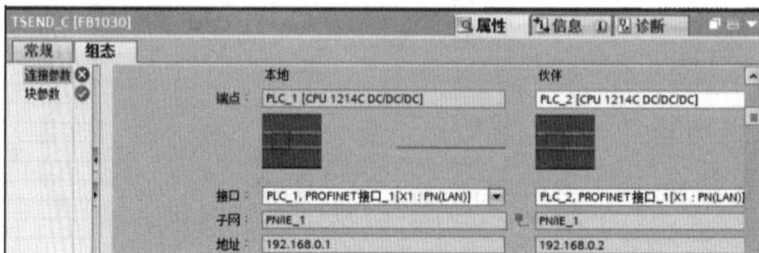

图 6-10　组态连接伙伴

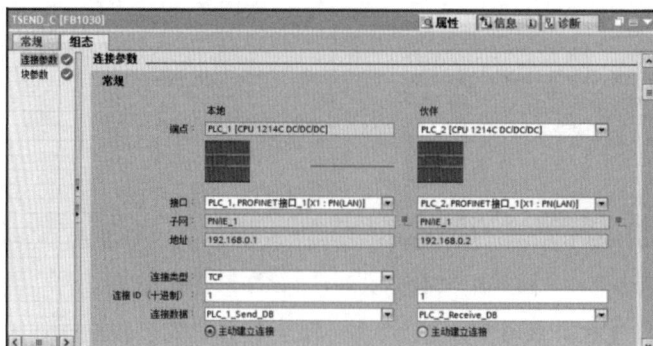

图 6-11　连接建立完成

（2）在 PLC2 主程序中调用 TRCV_C 指令，如图 6-12 所示。点击指令右上方的小工具箱图标进行组态连接，伙伴选择 PLC1，如图 6-13 所示。在 PLC1 和 PLC2 的连接参数外选择在 PLC1 中新建的数据即可，此处选择的数据为连接数据，新建完成后，如图 6-14 所示。此时 PLC1 和 PLC2 间的通信已经建立，采用相同的步骤建立 PLC1 和 PLC3 之间的通信。

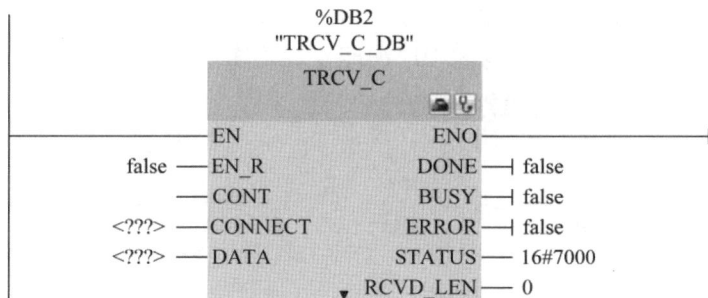

图 6-12　调用接收指令

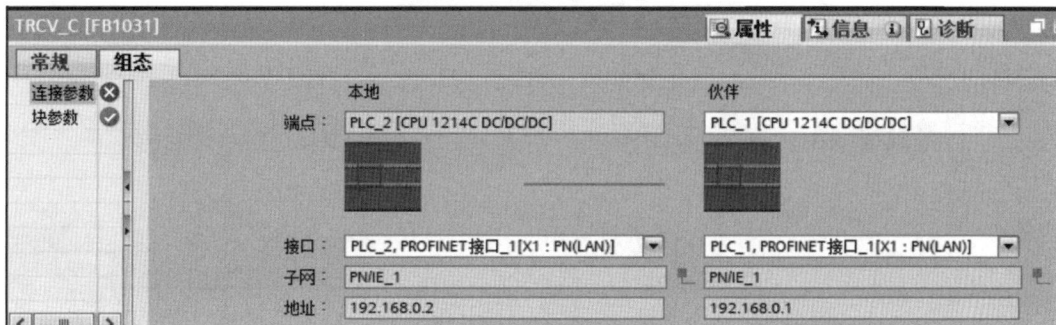

图 6-13　组态连接伙伴

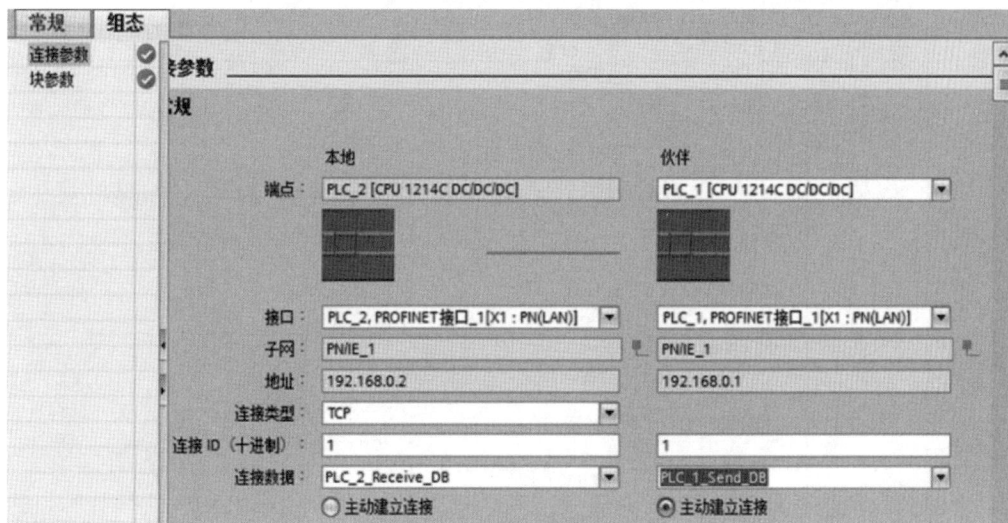

图 6-14　连接建立完成

7. 编写程序

本任务中用到 3 个 PLC：PLC1、PLC2 和 PLC3，每个 PLC 负责控制一个交通灯。根据任务要求及分析，在各个程序中可设置子函数程序块：南北方向红绿灯函数块 FB1 和东西方向红绿灯函数块 FB2。接下来分别编写南北方向红绿灯子函数，东西方向红绿灯子函数，PLC1、PLC2 和 PLC3 的主程序。

1) 南北方向红绿灯子函数(以 PLC1 为例，PLC2 和 PLC3 同理)

在项目树程序块选项中添加 FB1 函数块，并命名为南北方向红绿灯，双击完成块接口定义，如图 6-15 所示。对应的梯形图程序如图 6-16 所示。

图 6-15 FB1 接口定义

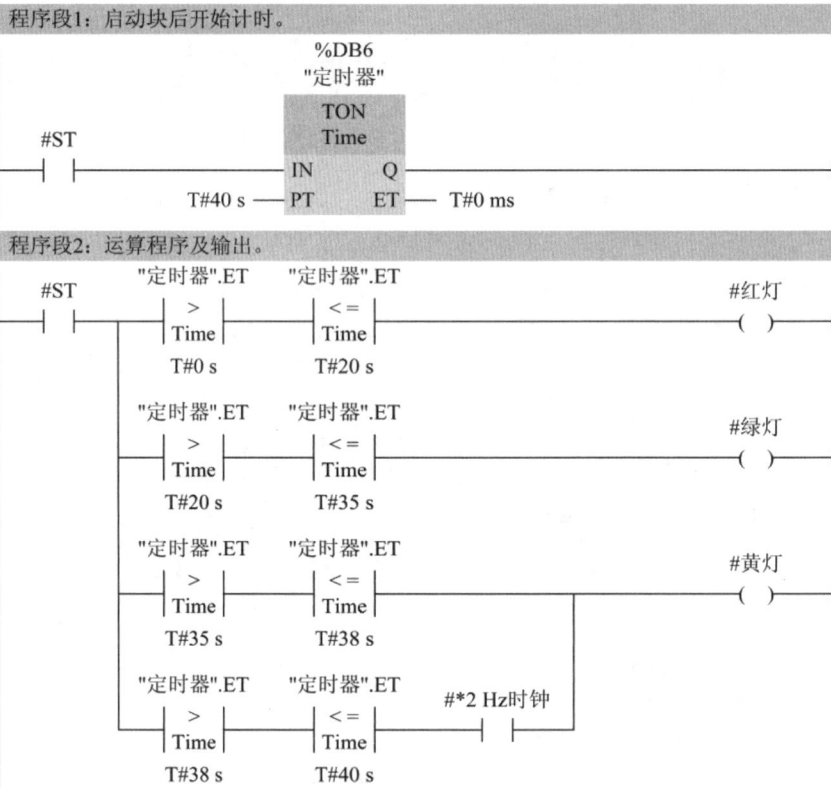

图 6-16 PLC1 南北方向红绿灯程序

图 6-16 中，"定时器".ET 是指程序段 1 中定时器的当前定时时间引脚，即当使能接通后定时器的定时时间在 0～20 s 内南北方向红灯接通；20～35 s 内绿灯接通；35～38 s 内

黄灯接通；38～40 s 内黄灯以 2 Hz 频率接通。

2) 东西方向红绿灯子函数(以 PLC1 为例，PLC2 和 PLC3 同理)

在项目树程序块选项中添加 FB2 函数块，并命名为东西方向红绿灯，双击完成块接口定义，如图 6-17 所示。对应的梯形图程序如图 6-18 所示。

		名称	数据类型
1		▼ Input	
2		ST	Bool
3		2Hz时钟	Bool
4		<新增>	
5		▼ Output	
6		红灯	Bool
7		绿灯	Bool
8		黄灯	Bool
9		<新增>	

图 6-17　FB2 接口定义

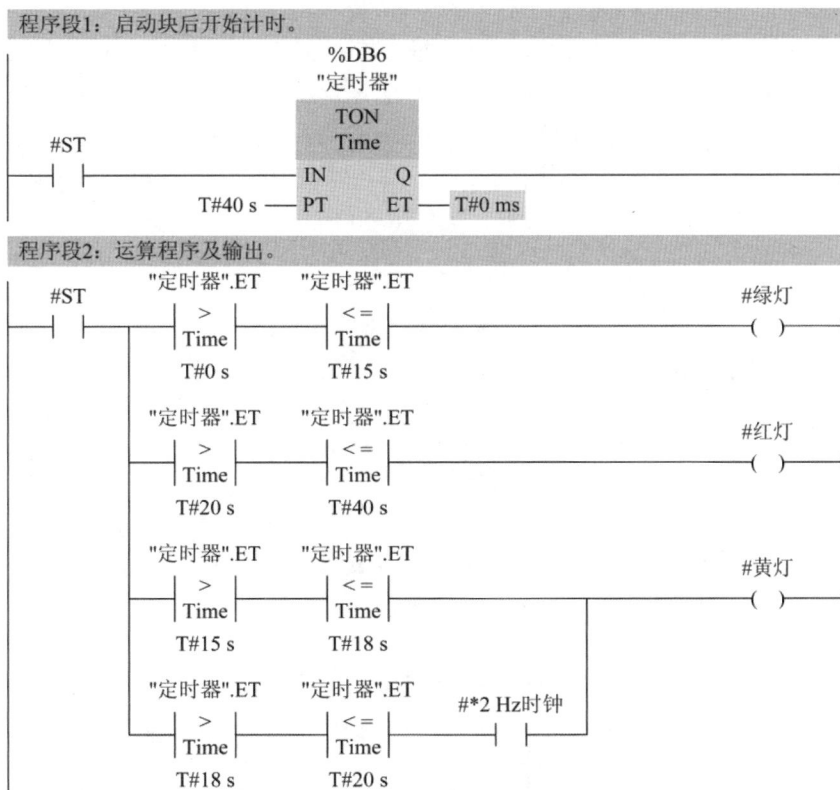

图 6-18　PLC1 东西方向红绿灯程序

图 6-18 中，"定时器".ET 是指程序段 1 中定时器的当前定时时间引脚，即当使能接通后定时器的定时时间在 0～15 s 内东西方向绿灯接通；15～18 s 内黄灯接通；18～20 s 内黄灯以 2 Hz 频率接通；20～40 s 内红灯接通。

3) 主程序

(1) PLC1 程序。PLC1 程序共包括 5 个程序段。

程序段 1：PLC1 向 PLC2 发送数据，如图 6-19 所示。

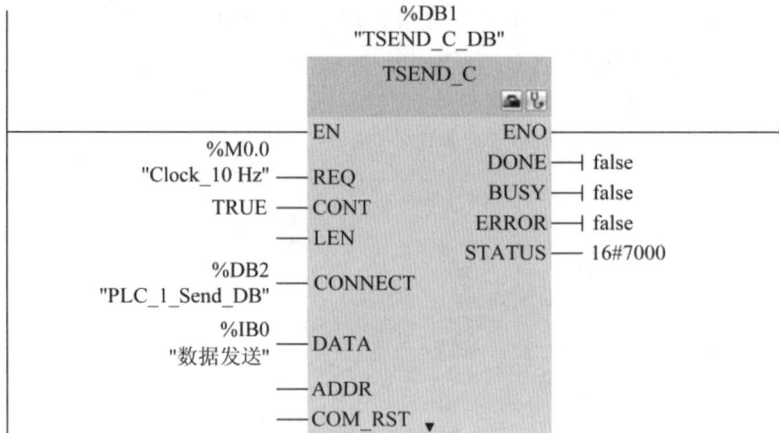

图 6-19　程序段 1

注释：此段程序为 PLC1 向 PLC2 发送数据，其中 REQ 发送指令使能引脚，每检测到一个上升沿触发一次。这里用系统时钟的 10 Hz，即每秒发送十次；CONT 为控制连接建立引脚，为 1 时，建立连接并保持；DB2 为连接数据；DATA 为发送的数据，这里用 IB0 是因为开放式通信发送数据最小单位为字节，我们只用其中的 I0.0(启动)和 I0.1(停止)两个位。

程序段 2：PLC1 向 PLC3 发送数据，如图 6-20 所示。

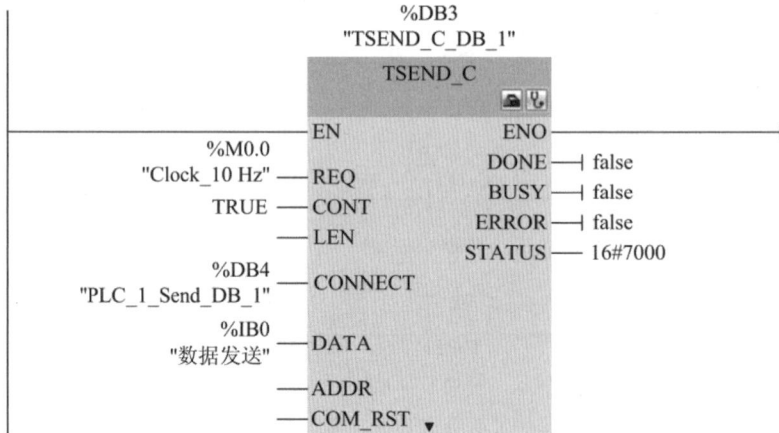

图 6-20　程序段 2

注释：此段程序为 PLC1 向 PLC3 发送数据。

程序段 3：PLC1 中启保停电路，如图 6-21 所示。

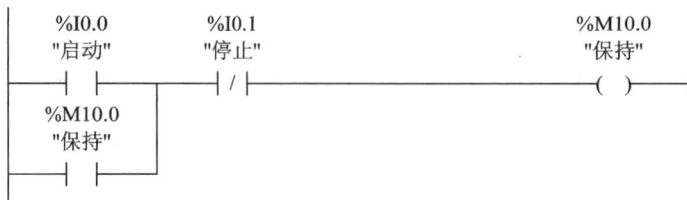

图 6-21　程序段 3

注释： 此段程序为启保停，按下启动按钮接通保持线圈，按下停止按钮断开保持线圈。

程序段 4：1 号南北方向红绿灯程序，如图 6-22 所示。

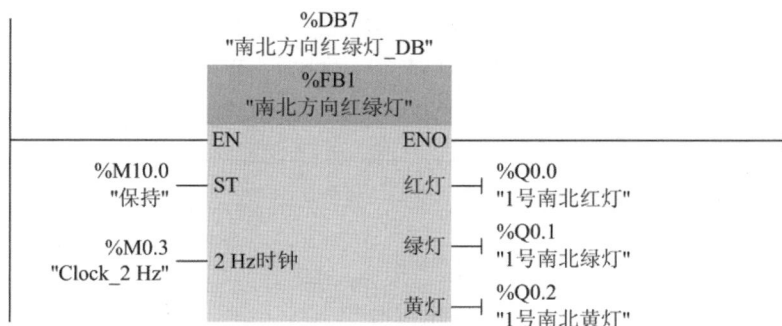

图 6-22 程序段 4

注释： 按下启动按钮后，保持接通，开始执行 1 号南北方向红绿灯功能块，运算结果输出给 1 号南北方向的三种颜色的灯。

程序段 5：1 号东西方向红绿灯程序，如图 6-23 所示。

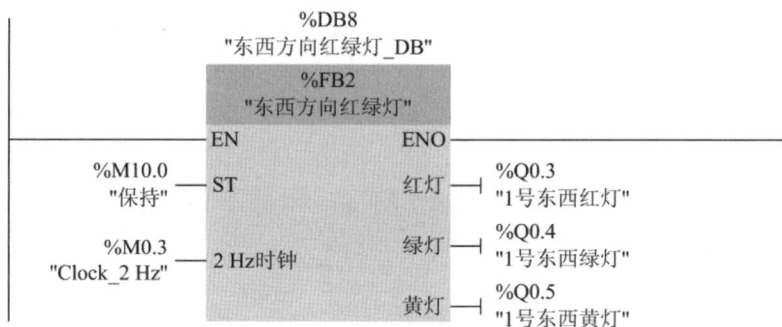

图 6-23 程序段 1

注释： 按下启动按钮后，保持接通，开始执行 1 号东西方向红绿灯功能块，运算结果输出给 1 号东西方向的三种颜色的灯。

(2) PLC2 程序。PLC2 程序共包括 4 个程序段。

程序段 1：PLC2 接收 PLC1 数据，如图 6-24 所示。

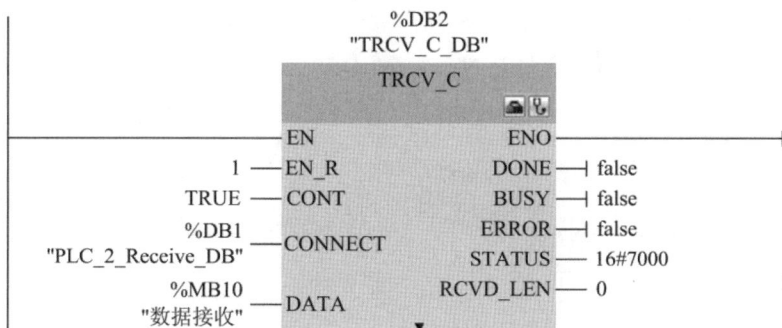

图 6-24 程序段 1

注释： 此段程序为 PLC2 接收 PLC1 发送的数据，其中 EN_R 为接收指令使能引脚，一直接通，表示 PLC2 接收 PLC1 每一次发送来的数据；CONT 为控制连接建立引脚，为 1 时，建立连接并保持；DB1 为连接数据；DATA 为发送的数据。这里用 MB10 是因为开放式通信发送数据最小单位为字节，其中的 M10.0 和 M10.1 对应 PLC1 发送的启动(I0.0)和停止(I0.1)信号，在程序中只用 M10.0(启动)和 M10.1(停止)。

程序段 2：PLC2 中启保停电路以及延时 60 s 启动，如图 6-25 所示。

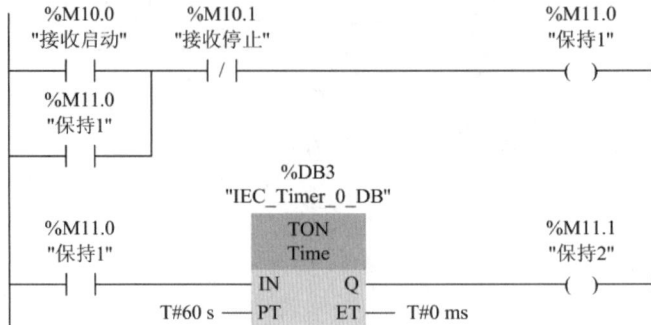

图 6-25　程序段 2

注释：M10.0 和 M10.1 分别对应接收的启动和停止信号。接收到启动信号时保持 1 接通，接收到停止信号时保持 1 停止；保持 1 接通后计时 1 min(即 60 s)，1 min 时间到保持 2 接通，由保持 2 触发后续程序运行。

程序段 3：2 号南北方向红绿灯程序，如图 6-26 所示。

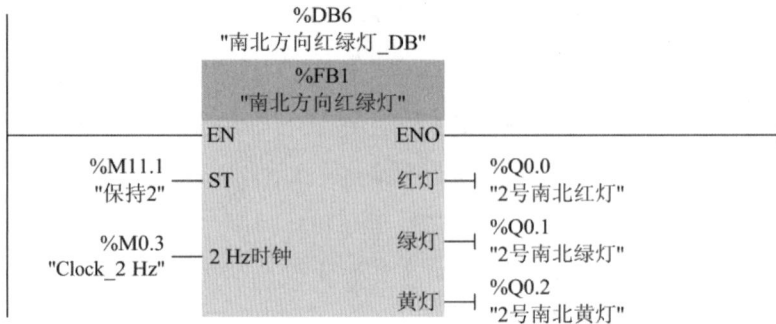

图 6-26　程序段 3

注释：接收到启动信号后，保持 1 接通，计时 60 s 保持 2 接通，开始执行 2 号南北方向红绿灯功能块，运算结果输出给 2 号南北方向的三种颜色的灯。

程序段 4：2 号东西方向红绿灯程序，如图 6-27 所示。

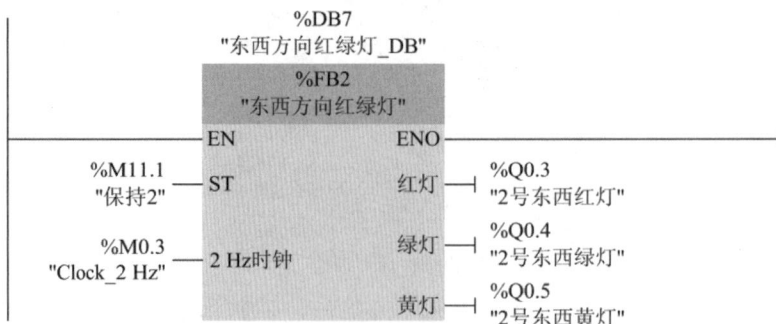

图 6-27　程序段 4

注释： 接收到启动信号后，保持 1 接通，计时 60 s 保持 2 接通，开始执行 2 号东西方向红绿灯功能块，运算结果输出给 1 号东西方向的三种颜色的灯。

(3) PLC3 程序。PLC3 程序共包括 4 个程序段。

程序段 1：PLC3 接收 PLC1 数据，如图 6-28 所示。

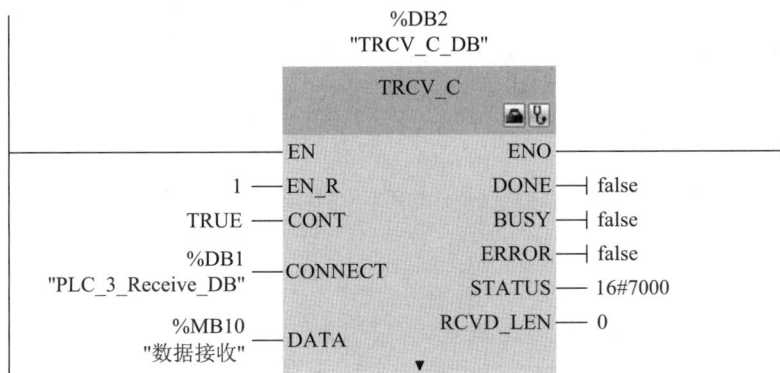

图 6-28　程序段 1

注释： 此段程序为 PLC3 接收 PLC1 发送的数据，其中 EN_R 为接收指令使能引脚，一直接通，表示 PLC3 接收 PLC1 每一次发送来的数据；CONT 为控制连接建立引脚，为 1 时，建立连接并保持；DB1 为连接数据。DATA 为发送的数据，这里用 MB0 是因为开放式通信发送数据最小单位为字节，其中的 M10.0 和 M10.1 对应 PLC1 发送的的启动(I0.0)和停止(I0.1)信号，在程序中只用 M10.0(启动)和 M10.1(停止)。

程序段 2：PLC3 中启保停电路以及延时 120 s 启动，如图 6-29 所示。

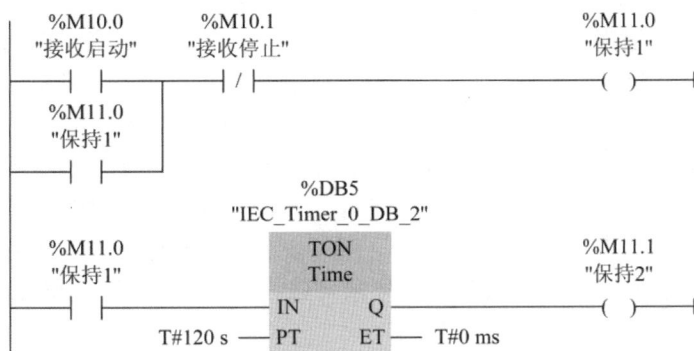

图 6-29　程序段 2

注释： M10.0 和 M10.1 分别对应接收的启动和停止信号。接收到启动信号时，保持 1 接通，接收到停止信号时，保持 1 停止；保持 1 接通后计时 2 min(即 120 s)，2 min 时间到接通保持 2，由保持 2 触发后续程序运行。

程序段 3：3 号南北方向红绿灯程序，如图 6-30 所示。

注释： 接收到启动信号后，保持 1 接通，计时 120 s 保持 2 接通，开始执行 3 号南北方向红绿灯功能块，运算结果输出给 3 号南北方向的三种颜色的灯。

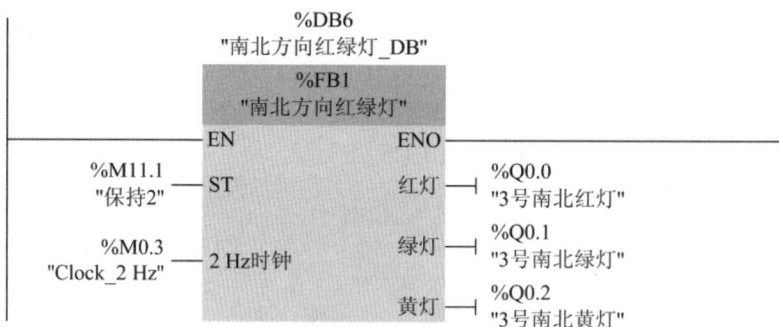

图 6-30　程序段 3

程序段 4：3 号东西方向红绿灯程序，如图 6-31 所示。

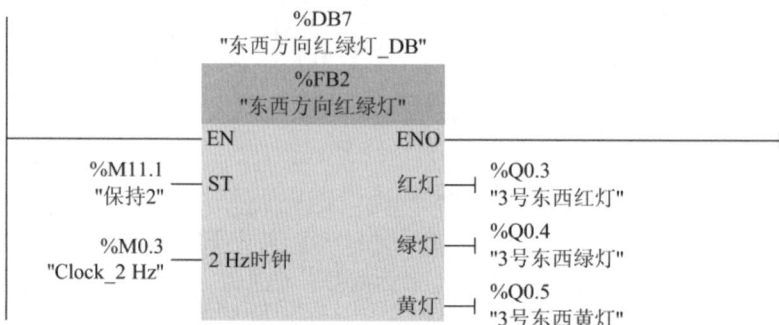

图 6-31　程序段 4

注释：接收到启动信号后，保持 1 接通，计时 120 s 后，保持 2 接通，开始执行 3 号东西方向红绿灯功能块，运算结果输出给 3 号东西方向的三种颜色的灯。

8. 调试程序

将调试好的用户程序下载到 CPU 中，并连接好线路。观察按下启动按钮 SB0 后，3 个路口交通灯是否开始运行。1 号交通灯启动后，间隔 1 min，2 号交通灯开始运行，再间隔 1 min，3 号交通灯开始运行。交通灯南北方向红灯亮 20 s，同时东西方向绿灯亮 15 s，15 s 后东西方向黄灯常亮 3 s，3 s 后该黄灯以频率 2 Hz 闪烁 2 s；东西方向黄灯闪烁结束后，东西方向红灯亮 20 s，同时南北方向绿灯亮 15 s，15 s 后南北方向黄灯常亮 3 s，3 s 后该黄灯以 2 Hz 频率闪烁 2 s，依次循环执行。无论何时按下停止按钮 SB1，多路口交通灯控制系统是否停止运行。若上述调试现象与控制要求一致，则说明本案例硬件调试任务已实现。

五、检查评价

本任务的重点是掌握 PUT、GET、TSEND_C 和 TRCV_C 指令的功能与参数设置，熟练掌握 S7-1200 PLC 间的 S7 通信和开放式用户通信方法，并能灵活应用它们实现基于 PLC 的多路口交通灯控制系统的程序设计及运行调试。

考核评价表

六、知识拓展

试应用 S7 通信实现多个 S7-1200 PLC 之间的数据传输。

1. 操作步骤

(1) 新建一个项目文件,在项目中添加两个设备,即 PLC_1 和 PLC_2,均选择 CPU 1214 C DC/DC/DC。PLC_1 的 IP 地址为 192.168.0.1, PLC_2 的 IP 地址为 192.168.0.2(系统默认)。两个 PLC 通过子网 PN/IE_1 建立连接。

(2) S7 通信是一种基于连接的通信方式,所以在做 S7 通信时上述的组态就只是其中一部分。此时还需要建立连接,操作方式如图 6-32 所示。进入创建新连接界面后,选择"未指定确定添加连接"即可使连接创建成功,如图 6-33 所示。

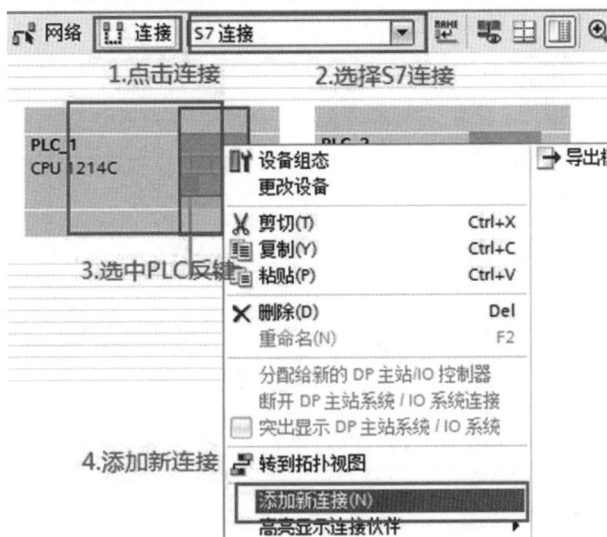

图 6-32 建立连接

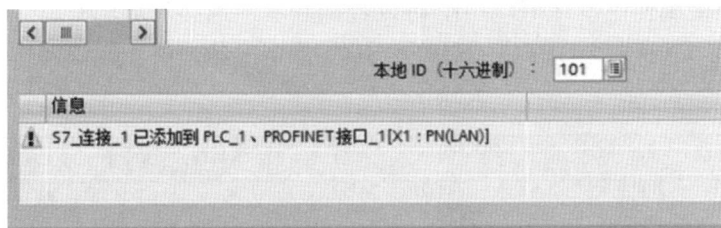

图 6-33 S7_连接_1 建立成功

(3) 在项目设备和网络中找到网络视图,点击右侧的三角形符号,点击"连接",进入创建的 S7 连接中,如图 6-34 所示。进入连接后,"伙伴"选择为"未指定",如图 6-35 所示。

图 6-34 建立的连接

图 6-35　选择伙伴

(4) 在右下角找到属性，设置连接属性。在连接属性"常规"中填写 PLC_2 的 IP 地址，让 PLC_1 在建立的连接中通过 IP 地址找到 PLC_2，如图 6-36 所示。

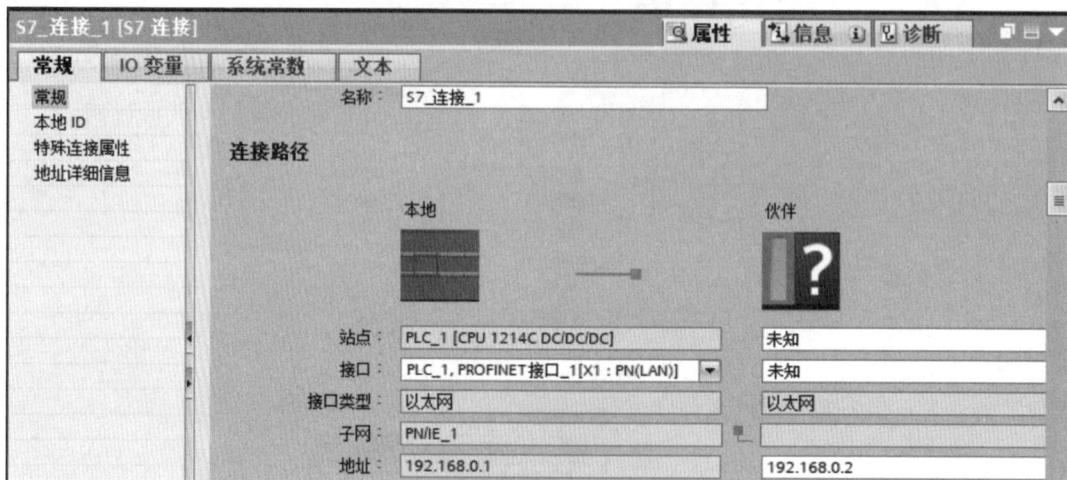

图 6-36　配置伙伴 IP 地址

(5) 在 S7 连接属性"本地 ID"中，可以查询到本地连接 ID(十六进制数值)，如图 6-37 所示。该 ID 需要与 PUT 及 GET 指令中的"ID"保持一致，用于标识网络连接，此时连接设置完成。

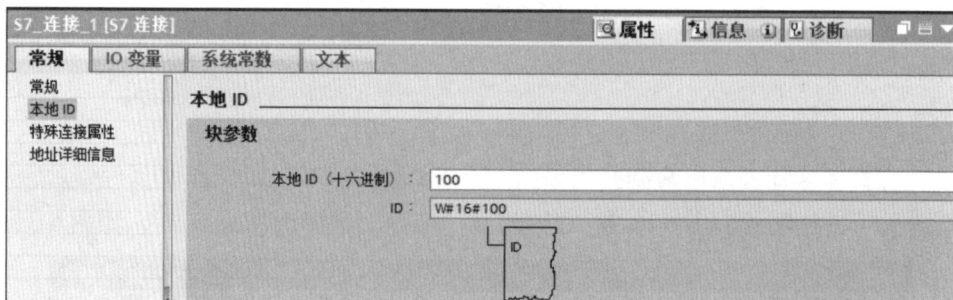

图 6-37　连接 ID

(6) 打开 PLC_1，在程序块中建立两个数据块 SEND 和 RCEV，数据块中分别建两个数组，用于发送和接收数据。

(7) 在使用 S7 通信时，指令需要通过绝对寻址读取和写入相应的数据，因此需要将新建的数据块应设置为非优化访问块(即右击新建的数据块，在属性中取消勾选"优化的访问块"，如图 6-38 所示)，同时需要对数据块进行编译，获取数据的绝对地址，如图 6-39 所示。

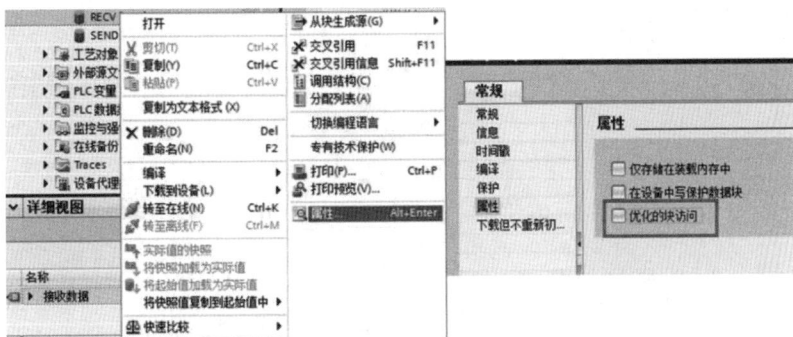

图 6-38 设置为非优化访问块

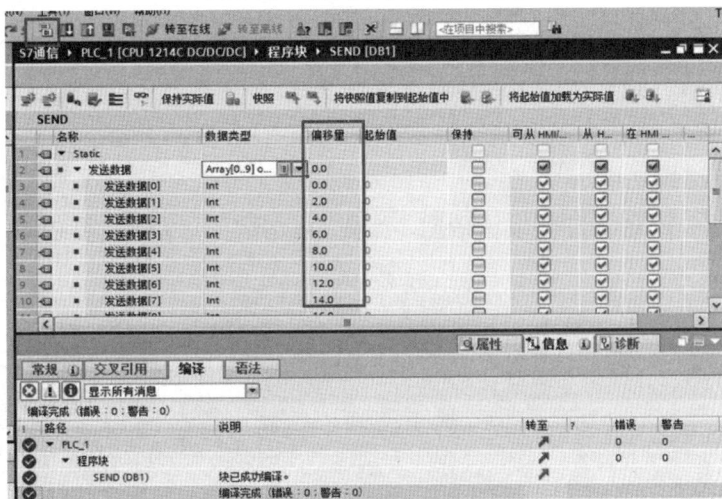

图 6-39 编译数据块获取绝对地址

(8) 同理，在 PLC_2 中建立数据块，存储待接收和待发送的数据。

(9) 数据块建立完成后，开始编写程序。两个 PLC 通信时仅需在 PLC_1 编写程序即可，在 PLC_1 程序块 OB1 中调用 PUT 和 GET 指令，如下所示。

程序段 1：发送数据，如图 6-40 所示。

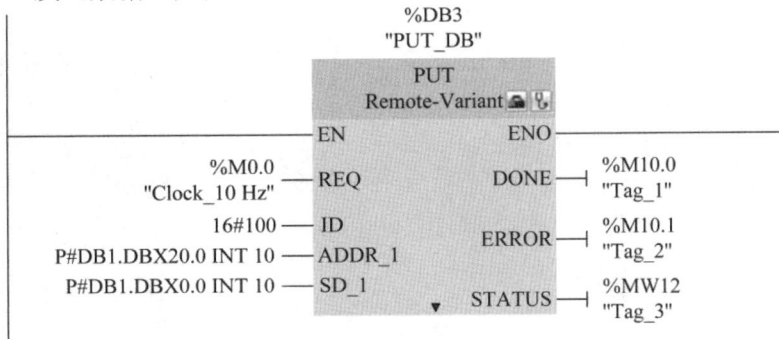

图 6-40 发送数据程序段

注释：M0.0 为系统时钟存储器位，以 10 Hz 的频率触发 PUT 指令。ADDR_1 引脚处的 P#DB1.DBX20.0 INT 10 为 PLC_2 中的待接收数据。SD_1 引脚处的 P#DB1.DBX0.0 INT 10 为 PLC_1 中待发送的数据。

程序段 2：接收数据，如图 6-41 所示。

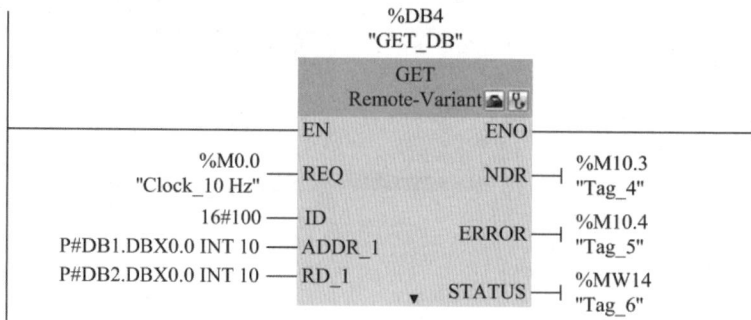

图 6-41　接收数据程序段

注释：M0.0 为系统时钟存储器位，以 10 Hz 的频率触发 GET 指令。ADDR_1 引脚处的 P#DB1.DBX0.0 INT 10 为 PLC_2 中待发送数据。RD_1 引脚处的 P#DB2.DBX0.0 INT 10 为 PLC_1 中待接收的数据。

2. 仿真运行结果

(1) 发送数据：PLC_1 即将发送数据，如图 6-42 所示；PLC_2 被 PLC_1 写入数据，如图 6-43 所示。

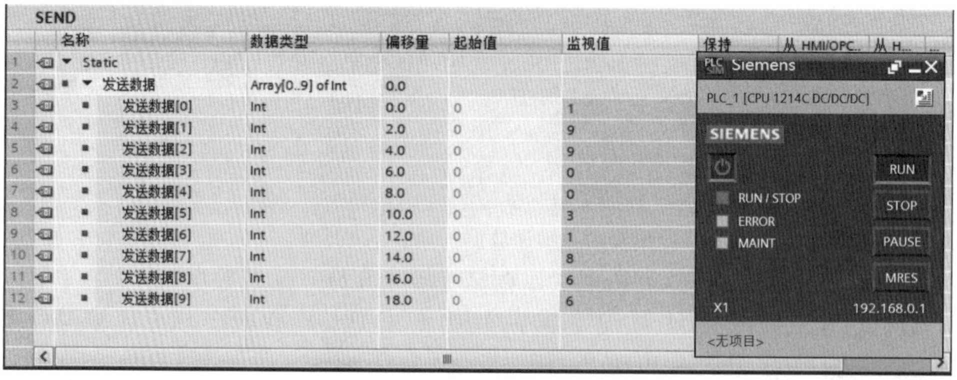

SEND

	名称	数据类型	偏移量	起始值	监视值
1	▼ Static				
2	▼ 发送数据	Array[0..9] of Int	0.0		
3	发送数据[0]	Int	0.0	0	1
4	发送数据[1]	Int	2.0	0	9
5	发送数据[2]	Int	4.0	0	9
6	发送数据[3]	Int	6.0	0	0
7	发送数据[4]	Int	8.0	0	0
8	发送数据[5]	Int	10.0	0	3
9	发送数据[6]	Int	12.0	0	1
10	发送数据[7]	Int	14.0	0	8
11	发送数据[8]	Int	16.0	0	6
12	发送数据[9]	Int	18.0	0	6

图 6-42　PLC_1 发送数据

数据传输

	名称	数据类型	偏移量	起始值	监视值
13	▼ 待接收	Array[0..9] o...	20.0		
14	待接收[0]	Int	20.0	0	1
15	待接收[1]	Int	22.0	0	9
16	待接收[2]	Int	24.0	0	9
17	待接收[3]	Int	26.0	0	0
18	待接收[4]	Int	28.0	0	0
19	待接收[5]	Int	30.0	0	3
20	待接收[6]	Int	32.0	0	1
21	待接收[7]	Int	34.0	0	8
22	待接收[8]	Int	36.0	0	6
23	待接收[9]	Int	38.0	0	6

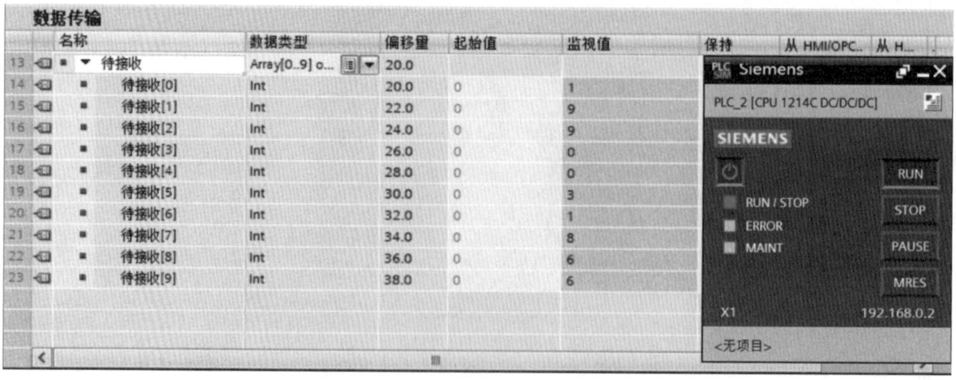

图 6-43　PLC_2 被 PLC_1 写入的数据

(2) 接收数据：PLC_2 将被 PLC_1 读取数据，如图 6-44 所示；PLC_1 获取到 PLC_2 的数据，如图 6-45 所示。

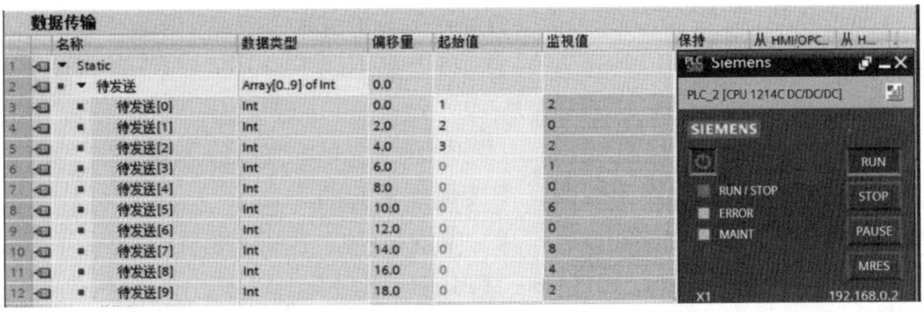

图 6-44 PLC_2 即将被 PLC_1 读取的数据

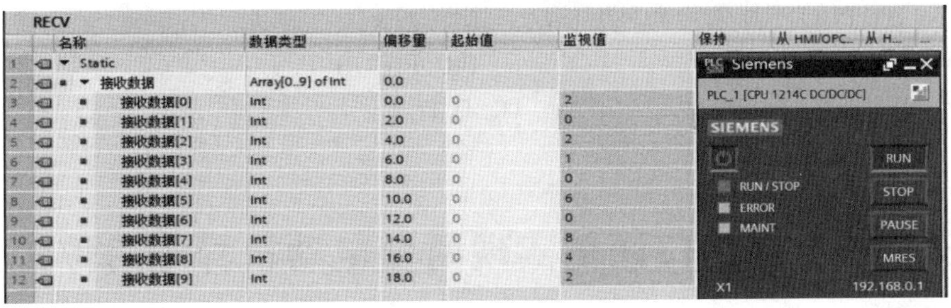

图 6-45 PLC_1 获取 PLC_2 的数据

七、研讨测评

(一) 填空题

1. 按照传输数据的时空顺序，数据通信可分为_____和_____两种。

2. 串行通信按数据传输格式分为_____和_____，这也是按发送端和接收端同步技术的不同划分的。

3. 在串行通信线路中，按照数据传送的方向可分为_____、半双工和_____通信三种方式。

4. 在串行通信中，用_____来描述数据的传输速率，即数据传输速率，表示每秒钟传送二进制代码的位数，它的单位是 b/s。

5. PROFIBUS 协议用于分布式 I/O 设备(远程 I/O)的高速通信，由_____、_____和_____协议组成。

(二) 判断题

1. PLC 是采用"并行"方式工作的。( )

2. 并行通信是指以字节或字为单位的数据传输方式。( )

3. PROFIBUS 允许构成单主站或多主站系统，在同一总线上最多可连接 126 个站点。( )

4. 异步通信广泛应用于位置编码器和控制器之间。( )

5. S7-1200 PLC 集成了多种总线接口，包括 PROFINET 和 PROFIBUS。( )

(三) 选择题

1. 数据的传送始终保持同一个方向，而不能进行反向传送。这种通信方式属于( )

A. 单工通信方式　　　　　　　　　B. 半双工通信方式

C. 全双工通信方式　　　　　　　　D. 以上都不属于

2. 以下设备属于半双工通信方式的是(　　)

A. 广播　　　　　B. 对讲机　　　　　C. 电话　　　　　D. 收音机

3. 计算机对 PLC 进行程序下载时，需要使用配套的(　　)

A. 网络线　　　　B. 接地线　　　　C. 电源线　　　　D. 通信电缆

4. PLC 处于(　　)模式时，允许进行自由端口通信。

A. RUN　　　　　B. 刷新　　　　　C. 监控　　　　　D. 都可以

5. S7-1200 PLC 不能使用哪种通信(　　)

A. MPI　　　　　　　　　　　　　B. PROFIBUS

C. PROFINET　　　　　　　　　　D. TCP

▶ 任务 23　自由口通信实现两台电动机异地启停控制

一、任务描述

　　自由口通信是一种基于串口通信的协议，它允许用户在 S7-1200 PLC 上自定义通信协议，包括数据传输格式、数据传输速率和校验方式等。通过自由口通信，S7-1200 PLC 可以与第三方设备进行定制的数据交换，实现各种复杂的控制和监测功能。本任务将通过两个 CM1241 RS232 通信模块间的自由口通信，来实现两台电动机(本任务下文称电机)异地启停的控制任务。设备 PLC_1 为 A 地控制，设备 PLC_2 为 B 地控制，具体通信目标如下：

　　(1) 在 PLC_1 中，按下 I0.0 启动按钮，B 地电机启动，按下 I0.1 停止按钮，B 地电机停止。B 地电机的运行命令信号写在"PLC1 数据变量"的发送数据区 M20.2 中；B 地电动机的状态，如运行指示信号、故障指示信号分别从"PLC1 数据变量"的接收数据区 M23.1 和 M23.2 中读取，状态指示灯输出分别为 Q0.1 和 Q0.0。

　　(2) 在 PLC_2 中，按下 I0.0 启动按钮，A 地电机启动，按下 I0.1 停止按钮，A 地电机停止。A 地电机的运行命令信号写在"PLC2 数据变量"的发送数据区 M20.0 中；A 地电机的状态，如运行指示信号、故障指示信号分别从"PLC2 数据变量"的接收数据区 M23.1 和 M23.0 中读取，状态指示灯输出分别为 Q0.1 和 Q0.0。

二、学习目标

知识目标

1. 了解自由口通信协议。
2. 掌握 Send_P2P 指令和 Receive_P2P 指令的功能与参数设置。

技能目标

1. 能够设计自由口通信指令配置方案，熟悉自由口通信协议的数据传送规则。
2. 能根据通信数据要求，设置通信指令的参数。
3. 能根据任务要求和工作规范，完成两个 S7-1200 PLC 之间的自由口通信，并实现数据交互。

思政目标

培养团队协作精神，提升综合素养。

三、相关知识

1. S7-1200 PLC 串口通信

S7-1200 PLC 本体并不带任何串口功能，如需串口通信则需要另扩展串口通信模块。S7-1200 PLC 可以通过 CM1241 和 CB1241 来实现串口通信。CM 模块只能安装在 CPU 的左侧或者另一个 CM 模块的左侧，S7-1200 PLC 最多支持 3 个 CM 模块，外加 1 个 CB 模块，总共最多支持 4 个串口通信模块。S7-1200 PLC 支持的串行通信方式有点对点(PtP)通信、Modbus 主从通信和 USS 通信。

通信模块具备以下特征：由 CPU 供电，不必连接外部电源；端口经过隔离，最长距离达 1000 米；有诊断 LED 及显示传送和接收活动的 LED；支持点对点协议；通过扩展指令和库功能进行组态和编程。三种串口通信模块及其 PtP 接线方式分别如表 6-6 至表 6-9 所示。

表 6-6　串口通信模块的通信方式

名　称	CM 1241 RS232	CM 1241 RS422/485	CB 1241 RS485
订货号	6ES7241-1AH32-0XB0	6ES7241-1CH32-0XB0	6ES7241-1CH30-1XB0
通信口类型	RS232	RS422/RS485	RS485
波特率	300 b/s，600 b/s，1.2 kb/s，2.4 kb/s，4.8k kb/s，9.6 kb/s，19.2 kb/s，38.4 kb/s，57.6 kb/s，76.8 kb/s，115.2 kb/s		
校验方式	None(无校验)，Even(偶校验)，Odd(奇校验)，Mark(校验位始终置为 1)，Space(校验位始终为 0)		
流量控制(流控)	硬件流控、软件流控	RS422 支持软件流控	不支持
接收缓冲区	1 kB		
通信距离(屏蔽电缆)	10 m	1000 m	1000 m
电源消耗(DC 5V)	200 mA	220 mA	50 mA
电源消耗(DC 24V)	—	—	80 mA

表 6-7　CM1241 RS232 连接器(公)

针脚号	针脚	说　明	连接器(公)	针脚号	针脚	说　明
1	DCD	数据载波检测，输入		6	DSR	数据设备就绪，输入
2	RxD	从 DCE 接收数据，输入		7	RTS	请求发送，输出
3	TxD	传送数据到 DCE，输出		8	CTS	允许发送，输入
4	DTR	数据终端就绪，输出		9	RI	振铃指示器(未用)
5	GND	逻辑地		—	SHELL	机壳接地

注：2 号针脚输入信号；3 号针脚输出信号，5 号针脚接地等电位。

表 6-8　CM1241 RS422 或 RS485 连接器(插孔式)

针脚号	针脚	说　明	连接器(插孔式)	针脚号	针脚	说　明
1	GND	逻辑接地或通信接地		6	PWR	+5 V 与 100 Ω 串联电阻，输出
2	TxD+1	用于连接 RS422 不适用于 RS485，输出		7		未连接
3	TxD+	信号 B(RxD/TxD+)，输入/输出		8	TxD-	信号 A(RxD/TxD-)：输入/输出
4	RTS 2	请求发送(TTL 电平)，输出		9	TxD-1	用于连接 RS422 不适用于 RS485，输出
5	GND	逻辑接地或通信接地		—	SHELL	机壳接地

注：RS422 连接器中 2 号与 9 号针脚发送信号，3 号与 8 号针脚接收信号，SHELL 接屏蔽等电位点；RS485 连接器中 3 号针脚接信号 B(+)；8 号针脚接信号 A(-)，1 号针脚为电位点。

表 6-9　CB1241 RS485 的连接器针脚位置

针脚号	说　明	接线端子 X20	针脚号	9 针连接器	接线端子 X20
1	逻辑接地		6	5 V 电源	
2	未使用		7	未使用	
3	TxD	3T/RB	8	TxD	4-T/RA
4	RTS	1-RTS	9	未使用	
5	逻辑接地		SHELL	机壳接地	7-M

注：3 号针脚接信号 B(+)，8 号针脚接信号 A(-)，5 号针脚接屏蔽等电位点。

2. PtP 自由口通信

支持自由口(即自由构建)通信协议的 PtP，可提供最大的自由度和灵活性。PtP 可用于实现多种功能：(1) 能够将信息直接发送到外部设备，例如打印机；(2) 能够从其他设备(例如：条码阅读器、RFID 阅读器、第三方照相机或视觉系统以及许多其他类型的设备)接收信息；(3) 能够与其他设备(例如：GPS 设备、第三方照相机或视觉系统、无线调制解调器以及更多其他设备)交换信息(发送和接收数据)。

用户可以使用以下两种方法组态通信接口以进行 PtP 自由口通信：(1) 使用 TIA Portal 软件中的设备组态端口参数(波特率和奇偶校验)、发送参数和接收参数，以及 CPU 存储设备组态设置，并在循环上电和从 RUN 模式切换到 STOP 模式后应用这些设置；(2) 使用 Port_Config、Send_Config 和 Receive_Config 指令来设置参数。这些指令设置的端口在 CPU 处于 RUN 模式期间有效。在 CPU 切换到 STOP 模式或循环上电后，这些端口设置会恢复为设备组态设置。

硬件设备组态完成之后，通过选择机架上的某个 CM 或 CB 来设置通信接口的参数。巡视窗口中的"属性"选项卡会显示所选 CM 或 CB 的参数。选择"端口组态"以编辑波特率、奇偶校验、每个字符的数据位数、停止位的数目、流控制(仅限 RS232)和等待时间等参数，如图 6-46 所示。

图 6-46　串口通信模块通信参数

(1) 波特率：串口通信的速率，它表示每秒传输二进制数据的位数，单位是 b/s(即位每秒)。波特率的默认值为 9.6 kb/s。其有效选项有：300 b/s、600 b/s、1.2 kb/s、2.4 kb/s、4.8 kb/s、9.6 kb/s、19.2 kb/s、38.4 kb/s、57.6 kb/s、76.8 kb/s 和 115.2 kb/s。

(2) 奇偶校验：用于检验数据传递的正确性，是最简单的检错方法。如果每字节的数据位中"1"的个数为奇数，则校验位为 1；个数为偶数，则校验位为"0"。偶校验即保证数据位和校验位中"1"的个数是偶数，奇校验即保证数据位和校验位中"1"的个数是奇数。传号校验：奇偶校验位始终设置为 1。空号校验：奇偶校验位始终设置为 0。

(3) 数据位：字符中的数据位数，有效选择为 7 或 8。

(4) 停止位：停止位的数目，可以是 1 或 2，默认值是 1。

(5) 流量控制(流控)：对于 RS232 通信模块，可以选择硬件或软件流控。如果选择硬件流控，则可以选择 RTS 信号始终激活或是切换 RTS。如果选择软件流控，则可以定义 XON 和 XOFF 字符。RS485 通信接口不支持流控。CM1241 RS422/485 模块的 422 模式支持软件流控。

(6) 等待时间：CM 或 CB 在确认 RTS 后等待接收 CTS 的时间，或者在接收 XOFF 后等待接收 XON 的时间，具体取决于流控类型。如果在通信接口收到预期的 CTS 或 XON 之前超过了等待时间，CM 或 CB 将中止传送操作并向用户程序返回错误。等待时间范围是 0～65 535 ms。

3. 点对点(PtP)指令

S7-1200 PLC 有两套点对点通信指令：PtP Communication 指令集(如图 6-47 所示)和点到点指令集(如图 6-48 所示)。二者的区别如表 6-10 所示。

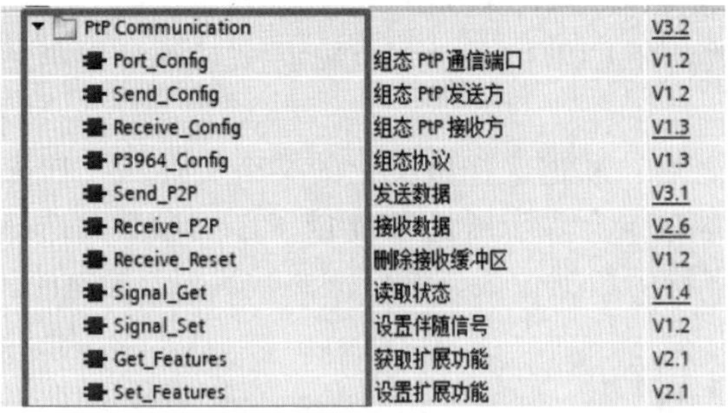

图 6-47   PtP Communication 指令集

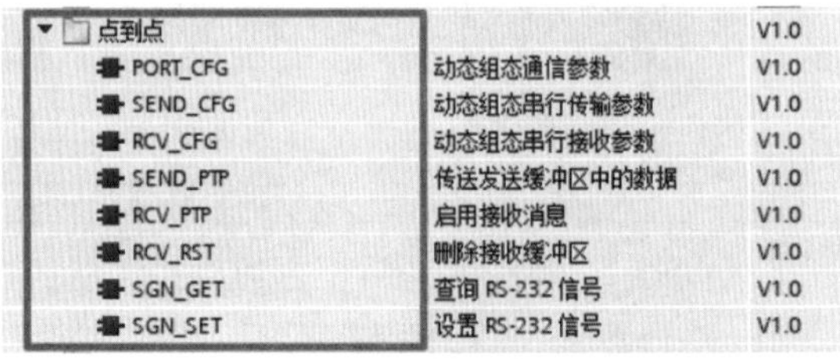

图 6-48   点到点指令集

表 6-10   PtP Communication 指令和点到点指令区别

指令集		适 用 范 围
PtP Communication	S7-1200 中央机架	CPU 版本≥V4.1.1，CM1241 版本≥V2.1，TIA Portal 软件版本≥V13SP1，CB1241 没有版本要求
	分布式 I/O	CPU 版本≥V4.1.1，ET200SP/ET200MP 分布式 I/O 的串口模块
点到点	S7-1200 中央机架	CPU、TIA Portal、CM1241、CB1241 均没有版本限制

建议用户使用 PtP Communication 指令集的指令，因为该指令集和 S7-1500 PLC 兼容，并且指令集版本一直在更新，而点到点指令集不再更新，只适用于老项目升级。

1) 指令说明

对于一般情况下的自由口通信，都是只使用发送和接收指令：Send_P2P 发送数据指令、Receive_P2P 接收数据指令、SEND_PTP 发送缓冲区中的数据指令和 RCV_PTP 启用接收消息指令。

2) 指令使用

本任务重点介绍 PtP Communication 指令集的发送和接收指令。

(1) Send_P2P 用于启动数据传输，并将分配的缓冲区传送到通信接口。在 CM 或 CB 块以指定波特率发送数据的同时，CPU 程序会继续执行。程序运行时仅一个发送操作可以在某一给定时间处于未决状态。如果在 CM 或 CB 已经开始传送消息时执行第二个 Send_P2P，CM 或 CB 将返回错误。Send_P2P 指令引脚含义如表 6-11 所示。

表 6-11　Send_P2P 指令引脚含义

引脚和类型		数据类型	说　明
REQ	输入	Bool	在该传送使能输入的上升沿激活所请求的传送。这会启动将缓冲区数据传送到点对点通信接口。(默认值为 False)
PORT		PORT	安装并组态 CM 或 CB 通信设备之后，端口标识符将出现在 PORT 功能框连接的参数助手下拉列表中。分配的 CM 或 CB 端口值为设备配置属性"硬件标识符"。端口符号名称在 PLC 变量表的"系统常量"选项卡中分配。(默认值为 0)
BUFFER		Variant	指向传送缓冲区的起始位置。(默认值为 0) 不支持布尔数据或布尔数组。发送区一般使用 P#指针形式，数据类型为 String 类型、WString 类型或者字符数组等
LENGTH		UInt	传输的帧长度(字节)(默认值为 0)，传输复杂结构时，始终使用长度 0。当长度为 0 时，指令传送整个帧
DONE	输出	Bool	上一请求已完成且没有出错后，保持为 TRUE，即保持一个扫描周期时间
ERROR		Bool	上一请求已完成但出现错误后，保持为 TRUE，即保持一个扫描周期时间
STATUS		Word	执行条件代码(默认值为 0)

　　(2) Receive_P2P 用于检查 CM 或 CB 中已接收的消息。如果有消息，则会将其从 CM 或 CB 传送到 CPU；如果发生错误，则会返回相应的 STATUS 值。Receive_P2P 指令引脚含义如表 6-12 所示。

表 6-12　Receive_P2P 指令引脚含义

参数和类型		数据类型	描　述
PORT	输入	PORT	安装并组态 CM 或 CB 通信设备之后，端口标识符将出现在 PORT 功能框连接的参数助手下拉列表中。分配的 CM 或 CB 端口值为设备配置属性"硬件标识符"。端口符号名称在 PLC 变量表的"系统常量"选项卡中分配。(默认值为 0)
BUFFER		Variant	指向接收缓冲区的起始位置。该缓冲区应该足够大，可以接收较大长度的消息。 不支持布尔数据或布尔数组(默认值为 0)。接收区一般使用 P#指针形式，数据类型为 String 类型、WString 类型或字符数组等
NDR	输出	Bool	新数据就绪且操作无误后，保持为 TRUE 即保持一个执行周期时间
ERROR		Bool	操作已完成但出现错误后，保持为 TRUE 即保持一个执行周期时间
STATUS		Word	执行条件代码。(默认值为 0)
LENGTH		UInt	返回消息的长度(字节)。(默认值为 0)

串口硬件标识符，如图 6-49 所示。

图 6-49　硬件标识符

四、任务实施

1. 软硬件准备

本任务选用 CPU1214C DC/DC/DC(订货号：6ES7214-1AG40-0XB0，固件版本 V4.2)、CM1241 RS232(订货号：6ES7-241-1AH32-0XB0，固件版本 V2.2)和标准 RS232C 电缆。软件采用 TIA STEP7 V15。

2. S7-1200 PLC 组态和编程

1) 新建项目

(1) 创建项目。在项目视图下，新建项目"自由口通信"。

(2) 组态两地控制设备。在左侧的项目树中，双击"添加新设备"，在弹出的"添加新设备"对话框中选择 CPU 型号和版本号(该 CPU 型号和版本必须与实际设备相匹配)，然后单击"确定"按钮。注意添加两个 PLC 分别作为 A 地和 B 地的控制设备。

(3) 设置 IP 地址。在项目树中，分别选择"PLC_1[CPU 1214C DC/DC/DC]和 PLC_2[CPU 1214C DC/DC/DC]"，双击"设备组态"，在"设备视图"的工作区中，分别选中 PLC_1 和 PLC_2，在其巡视窗口中的"属性"→"常规"的选项卡中选择"以太网地址"，将 CPU 以太网 IP 地址分别设为 192.168.1.10 和 192.168.1.11。

2) 激活系统存储器位

在硬件组态中选择系统时钟存储器，并激活它。

3) 组态通信模块

在项目树中，分别选择"PLC_1[CPU 1214C DC/DC/DC]"和"PLC_2[CPU 1214C DC/DC/DC]"，双击"设备组态"，在窗口右侧硬件目录中找到"通信模块"→"点到点"→"CM1241(RS232)"，选择相关订货号，拖拽此模块至 CPU 左侧插槽即可，如图 6-50 所示。

在两个 PLC"设备视图"的工作区中，选中 CB1241(RS232)模块，在其巡视窗口的"属性"→"常规"选项卡中，设置模块硬件接口参数。参数设置如下：协议设为"自由口"，波特率设为"9.6 kbp/s"，奇偶校验设为"无"，数据位设为"8 位/字符"，停止位设为"1"，其他保持默认设置，如图 6-51 所示。

图 6-50 组态通信模块

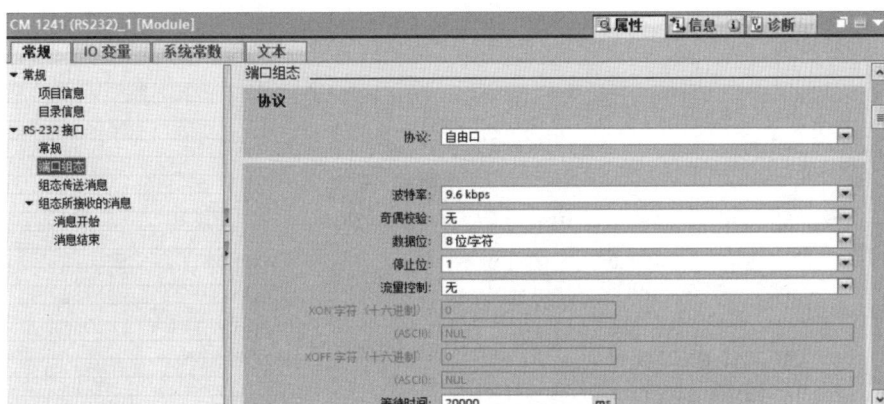

图 6-51 设置模块硬件接口参数

4) 创建 PLC 变量

在项目树中，分别选择"PLC_1[CPU 1214C DC/DC/DC]"和"PLC_2[CPU 1214C DC/DC/DC]"→"PLC 变量"，双击"添加新变量表"，并分别命名变量表为"PLC1 数据变量"和"PLC2 数据变量"，在两个变量表中分别新建变量，如图 6-52 和图 6-53 所示。

图 6-52 创建 PLC1 变量

图 6-53 创建 PLC2 变量

5) 调用 Send_P2P 指令和 Receive_P2P 指令

分别打开 PLC1 和 PLC2 的组织块 OB1，进入程序编辑区，打开指令树中的通信→S7 通信→PtP Communication，找到 Send_P2P 指令，将其拖到程序段中，软件自动为 Send_P2P 指令添加指定的背景数据块 DB1。同理，将 Receive_P2P 指令拖到程序段中，软件自动为 Receive_P2P 指令添加指定的背景数据块 DB2。

6) 编写控制程序

(1) 编写 A 地控制程序。

程序段 1：PLC 使用系统存储器 "FirstScan" 激活第一次的发送，发送数据长度为 1 个字节，如图 6-54 所示。

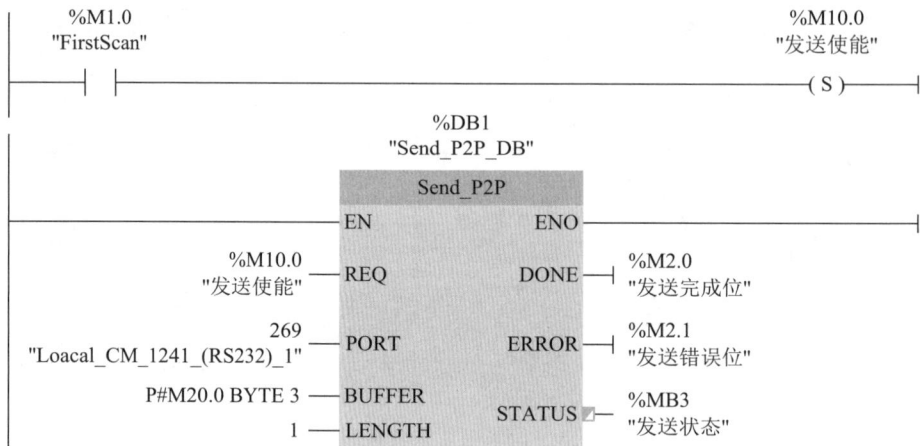

图 6-54   程序段 1

程序段 2：当发送完成后，指令完成位 DONE 在一个扫描周期内置 1，复位发送请求，激活接收请求，如图 6-55 所示。

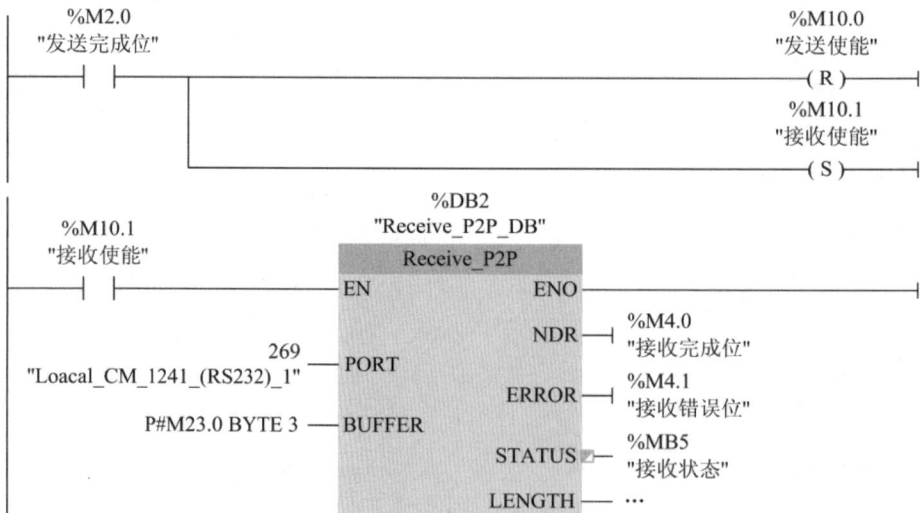

图 6-55   程序段 2

程序段 3：当接收完成后，指令完成位 NDR 在一个扫描周期内置 1，复位接收请求，激活下一个发送请求，如图 6-56 所示。

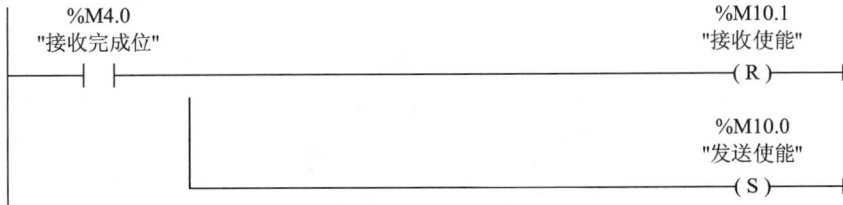

```
        %M4.0                                              %M10.1
      "接收完成位"                                         "接收使能"
     ┤  ├─────────┬──────────────────────────────────────( R )──┤
                  │                                        %M10.0
                  │                                       "发送使能"
                  └──────────────────────────────────────( S )──┤
```

图 6-56　程序段 3

程序段 4：按下 I0.0 按钮，B 地电机的运行信号 M20.2 接通，进入待发送区 MB20；B 地电机的故障信号 M23.2 及运行信号 M23.1 在接收缓冲区 MB23，信号输出到 A 地控制设备上，如图 6-57 所示。

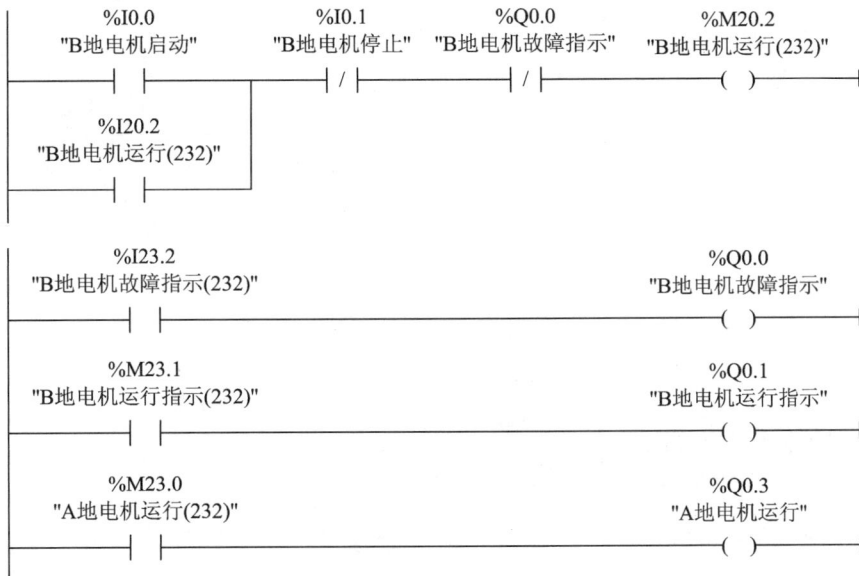

```
      %I0.0            %I0.1            %Q0.0            %M20.2
   "B地电机启动"    "B地电机停止"   "B地电机故障指示"  "B地电机运行(232)"
    ─┤ ├──────┬───────┤/├──────────────┤/├────────────( )──
     %I20.2   │
  "B地电机运行(232)"
    ─┤ ├──────┘

      %I23.2                                            %Q0.0
  "B地电机故障指示(232)"                             "B地电机故障指示"
    ─┤ ├──────────────────────────────────────────────( )──

      %M23.1                                            %Q0.1
  "B地电机运行指示(232)"                             "B地电机运行指示"
    ─┤ ├──────────────────────────────────────────────( )──

      %M23.0                                            %Q0.3
  "A地电机运行(232)"                                  "A地电机运行"
    ─┤ ├──────────────────────────────────────────────( )──
```

图 6-57　程序段 4

程序段 5：A 地电机的运行信号 I0.3 及故障信号 I0.4，进入待发送区 MB20，并反馈给 B 地控制设备，如图 6-58 所示。

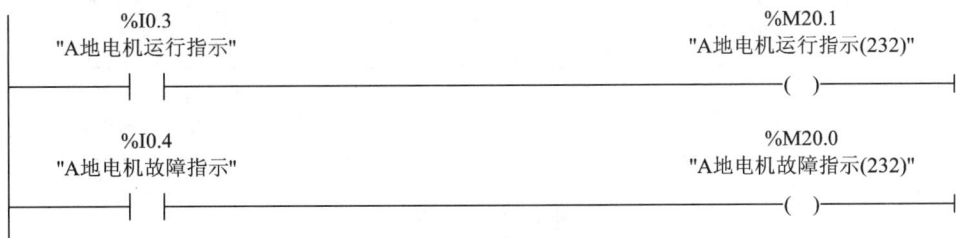

```
      %I0.3                                             %M20.1
  "A地电机运行指示"                                "A地电机运行指示(232)"
    ─┤ ├──────────────────────────────────────────────( )──

      %I0.4                                             %M20.0
  "A地电机故障指示"                                "A地电机故障指示(232)"
    ─┤ ├──────────────────────────────────────────────( )──
```

图 6-58　程序段 5

(2) 编写 B 地控制程序。

程序段 1：PLC 使用系统存储器 "FirstScan" 激活第一次的接收请求，如图 6-59 所示。

```
        %M1.0                                                              %M10.0
     "FirstScan"                                                          "接收使能"
      ──┤├──                                                              ──( S )──

                            %DB1
                        "Send_P2P_DB"
                           Send_P2P
                    ┌──────────────────────┐
      ──────────────┤ EN              ENO ├──────────────────────────
        %M10.1      │                      │          %M2.0
     "发送使能"─────┤ REQ            DONE ├──"发送完成位"
                    │                      │          %M2.1
         269        │                      │   "发送错误位"
"Loacal_CM_1241_(RS232)_1"─┤ PORT   ERROR ├──"发送错误位"
                    │                      │          %MB3
   P#M20.0 BYTE 3 ──┤ BUFFER               │   "发送状态"
                    │               STATUS ├──"发送状态"
              2 ────┤ LENGTH               │
                    └──────────────────────┘
```

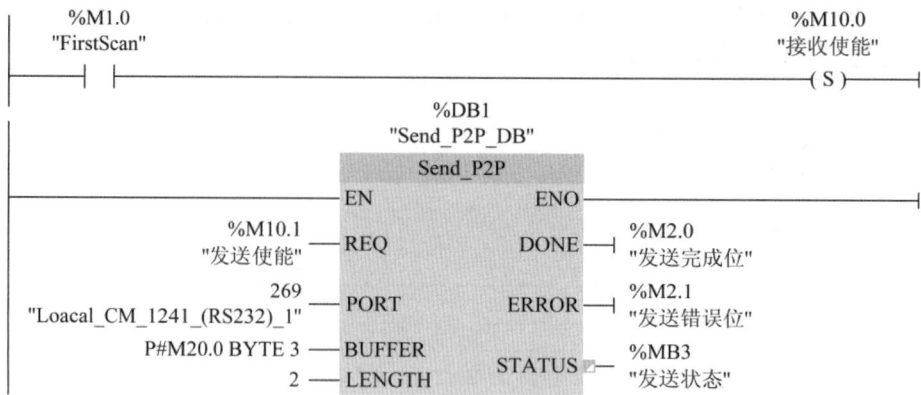

图 6-59   程序段 1

程序段 2：当发送完成后，指令完成位 DONE 在一个扫描周期内置 1，复位发送请求，激活下一个接收请求，如图 6-60 所示。

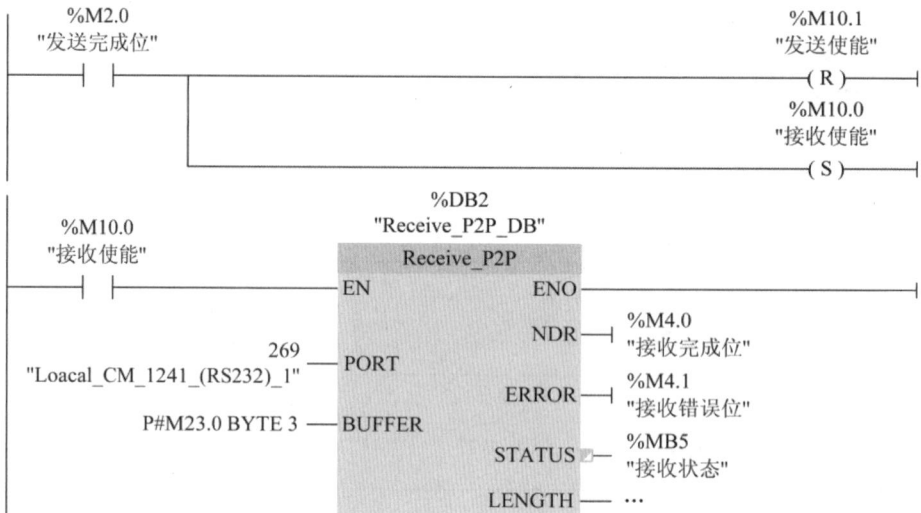

```
        %M2.0                                                              %M10.1
     "发送完成位"                                                        "发送使能"
      ──┤├──────────────────────────────────────────────────────────────( R )──
            │                                                              %M10.0
            │                                                            "接收使能"
            └───────────────────────────────────────────────────────────( S )──

        %M10.0                   %DB2
     "接收使能"            "Receive_P2P_DB"
                            Receive_P2P
                    ┌──────────────────────┐
      ──┤├──────────┤ EN              ENO ├──────────────────────────
                    │                      │          %M4.0
                    │                NDR ├──"接收完成位"
         269        │                      │          %M4.1
"Loacal_CM_1241_(RS232)_1"─┤ PORT         │   "接收错误位"
                    │               ERROR ├──"接收错误位"
   P#M23.0 BYTE 3 ──┤ BUFFER              │          %MB5
                    │              STATUS ├──"接收状态"
                    │                      │
                    │              LENGTH ├── …
                    └──────────────────────┘
```

图 6-60   程序段 2

程序段 3：当接收完成后，指令完成位 NDR 在一个扫描周期内置 1，复位接收请求，激活下一个发送请求，如图 6-61 所示。

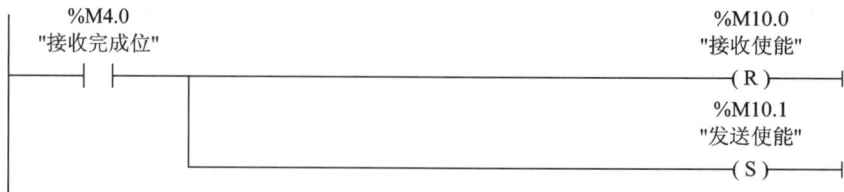

```
        %M4.0                                                              %M10.0
     "接收完成位"                                                        "接收使能"
      ──┤├──────────────────────────────────────────────────────────────( R )──
            │                                                              %M10.1
            │                                                            "发送使能"
            └───────────────────────────────────────────────────────────( S )──
```

图 6-61   程序段 3

程序段 4：按下 I0.0 按钮，A 地电机的运行信号 M20.0 接通，进入待发送区 MB20；A 地电机的故障信号 M23.0 及运行信号 M23.1 在接收缓冲区 MB23，信号输出到 B 地控制设备上，如图 6-62 所示。

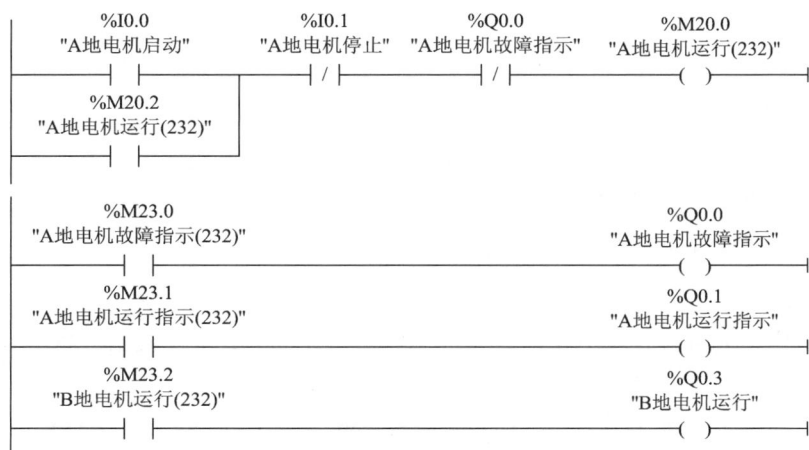

图 6-62　程序段 4

程序段 5：B 地电机的运行信号 I0.3 及故障信号 I0.4，进入待发送区 MB20，并反馈给 A 地控制设备，如图 6-63 所示。

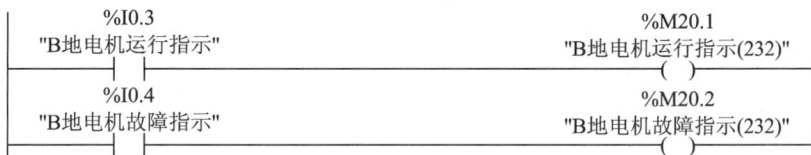

图 6-63　程序段 5

五、检查评价

根据两个 S7-1200 PLC 之间的自由口通信组态及编程，按照项目要求，对任务完成情况进行检查和评价，包括硬件组态、通信模块设置、端口接线、指令调用、参数设置、程序检查、安全配置、I/O 地址配置等。

考核评价表

六、知识拓展

PLC 通常与第三方进行自由口通信，且通信内容通常是字符串。但由于西门子的 SIMATIC String 或者 WString 是包含最大长度与实际长度的，第三方的字符串对于西门子来说是 Char 数组或者 WChar 数组。因此基于此点对点及 PtP Communication 指令集均对字符串、字符数组的发送和接收进行了优化。

(1) 第三方伙伴发送字符数组时，若 PLC 的接收指令 BUFFER 类型为字符数组，则接收成字符数组；若 BUFFER 类型为字符串，则接收成字符串。接收指令自动将字符串的最大长度和实际长度补齐。

(2) 第三方伙伴接收字符数组时，若 PLC 的发送指令 BUFFER 类型为字符数组，则发送字符数组，若 BUFFER 类型为字符串，则同样发送字符数组。发送指令自动将字符串的最大长度和实际长度去掉。

简而言之，PLC 会按照字符数组的形式收发数据，如果发送和接收的数据是字符串，则会进行相应的转换。

七、研讨评测

(一) 填空题

1. 串口通信模式包括_____、_____和_____。

2. S7-1200 PLC 支持的串行通信方式有_____、_____和_____。

3. S7-1200 PLC 最多支持_____个串行通信接口。

(二) 判断题

1. PtP 自由口允许使用 PROFINET 或 PROFIBUS 分布式 I/O 机架与各类设备(RFID 阅读器和 GPS 设备等)进行通信。( )

2. 使用 PtP 通信指令设置参数,这些指令设置的端口在 CPU 处于 RUN 模式期间有效。在切换到 STOP 模式或循环上电后,这些端口设置会保持不变。( )

3. 所有 PtP 功能都是异步运行的。用户程序可以使用轮询架构来确定传送和接收的状态。( )

(三) 简答题

1. CM1241 通信模块需要设置的通信参数有哪些?

2. 自由口通信的组态方法有哪几种,简述其中一种的组态设置?

3. S7-1200 PLC 有两套点对点通信指令,分别是什么,二者的区别有哪些?

任务 24　PLC 与 G120 变频器的 PROFINET 通信控制

一、任务描述

本任务是使用 PROFINET 通信方式,使变频器控制电动机正反转运转及调速,并通过 PZD 过程通道读取 G120 变频器的状态及转速。要求将变频器和 S7-1200 PLC 接入同一以太网,变频器选择"标准报文 1,PZD2/2"的通信协议,通过该报文下变频器的常见控制字实现对变频器的 PROFINET 通信控制。

二、学习目标

知识目标

1. 了解变频器的定义、作用和组成。
2. 掌握西门子 G120 变频器的命名规则、控制方式和面板操作方式等相关知识。

技能目标

1. 能够查看变频器手册,完成参数功能查询及设定。

2. 会设计三相异步电动机的 G120 变频器 PROFINET 通信控制系统，能够绘制出对应的 I/O 接线图并完成接线，能根据控制要求编写梯形图程序。

思政目标

1. 增强投身工控行业的自豪感、责任感和使命感。
2. 增强安全意识及责任担当。

PLC 与变频器的
通信控制

三、相关知识

1. 变频器简介

1) 变频器的定义、作用和组成

变频器(Frequency Converter)是利用电力半导体器件的通断作用将工频电源变换为另一频率的电能控制装置。

变频器靠内部 IGBT 的通断来调整其输出电压和频率，进而达到节能降耗和调速的目的。变频器具备很多的保护功能以延长设备使用寿命，如过流、过压和过载保护等。随着工业自动化程度的不断提高，变频器也得到了非常广泛的应用。

变频器通常由主电路和控制电路组成。主电路是给异步电动机提供调压调频电源的电力变换部分，控制电路是给主电路提供控制信号的回路，由运算电路、电压/电流检测电路、速度检测电路、驱动电路和保护电路组成，如图 6-64 所示。

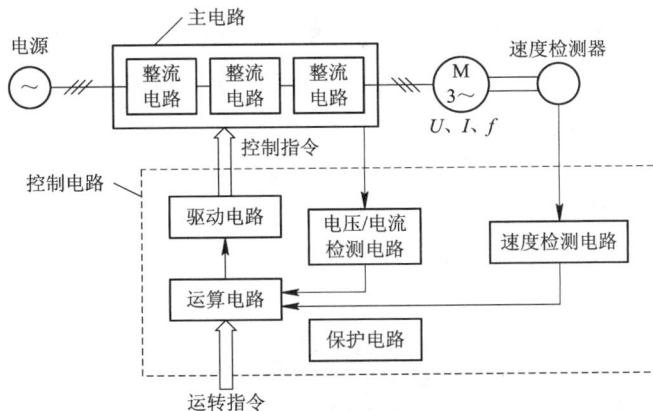

图 6-64　变频器的组成框架

2) 变频器的分类

变频器可以按以下方式分类：

(1) 按照用途分类，变频器分为通用变频器、高性能专用变频器、高频变频器、单相变频器和三相变频器等。

(2) 按变频器调压方法，变频器分为 PAM 变频器和 PWM 变频器。

(3) 按变频器的控制方式分类，变频器分为恒压频比控制变频器、转差频率控制变频器、矢量控制变频器和直接转矩控制变频器。

(4) 按电压等级分类，变频器分为高压变频器(3 kV、6 kV、10 kV)、中压变频器(660 V、

1140 V)和低压变频器(220 V、380 V)。

(5) 按电压性质分类,变频器分为交流变频器(交-直-交、交-交)和直流变频器(直-交)。

3) 变频器的工作原理

三相电源或单相电源接入变频器的电源输入端,经二极管整流后变成脉冲直流电,脉冲直流电在电容或电感的滤波作用下变成稳恒直流电,该直流电施加到由 6 个开关器件(如 IGBT)组成的逆变电路上,6 个开关器件在控制电路发出的触发脉冲作用下,不同相的上下臂两个开关器件导通,从而输出交流电给负载供电。通过调节不同相的上下臂两个开关器件的触发时刻和导通时间来改变输出的电压和频率大小。其中运算电路将外部的速度、转矩等指令同电压/电流检测电路的电流、电压信号进行比较运算,从而决定逆变器的输出电压、频率;电压/电流检测电路将主回路电位隔离并检测电压/电流信号;驱动电路根据运算结果输出的脉冲信号驱动主电路的开关器件;速度检测电路将装在异步电动机轴机上的速度检测器的信号送入运算回路;保护电路主要检测主电路的电压、电流等,即当发生过载或过电压等异常时,保护逆变器和异步电动机,避免其受到损坏。

2. 西门子 G120 系列变频器

西门子 SINAMICS G120 系列变频器包括三个子系列的产品:V 系列、G 系列和 S 系列的变频器。V 系列变频器用于运动/伺服控制的产品;G 系列变频器属于通用型变频器,可用于一般的调速控制;S 系列变频器属于高端型变频器,既可用于速度控制,也可用于运动/伺服控制。SINAMICS G120 系列变频器由控制单元(Control Unit)和功率模块(Power Module)组成。控制单元用来控制并监测与其连接的电动机。控制单元有很多类型,可以通过不同的现场总线(如 Modbus RTU、PROFIBUS-DP、PROFINET 和 DEVICENET 等)与上层控制器(PLC)进行通信。功率模块用来为电动机和控制模块提供电能,实现整流与逆变功能。

1) 直接操作变频器的三种方式

常规的直接对变频器进行操作有三种方式。第一种方式是通过变频器操作面板(见图 6-65)上的按键来操作变频器,比如可以通过操作面板设置相关参数以实现用操作面板控制电动机正反转及调速。第二种方式是通过变频器外围端子上所连接的部件来操作变频器,常见的部件有按钮、开关和电位器等。如图 6-66 所示,通过按钮切换正反转启动,或利用电位器改变频率实现调速。第三种方式是将前两种方式结合。

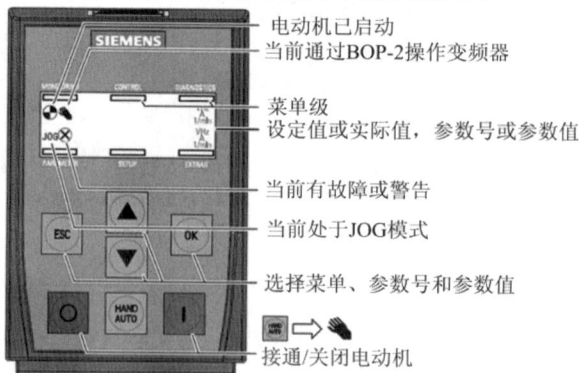

图 6-65 操作面板界面

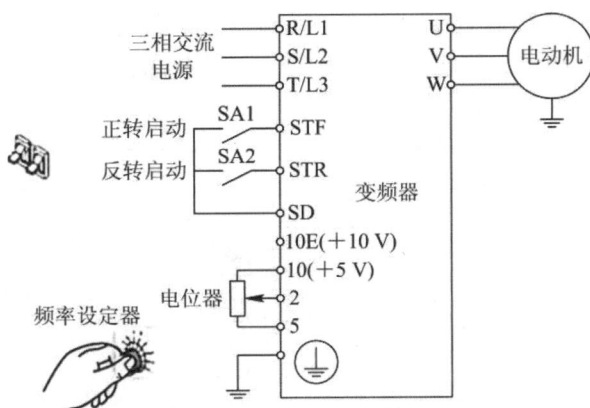

图 6-66　外围部件操作变频器

2) PLC 控制变频器的三种方式

工业中涉及的高度自动化的控制多通过 PLC 来实现对变频器的控制，PLC 控制变频器有三种基本方式。第一种方式是以开关量的方式控制，比如 PLC 上开关量的输出可以作为变频器的输入实现对电动机的启动、停止和多段速控制，变频器端子输出的故障信号、运行信号等也可以反馈给 PLC。第二种方式就是以模拟量方式控制，PLC 输出的模拟量有两种：电压(0~10 V 或 0~5 V)和电流(4~20 mA 或 0~20 mA)。第三种方式是以数据传输的通信方式控制，如 RS485 通信、PROFINET 通信和 Modbus RTU 通信方式等。

3) G120 系列变频器的操作面板

在 G120 系列变频器的控制单元上可以安装两种不同的操作面板：智能操作面板(IOP)和基本操作面板(BOP)。IOP 采用文本和图形显示，界面提供参数设置、调试向导、诊断及上传/下载等功能，有利于直观操作和诊断变频器。IOP 可以直接卡紧在变频器上，或者作为手持单元通过一根电缆与变频器连接。利用面板上的手动/自动按钮及菜单导航按钮进行功能选择，操作起来更加直观、简单和方便。IOP-2 操作面板的外观如图 6-67(a)所示。BOP 上方有一块小液晶显示屏，用来显示参数和诊断数据等信息，该显示屏比 IOP 的显示屏小。BOP 下方有"自动/手动"和"确认/退出"等按钮，可用来设置变频器参数，并进行简单的功能测试。BOP-2 操作面板的外观如图 6-67(b)所示。

(a) IOP-2 操作面板　　　　(b) BOP-2 操作面板

图 6-67　G120 系列变频器的操作面板

将 BOP-2 操作面板安装在控制单元上，并给变频器通电后，面板液晶屏点亮，上面会显示变频器的一些状态和参数等信息，BOP-2 操作面板通电后的菜单显示如图 6-68 所示。BOP-2 的面板功能说明如图 6-69 所示。

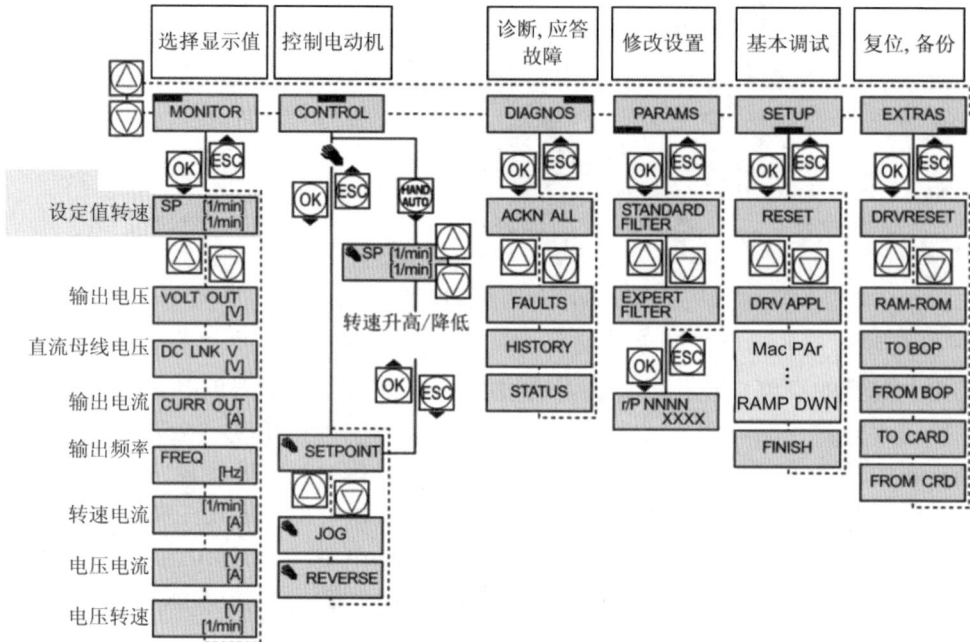

图 6-68　BOP-2 的菜单显示

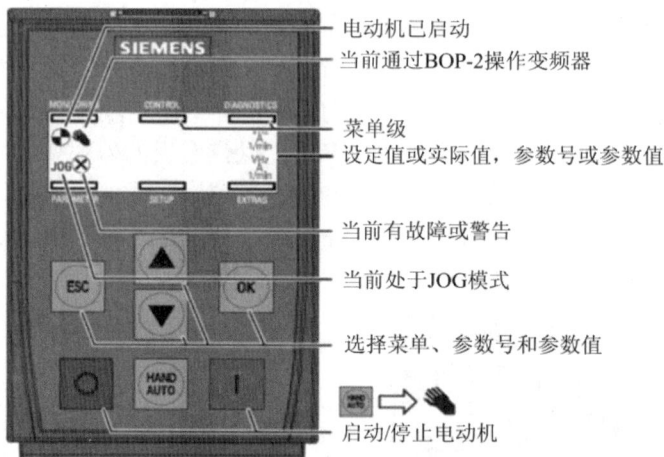

图 6-69　BOP-2 的面板功能说明

4）G120 系列变频器的 PROFINET 通信

SINAMICS G120 的控制单元 CU250S-2 PN 支持基于 PROFINET 的周期过程的数据交换和变频器参数访问。PROFINET I/O 控制器可以将控制字和主给定值等过程数据周期性地发送至变频器，并从变频器周期性地读取状态字和实际转速等过程数据。

PROFINET I/O 控制器提供访问变频器参数的接口，它有两种方式能够访问变频器的参数：

（1）周期性通信。通过 PKW 通道(参数数据区)，PROFINET I/O 控制器可以读写变频器参数，每次只能读或写一个参数，PKW 通道的长度固定为 4 个字。

(2) 非周期通信：PROFINET I/O 控制器通过非周期通信访问变频器数据记录区，每次可以读或写多个参数。

5) G120 系列变频器端子控制

G120 系列变频器端子和现场总线接口的功能可以设置。为了避免逐一地修改端子，可通过设置参数 P0015(驱动设备宏指令)同时对多个端子进行设置。

方式 1：通过 S7-1200 PLC 数字输出端子控制，实现 G120 变频器宏程序 1(双方向两线制控制两个固定转速)。宏程序 1 的端子定义如图 6-70 所示。其中，转速固定设定值 3 设为 P1003，转速固定设定值 4 设为 P1004，转速固定设定值生效设为 r1024，转速设定值(主设定值)设为 P1070[0] = 1024，当 DI4 和 DI5 为高电平时，变频器将两个转速固定设定值相加。

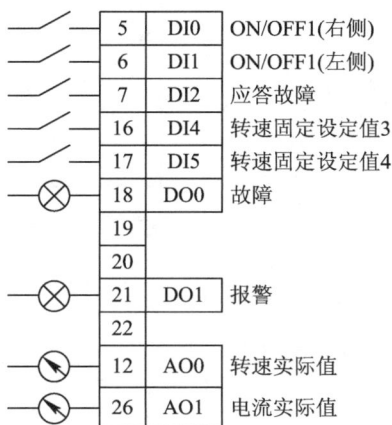

图 6-70　宏程序 1 的端子定义

方式 2：通过 S7-1200 PLC 数字输出端子控制，实现 G120 变频器宏程序 12(端子启动模拟量调速)，宏程序 12 的端子定义如图 6-71 所示。

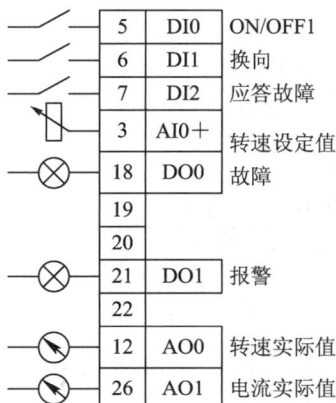

图 6-71　宏程序 12 的端子定义

通过查阅 G120 系列变频器参数手册，找到参数 r0054(控制字)，可以看到该控制字有 16 位，而每一位的含义和参数设置如表 6-13 所示。常用变频器参数说明及参数设定值如表 6-14 所示。

表 6-13　控制字含义及参数设置

控制字位	含　义	参数设置
0	ON/OFF1	P840 = r2090.0
1	OFF2 停车	P844 = r2090.1
2	OFF3 停车	P848 = r2090.2
3	脉冲使能	P852 = r2090.3
4	使能斜坡函数发生器	P1140 = r2090.4
5	继续斜坡函数发生器	P1141 = r2090.5
6	使能转速设定值	P1142 = r2090.6
7	故障应答	P2103 = r2090.7
8，9	预留	
10	通过 PLC 控制	P854 = r2090.10
11	反向	P1113 = r2090.11
12	未使用	
13	电动电位计升速	P1035 = r2090.13
14	电动电位计降速	P1036 = r2090.14
15	CDS 位 0	P0810 = r2090.15

常用的控制字：

启动：047F Hex　　　　　停车：OFF1:047E Hex；OFF2:047C Hex；OFF3:047A Hex

反转：0C7F Hex　　　　　故障复位：04FEHex

表 6-14　参数及设定值

参数号	功　能	备注说明
P100	电动机标准 IEC/NEMA	INN VOLT 设置成 380 V
P300	选择电动机类型	选择 INDUCT 选项
P304	电动机额定电压	
P305	电动机额定电流	
P307	电动机额定功率	
P310	电动机频率	
P311	电动机额定转速	
P1080	最小转速	
P1082	最大转速	最大转速(电动机铭牌数值)
P1120	斜坡函数发生器斜坡上升时间(加速时间)	
P1121	斜坡函数发生器斜坡下降时间(减速时间)	
P1900	电动机数据检测及旋转检测	"0"为关闭检测

四、任务实施

1. 控制系统设计

将 G120 系列变频器、S7-1200 PLC 和编程电脑用集线器接入同一网段，变频器的输出端接到三相交流异步电动机上。为变频器选择"标准报文 1，PZD2/2"的通信协议，该报文下，变频器的常见控制字如表 6-15 所示。

表 6-15　常见控制字

控　制		控　制　字
启动		047F
停止	OFF1	047E
	OFF2	047C
	OFF3	047A
反转		0C7F

根据以上分析，我们可以选用西门子 S7-1200 PLC[CPU 1214C DC/DC/Rly]和控制单元为 CU250S-PN、功率模块为 PM-240 的 G120 系列变频器。该控制系统主要设备清单如表 6-16 所示。

表 6-16　主要设备清单

序号	名　称	型号与规格	数量	备　注
1	三相交流异步电动机	YS8012 60W	1 台	可根据实际情况选择电动机
2	交流接触器	CJX2-1210	1 个	—
3	PLC	西门子 S7-1200 CPU1214C DC/DC/RLY	1 台	可根据实际情况选择继电器输出型 PLC
4	G120 系列变频器	控制单元：CU250S-PN 功率模块：PM-240	1 台	变频器与 PLC 通过 PROFINET 总线通信

2. I/O 地址分配

根据 PLC 输入/输出点分配原则及本任务控制要求，I/O 地址分配如表 6-17 所示。

表 6-17　I/O 地址分配表

输　入		输　出		中　间　变　量	
地址	作用	地址	作用	地址	作用
IW68	变频器状态字	QW64	变频器控制字	MW100	设置变频器控制字
IW70	实际转速	QW66	设定转速	MW102	设置电动机转速
—	—	—	—	MW104	读取变频器状态字
—	—	—	—	MW106	读取电动机转速

3. 系统接线图

G120 系列变频器 PROFINET 通信控制系统的接线图如图 6-72 所示。

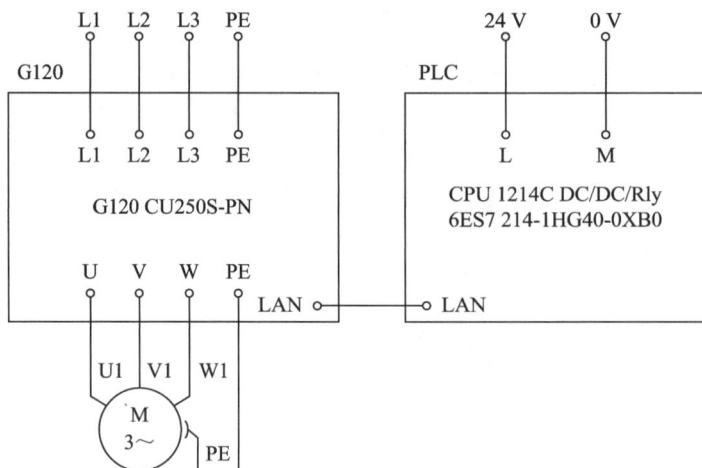

图 6-72　通信控制系统接线图

4. 创建工程项目并组态

创建新项目，命名为"PLC 与变频器 PROFINET 通信"。分步添加设备并完成设备组态。

(1) 进入新建项目的项目视图，双击"添加新设备"，选择"SIMATIC S7-1200"下的"CPU 1214C DC/DC/Rly 6ES7 214-1HG40-0XB0 版本 V4.4"，点击"确定"。

(2) 在硬件目录下，依次找到"Other field devices"→"PROFINET IO"→"DRIVERS"→"SIEMENS AG"→"SINAMICS"→"Head module"→"SINAMICS G120 CU250S-2 PN VECTOR V4.7"，将变频器控制单元添加至设备组态。

(3) 点击变频器上的蓝色"未分配"字样，在下拉列表中选择 PLC_1.PROFINET 接口，完成变频器与 PLC 的网络连接，如图 6-73 所示。

图 6-73　变频器与 PLC 的网络连接

(4) 双击变频器模块，在硬件目录中依次选择"Submodules"→"标准报文 1，PZD-2/2"，如图 6-74 所示。双击该报文，将其添加至设备组态中，然后在"设备概览"中查看报文对应的输入、输出地址。这里可以看到输入地址 I 为"68…71"，输出地址 Q 为"64…67"，如图 6-75 所示。

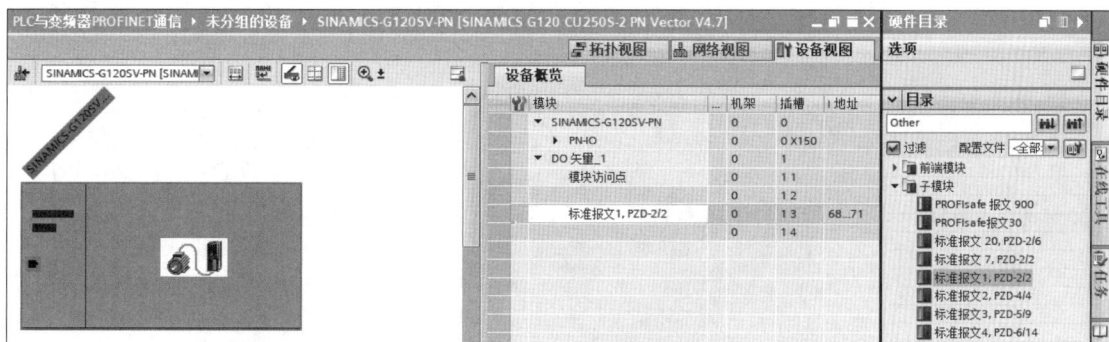

图 6-74　选择报文

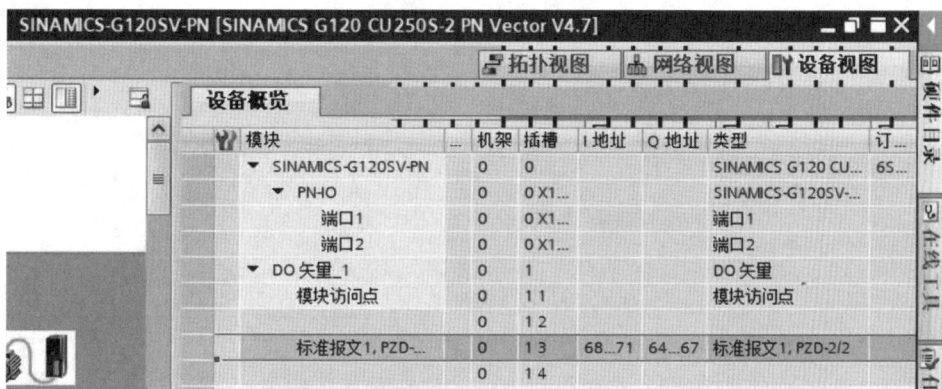

图 6-75　查看输入、输出地址

(5) 点击 S7-1200 上的接口，在 PROFINET 接口中更改以太网地址，添加新子网 PN/IE_1，重设 IP 地址，前 3 处和计算机(192.168.0.1)保持一致，可设置为 192.168.0.1，将设备名称更改为 S7-1200，如图 6-76 所示。接着在"防护与安全"→"连接机制"中勾选 "put/get"通信访问。

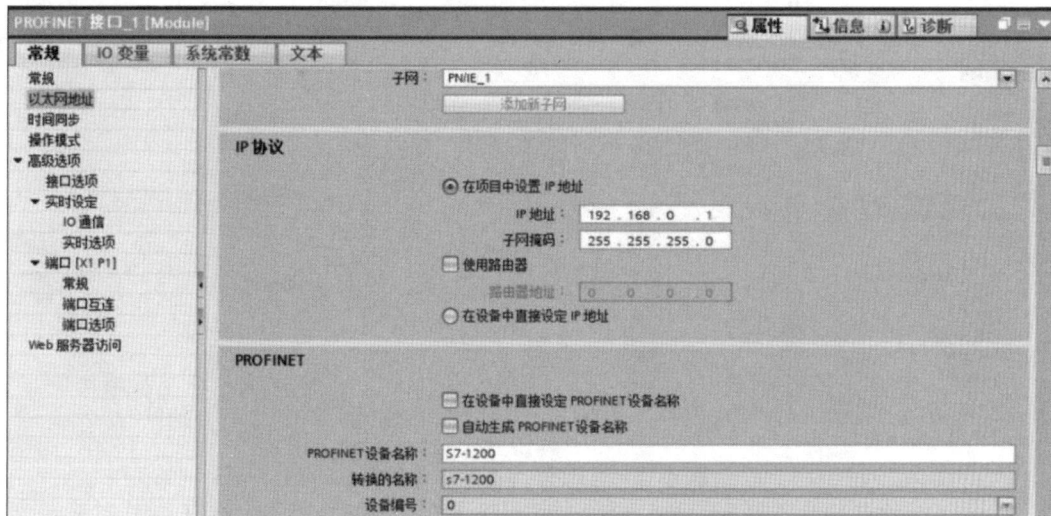

图 6-76　设置 PLC 的设备名称和 IP 地址

(6) 双击变频器图标，选中变频器的网络接口图标，将变频器的设备名称改为"g120"。IP 地址分配为 192.168.0.2(与 PLC 在同一个网段)，如图 6-77 所示。

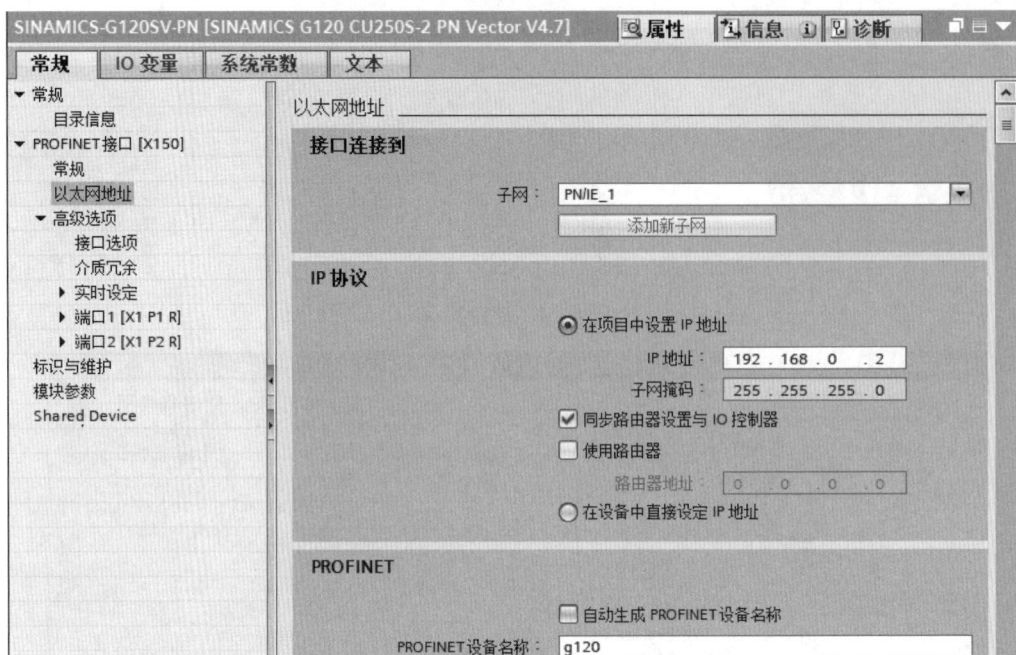

图 6-77　设置变频器的设备名称和 IP 地址

(7) 选中"在线访问"，找到 G120 变频器，然后点击"在线并诊断"，在"功能"→"命名"菜单下，将 PROFINET 设备名称改为"g120"，如图 6-78 所示。在"分配 IP 地址"菜单下，设置 IP 地址为 192.168.0.2。

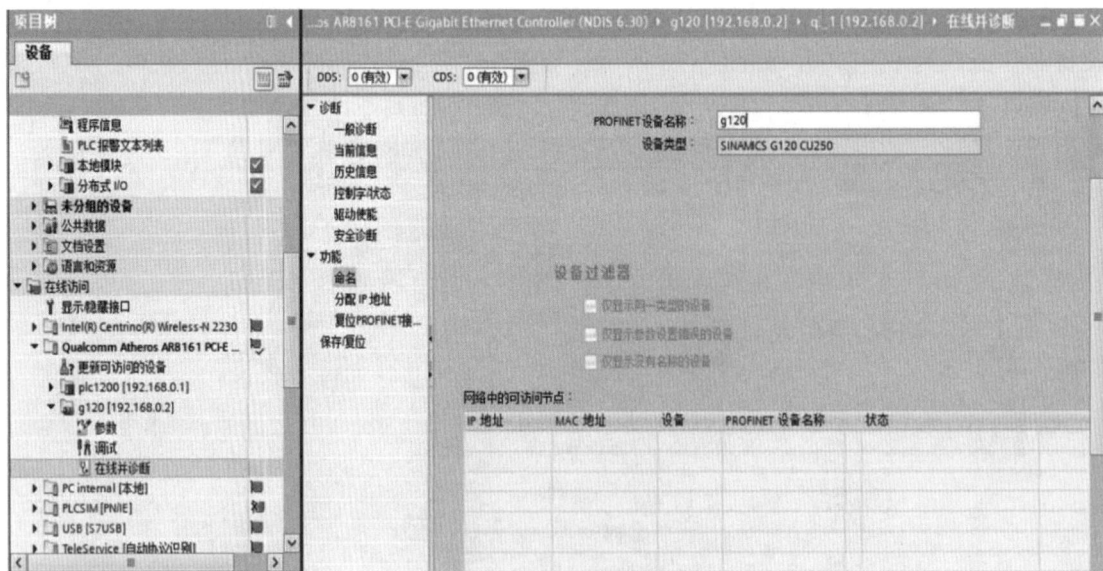

图 6-78　设置 IP 地址和设备名称

(8) 在"在线访问"菜单下，点击 G120 变频器。切换到参数视图，打开左边列表的"通讯"→"配置"。将右侧参数值改为如图 6-79、图 6-80 所示参数。

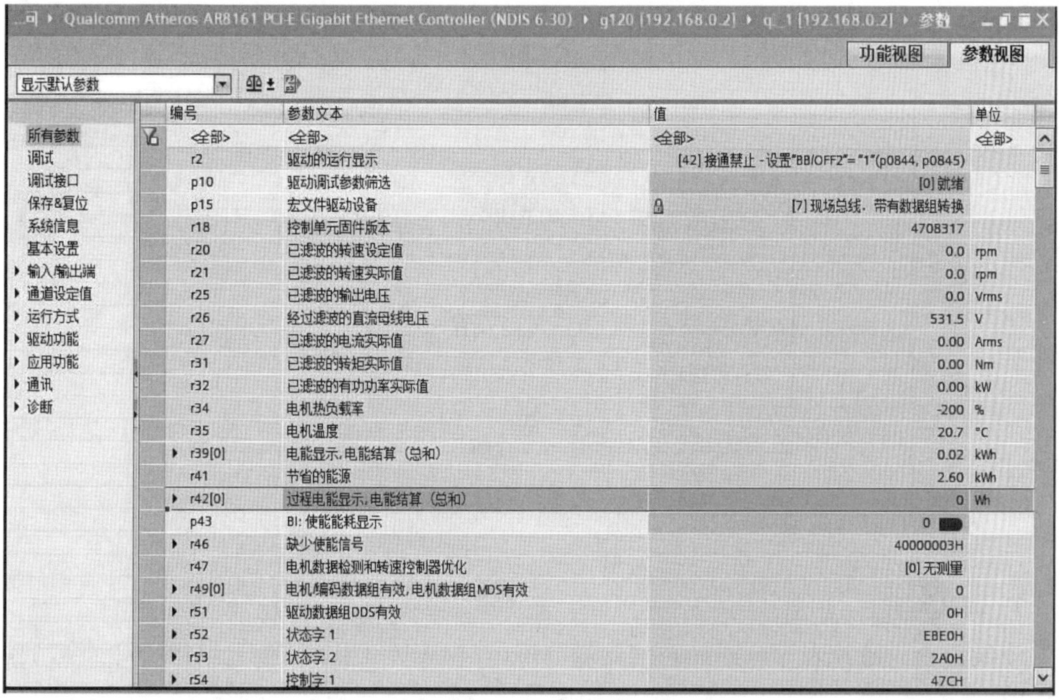

图 6-79 变频器参数列表(1)

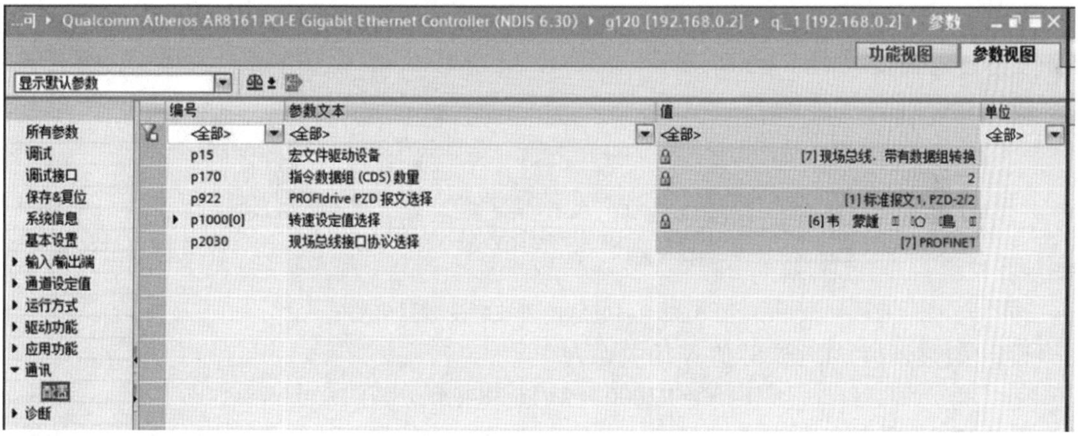

图 6-80 变频器参数列表(2)

5. 变量定义

在主程序中，先将中间变量"MW100"和"MW102"分别传送至变频器输出地址"QW64"和"QW66"中，将变频器的输入地址"IW68"和"IW70"分别传送至中间变量"MW104"和"MW106"中。然后在程序的监控与强制表中，对变频器的输出值"MW100"和"MW102"进行数据赋值以控制电动机的启停、转向和转速，并观察变频器的输入值"MW104"和"MW106"的变化情况。

6. 编写程序

本任务的变频器控制系统的主程序内容如图 6-81 所示。

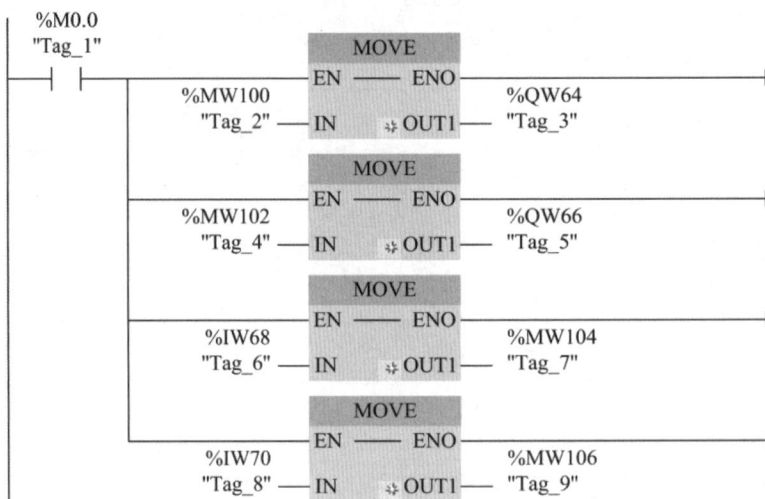

图 6-81 主程序

7. 调试程序

添加一个"监控表",添加中间变量 M0.0,MW100(十六进制),MW102(十进制),MW104(十六进制),MW106(十进制)。如果是通电后第一次启动变频器,先将 MW100 赋值为"047E",以复位变频器,然后给 MW100 输入"047F"(电动机启动控制字),给 MW102 输入 8192,使电动机正转启动。观察 MW104(变频器的状态参数)和 MW106 的值(电动机实际转速值),如图 6-82 所示。

图 6-82 通过监控表控制变频器启动

设定值(显示值)M 与实际值 N 的关系为

$$N = P2000 \times M/16\ 384(十进制)$$

其中,P2000 为参考变量(参考变量表)。例如:P2000 中的参考转速若为 1400 r/min,如果想达到的实际转速为 350 r/min,那么需要输入的设定值为 $M = 350 \times 16\ 384/1400 = 4096$。

五、检查评价

本任务的重点是西门子 G120 系列变频器的命名规则、控制方式和操作面板等相关知识,以及变频器的定义、作用和组成。会查看变频器手册的参数功能及设定,进而实现三相异步电动机的变频器控制。

考核评价表

六、知识拓展

G120 系列变频器操作面板也可控制电动机正反转及调速。首先将变频器功率模块和控制单元安装好，之后将 BOP-2 操作面板插入控制单元，将三相电源接入变频器，最后通过操作面板设置相关参数，进而实现用操作面板控制电动机正反转及调速。下面仅展示具体参数设置步骤和系统调试结果。

1. 参数设置

通过操作面板设置相关参数，具体步骤如下：

(1) 将选择光标调整至"EXTRAS"选项，如图 6-65(a)所示，然后按"OK"按钮，如图 6-83(b)所示，将变频器恢复出厂设置。

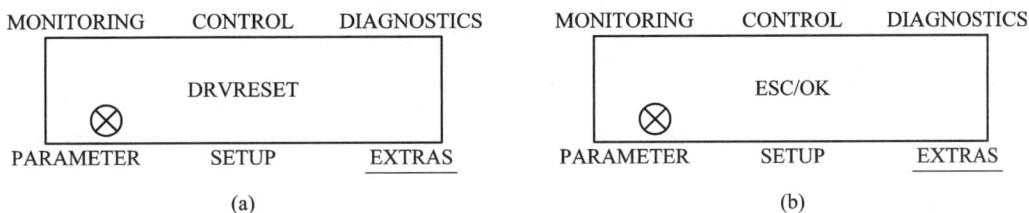

图 6-83　恢复出厂设置

(2) 在"PARAMETER"(参数设置)菜单下，将变频器参数显示为"EXPERT"级别，如图 6-84(a)所示，并将 P1300 设置为"0"(V/F 控制方式)，如图 6-84(b)所示。

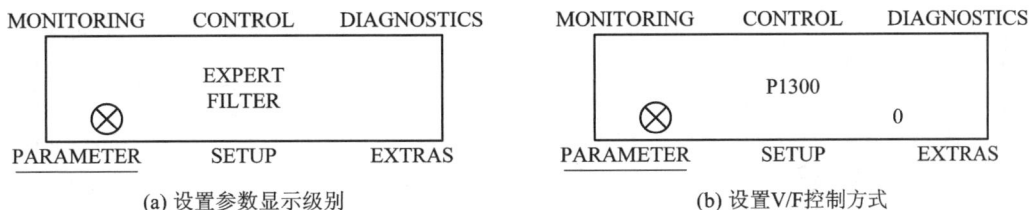

图 6-84　变频器参数设置

(3) 进入"SETUP"菜单，选择重置所有参数，如图 6-85 所示。

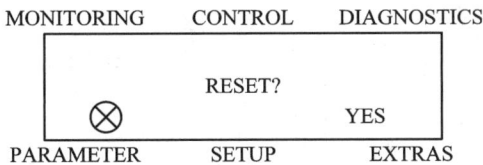

图 6-85　重置参数设置

(4) 进入 P100 参数设置界面，选择 EUR 标准，频率为 50 Hz，如图 6-86 所示。将输入电压设为 380 V，如图 6-87 所示。

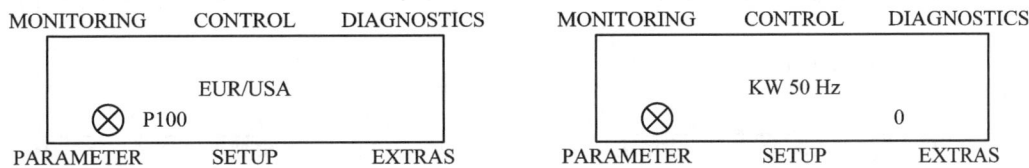

图 6-86　工作频率设置

```
MONITORING      CONTROL      DIAGNOSTICS
┌──────────────────────────────────────────┐
│                 INN VOLT                   │
│         ⊗                         380 V    │
└──────────────────────────────────────────┘
PARAMETER       SETUP         EXTRAS
```

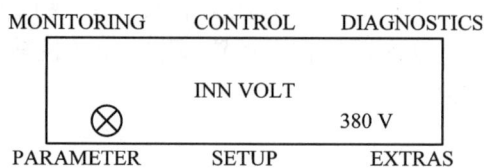

图 6-87   设置输入电压

(5) 若 G120 系列变频器面板操作控制采用的电动机为三相异步交流电动机(采用三角形接法)，其额定功率为 60 W，额定电流为 0.66 A，则首先设置 P300 参数，选择电动机类型为"1"(感性电动机)，如图 6-88 所示，然后设置 P304 参数，电动机额定电压设为 380 V，如图 6-89 所示。

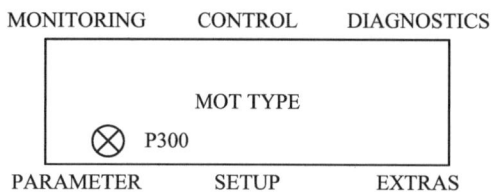

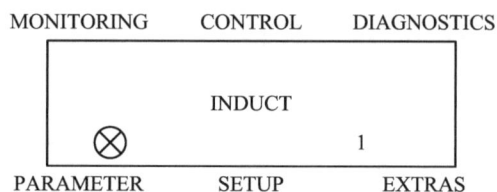

```
MONITORING   CONTROL   DIAGNOSTICS     MONITORING   CONTROL   DIAGNOSTICS
┌──────────────────────────────┐      ┌──────────────────────────────┐
│            MOT TYPE           │      │            INDUCT             │
│     ⊗   P300                  │      │     ⊗                   1     │
└──────────────────────────────┘      └──────────────────────────────┘
PARAMETER    SETUP     EXTRAS          PARAMETER    SETUP     EXTRAS
```

图 6-88   选择电动机类型

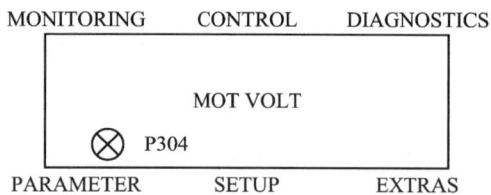

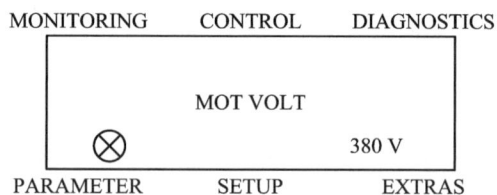

```
MONITORING   CONTROL   DIAGNOSTICS     MONITORING   CONTROL   DIAGNOSTICS
┌──────────────────────────────┐      ┌──────────────────────────────┐
│            MOT VOLT           │      │            MOT VOLT          │
│     ⊗   P304                  │      │     ⊗                 380 V   │
└──────────────────────────────┘      └──────────────────────────────┘
PARAMETER    SETUP     EXTRAS          PARAMETER    SETUP     EXTRAS
```

图 6-89   设置电动机额定电压

(6) 设置 P305(电动机额定电流)参数和 P307(电动机额定功率)参数，如图 6-90 和图 6-91 所示。

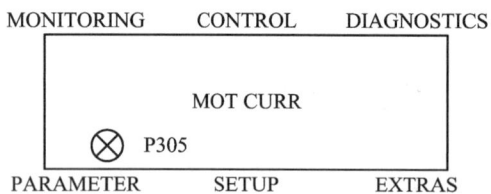

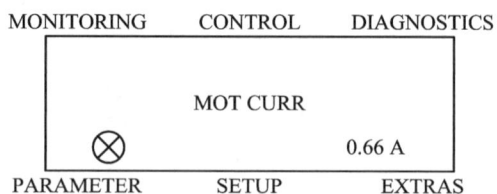

```
MONITORING   CONTROL   DIAGNOSTICS     MONITORING   CONTROL   DIAGNOSTICS
┌──────────────────────────────┐      ┌──────────────────────────────┐
│            MOT CURR           │      │            MOT CURR          │
│     ⊗   P305                  │      │     ⊗                 0.66 A  │
└──────────────────────────────┘      └──────────────────────────────┘
PARAMETER    SETUP     EXTRAS          PARAMETER    SETUP     EXTRAS
```

图 6-90   设置电动机额定电流

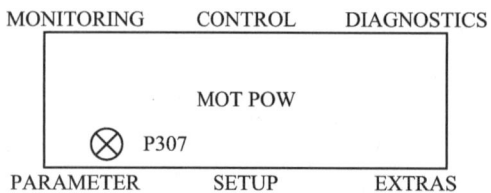

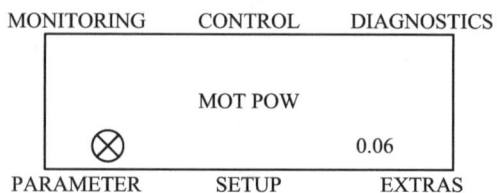

```
MONITORING   CONTROL   DIAGNOSTICS     MONITORING   CONTROL   DIAGNOSTICS
┌──────────────────────────────┐      ┌──────────────────────────────┐
│            MOT POW            │      │            MOT POW           │
│     ⊗   P307                  │      │     ⊗                 0.06    │
└──────────────────────────────┘      └──────────────────────────────┘
PARAMETER    SETUP     EXTRAS          PARAMETER    SETUP     EXTRAS
```

图 6-91   设置电动机额定功率

(7) 设置 P310(电动机频率)参数和 P311(电动机额定转速)参数，如图 6-92 和图 6-93 所示。

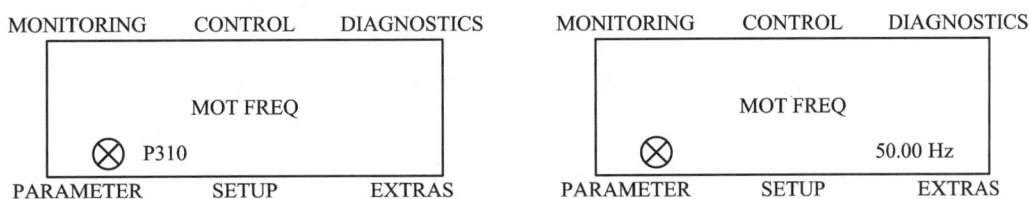

MONITORING	CONTROL	DIAGNOSTICS
	MOT FREQ	
⊗	P310	
PARAMETER	SETUP	EXTRAS

MONITORING	CONTROL	DIAGNOSTICS
	MOT FREQ	
⊗		50.00 Hz
PARAMETER	SETUP	EXTRAS

图 6-92　设置电动机频率

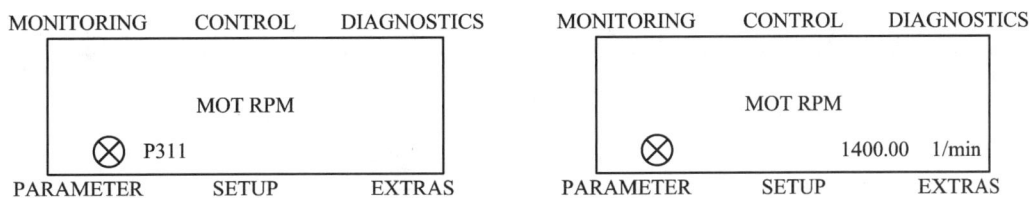

MONITORING	CONTROL	DIAGNOSTICS
	MOT RPM	
⊗	P311	
PARAMETER	SETUP	EXTRAS

MONITORING	CONTROL	DIAGNOSTICS
	MOT RPM	
⊗		1400.00　1/min
PARAMETER	SETUP	EXTRAS

图 6-93　设置电动机额定转速

(8) 设置最小转速(P1080)为 0 r/min，最大转速(P1082)为 1300 r/min，如图 6-94 和图 6-95 所示(图中转速单位 1/min 等同 r/min)。

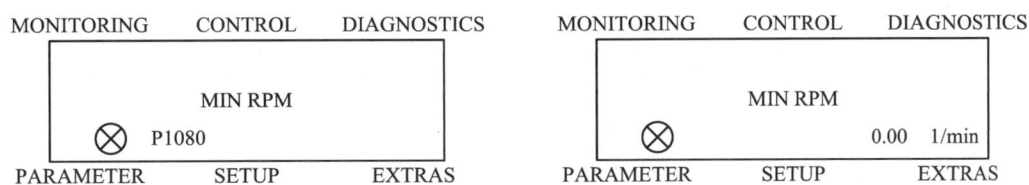

MONITORING	CONTROL	DIAGNOSTICS
	MIN RPM	
⊗	P1080	
PARAMETER	SETUP	EXTRAS

MONITORING	CONTROL	DIAGNOSTICS
	MIN RPM	
⊗		0.00　1/min
PARAMETER	SETUP	EXTRAS

图 6-94　设置最小转速

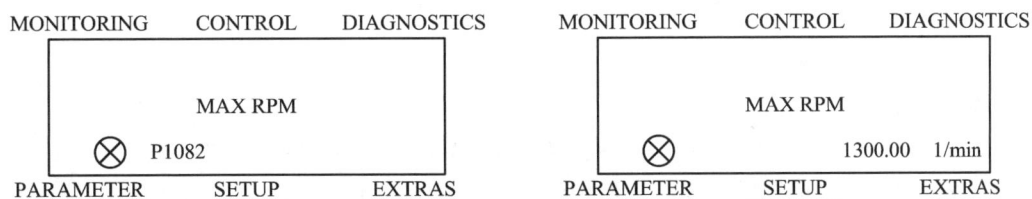

MONITORING	CONTROL	DIAGNOSTICS
	MAX RPM	
⊗	P1082	
PARAMETER	SETUP	EXTRAS

MONITORING	CONTROL	DIAGNOSTICS
	MAX RPM	
⊗		1300.00　1/min
PARAMETER	SETUP	EXTRAS

图 6-95　设置最大转速

(9) 加速时间(P1120)和减速时间(P1121)均设为 10 s，如图 6-96 和图 6-97 所示。

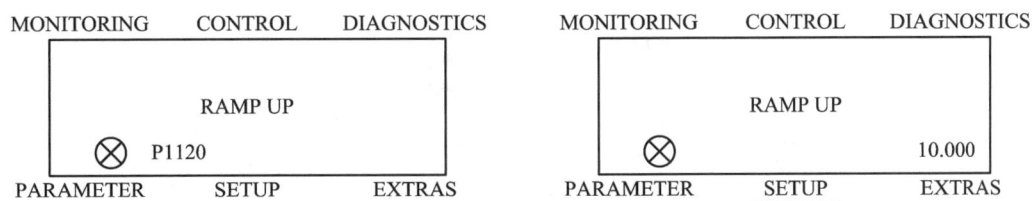

MONITORING	CONTROL	DIAGNOSTICS
	RAMP UP	
⊗	P1120	
PARAMETER	SETUP	EXTRAS

MONITORING	CONTROL	DIAGNOSTICS
	RAMP UP	
⊗		10.000
PARAMETER	SETUP	EXTRAS

图 6-96　设置加速时间

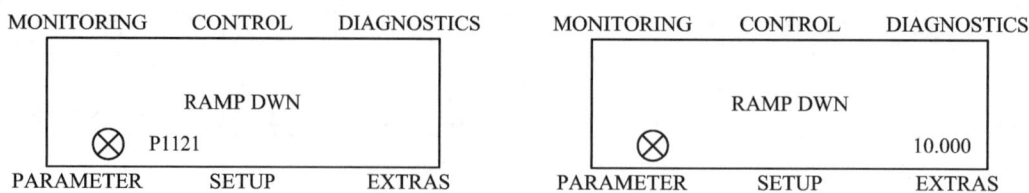

图 6-97 设置减速时间

(10) 将 MOT ID(P1900)设为 OFF(0)，关闭电动机数据检测及旋转检测功能，如图 6-98 所示。(如果此处打开电动机静态或动态数据检测，变频器可能会报错，报错后需要手动清除报警记录)

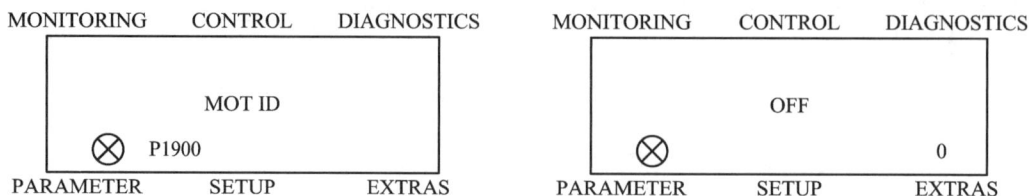

图 6-98 关闭电动机数据检测及旋转检测

(11) 设置后的参数必须保存。在"SETUP"菜单里，前面的参数全部设置完成后，会自动跳到"FINISH"选项，此时选择"YES"，按下"确定"键，至此参数设置保存成功，如图 6-99 所示。

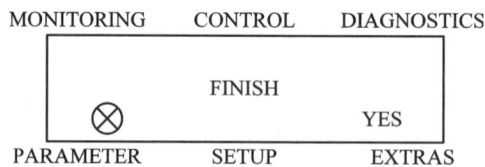

图 6-99 保存参数设置

2. 系统调试

参数设置保存后，即可进行手动操作以启动变频器了。按下操作面板上的"HAND-AUTO-"按钮，屏幕上会出现一个手形图标，切换到"CONTROL"菜单，然后按"○"启动电动机，听到变频器发出小蜂鸣声后，按住"△"增加电动机转速，此时观察电动机，即可发现电动机已经在设置的转速下转动起来，如图 6-100 所示。

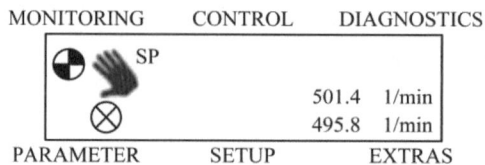

图 6-100 手动控制变频器启动

手动增加转速至设定的额定转速(1400 r/min)，然后减少转速到负的额定转速

(-1400 r/min)，即可完成电动机的正反转变频启动。按下停止按钮，电动机按照设定的减速时间停止。再次启动电动机，然后快速按两下停止按钮，可以完成电动机的快速停止。

七、研讨测评

(一) 填空题

1. PLC 可与_____、_____、_____等其他智能设备进行通信。

2. 变频器通常由_____和_____组成。

3. 变压器的控制方式主要有_____控制、_____控制和_____控制。

(二) 设计题

1. 设计一个三相异步电动机控制系统，用实物按钮通过端子方式控制变频器实现电动机正转、停止和反转，画出接线图并进行程序设计。

2. 设计一个由触摸屏控制的变频器三相异步电动机控制系统，触摸屏上有下列功能：

(1) 触摸屏上有正转、反转、停止和加速按钮。

(2) 能够显示电动机的实时转速，单位为 RPM(转/分)。

(3) 能够在电动机启动前对目标转速进行手动设置。

任务 25　S7-1200 PLC 与 V20 变频器的

Modbus RTU 通信

一、任务描述

Modbus 串行通信协议是由 Modicon 公司在 1979 年开发的，现已经成为一种通用的工业标准协议，许多工业设备通过 Modbus 串行通信协议实现集中控制。本任务将以 S7-1200 PLC 作为主站与 V20 变频器进行 Modbus RTU 通信。具体任务要求为：V20 变频器通过 RS485 线缆与 S7-1200 PLC 连接，并使用标准的 Modbus 串行通信协议；S7-1200 PLC 作为主站，通过 Modbus RTU 协议给作为从站的 V20 变频器发送指令，从而控制变频器的启停、频率设定、变频器状态字的读取，最终实现按下启动电动机按钮 M21.0，电动机启动，按下停止电动机按钮 M21.2，电动机停止的效果。

二、学习目标

知识目标

1. 了解 Modbus RTU 通信协议及 Modbus 地址分配。

2. 掌握通信端口组态指令 Modbus_Comm_Load、主站通信指令 Modbus_Master 和从站通信指令 Modbus_Slave 的功能与参数设置。

技能目标

1. 能够设计 Modbus RTU 通信连接参数配置方案，熟悉 Modbus RTU 通信协议的连接机制，且能根据通信数据要求，设置通信指令的参数。

2. 根据任务要求和工作规范，完成 S7-1200 PLC 与 V20 变频器之间的 Modbus RTU 协议通信，实现数据交互。

思政目标

培养团队协作精神，提升综合应用能力。

三、相关知识

1. S7-1200 PLC Modbus 通信

Modbus 串行通信协议有 Modbus ASCII 和 Modbus RTU 两种模式。Modbus RTU 协议通信效率较高，应用更为广泛。Modbus RTU 是基于 RS232 或 RS485 串行通信的一种协议，数据通信采用主、从方式进行传送，主站发出具有从站地址的数据报文，从站接收到报文后发送相应报文到主站进行应答。Modbus RTU 网络上只能有一个主站，主站在 Modbus RTU 网络上没有地址，每个从站必须有唯一的地址，从站的地址范围为 0～247，其中 0 为广播地址，即从站的实际地址范围为 1～247。

CPU 作为 Modbus RTU 主站运行时，可从远程 Modbus RTU 从站中读/写数据和 I/O 状态，也可在程序逻辑中读取并处理远程数据；CPU 作为 Modbus RTU 从站运行时，监控设备可从 CPU 存储器中读/写数据和 I/O 状态，RTU 主站可以将新值写入从站/服务器 CPU 存储器中，以供用户程序逻辑使用。Modbus 功能代码如表 6-18 和表 6-19 所示，Modbus 网络的站地址如表 6-20 所示。

表 6-18　读取数据功能(远程读取 I/O 状态及程序数据)

Modbus 功能代码	读取从站(服务器)功能
01	读取输出位(每个请求 1～2000 个位)
02	读取输入位(每个请求 1～2000 个位)
03	读取保持寄存器(每个请求 1～125 个字)
04	读取输入字(每个请求 1～125 个字)

表 6-19　写入数据功能(远程写入 I/O 状态及修改程序数据)

Modbus 功能代码	写入从站(服务器)功能
05	写入一个输出位(每个请求 1 位)
06	写入一个保持寄存器(每个请求 1 个字)
15	写入一个或多个输出位(每个请求 1～1968 个位)
16	写入一个或多个保持寄存器(每个请求 1～123 个字)

表 6-20 Modbus 网络的站地址

站		地 址
RTU 站	标准站地址	1～247
	扩展站地址	1～65 535
TCP 站	站地址	IP 地址和端口号

Modbus 功能代码 0 表示将消息广播到所有从站(无从站响应)。广播功能不可用于 Modbus TCP 通信，因为该通信是以连接为基础的。

Modbus RTU 可在带有一个 CM RS232 或 CM RS485 或一个 CB RS485 的 CPU 上添加 PtP(点对点)网络端口。通过主/从网络，单个主设备启动所有通信，而从设备只能响应主设备的请求。主设备向一个从设备发送请求，然后该从设备对请求作出响应。

2. Modbus 指令

博途软件中提供了两个版本的 Modbus RTU 指令集，如图 6-101 所示。

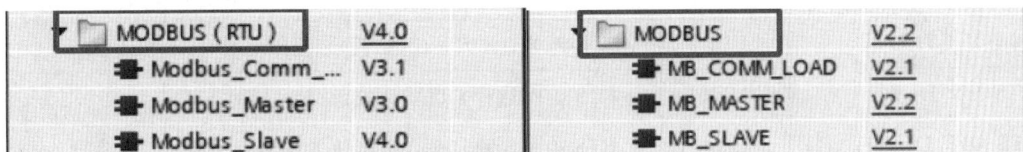

图 6-101 Modbus RTU 指令集

"MODBUS"指令集仅可通过主机架 CM1241 通信模块或 CB1241 通信板进行 Modbus RTU 通信，主要用于早期项目和 V4.0 之前版本的 CPU。

"MODBUS(RTU)" 指令集扩展了 Modbus RTU 的功能，该指令集除了支持主机架 CM1241 通信模块和 CB1241 通信板，还支持 PROFINET 或 PROFIBUS 分布式 I/O 机架上的点对点通信模块实现 Modbus RTU 通信。从这个版本指令集开始，S7-1200 PLC 与 S7-1500 PLC 的 Modbus RTU 指令集开始一致，并且之后版本更新也是基于该版本的，建议 V4.0 以后的 CPU 和串口模块使用该版本指令集，下面主要介绍该指令集。

1) Modbus_Comm_Load

执行一次 Modbus_Comm_Load 指令，可设置 PtP 端口参数，如波特率、奇偶校验和流控。该端口只能由 Modbus_Master 和 Modbus_Slave 指令使用。Modbus_Comm_Load 指令引脚含义如表 6-21 所示。

Modbus RTU 端口硬件最多安装 3 个通信模块(RS485 或 RS232)及 1 个通信板(RS485)。

用于 Modbus 通信的每个通信端口，都必须执行一次 Modbus_Comm_Load 指令来组态，以便为其分配一个唯一的 Modbus_Comm_Load 背景数据块。可在启动 OB 中调用 Modbus_Comm_Load 并执行它一次，或使用第一个扫描系统标记发起调用以执行它一次。只有在必须更改波特率或奇偶校验等通信参数时，才再次执行 Modbus_Comm_Load 指令。

如果将 Modbus 库与分布式机架中的模块结合使用，则必须在一个循环中断中执行 Modbus_Comm_Load 指令(例如，每秒或每隔 10 秒执行一次)。如果分布式机架的电源中断或者卸下了模块，则在模块恢复运行时，仅向 PtP 模块发送 HWConfig 参数组，此时由

Modbus_Master 启动的所有请求都会超时，并且 Modbus_Slave 转入静默状态(对任何消息均无响应)。循环执行 Modbus_Comm_Load 指令可解决这些问题。

表 6-21 Modbus_Comm_Load 指令引脚含义

参数	类型	数据类型	说　明
REQ	输入	Bool	上升沿触发通信端口
PORT		Port	安装并组态 CM 或 CB 通信设备之后，端口硬件标识符将出现在 PORT 功能框连接的参数助手下拉列表中。分配的 CM 或 CB 端口值为设备配置属性"硬件标识符"。端口符号名称在 PLC 变量表的"系统常量"选项卡中分配
BAUD		UDInt	波特率选择，有 360 b/s，600 b/s，1200 b/s，2400 b/s，4800 b/s，9600 b/s，19 200 b/s，38 400 b/s，57 600 b/s，76 800 b/s，115 200 b/s
PARITY		UInt	奇偶校验选择：0 表示无，1 表示奇校验，2 表示偶校验
FLOW_CTRL		UInt	流控选择，0 表示(默认值)无流控
RTS_ON_DLY		UInt	RTS 延时选择，0(默认值)表示无延时
RTS_OFF_DLY		UInt	RTS 关断延时选择，0(默认值)表示无延时
RESP_TO		UInt	响应超时，默认值为 1000 ms。允许 Modbus_Master 用于从站响应的时间(以 ms 为单位)
MB_DB		Variant	对 Modbus_Master 或 Modbus_Slave 指令的背景数据块的引用。MB_DB 参数必须与 Modbus_Master 或 Modbus_Slave 指令中的静态变量 MB_DB 参数相连
DONE	输出	Bool	如果上一个请求完成并且没有错误，DONE 位将变为 TRUE 并保持一个周期
ERROR		Bool	如果上一个请求出错，则 ERROR 位将变为 TRUE 并保持一个周期。STATUS 参数中的错误代码仅在 ERROR = TRUE 的周期内有效
STATUS		Word	端口组态错误代码，可参考 TIA Portal 软件在线帮助或 S7-1200 PLC 系统手册

2) Modbus_Master

Modbus_Master 指令使 CPU 充当 Modbus RTU 主设备，并与一个或多个 Modbus 从设备进行通信。Modbus_Master 指令作为 Modbus 主站，利用之前执行的 Modbus_Comm_Load 指令组态的端口进行通信。将 Modbus_Master 指令放入程序时，程序会自动分配背景数据块。当指定 Modbus_Comm_Load 指令的 MB_DB 参数时将使用该 Modbus_Master 背景数据块。Modbus_Master 指令引脚含义如表 6-22 所示。

表 6-22 Modbus_Master 指令引脚含义

参数	类型	数据类型	说 明
EN		Bool	使能端
REQ		Bool	REQ 为 TRUE 时，请求向 Modbus 从站发送数据，建议采用上升沿触发
MB_ADDR	输入	USInt(V1.0) UInt(V2.0)	Modbus RTU 从站地址。默认地址范围：0～247；扩展地址范围：0～65535。值 0 被保留，用于将消息广播到所有 Modbus 从站
MODE		USInt	模式选择，指定请求类型(读取或写入)
DATA_ADDR		UDInt	从站起始地址，指定 Modbus 从站中将供访问的数据的起始地址
DATA_LEN		UInt	数据长度，指定要在该请求中访问的位数或字数
DATA_PTR	输入/输出	Variant	数据指针，指向要进行数据写入或数据读取的 M 区或数据块地址。(未经优化的 DB 类型)
DONE		Bool	完成位。上一请求已完成且没有出错后，DONE 位将变为 TRUE 并保持一个扫描周期时间
BUSY		Bool	FALSE 表示 Modbus_Master 无激活命令；TRUE 表示 Modbus_Master 命令执行中
ERROR	输出	Bool	如果上一个请求出错，则 ERROR 位将变为 TRUE 并保持一个周期。STATUS 参数中的错误代码仅在 ERROR 为 TRUE 的周期内有效
STATUS		Word	端口组态错误代码。请参考 TIA Portal 软件在线帮助或 S7-1200 PLC 系统手册进行查看

(1) Modbus_Master 通信规则。

① 必须先执行 Modbus_Comm_Load 指令，进行端口组态，然后 Modbus_Master 指令才能与该端口通信。

② 当 Modbus_Master 的一个或多个实例运行时，必须使用同一个 Modbus_Master 背景数据块来进行端口操作。

③ Modbus 指令不使用通信中断事件来控制通信过程。用户程序必须轮询 Modbus_Master 指令以了解数据传送和接收的完成情况，进而确保在当前请求完成前不允许使用同一背景数据块的任何其他 Modbus_Master 发出请求。

(2) DATA_ADDR 和 MODE 参数用于选择 Modbus 功能类型。

Modbus_Master 指令使用 MODE 输入而非功能代码输入。MODE 和 Modbus 地址一起确定实际 Modbus 消息中使用的功能代码。表 6-23 列出了 MODE 参数、Modbus RTU 功能代码和 Modbus 地址范围之间的对应关系。

表 6-23　MODE、DATA_ADDR、DATA_LEN、Modbus RTU 功能码对应关系表

MODE	DATA_ADDR	DATA_LEN	Modbus RTU 功能码	操作和数据
0	1～9999	1～2000	01	读取输出位，每个请求 1～2000 个位
0	10 001～19 999	1～2000	02	读取输入位，每个请求 1～2000 个位
0	40 001～49 999(等同 400 001～409 999) 或 400 001～465 535	1～125	03	读取保持寄存器，每个请求 1～125 个字
0	30 001～39 999	1～125	04	读取输入字，每个请求 1～125 个字
1	10 001～19 999	1	05	写入输出位，每个请求 1 位
1	40 001～49 999(等同 400 001～409 999) 或 400 001～465 535	1	06	写入保持寄存器，每个请求 1 个字
1	10 001～19 999	2～1968	15	写入多个输出位，每个请求 2～1968 个位
1	40 001～49 999(等同 400 001～409 999) 或 400 001～465 535	2～123	16	写入多个保持寄存器，每个请求 2～123 个字
2	10 001～19 999	1～1968	15	写入输出位，每个请求 1～1968 个位
2	40 001～49 999(等同 400 001～409 999) 或 400 001～465 535	1～123	16	写入保持寄存器，每个请求 1～123 个字
11	—		11	读取服务器的状态字和事件计数器：状态字反映了处理的状态(0 表示未处理，0xFFFF 表示正在处理)；Modbus 请求成功执行时，事件计数器将递增。如果执行 Modbus 功能时出错，则服务器将发送消息，但事件计数器不会递增
80	—	1	08	通过诊断代码 0x0000 检查服务器状态(返回循环测试-服务器发回请求)，每次调用 1 个字
81	—	1	08	通过诊断代码 0x000A 复位服务器的事件计数器，每次调用 1 个字
104	0～65535	1～125	04	读取输入字，每个请求 1～125 个字

3) Modbus_Slave

Modbus_Slave 指令使 CPU 充当 Modbus RTU 从设备，并与一个 Modbus 主设备进行通信。远程 Modbus RTU 主站发出请求时，用户程序会通过执行 Modbus_Slave 指令进行响应。STEP7 在插入指令时自动创建背景数据块。在为 Modbus_Comm_Load 指令指定 MB_DB 参数时可使用此 Modbus_Slave_DB 名称。Modbus_Slave 指令引脚含义如表 6-24 所示。

表 6-24 Modbus_Slave 指令引脚含义

参数	类型	数据类型	说　明
MB_ADDR	输入	USInt(V1.0) UInt(V2.0)	Modbus 从站的标准寻址。标准寻址范围为 1~247，扩展寻址范围为 0~65535
MB_HOLD_REG	输入/输出	Variant	数据指针，指向 Modbus 保持寄存器的地址，Modbus 保持寄存器可以为 M 存储区或 DB 数据区
NDR	输出	Bool	可用的新数据：FALSE 表示无新数据；TRUE 表示新数据已由 Modbus 主站写入。如果上一个请求完成并且没有错误，NDR 位将变为 TRUE 并保持一个周期
DR		Bool	读取数据：FALSE 表示无新数据；TRUE 表示该指令已将 Modbus 主站接收到的数据存储在目标区域中。如果上一个请求完成并且没有错误，DR 位将变为 TRUE 并保持一个周期
ERROR		Bool	如果上一个请求出错，则 ERROR 位将变为 TRUE 并保持一个周期。如果执行因错误而中止，则 STATUS 参数中的错误代码仅在 ERROR 为 TRUE 的周期内有效
STATUS		Word	端口组态错误代码

Modbus_Slave 通信规则：

(1) 必须先执行 Modbus_Comm_Load 指令，进行端口组态，然后 Modbus_Slave 指令才能通过该端口通信。

(2) 如果某个端口作为从站响应 Modbus_Master，则不可使用 Modbus_Master 指令对该端口进行编程。

(3) 对于给定端口，只能使用一个 Modbus_Slave 实例，否则将出现不确定的行为。

(4) Modbus 指令不使用通信中断事件来控制通信过程。用户程序必须通过轮询 Modbus_Slave 指令以了解数据传送和接收的完成情况来控制通信过程。

四、任务实施

1. 软硬件准备

本任务选用 CPU 1214C DC/DC/DC(订货号：6ES7 214-1AG40-0XB0，固件版本 V4.2)、CM1241 RS485(订货号：6ES7 241-1CH30-0XB0，固件版本 V1.0)、变频器 SINAMICS V20(订货号：6SL3210-5BB11-2UV0)和标准 RS485 电缆。软件采用 TIASTEP7 V15。

2. S7-1200 PLC 侧客户端组态和编程

1) 新建项目

(1) 创建项目。在项目视图下，新建项目"1200 与 V20 变频器 RTU 通信"。

(2) 添加主站。在左侧的项目树中，双击"添加新设备"，随即弹出添加新设备对话框，在此对话框中选择的 CPU 型号和版本号必须与实际设备相适配，然后单击"确定"按钮，此时添加了一台 PLC1 作为主站。

(3) 设置 IP 地址。在项目树中，选择"PLC_1[CPU 1214C DC/DC/DC]"，双击"设备组态"，在"设备视图"的工作区中，选中 PLC1，在其巡视窗口中的"属性"→"常规"的选项卡中选择"以太网地址"，将 CPU 的以太网 IP 地址修改为192.168.0.1。

2) 激活系统存储器

在硬件组态中选择系统时钟存储器，并激活它。

3) 组态通信模块

在项目树中，选择"PLC_1[CPU 1214C DC/DC/DC]"，双击"设备组态"，在窗口右侧硬件目录中找到"通信模块"→"点到点"→"CM1241(RS485)"，选择相关订货号，拖拽此模块至 CPU 左侧插槽即可。

在"设备视图"的工作区中，选中 CM1241(RS485)模块，在其巡视窗口的"属性"→"常规"选项卡中，配置模块硬件接口参数。通信参数设置如下：传输率设为"9.6 kbps"，奇偶校验设为"无"，数据位设为"8 位/字符"，停止位设为"1"，其他保持默认设置，如图 6-102 所示。

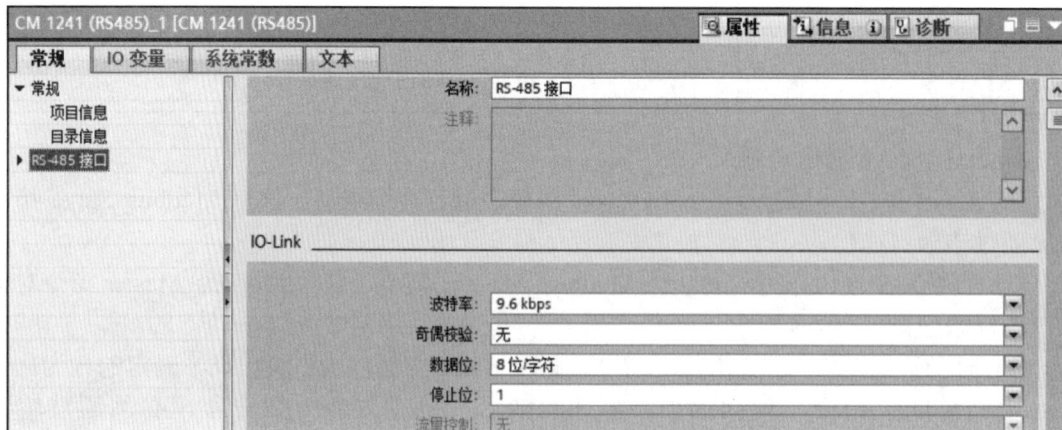

图 6-102　设置通信参数

4) 调用指令

在 PLC1 的 OB1 中调用 Modbus_Comm_Load 指令、Modbus_Master 指令。

(1) 打开 PLC1 的组织块 OB1，进入程序编辑区，打开指令树中的通信→通信处理器→MODBUS(RTU)，找到 Modbus_Comm_Load 指令，将其拖到程序段 1 中，自动为 Modbus_Comm_Load 指令添加指定的背景数据块 DB1，如图 6-103 所示。

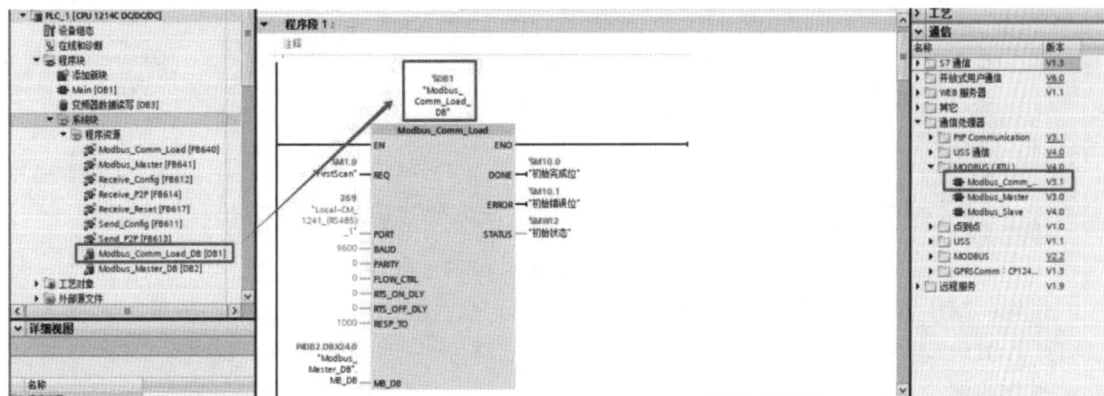

图 6-103　调用 Modbus_Comm_Load 指令

说明：REQ 为上升沿触发通信端口，主站开机执行端口组态，仅执行一次；PORT 为端口硬件标识符，如图 6-104 所示；BAUD 波特率设为 9600 b/s。PARITY 校验方式为无校验。FLOW_CTRL、RTS_ON_DLY、RTS_OFF_DLY 引脚设定为默认值。响应超时为 1000 ms。MB_DB 表示主站背景 DB 块的静态变量，如图 6-105 所示。其余各引脚按其含义正确分配参数和数据类型。

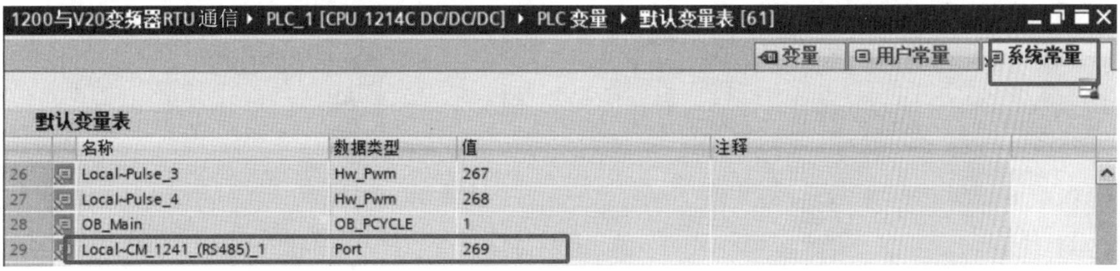

图 6-104　通信模块端口硬件标识符

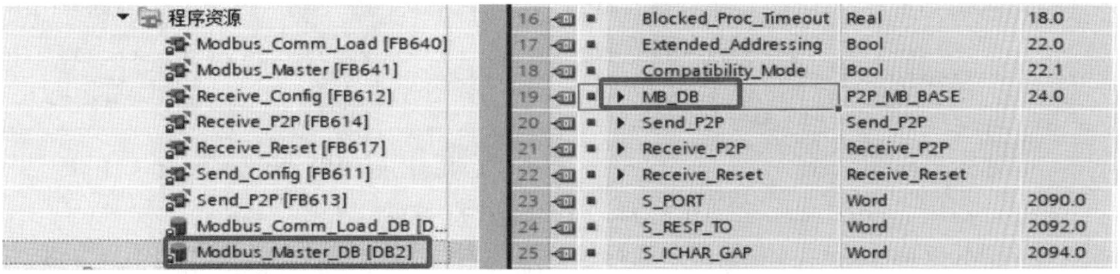

图 6-105　主站背景 DB 块的静态变量

(2) 在"MODBUS"指令集中，找到 Modbus_Master 指令，将其拖到程序段 3 中，以便为 Modbus_Master 指令添加指定的背景数据块 DB2，如图 6-106 所示。

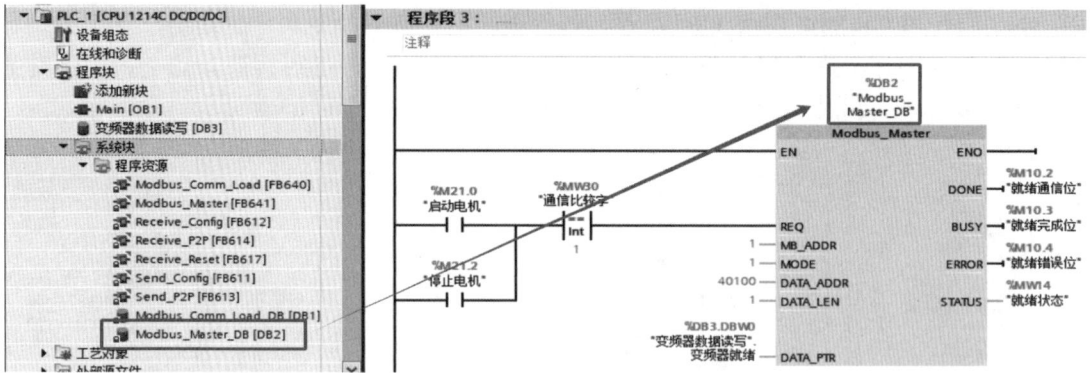

图 6-106　调用 Modbus_Master 指令

说明：MB_ADDR 表示从站(变频器)地址，为 1；MODE 为 1，表示采用写入模式；DATA_ADDR 表示从站起始地址；DATA_LEN 表示数据长度为 1 个字；DATA_PTR 指向主站端数据存储地址。

(3) 由于本任务需要 Modbus_Master 指令执行 4 个数据交互的命令端口("变频器就绪""变频器启动""变频器频率""变频器状态字")，因此将所有 Modbus_Master 指令都添加同一个 Modbus_Master 背景数据块 DB2，如图 6-107 所示。

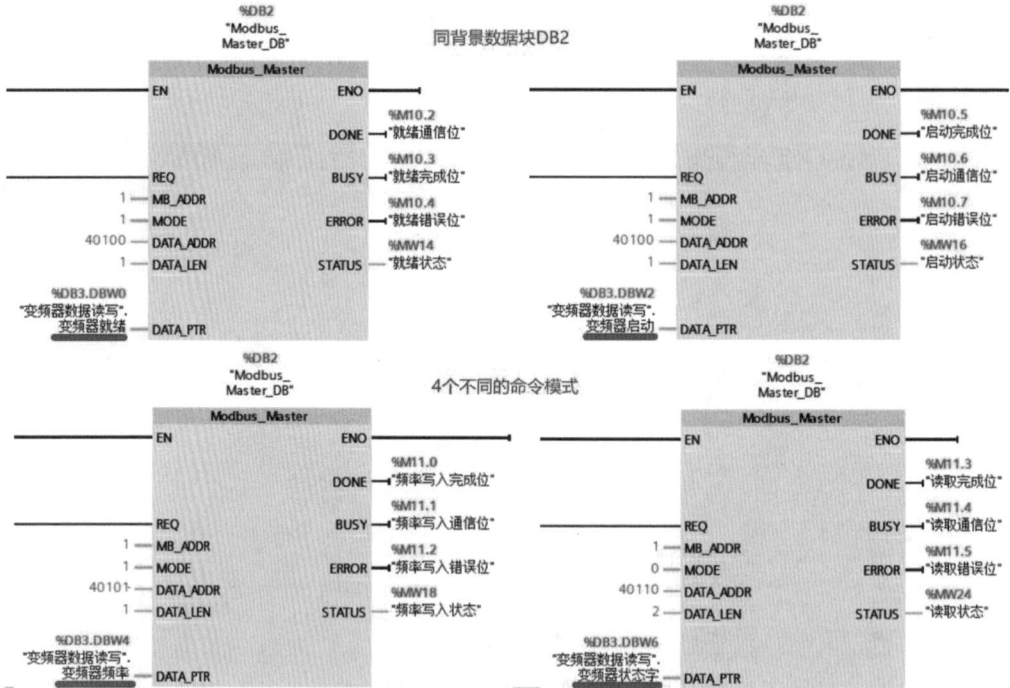

图 6-107　Modbus_Master 指令功能

(4) 在 Modbus_Comm_Load 指令的背景数据块内，将 MODE 参数修改为 4，RS485 采用半双工模式，如图 6-108 所示。

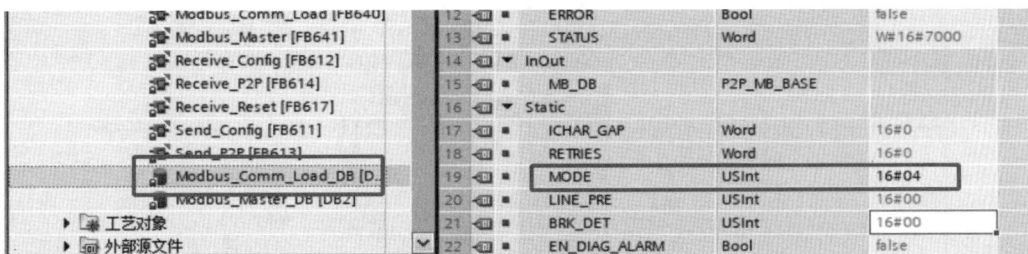

图 6-108 修改通信模式

(5) 创建 DB。依据要求，创建 DB 数据区 DB3，命名为变频器数据读写。选择 DB 数据块属性，把优化的块访问"√"去掉。在数据区内建立相应变量，在控制字数据寄存器中赋初始值，如图 6-109 所示。

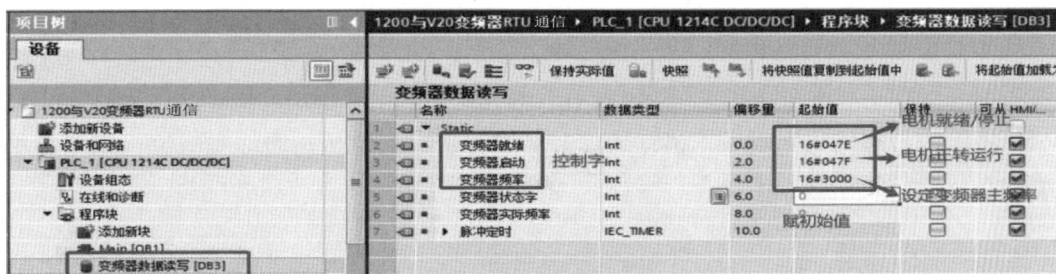

图 6-109 创建 DB 并赋初始值

(6) 创建 PLC 变量。根据本任务的控制要求新建变量，建立所有通信指令的状态位、执行条件代码以及控制程序当中所涉及的变量，如图 6-110 所示。

图 6-110 新建 PLC 变量

(7) 编写程序。根据 Modbus_Comm_Load、Modbus_Master 指令各个引脚的含义，进行正确编程。

程序段 1：Modbus 串行通信口初始化，如图 6-111 所示。

%DB1
"Modbus_Comm_Load_DB"

```
                    Modbus_Comm_Load
                   ┌────────────────────────┐
                   │ EN                  ENO │
  %M1.0            │                         │       %M10.0
 "FirstScan" ──────│ REQ               DONE ├──┤   "初始完成位"
                   │                         │
        269        │                         │       %M10.1
"Loacal_CM_1241 ───│ PORT             ERROR ├──┤   "初始错误位"
   (RS485)_1"      │                         │
       9600 ───────│ BAUD            STATUS ├──┤   %MW12
          0 ───────│ PARITY                  │   "初始状态"
          0 ───────│ FLOW_CTRL               │
          0 ───────│ RTS_ON_DLY              │
          0 ───────│ RTS_OFF_DLY             │
       1000 ───────│ RESP_TO                 │
P#DB2.DBX24.0      │                         │
"Modbus_Master_DB".│                         │
   MB_DB ──────────│ MB_DB                   │
                   └────────────────────────┘
```

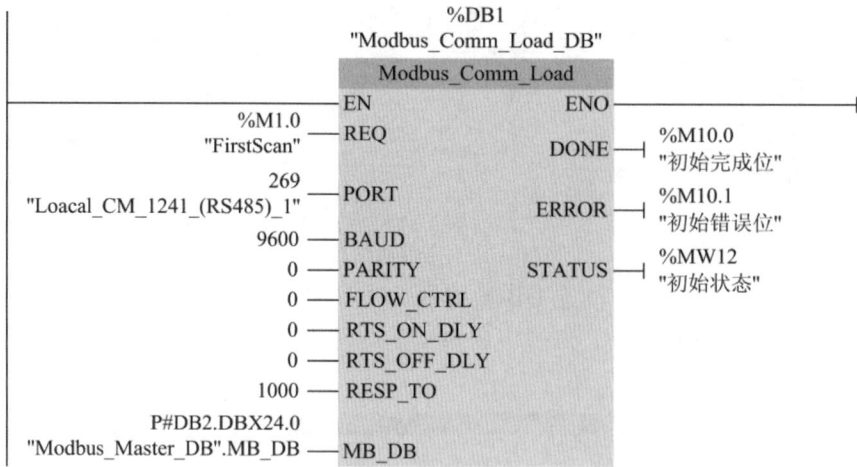

图 6-111   程序段 1

程序段 2：初始化完成后，执行通信控制字传送，置位初始通信完成位，如图 6-112 所示。

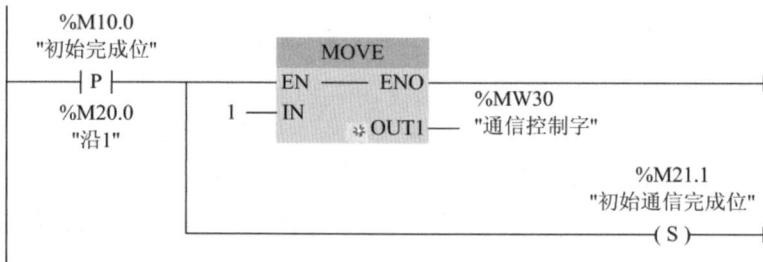

```
  %M10.0
"初始完成位"            MOVE
   ─┤ P ├─        ┌──────────────┐
  %M20.0          │ EN      ENO   │        %MW30
  "沿1"         1─│ IN            │    "通信控制字"
                  │      ✦ OUT1 ├──┤
                  └──────────────┘
                                         %M21.1
                                    "初始通信完成位"
                                         ─( S )─
```

图 6-112   程序段 2

程序段 3：当通信控制字为 1 时，按下电动机启动按钮，把"变频器就绪"的初始值 047E 写在变频器 Modbus 地址 40100 控制字里面；当电动机在运行状态时，把"变频器就绪"的初始值 047E 写在变频器 Modbus 地址 40100 控制字里面，电动机停止运行，如图 6-113 所示。

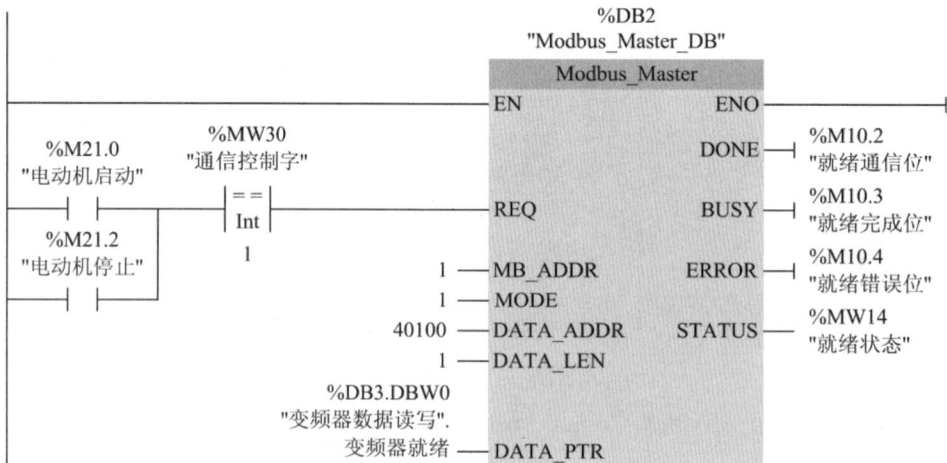

%DB2
"Modbus_Master_DB"

```
                                    Modbus_Master
                                   ┌──────────────────────┐
                                   │ EN                ENO │
  %M21.0       %MW30               │                       │      %M10.2
"电动机启动"  "通信控制字"          │                 DONE ├──┤  "就绪通信位"
  ─┤ ├──────── ═ ═ ──────────────  │                       │
  %M21.2        Int                │                       │      %M10.3
"电动机停止"     1                 │ REQ             BUSY ├──┤  "就绪完成位"
  ─┤ ├─                        1 ──│ MB_ADDR               │
                               1 ──│ MODE           ERROR ├──┤  %M10.4
                           40100 ──│ DATA_ADDR             │   "就绪错误位"
                               1 ──│ DATA_LEN      STATUS ├──┤  %MW14
                     %DB3.DBW0     │                       │   "就绪状态"
                  "变频器数据读写". │                       │
                      变频器就绪 ──│ DATA_PTR              │
                                   └──────────────────────┘
```

图 6-113   程序段 3

程序段 4：变频器 Modbus 地址 40100 控制字里写入"变频器就绪"后，当电动机启动时，执行通信控制字传送。当电动机停止时，不执行通信控制字传送，如图 6-114 所示。

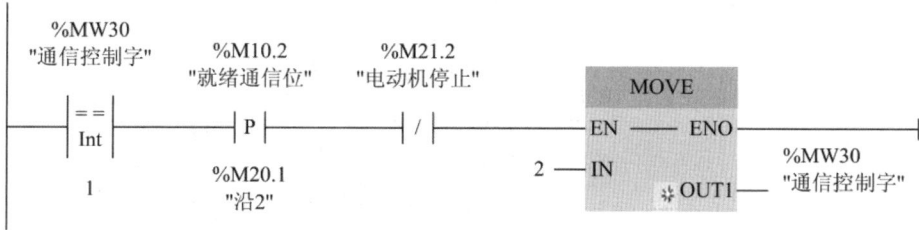

图 6-114　程序段 4

程序段 5：当通信控制字为 2 时，把"变频器启动"的初始值 047F 写在变频器 Modbus 地址 40100 控制字里面。电动机具备运行条件，如图 6-115 所示。

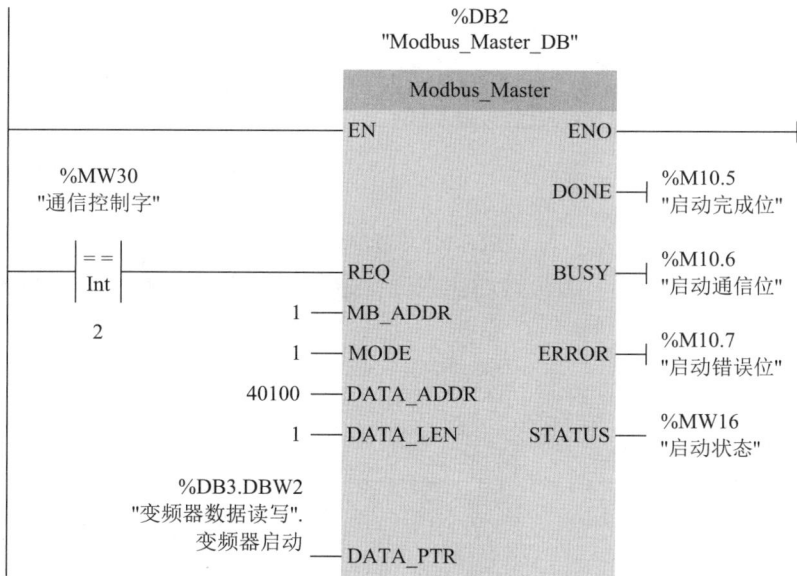

图 6-115　程序段 5

程序段 6：变频器 Modbus 地址 40100 控制字里写入"变频器启动"后，执行通信控制字传送，如图 6-116 所示。

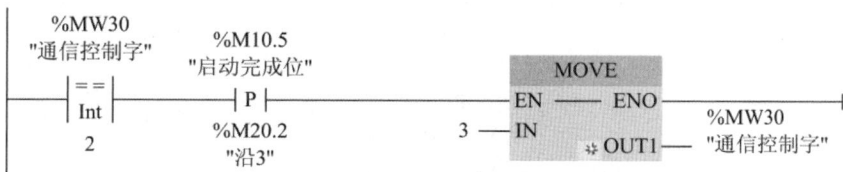

图 6-116　程序段 6

程序段 7：当通信控制字为 3 时，把"变频器频率"的初始值十六进制 3000 写在变频器 Modbus 地址 40101 转速设定值里面，电动机开始运转，频率为 37.5 Hz，如图 6-117 所示。

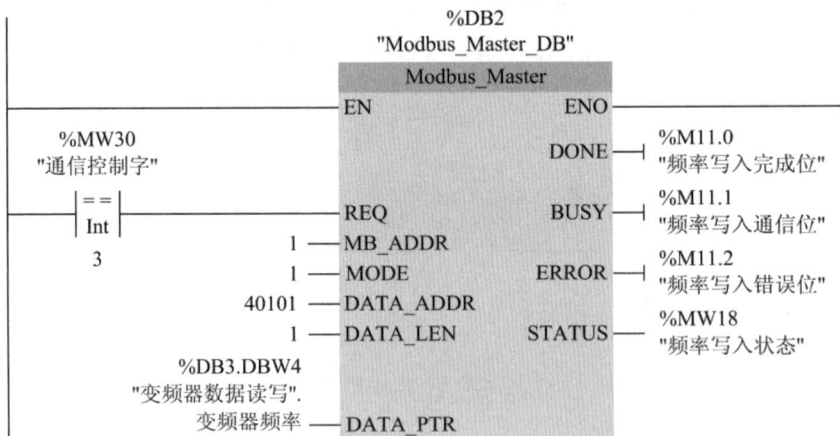

图 6-117　程序段 7

程序段 8：电动机开始运行后，通信控制字返回 1 的状态，如图 6-118 所示。

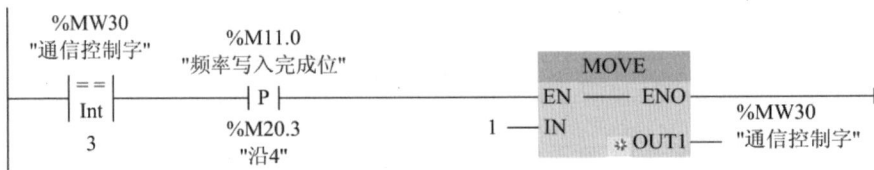

图 6-118　程序段 8

程序段 9：PLC 开机后，当初始通信完成位置位后，接通读取状态位的通信脉冲，时间为 100 ms，如图 6-119 所示。

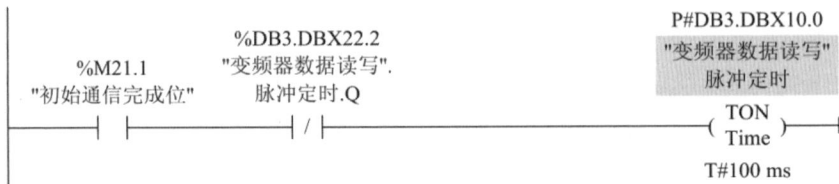

图 6-119　程序段 9

程序段 10：按 100 ms 的脉冲执行变频器状态字的读取，如图 6-120 所示。

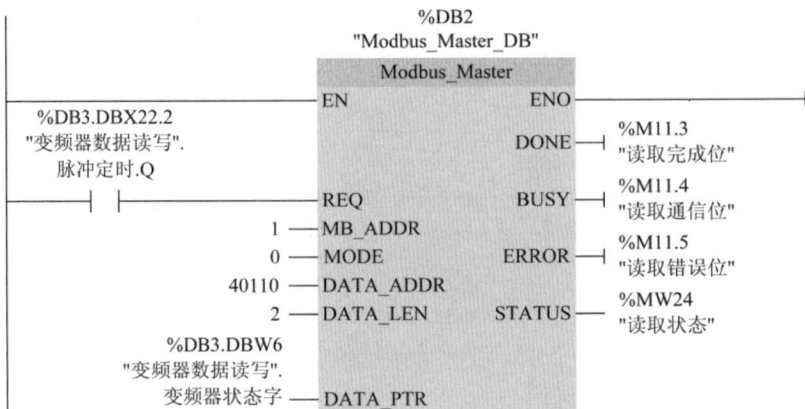

图 6-120　程序段 10

3. 变频器从站的设置

CM1241 模块与 V20 变频器通信接线如图 6-121 所示。

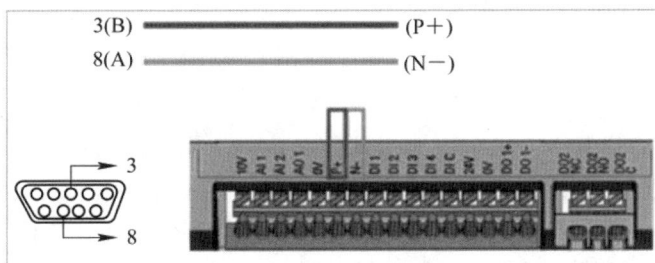

图 6-121 变频器接线

V20 变频器常用 Modbus 地址功能如表 6-25 所示。

表 6-25 变频器常用 Modbus 地址功能

类　型	寄存器地址	描　述	访问类型
控制数据	40100	控制字	R/W
	40101	主设定值	R/W
状态数据	40110	状态字	R

V20 变频器通信相关参数设置(或选择连接宏 11)如表 6-26 所示。

表 6-26 变频器参数说明

参数号	参数值	说　明
P2010	6	设置通信波特率为 9600 b/s
P2021	1	变频器从站地址设置为 1
P2023	2	选择通信协议为 Modbus
P2034	0	选择无校验
P2035	1	1 个停止位
P0010	30	恢复出厂设置
P0970	1	所有参数复位至默认值
P0003	3	专家级
P0700	5	由 RS485 上的 USS 和 Modbus 控制启停
P1000	5	由 RS485 上的 USS 和 Modbus 调节频率

五、检查评价

根据主站 S7-1200 PLC 与从站变频器的通信数据传送情况,对本任

考核评价表

务完成情况进行检查和评价，包括 PLC 硬件组态、变频器的通信设置、Modbus 地址映射、控制字和状态字的读取、网络连接、参数设置、指令调用、连接数据设置、通信指令轮询、程序检查、安全配置和 I/O 地址配置等。

六、知识拓展

Modbus RTU 通信网络中当包含多个从站站点时，由于通信指令采用轮询方式，只能同时读或写一个站点数据，因此通信速率(波特率)设置时间、每个站点的通信数据量、站点数量、通信距离、各站点连接时间等因素会影响最终整体的轮询时间。

无论是由于信号干扰、硬件质量引起的从站掉站或是由于工程需要暂时关闭站点，此时都会由于“各站点连接时间”的增加而使通信系统的轮询时间大大延长。在 S7-1200 PLC 的 Modbus RTU 通信中，主要有三个参数与“各站点连接时间”的设置相关。

1. 从站响应时间 RESP_TO

如图 6-122 所示，Modbus_Comm_Load 初始化块可设置从站响应时间 RESP_TO 参数，即单次连接从站的可响应时间，其范围为 5～65 535 ms(默认值为 1000 ms)。假如从站在此时间段内未作出响应，则主站将在发送指定次数的重试请求后中止请求并提示错误信息 80C8。

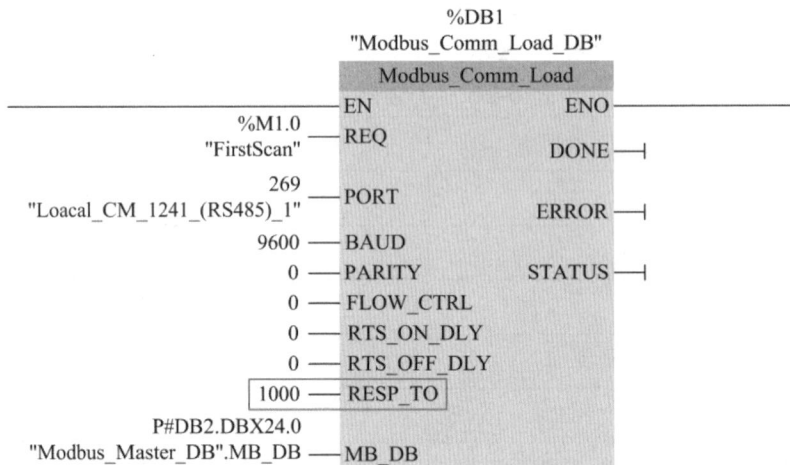

图 6-122　Modbus_Comm_Load 指令 RESP_TO 参数

2. 重试次数 RETRIES

在初始化功能块 Modbus_Comm_Load 的背景数据块中，可设置重试次数 RETRIES 参数，即主站在返回无响应错误代码 80C8 之前的重试次数(默认值为 2 次)，此参数表示初次连接无响应后，再次连接的次数。以默认值 2 次为例，实际尝试连接次数为 3 次。如图 6-123 所示。

▼ Static			
▪ ICHAR_GAP	UInt	0	0
▪ RETRIES	UInt	2	2

图 6-123　RETRIES 参数

3. 主站定时参数 BLOCKED_PROC_TIMEOUT

当某些原因(如已发出主站请求,但在彻底完成该请求前停止调用主站功能块时),造成 DONE 及 ERROR 均没有置 1 时,需要提供一个定时时间,在时间到达后置位,以便执行下一个功能块或轮询下一个站点。Modbus_Master 的背景数据块中提供了主站定时参数 BLOCKED_PROC_TIMEOUT(范围为 0~5.5 s,默认 3 s),如图 6-124 所示。上面的 RESP_TO 针对从站响应时间,而 BLOCKED_PROC_TIMEOUT 则针对主站的定时时间,此参数用于防止单个 Modbus_Master 指令独占或锁定对端口的访问。

Static			
▸ SEND_PTP_SFB	Array[0..11] of Byte		
▸ RCV_PTP_SFB	Array[0..11] of Byte		
▸ RCV_RST_SFB	Array[0..9] of Byte		
PF_FREQUENCY	Real	0.0	5.0e+007
BLOCKED_PROC_TIME...	Real	3.0	3.0

图 6-124　BLOCKED_PROC_TIMEOUT 参数

七、研讨评测

(一) 填空题

1. Modbus 串行通信协议有_____和_____两种模式,Modbus RTU 协议通信效率较高,被更为广泛使用。Modbus RTU 是基于_____或_____串行通信的一种协议。

2. Modbus RTU 网络上只能有_____个主站存在,每个从站必须有唯一的地址,从站的地址范围为_____。

3. 主站和从站的通信指令通过指定端口通信,必须先执行 _____,然后才能正常通信。

4. 用户程序必须通过_____通信指令才能了解数据传送和接收的完成情况来控制通信过程。

(二) 选择题

1. Modbus 通信端口的初始化指令是(　　　)

A. Modbus_Comm_Load　　　　　B. Modbus_Master

C. Modbus_Slave　　　　　　　　D. PORT_CFG

2. Modbus 读取输出位的功能代码是(　　　)

A. 03　　　　　　　　　　　　　B. 05

C. 01　　　　　　　　　　　　　D. 16

3. 【多选题】Modbus_Master 指令的引脚 DATA_PTR,正确的数据格式是(　　　)

A. DB3　　　　　　　　　　　　B. DB1.DBW0

C. MW10　　　　　　　　　　　D. P#M100.0 WORD 10

(三) 判断题

1. Modbus RTU 端口硬件组态,最多安装 3 个通信模块及 1 个通信板。(　　　)

2. Modbus 通信协议是西门子内部专用的工业通信协议。(　　)

3. Modbus_Master 指令通信时，无须执行 Modbus_Comm_Load 指令，就可以与 CM/CB 端口通信。(　　)

4. Modbus_Master 指令使用 MODE 输入而非功能代码输入。(　　)

(四) 简答题

1. 简述 Modbus_Slave 指令的通信规则？

2. Modbus RTU 的端口参数需要进行哪些设置？

参 考 文 献

[1]　袁勇，李菁川，段安静. PLC 应用技术：西门子 S7-1200[M]. 西安：西安电子科技大学出版社，2020.

[2]　吴繁红，雪宁，陈岭，等. 西门子 S7-1200 PLC 应用技术项目教程[M]. 3 版. 北京：电子工业出版社，2024.

[3]　钟苏丽，刘敏. 可编程控制器技术项目化教程[M]. 北京：机械工业出版社，2023.

[4]　侍寿永，王玲. 西门子 PLC、变频器与触摸屏技术及综合应用(S7-1200、G120、KTP 系列 HMI)[M]. 北京：机械工业出版社，2023.

[5]　梁亚峰，刘培勇. 电气控制与 PLC 应用技术[M]. 北京：机械工业出版社，2021.

[6]　侍寿永，夏玉红，秦德良. S7-1200 PLC 技术及应用[M]. 北京：高等教育出版社，2023.

[7]　侍寿永. 西门子 S7-1200PLC 编程及应用教程[M]. 3 版. 北京：机械工业出版社，2024.

[8]　徐锋，陈涛. 电气及 PLC 控制技术：西门子 S7-1200[M]. 北京：高等教育出版社，2021.

[9]　赵春生. PLC 应用技术：西门子 S7-1200[M]. 北京：人民邮电出版社，2022.

[10]　陶权. PLC 控制系统设计、安装与调试：S7-1200/1500 PLC[M]. 5 版. 北京：北京理工大学出版社，2022.

[11]　姚福来，田英辉，孙鹤旭等. 自动化设备和工程的设计、安装、调试、故障诊断[M]. 北京：机械工业出版社，2012.

[12]　刘新宇，张法全，沈满德. 电气控制技术基础及应用[M]. 北京：中国电力出版社，2014.

[13]　向晓汉. 西门子 S7-1200 PLC 学习手册：基于 LAD 和 SCL 编程[M]. 北京：化学工业出版社，2018.

[14]　刘华波，马燕，何文雪，等. 西门子 S7-1200 PLC 编程与应用[M]. 2 版. 北京：机械工业出版社，2020.

[15]　芮庆忠，黄诚. 西门子 S7-1200 PLC 编程及应用[M]. 北京：电子工业出版社，2020.

[16]　赵丽君，路泽永. S7-1200 PLC 应用基础[M]. 北京：机械工业出版社，2021.

[17]　陈丽，程德芳. PLC 应用技术：S7-1200[M]. 北京：机械工业出版社，2021.

[18]　李方园. S7-1200 PLC 应用技术[M]. 北京：电子工业出版社，2023.

[19]　汤平，李纯. 电气控制及 PLC 应用技术[M]. 北京：电子工业出版社，2022.

[20]　许翏. 电机与电气控制技术[M]. 3 版. 北京：机械工业出版社，2015.

[21]　廖常初. S7-1200/1500 PLC 应用技术[M]. 2 版. 北京：机械工业出版社，2021.

[22]　廖常初. S7-1200 PLC 编程及应用[M]. 4 版. 北京：机械工业出版社，2021.

[23] 廖常初. S7-1200 PLC 应用教程[M]. 2 版. 北京：机械工业出版社，2020.

[24] 西门子(中国)有限公司. SIMATIC S7-1200 可编程控制器产品样本[Z]，2019.

[25] 西门子(中国)有限公司. SIMATIC S7-1200 可编程控制器系统手册[Z]，2018.

[26] 西门子(中国)有限公司. STEP7 和 WinCC Engineering V16 系统手册[Z]，2019.

[27] 西门子(中国)有限公司. SIMATIC S7-1200 系统手册[Z]，2022.

[28] 西门子(中国)有限公司. V20 变频器操作说明[Z]，2015.